U0024922

男西裝外套縫製經典

國際金獎裁縫師

陳和平的手作筆記

陳和平 著

黃艷雲 企劃

Grand Tailor

序言

踏入西服產業已超過四十年，從學徒開始踏著前輩走過的腳步，遵循著師傅的諄諄教導，以一針一線穿梭在西服製作的世界裡，40 年一路走來有甘有苦，歷經西服產業的低谷，伴隨國際男裝產業的衝擊與刺激，如今驕傲的是手工西服的價值被重新發掘看見。由於產業的起伏與時代快速翻轉，讓和平更堅定，一定要將從業以來的技術、經驗有系統的分享，讓有心從事西服產業的新血能少走冤枉路、有經驗的師傅能相互交流，讓更多人瞭解在穿針引線背後的職人精神與技術之美。

危機亦是轉機

回想和平 1992 年剛從恩師包啟新師傅手中接下格蘭西服的初期，內心無比忐忑不安，當下希望繼續擦光擦亮這塊手工訂製招牌，另一方面卻又需面對大環境的考驗，當時國際名牌大舉進入台灣，量產成衣興起；相對的，手工訂製西服產業不僅黯然失色，更是面對了生死存亡困境，然而和平深知針對消費者身型的手工訂製價值，更懂得訂製服能展現出穿著者性格特色，亦即是專業職人無可取代的價值，因此，和平更加堅定投入西服產業的決心，同時亦苦思如何轉型進而突破？

技術出發國際接軌

訂製是以技術為本，和平將過往所學先做一番整理，師承上海紅幫的精湛手藝，但看見世界西服的舞台來自義大利、英國、日本與德國，各國獨領風騷且在技術上與時俱進，反觀國內傳統學藝的風氣停滯，因此，除了持續專研各國西服特色與版型，同時引進高科技量身設備精準掌握身型比例，和平更積極參與國際競賽，透過技術教學相長，讓產業看見未來，更讓世界看見台灣。

台灣第一本男裝實作手冊

多年累積的技術、經驗與國際同業的切磋互動，成為和平近年來一場場的教學與講座分享的重點，也因如此更感到理論與技術的差距。關於服裝製作理論多出自外國譯本、實作分享居多且零碎，然而符合實際需求的應該是將學理與術理相結合，打造出符合亞洲人身型的精緻服裝。因此，這本縫製教學手冊就以此為出發點，希望透過製作過程分解與訣竅提示，讓和平對產業的熱情與堅持有系統的灌溉男裝縫製這塊園地，期盼從業者能夠看見細節咀嚼出興趣，讓更多愛好者感受無可取代的手工訂製溫度，願意投身男裝訂製產業。

格蘭訂製西服　首席設計總監　陳和平

格蘭 Since 1970

2019 年 第 38 屆義大利世界洋服聯盟大會 榮獲金針金線金牌獎

2019 年 第 38 屆義大利世界洋服聯盟大會 榮獲創意設計金首獎

2018 年 第 27 屆韓國亞洲洋服聯盟大會 榮獲剪裁大賽「金牌獎」

2009 年 第 33 屆奧地利世界洋服聯盟大會 榮獲男裝創意設計「冠軍」

2005 年 第 31 屆德國柏林世界洋服聯盟大會 榮獲「金針金線獎 男裝總亞軍」

2003 年 第 30 屆義大利世界洋服聯盟大會 女裝創意評比「創意設計獎」

2002 年 第 19 屆亞洲洋服聯盟榮獲世界注文洋服聯盟「最優秀賞」

2002 年 第 29 回日本注文紳士服剪裁賽榮獲「厚生勞動大臣賞」

2000 年 第 18 屆亞洲西服聯盟大會榮獲國際服裝競賽「金技獎」

2011~2017 接任第六、七屆中華民國服裝甲級技術士協會理事長

2012 年出版著作「西裝穿著 100 問」

榮獲教育部頒發第七屆資深技藝師傅獎

榮獲總統府歷任 總統、副總統 10 次召見嘉勉表揚

榮獲世界洋服聯盟總會 頒發「最高榮譽」肯定

目次 Content

基礎篇

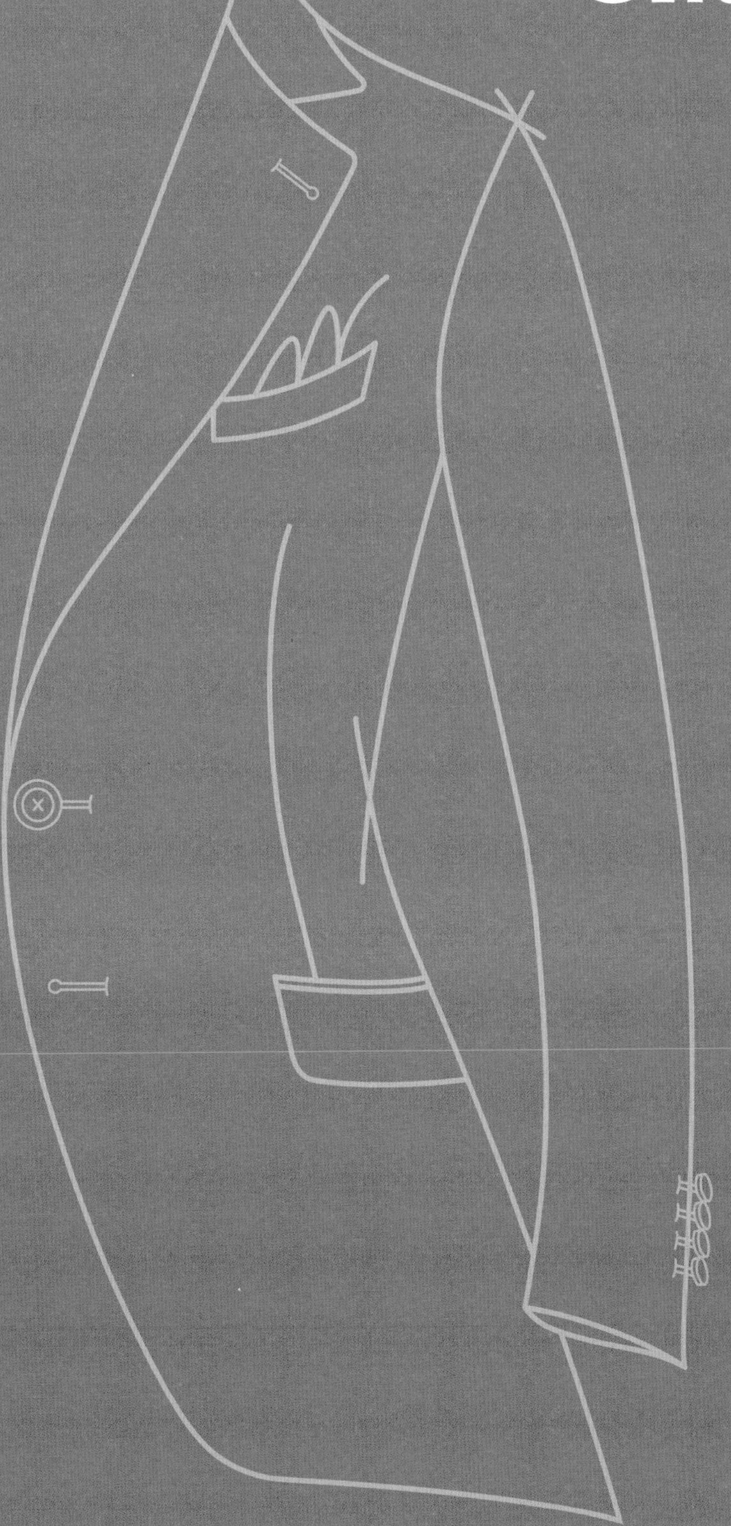

Chapter.1

量身説明

· 外套量身説明

| 外套量身説明 |

名稱	位置説明
衣長（前衣長）	SNP 經 BP 至 WL
衣長（後衣長）	BNP 至 WL
上圍	B
中圍	W
下圍	H
前鎌深	SNP 至 FBL
後鎌深	BNP 至 FBL

名稱	位置説明
基準點	O
前胸	前寬
後背	後寬
肩寬	左 SP 經 BNP 至右 SP
袖長	SP 至手腕
領大	領圍
背心長	背心前後衣長

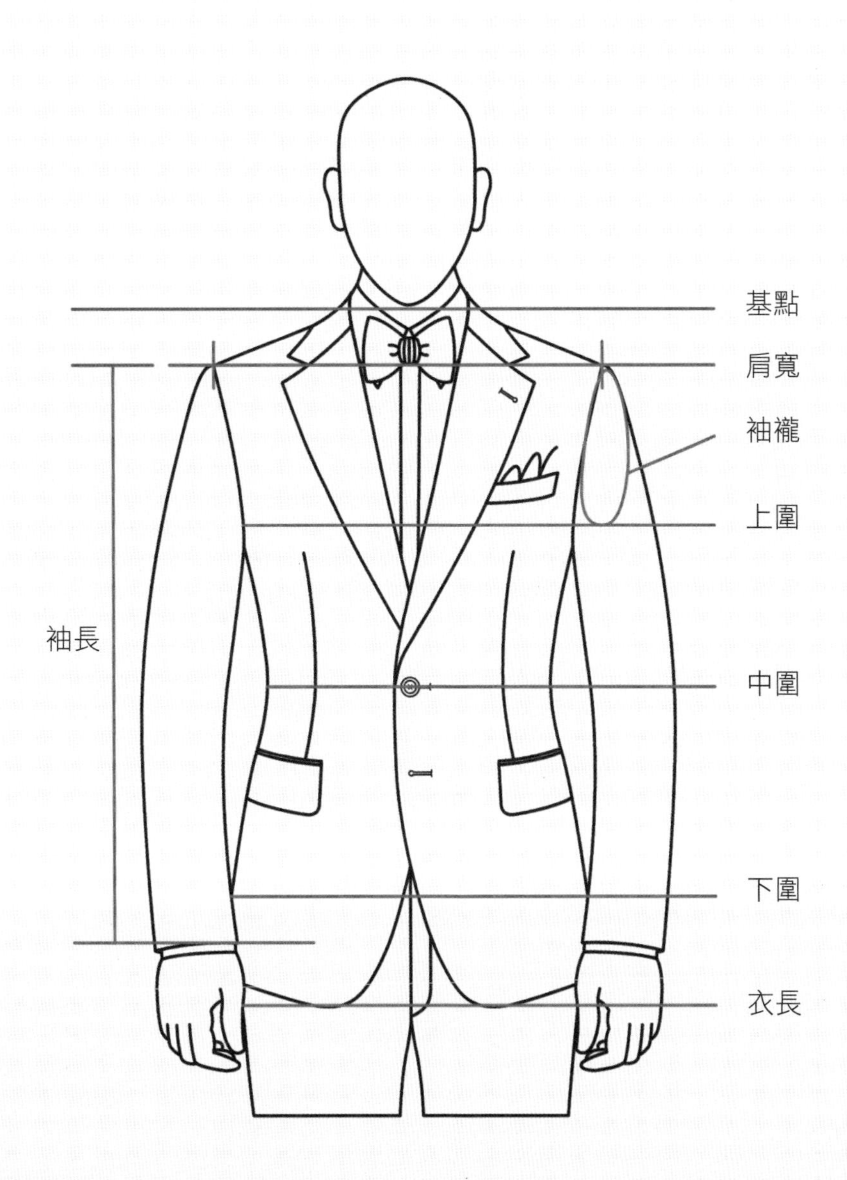
基點
肩寬
袖攏
上圍
袖長
中圍
下圍
衣長

Chapter.1

版型及排版

・西裝外套版型
・排版示意

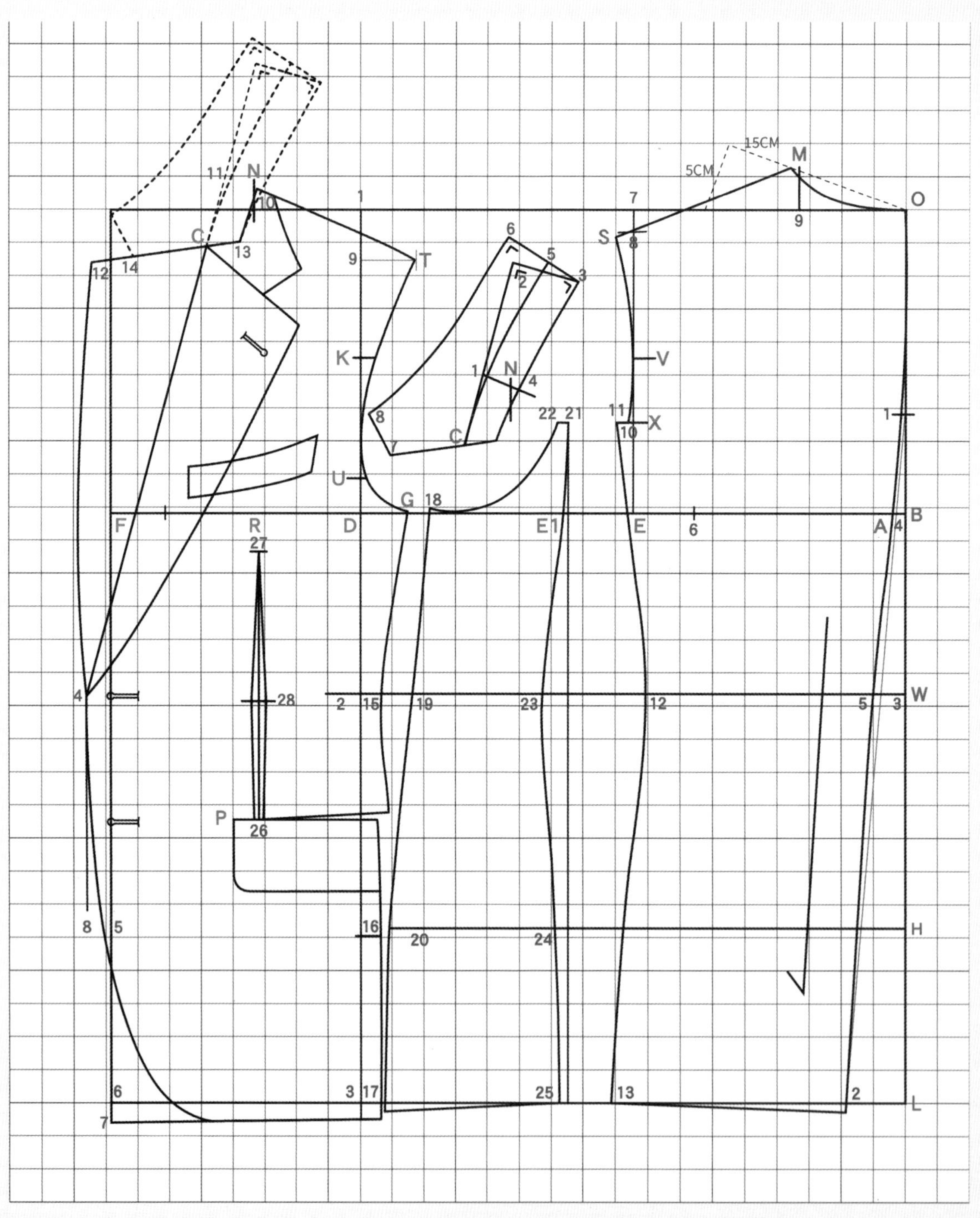

| 西裝外套版型 |

(註)
版圖為原型 1/5 尺寸
上圍 1/2 尺寸 47cm = (B)
中圍 1/2 尺寸 42cm = (W)
下圍 1/2 尺寸 48cm = (H)

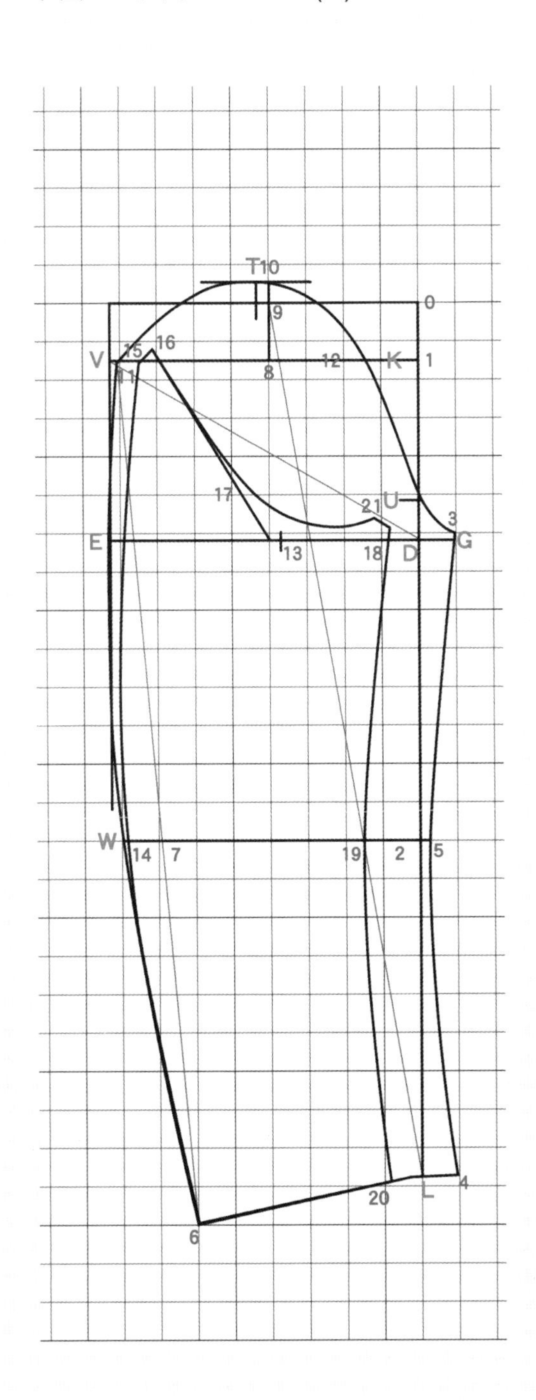

適用尺寸

身高 ÷8×7÷2 − 4 =衣長
衣　長 Length 69cm
上　圍 Bust 94cm
中　圍 Waist.............................84cm
下　圍 Hip 96cm
袖　長 Sleeve length 60cm
肩　寬 Shoulder width 44cm
袖　襱 Armhole 47cm

後身

O	基點直角
L ~ O	衣長 69 cm
W ~	衣長中點降 2.5cm(腰線)
H ~ W	定寸 18 cm(臀圍線)
1 ~ O	V 1/3(B 線鎌深)
B ~ 1	7.2 cm
2 ~ L	定寸 4.5 cm
3 ~	2-1 延長 W 線交叉點
4 ~	2-1 延長 B 線交叉點
5 ~ 3	1cm(延長至 1 畫順至 O 點)
A ~	5-1 延長 B 的交叉點
6 ~ A	B 1/3
E ~ 6	5 cm
7 ~	E 直上 O 交叉點
8 ~ 7	定寸 2 cm(袖頭 1/2 + 1.5cm 墊肩份)
S ~ 8	1.4cm (S ~ O 為肩寬)
9 ~ O	B 1/6 + 0.8cm(1/20 + 3cm)
M ~	9 直上 (5-15cm 三角線)
X ~ E	B 1/8 + 1cm
V ~	E-7 的中點 (AH 1/4 + 0.5cm)
10 ~ X	0.8cm(活動量)
11 ~ 10	0.8cm(縫份)
12 ~ 5	B 1/3 + 2cm
13 ~ 2	B 1/3 + 3cm(5-2 直角至 L 線點)

前身

D ~	基點 (B 橫線與D直線交點)
F ~ D	B 1/3 + 4.3 cm
R ~	F ~ D 中點
G ~ D	3.8 cm
U ~ D	定寸 2.5 cm
K ~	與後片 V 同寸高尺寸 (AH 1/4)
1 ~	D 直上 O 線交點
2 ~	D 直下W線交點
3 ~	D 直下 L 線交點
4 ~ 2	W 1/2 + 1 cm(含打合量)
5 ~	F 線直下H線交叉點
6 ~	F 線直下L 線交叉點
7 ~ 6	前長 2 cm
8 ~ 5	1.2 cm 定為門襟斜度線
9 ~ 1	定寸 3.8 cm
T ~ 9	定寸 4.5 cm
10 ~ T	後片 S-M-1.6cm
N ~ 10	10 向上 1.5cm
11 ~ N	定寸 2.5cm 延長至第一鈕釦位為反摺線
C ~ 11	B 1/12 依流行設計而定
12 ~	襟寬 8.5 cm
13 ~ C	2.5 cm
14 ~ 12	3.5 cm
15 ~ 2	1.5 cm
16 ~	15 直下 H 線交叉點
17 ~ 3	1.5 cm
18 ~ G	1.5 cm
19 ~ 15	2.5 cm
20 ~ 16	0.7 cm
E ~ D	B 1/3 + 0.8cm（含縫份）
21 ~	E 直上 X 點平線
22 ~ 21	0.8cm(縫份)
23 ~	E 直下 W 交叉線入 2 cm
24 ~	E 直下 H 交叉線入 0.8cm
25 ~	23-24 順下 L 線交叉點入 0.6cm
P ~	門襟腰袋位 B 1/4 左右
26~P	2cm
27~26	直上 R 點下 3.5cm(前胸摺線)
28~	W 線降 1cm(胸摺腰位)
口袋位置	胸口袋、腰口袋依流行設計而定

袖山片

O	基點直角
L ~ O	袖長 60.5cm
D ~ O	AH 1/3
1 ~ D	AH 1/4
U ~ D	定寸 2.5cm
2	U~L 中點
G ~ D	定寸 2.5cm
3 ~ G	上 0.3cm
4 ~ L	2.5 cm
5 ~ 2	2 cm
V ~ D	AH 1/2
6 ~ L	袖口 15.5 cm
7 ~	V~6 延長線 W 線交叉
W ~ 7	2.5 cm
8 ~	1~V 中心點
9 ~	8 直上 O 線交叉
10~ 9	上 1.5cm(袖山縫份)
T ~10	0.8cm
11~ V	0.3 cm
12~11	AH 1/3 (袖山寬量)
V ~K	AH 1/3 + 1.5 cm

袖底片

13 ~	E-G 中點
14 ~ W	0.4cm
15 ~ V	2cm
16 ~ 15	0.8 縫份
17 ~ 13	上 0.8cm 下袖接縫線
18 ~ G	4.5cm
19 ~ 5	4.5cm
20 ~ 4	4.5cm

領面

1 ~ N	2.5cm(前肩線延長)
2 ~ 1	B 1/6 直角
3 ~ 2	5.3cm
4 ~ N	0.7cm
5 ~ 3	下領座 2.8cm
6 ~ 5	3.8cm(上領面)
7 ~ 12	3.5cm
8 ~ 7	3cm(8-6 領面弧形)

｜排版示意｜

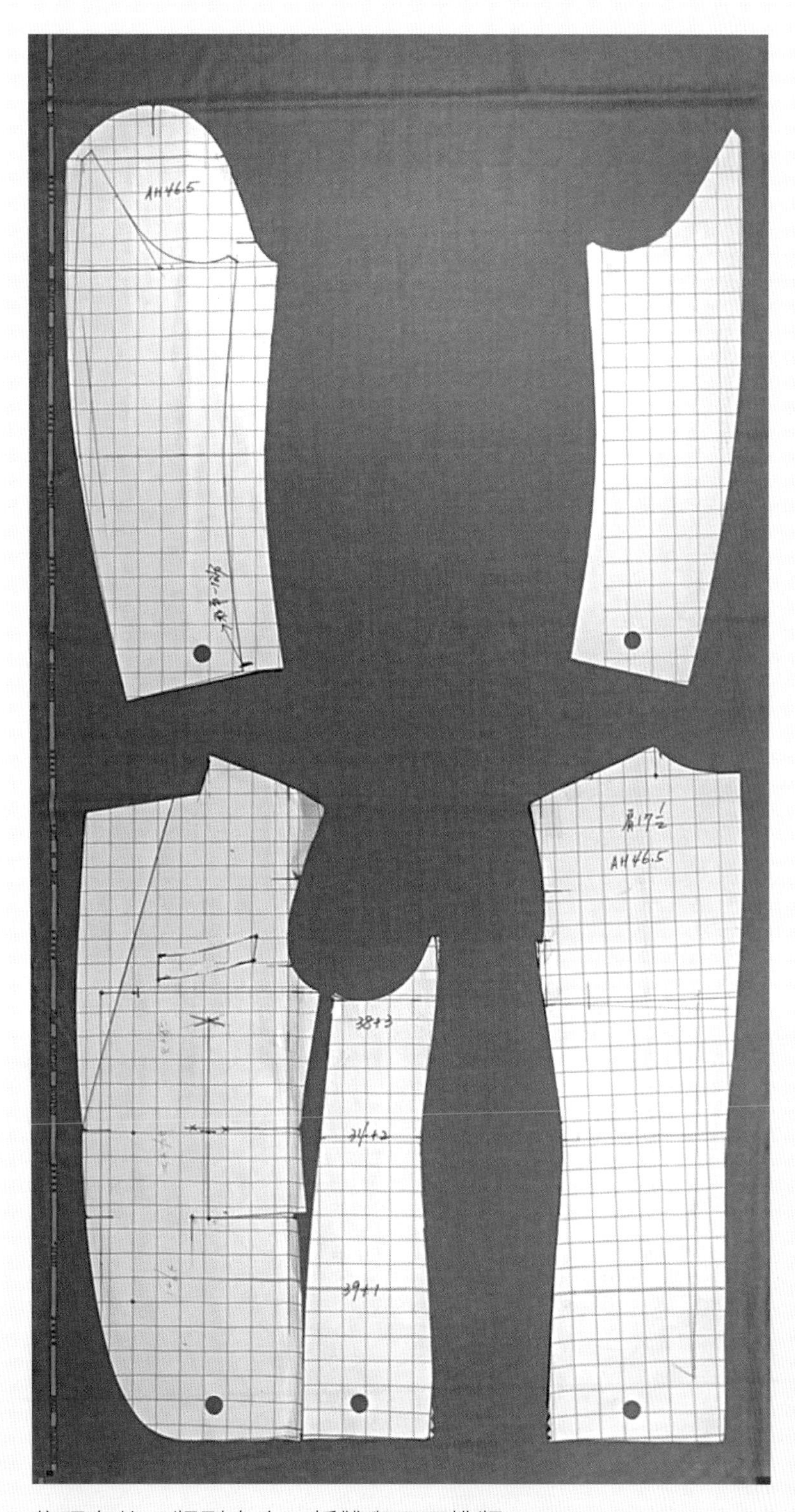

依照布紋、版型大小、折雙與否而排版
素面布、條紋布、格子布各有不同的排列倒向

Chapter.1

製作表布

- 裁剪表布位置圖
- 裁剪表布－前身片
- 裁剪表布－脇邊片
- 裁剪表布－後身片
- 裁剪表布－袖片

裁剪表布位置圖 （單位 cm）

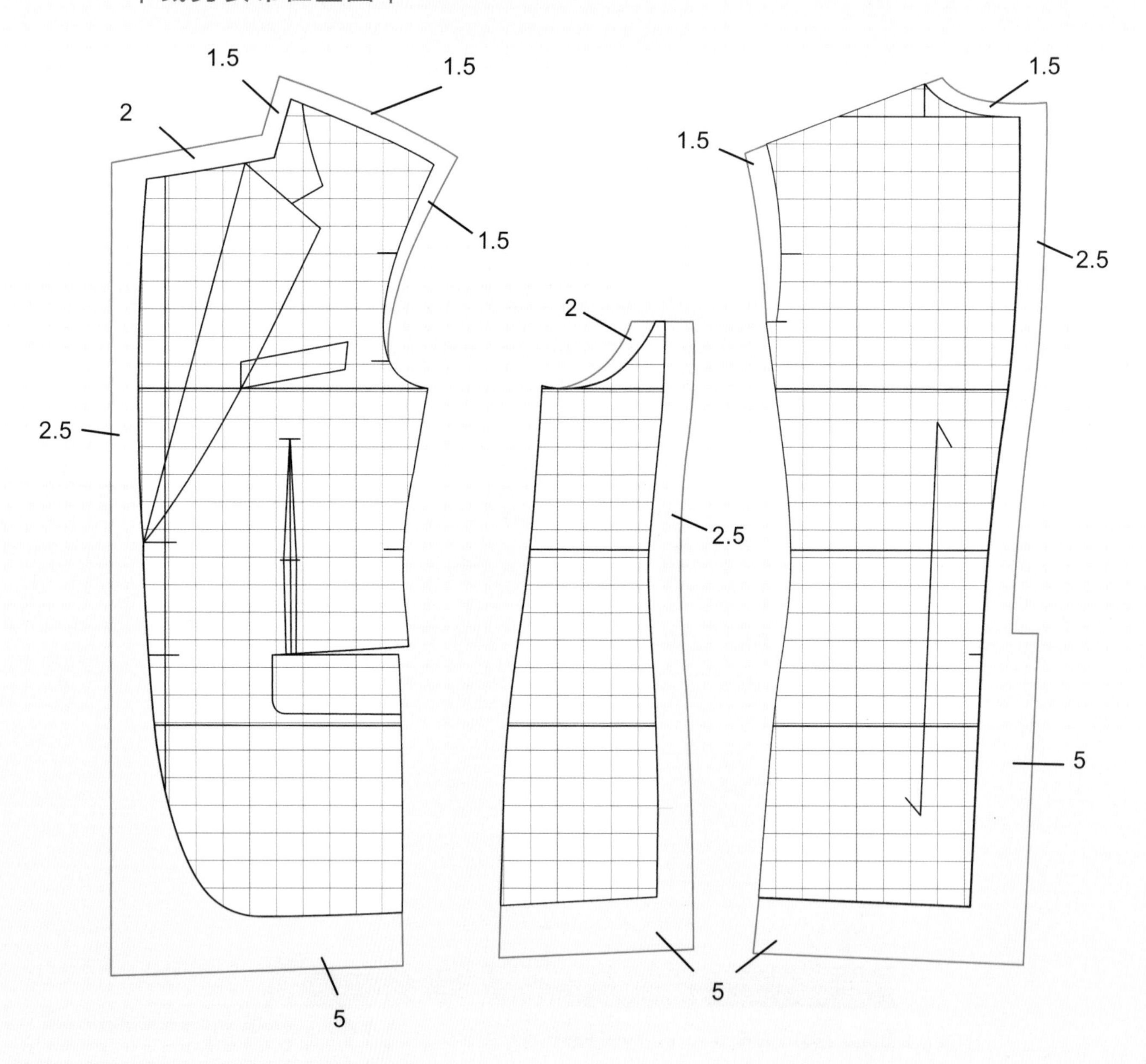

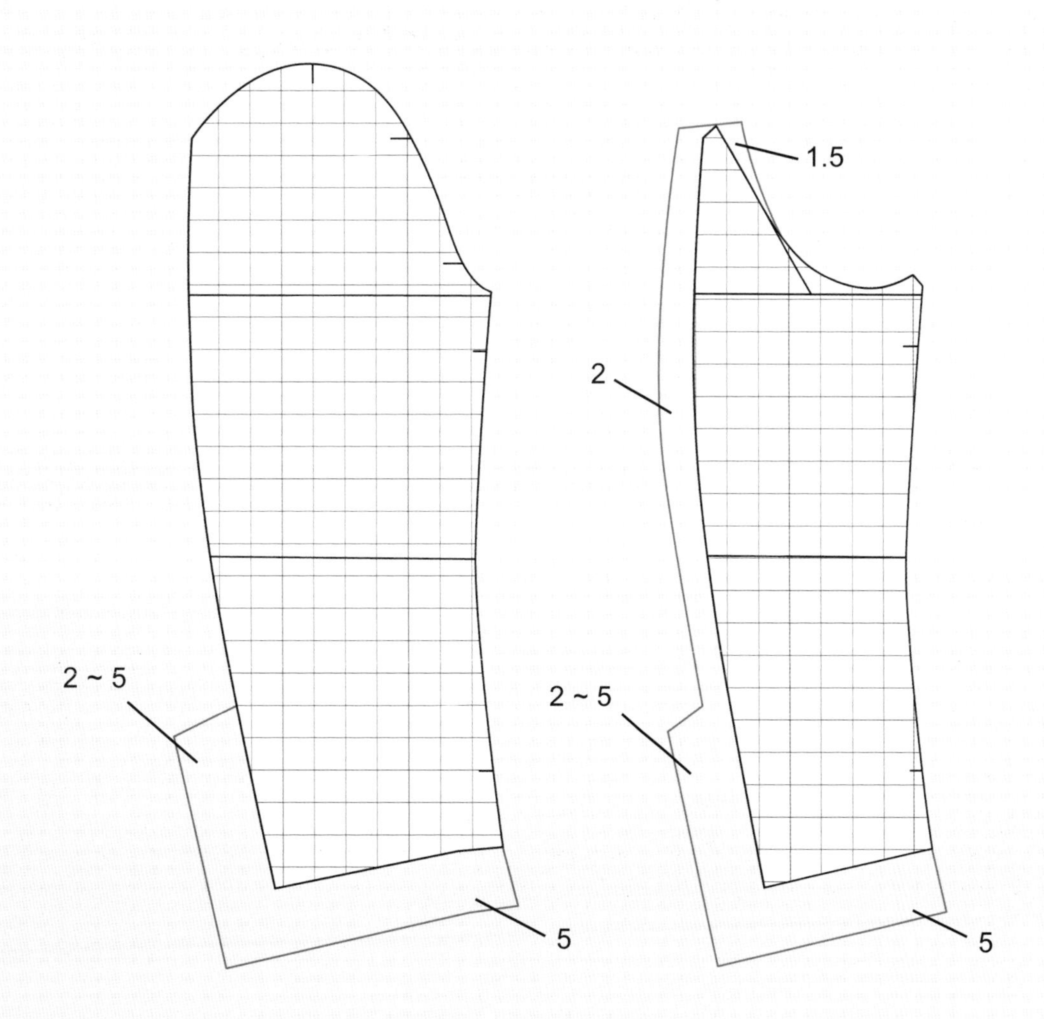
1.5
2
2 ~ 5
2 ~ 5
5
5

｜裁剪表布－前身片｜

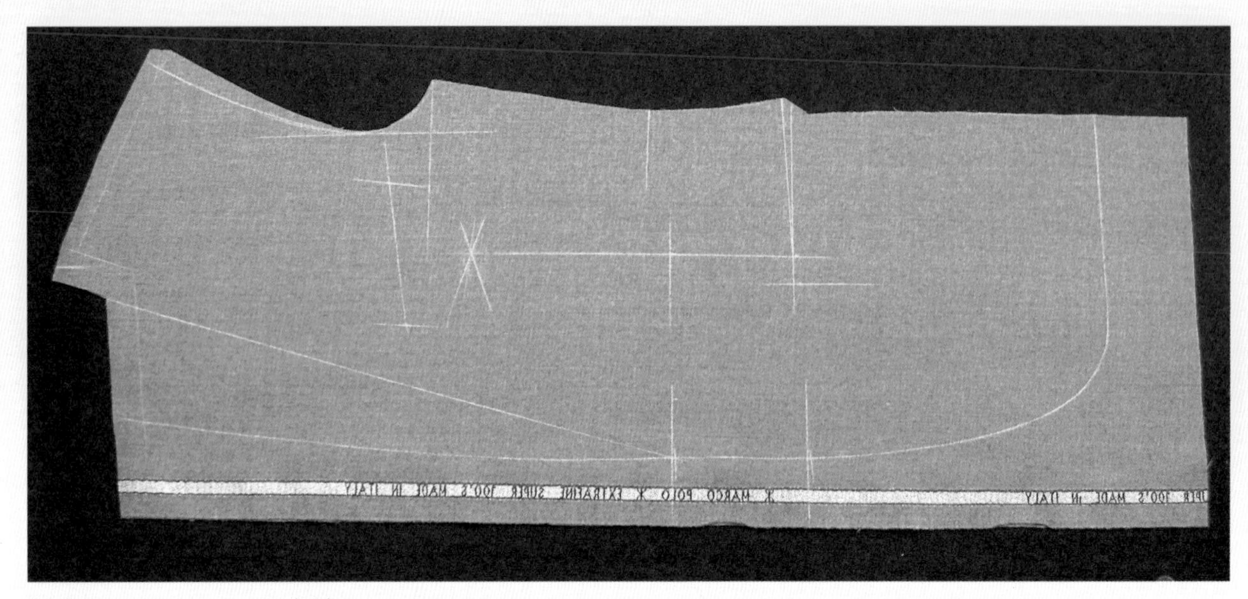

前中留 1.5~2.5cm 及布邊
領圍 2.5cm、肩線 1.5cm、下襬 5cm
尖端點 1.5cm 延袖圍修順

｜裁剪表布－脇邊片｜

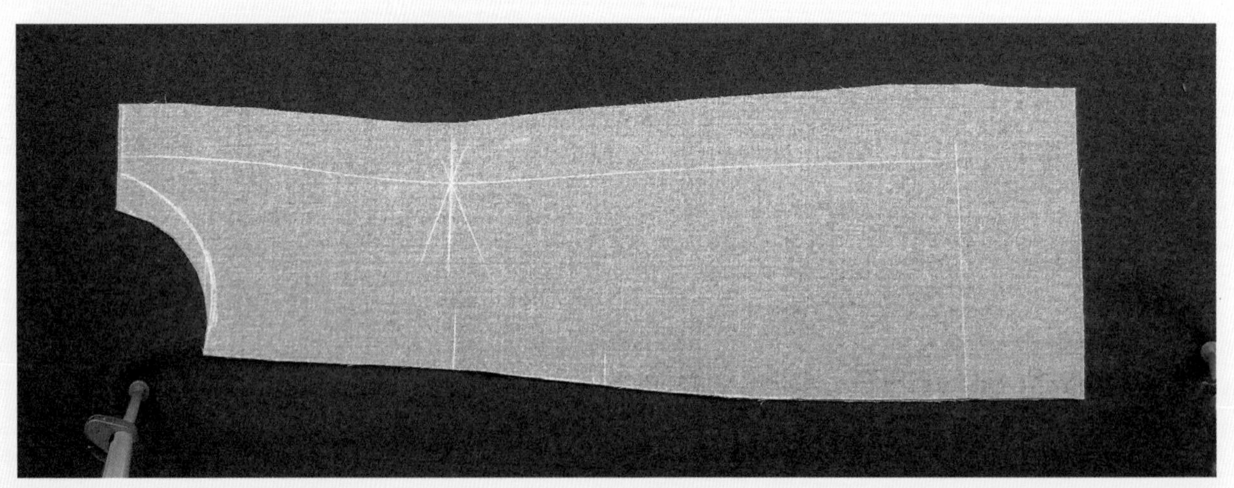

後脇邊線 2.5cm、下襬 5cm
後袖圍 1.5cm 往前袖圍修順

｜裁剪表布－後身片｜

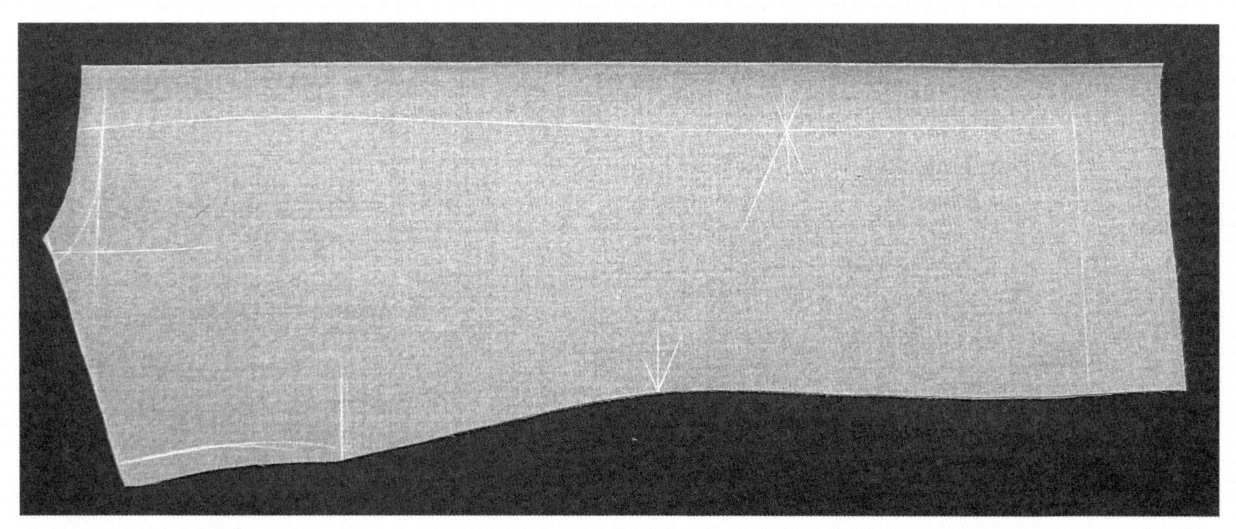

後中留 5cm 垂直而下並折雙
領圍 1.3cm、下襬 5cm
肩端點 1.3cm 延袖圍修順

｜裁剪表布－袖片｜

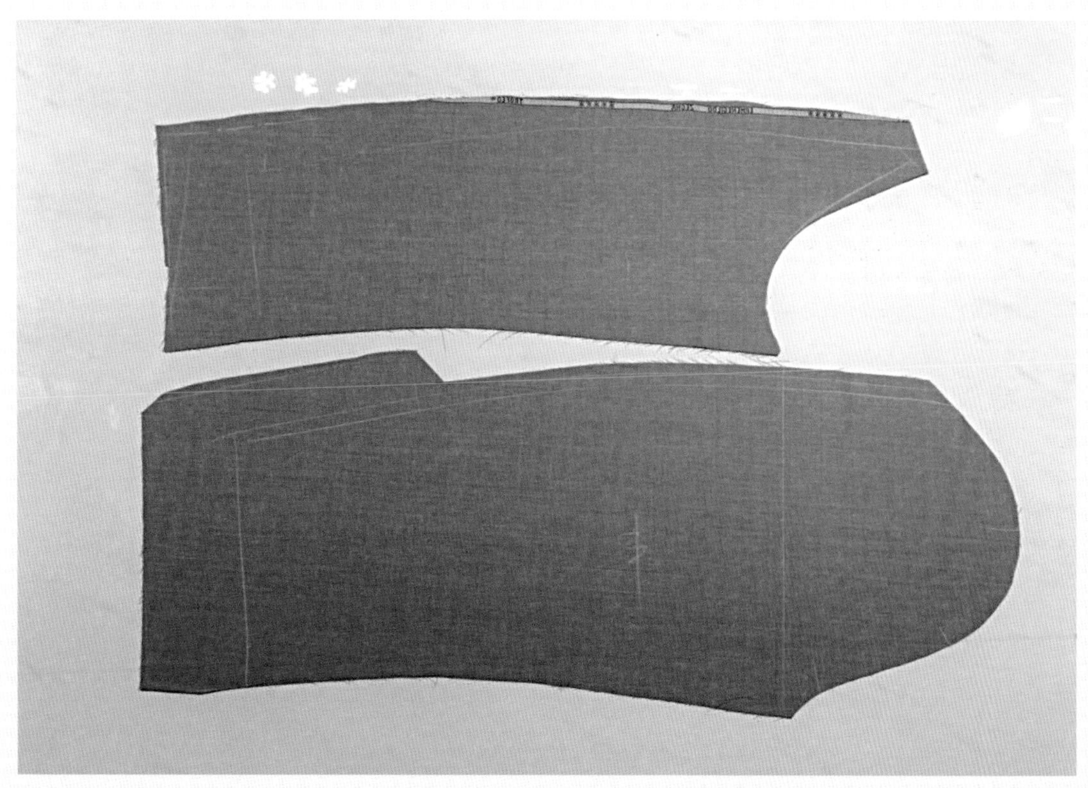

外袖、內袖
外袖下線 2cm、袖口 5cm、袖叉 2.5~5cm

Chapter.1

製作線釘

- 疏縫
- 表布線釘位置圖
- 線釘－後身片
- 線釘－脇邊片
- 線釘－前身片
- 線釘－外袖片
- 線釘－內袖片

| 疏縫 |

上尺寸：依需求（直線、彎線、車縫）調整疏密
下尺寸：0.5 cm 以內
左右片表對表二層一起縫

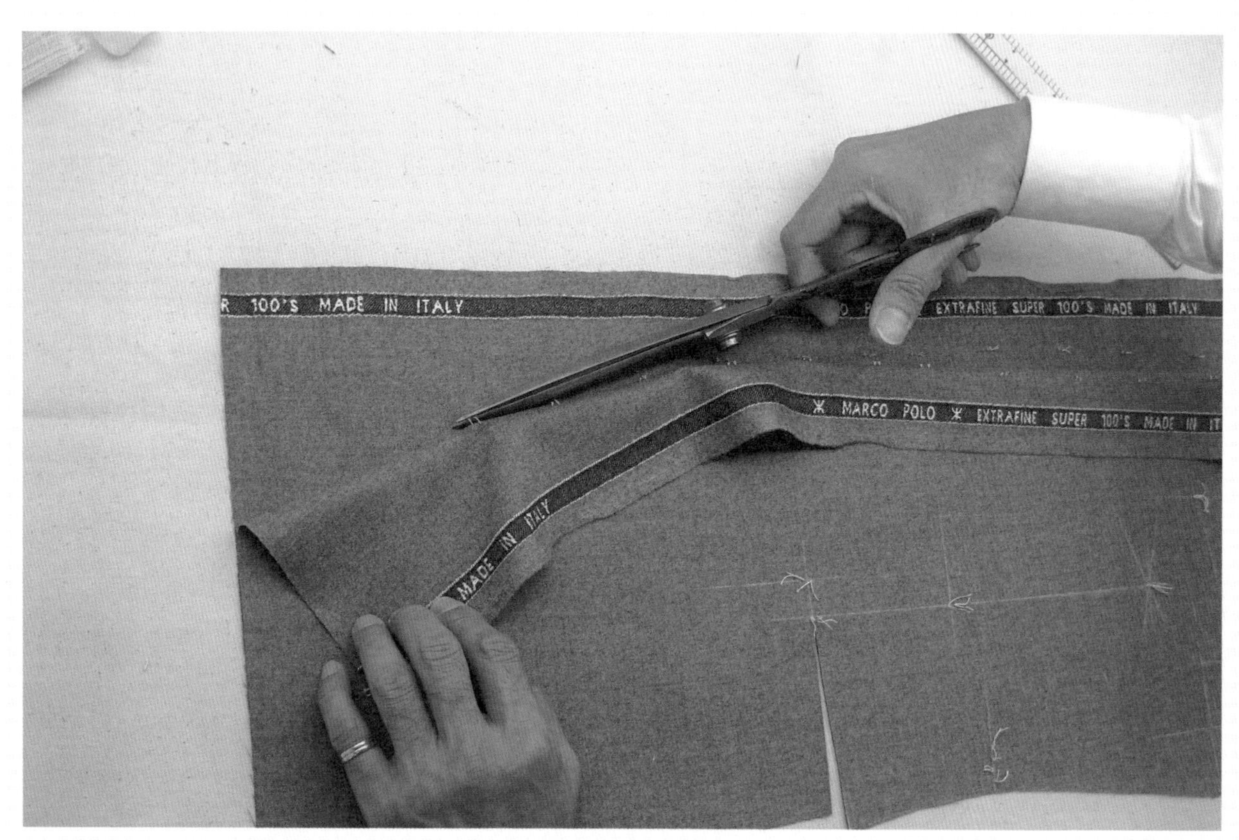

剪線釘微掀剪斷中間線

剪短上層線，熨燙或拍打固定線釘

表布線釘位置圖

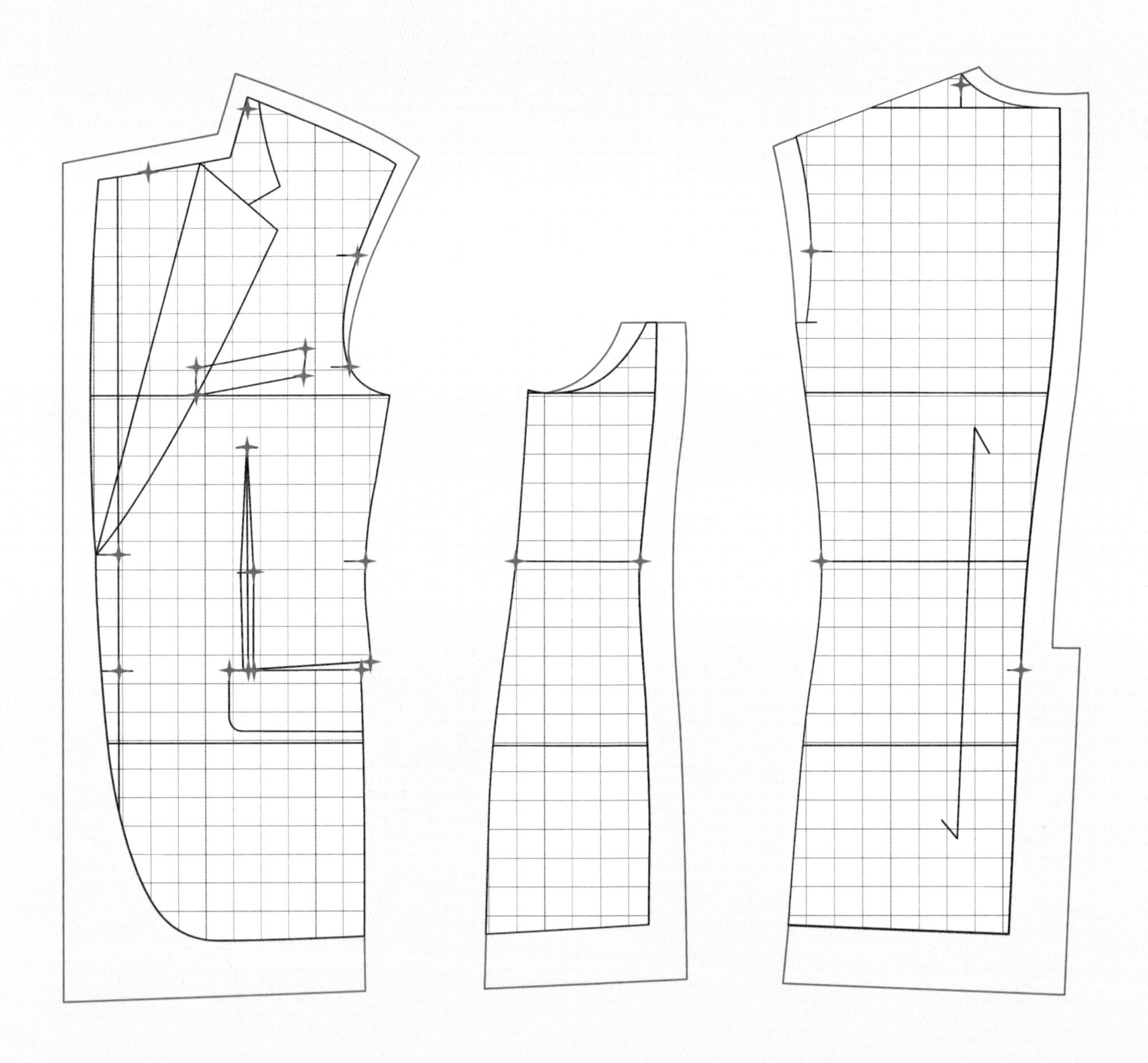

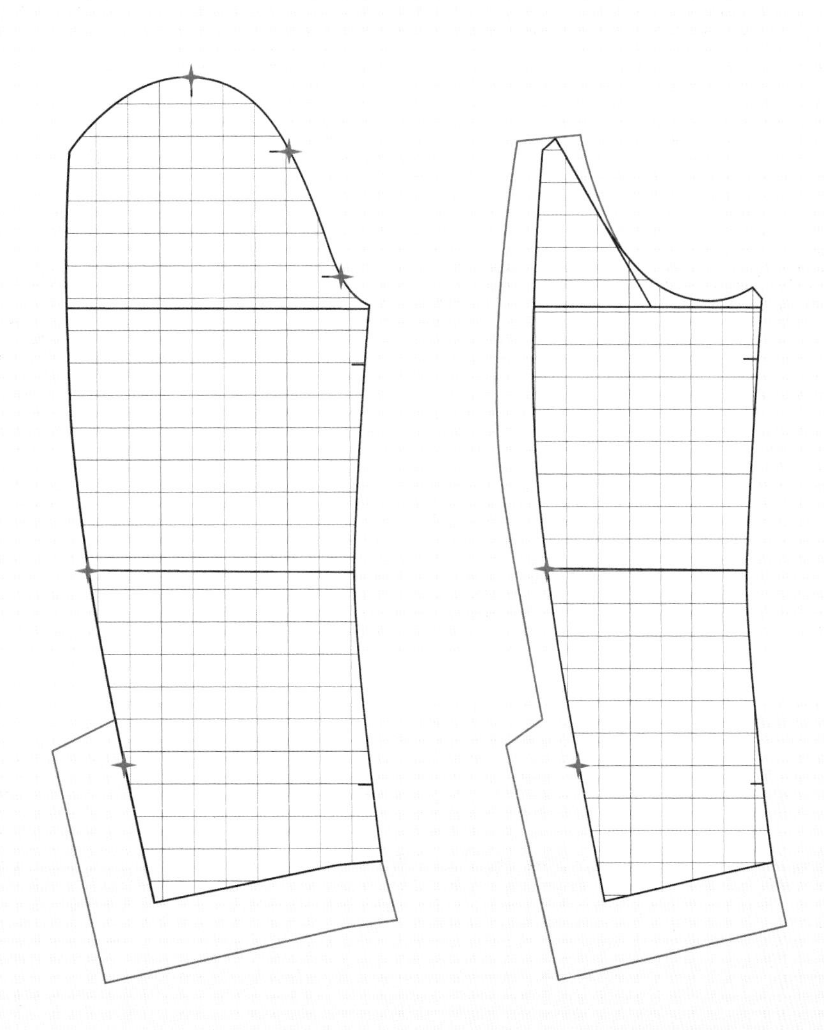

| 線釘－後身片 |

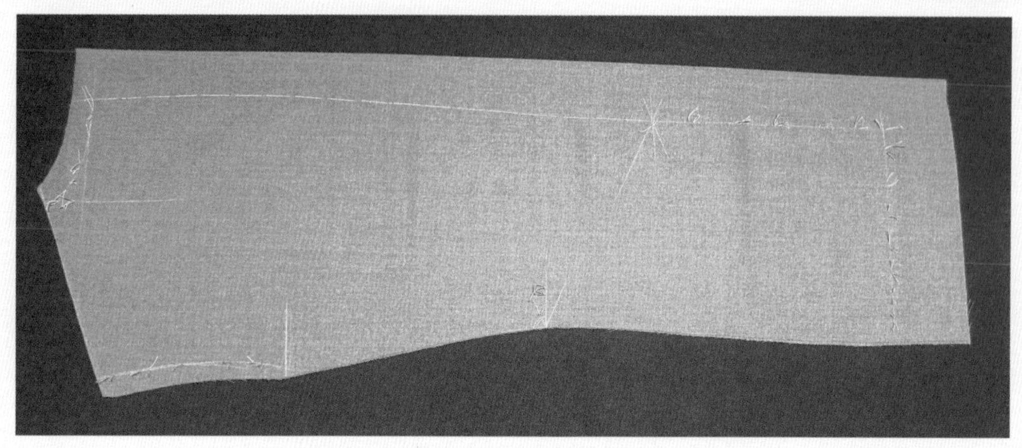

領圍至後中心、下襬、袖圍、開叉止點、腰圍對合記號打線釘
後中線至開叉止點疏縫線固定

| 線釘－脇邊片 |

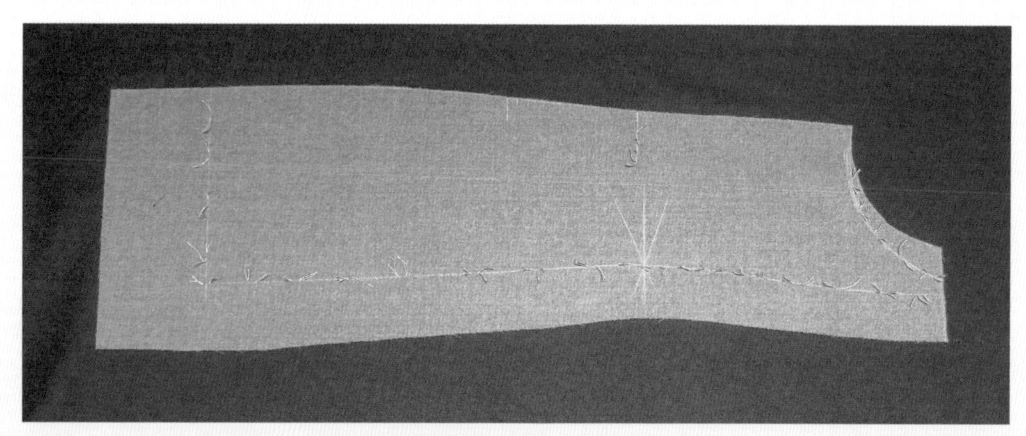

袖圍、後脇邊剪接線、下襬、腰圍對合記號

| 線釘－前身片 |

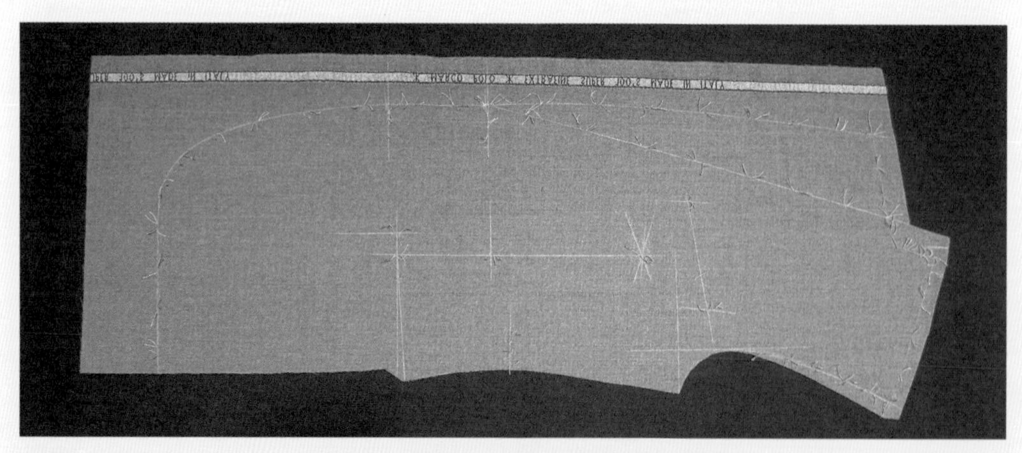

領圍、前中心、下襬、領折線、肩線、袖圍、腰圍對合記號
鈕釦位置、胸口袋、腰口袋、褶

｜線釘－外袖片｜

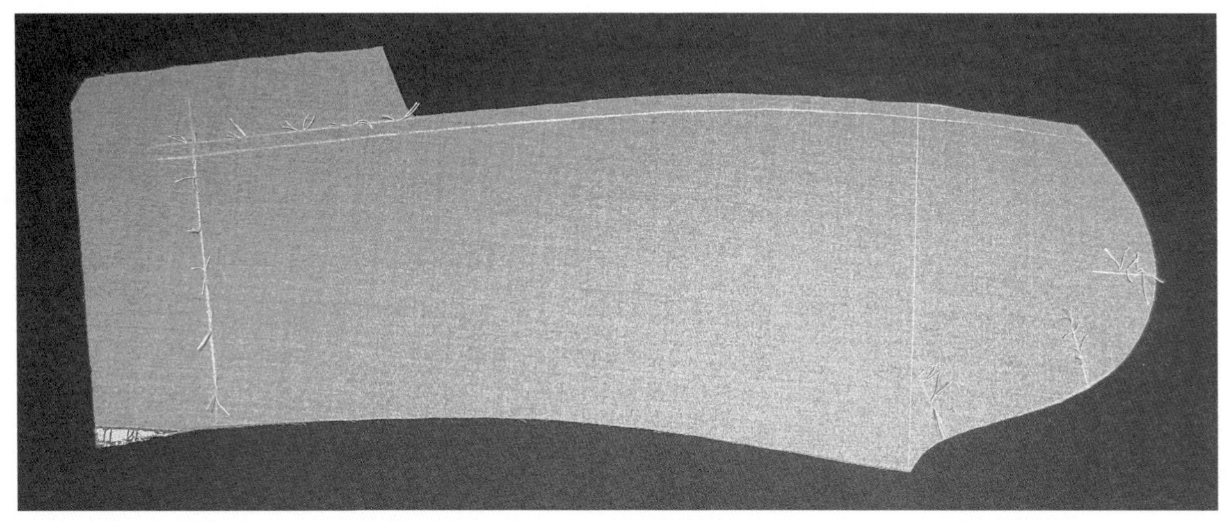

袖叉、袖口、袖叉止點、上袖對合點

｜線釘－內袖片｜

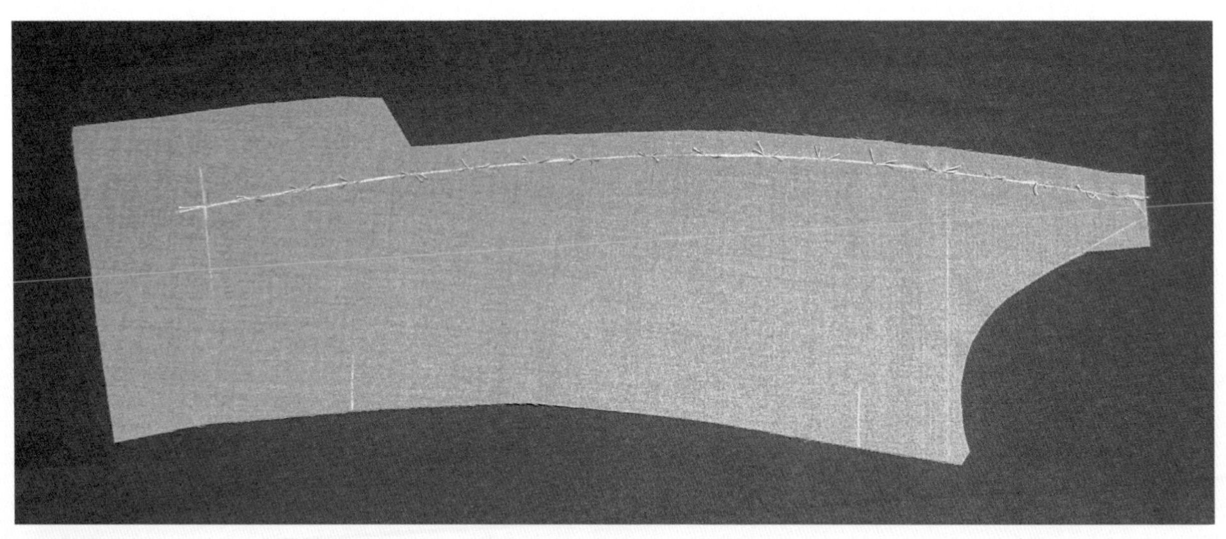

外袖下線

製作內裡

· 裁剪內裡位置圖

| 裁剪內裡位置圖 | （單位 cm）

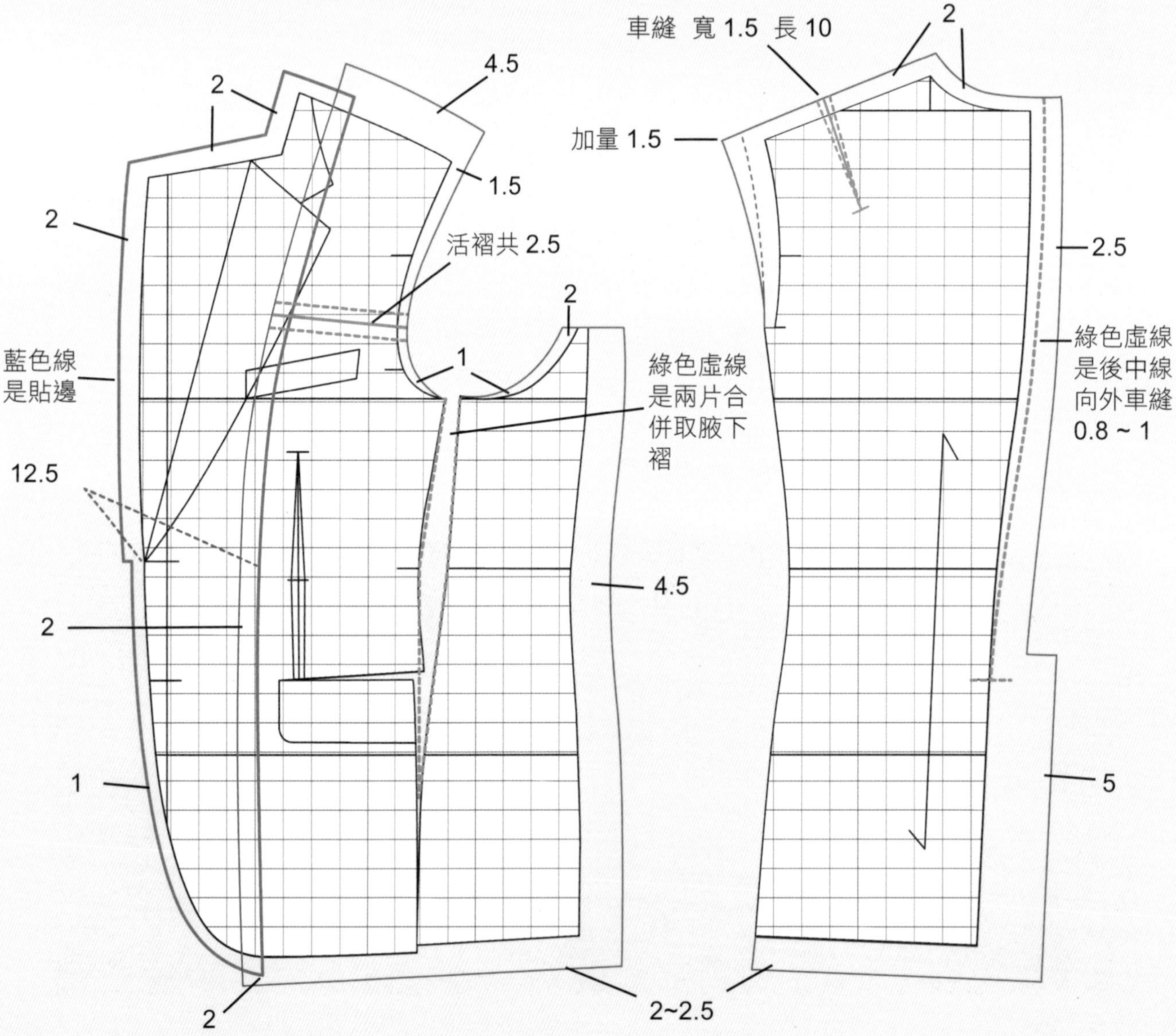

車縫 寬 1.5 長 10
2
4.5
2
2
1.5
加量 1.5
2
活褶共 2.5
2.5
2
1
1
綠色虛線
是兩片合
併取腋下
褶
綠色虛線
是後中線
向外車縫
0.8 ~ 1
藍色線
是貼邊
12.5
2
4.5
1
5
2
2~2.5

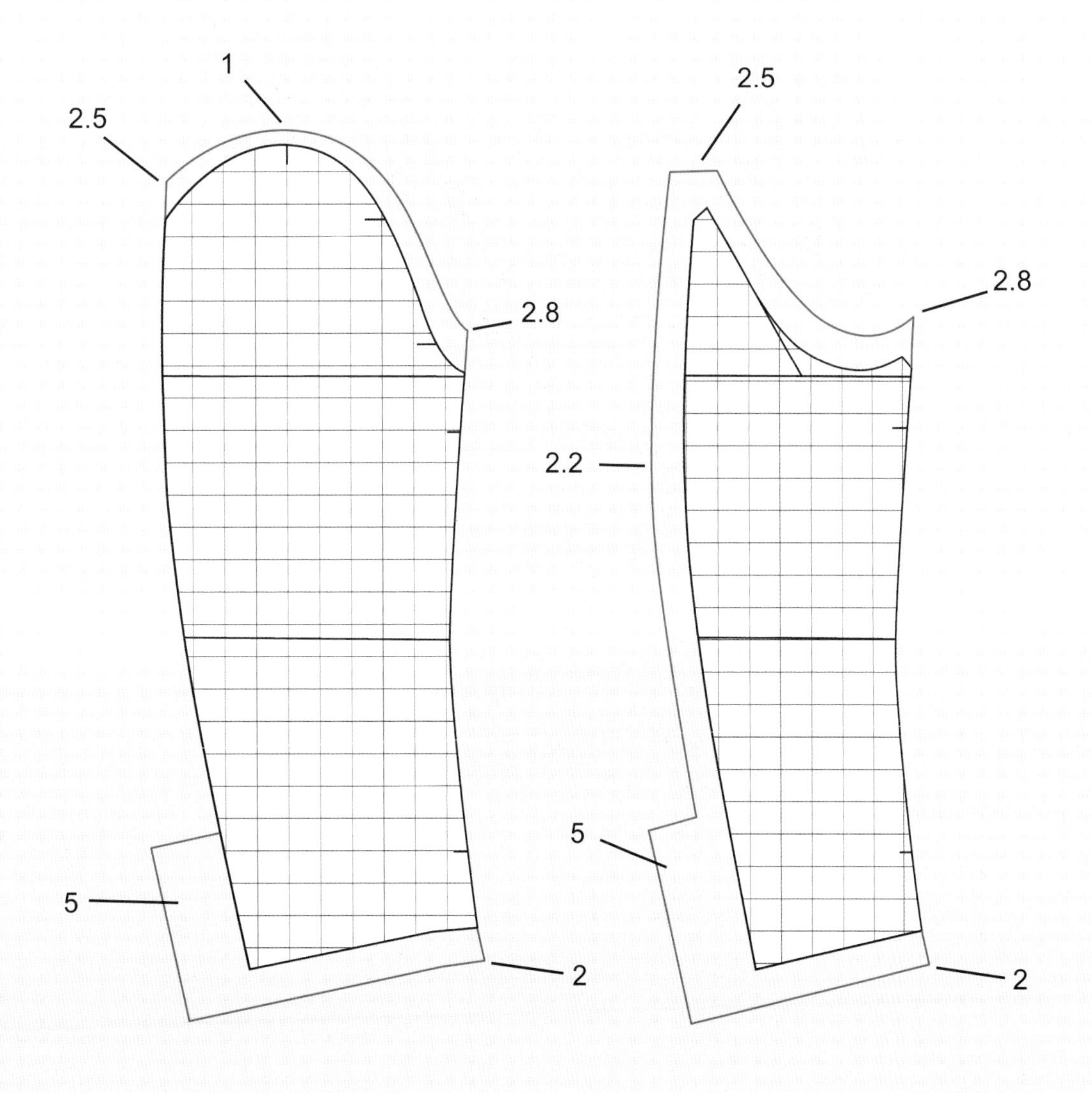
1
2.5
2.8
5
2
2.5
2.8
2.2
5
2

紮手工西服試穿胚衣 ~ 如想了解縫製胚衣的製作過程
可上格蘭訂製西服官網 :https://www.grand-tailor.com.tw/
或上 youtube: 格蘭訂製西服 紮手工西服胚衣教學示範

Chapter.2

加強襯篇

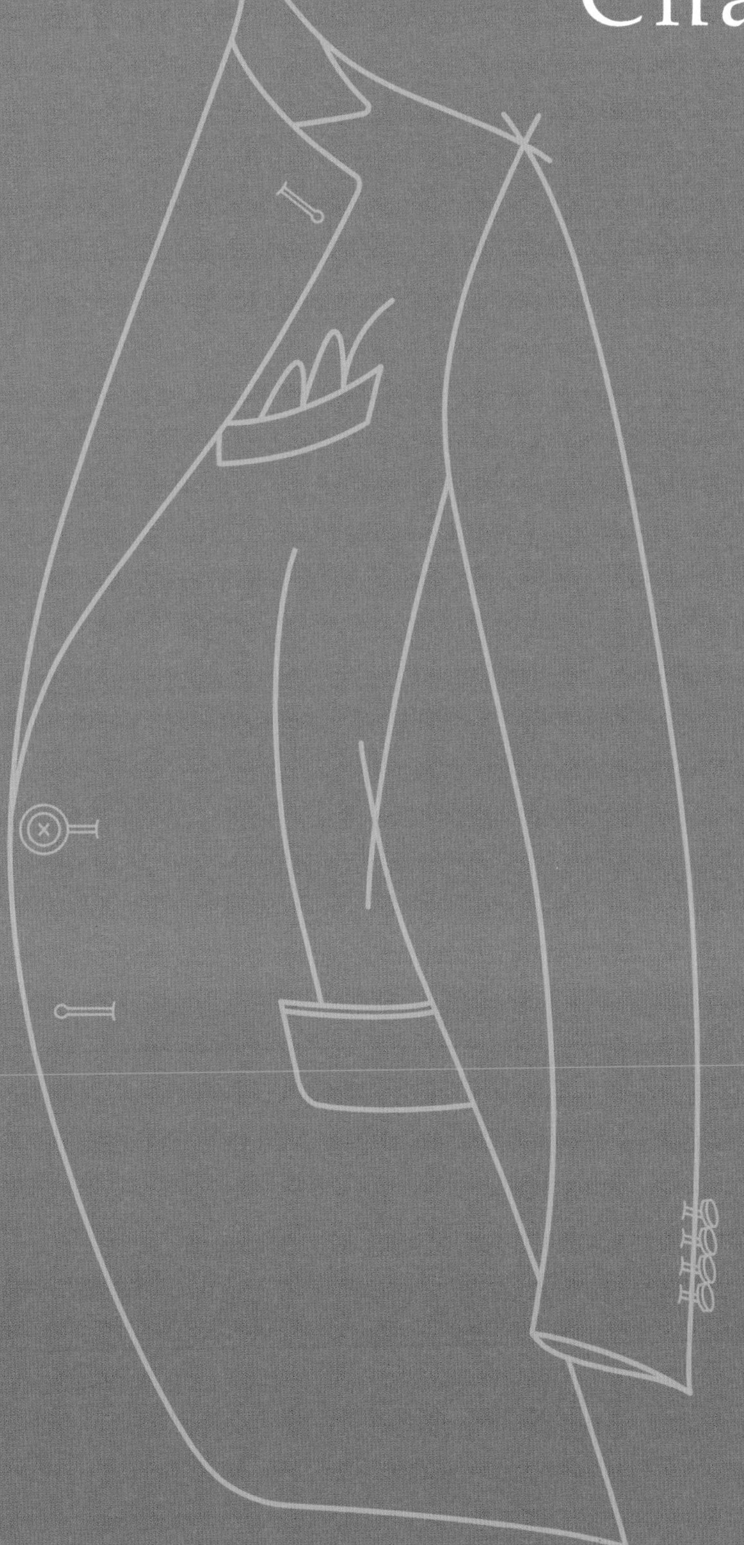

Chapter.2

製作毛襯

- 加強襯位置圖
- 第一層毛襯
- 粗裁毛襯
- 第二層毛襯
- 中間層馬尾襯
- 塑造立體
- 中間層立體效果

加強襯位置圖

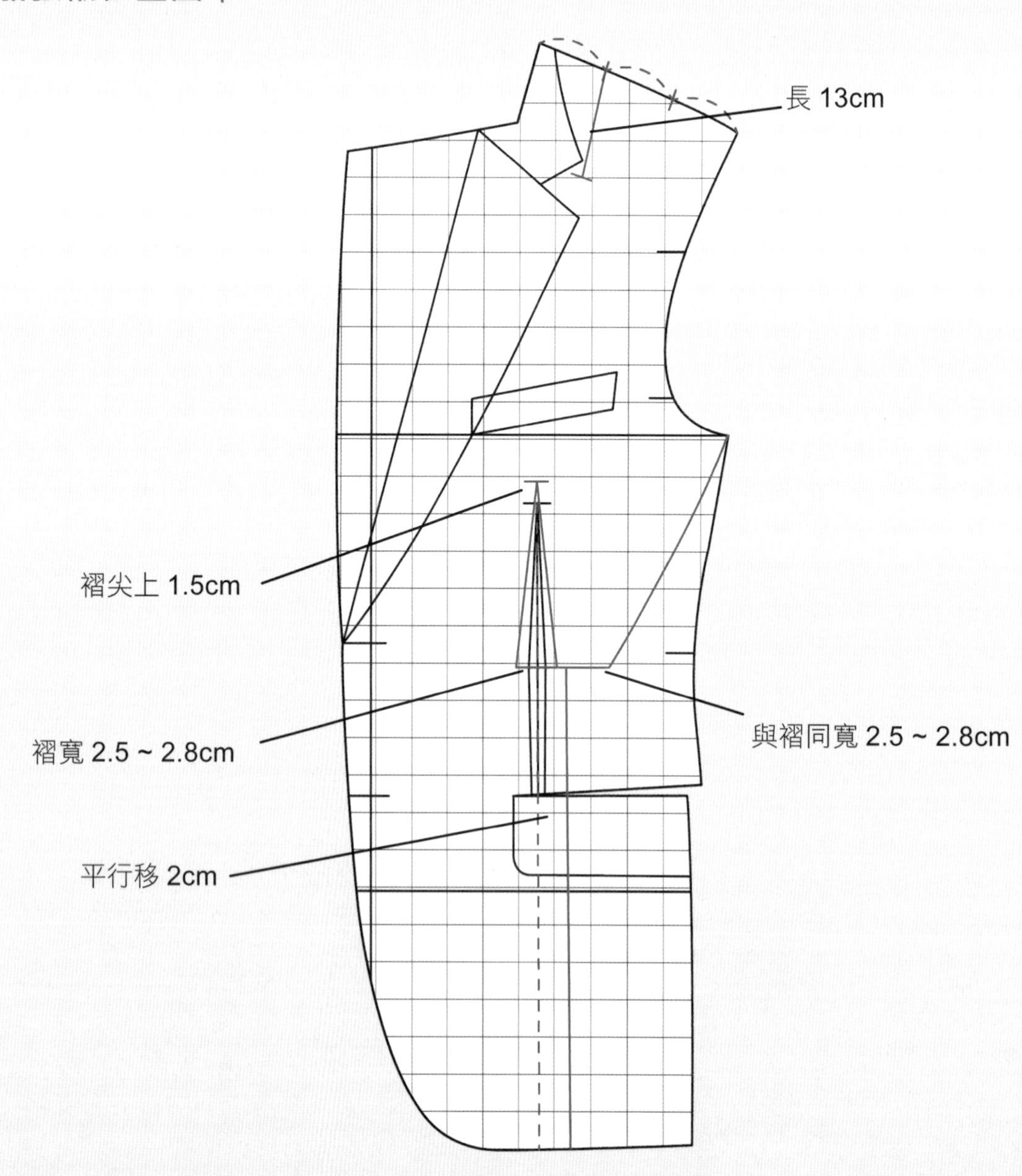

｜第一層毛襯｜

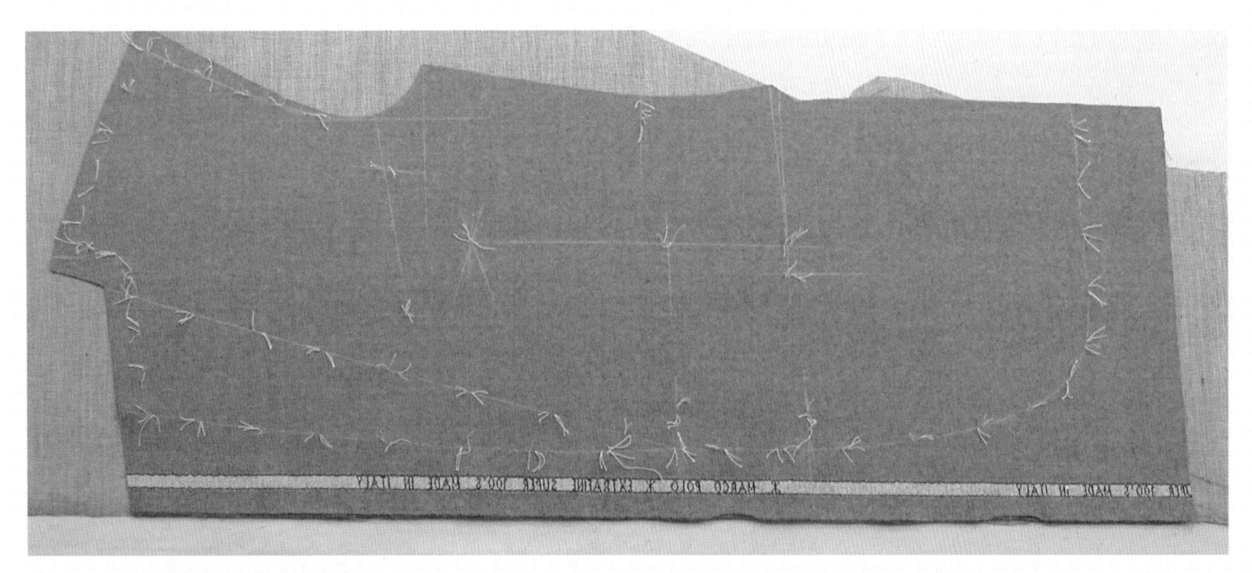

表布和毛襯對合直布紋布邊

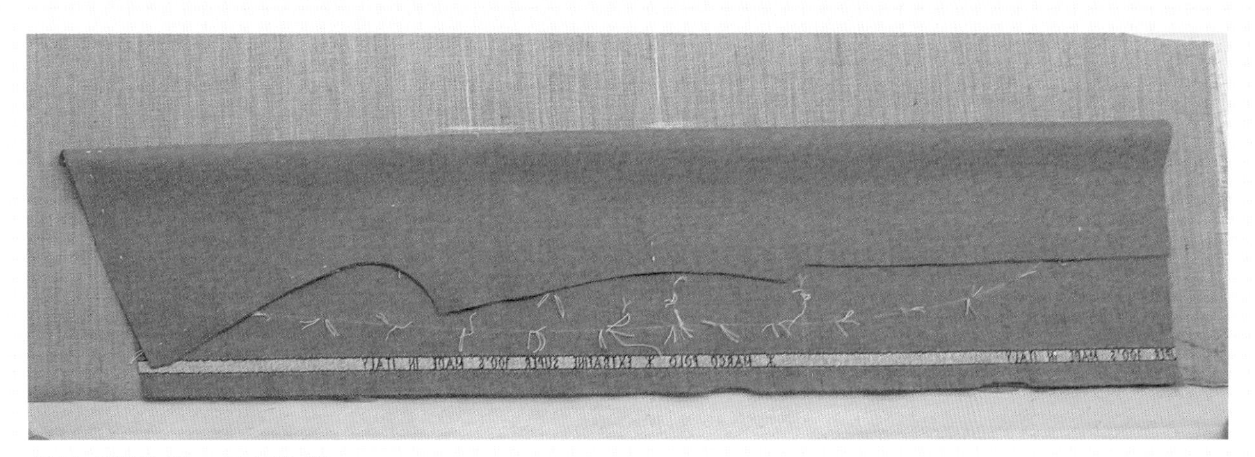

標示毛襯胸褶、腰部位置

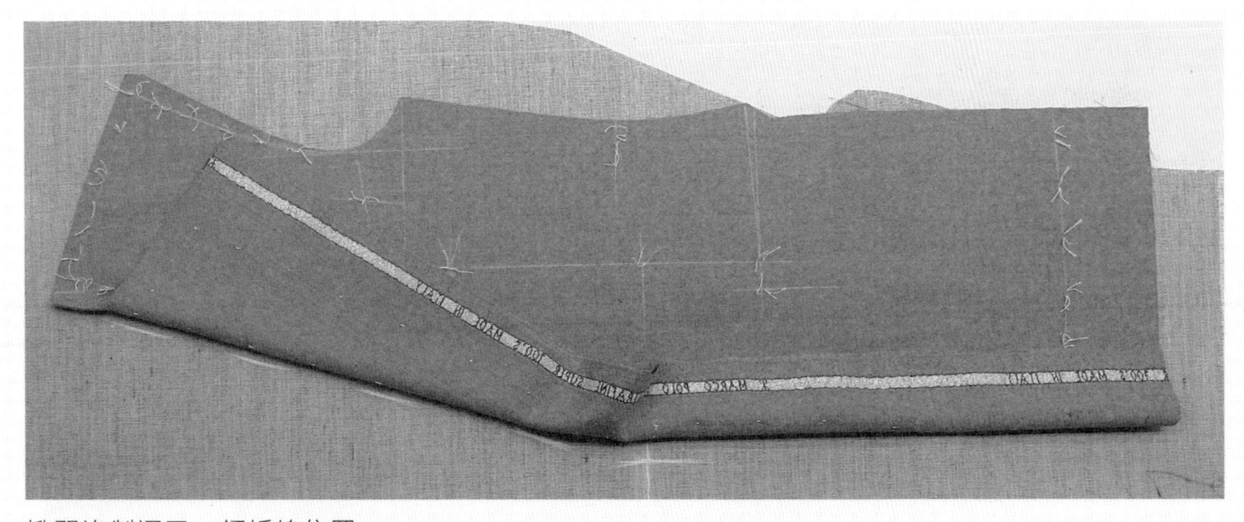

掀開複製褶子、領折線位置

| 粗裁毛襯 |

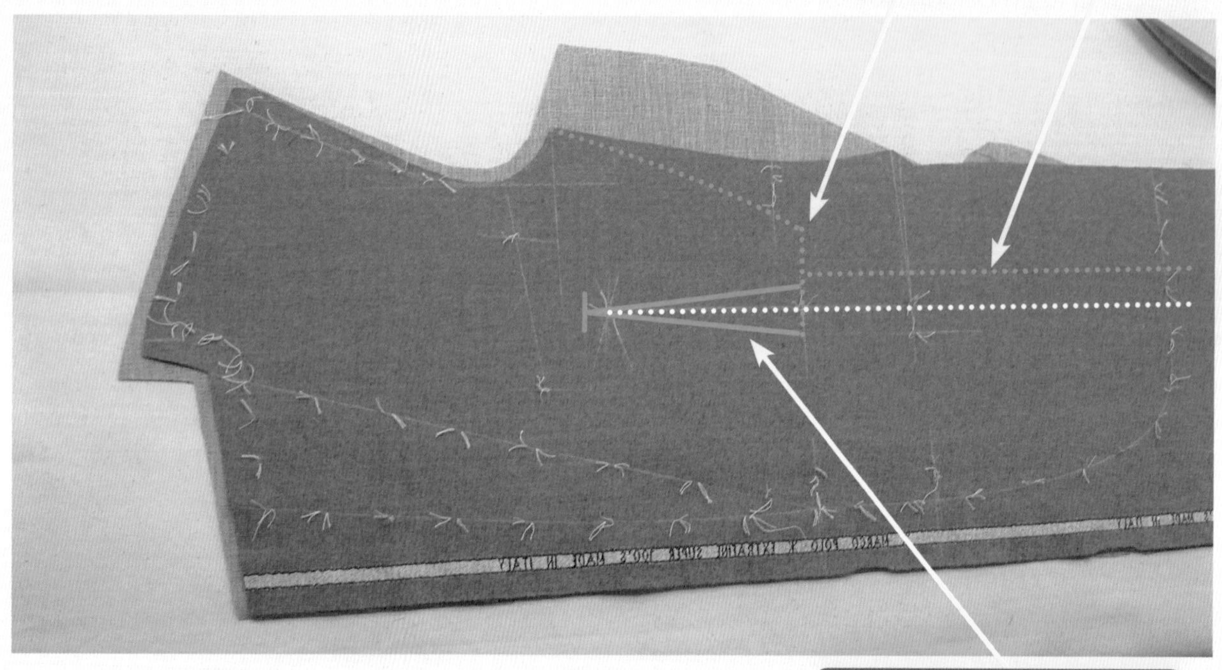

領圍、肩線、袖圍毛襯留 1.5cm

畫出領折線、胸褶、肩線位置

平行領折線內移 1.5cm，複製記號線

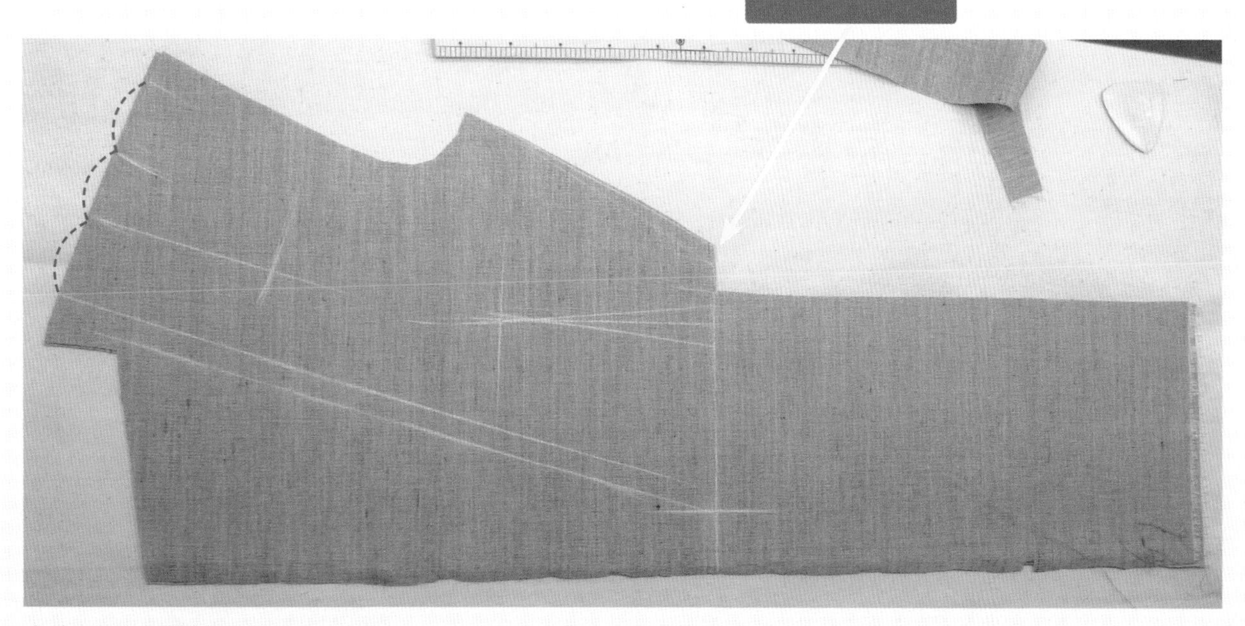

畫出呈現立體效果的褶子位置
肩線 $^1/_3$ 往肩窩
腰往胸部、褶寬 2.5cm

| 第二層毛襯 |

領折線內移 1.5cm，修剪肩線、袖圍、腰部以上
直布紋對合領折線，往胸部畫出褶子位置、褶寬 2.5~3cm

| 中間層馬尾襯 |

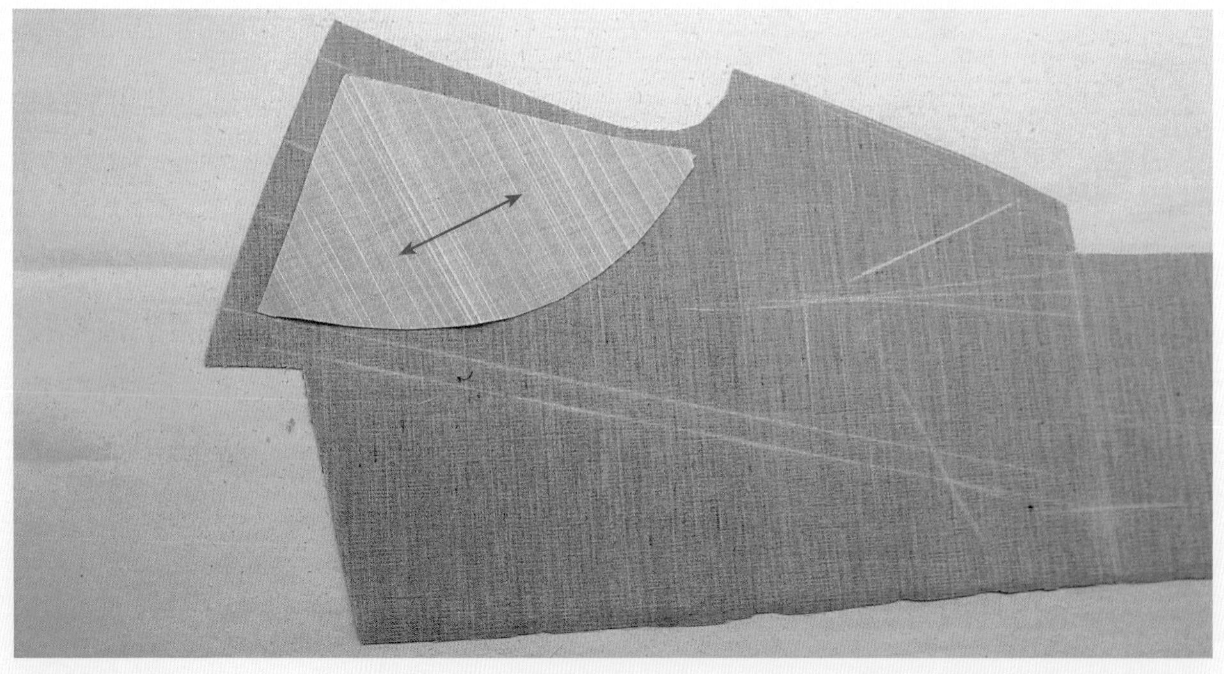

加強肩窩部位
斜布紋

｜塑造立體｜

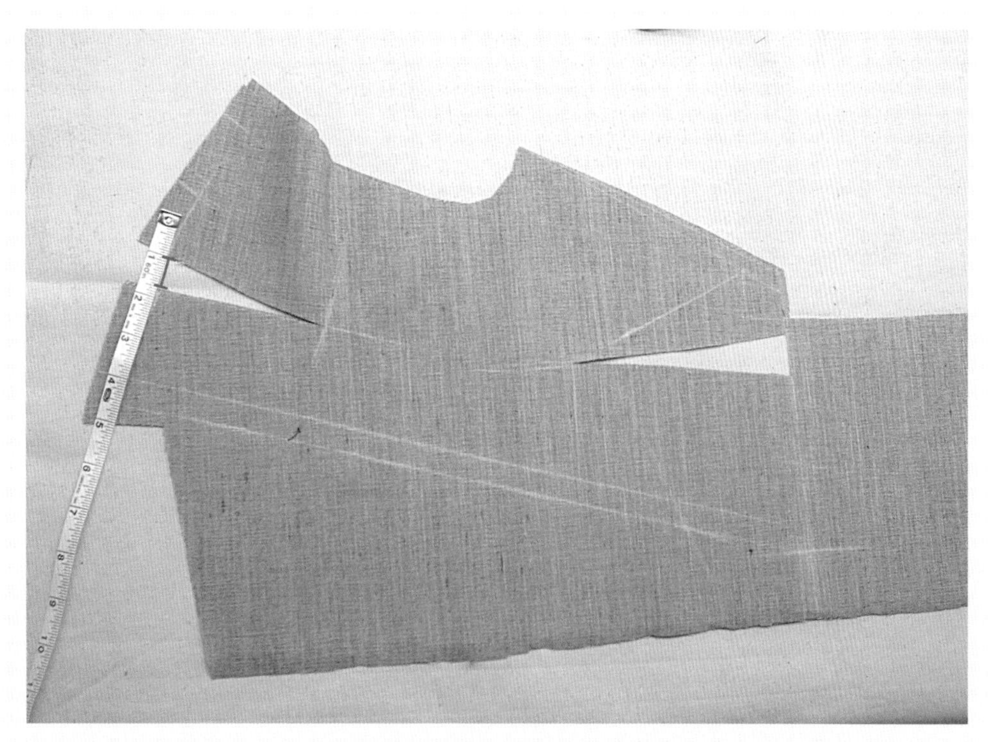

第一層毛襯

$^{1}/_{3}$ 肩線處剪展 2cm，胸褶腰部剪掉 2.5cm

｜中間層立體效果｜

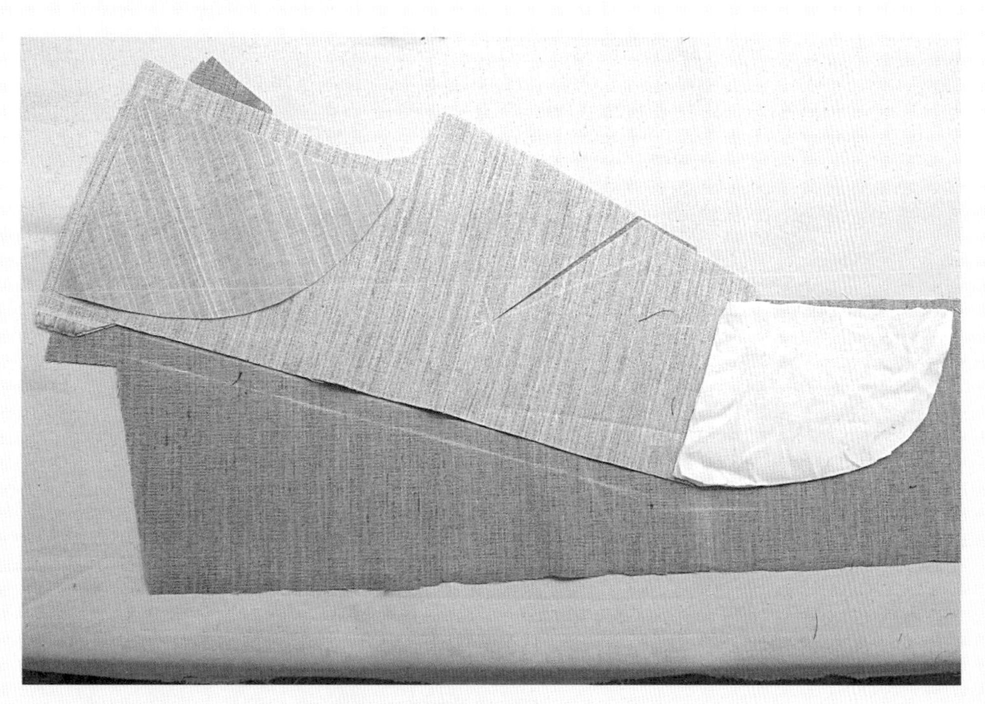

第二層加強襯（毛襯）脇邊部位剪掉 2.5cm

中間層加強襯（馬尾襯）斜布紋肩窩馬尾襯、腰部使用胚布

製作加強襯

- 第一層毛襯
- 第一層立體效果
- 第二層加強襯
- 肩窩加強中間層馬尾襯
- 強化三層加強襯
- 二牽條壓雙線固定
- 熨燙呈現立體效果

| 第一層毛襯 |

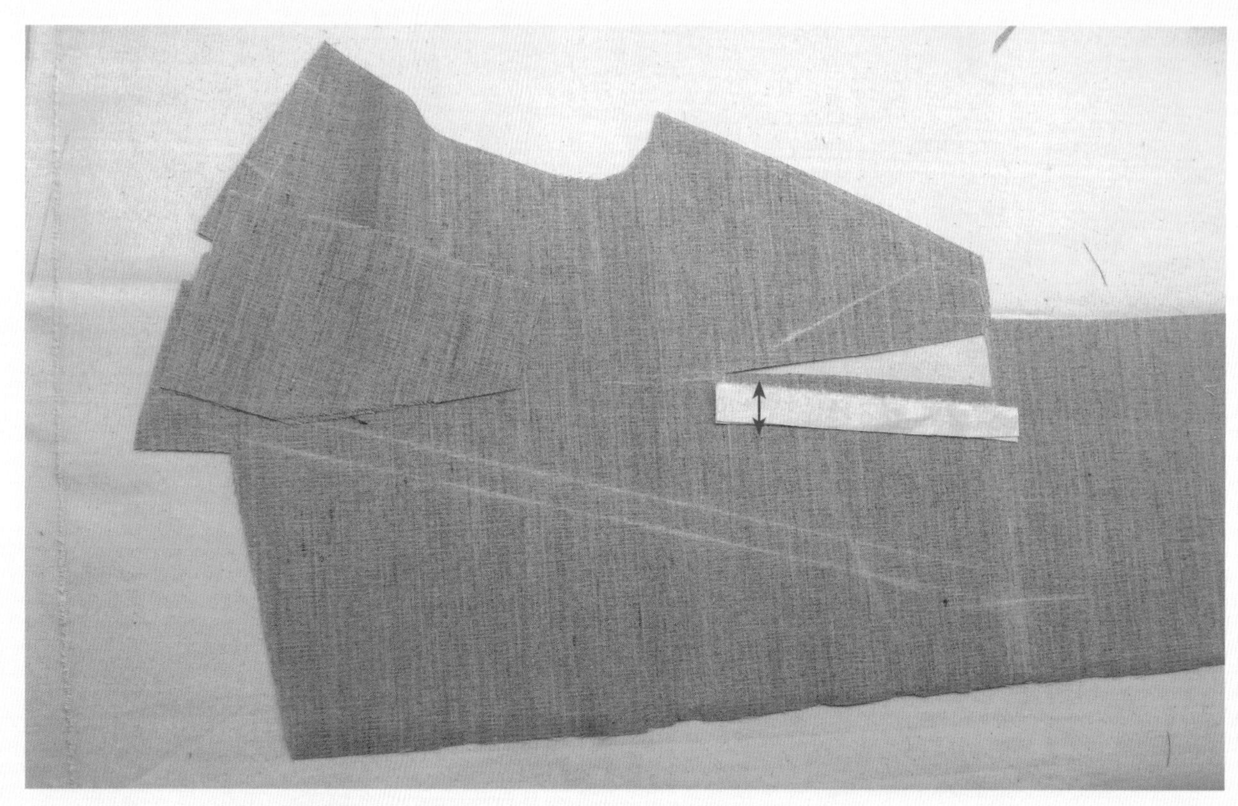

肩線展開部位墊同布紋毛襯
腰部剪掉處以 1.5cm 橫布紋棉胚布加強

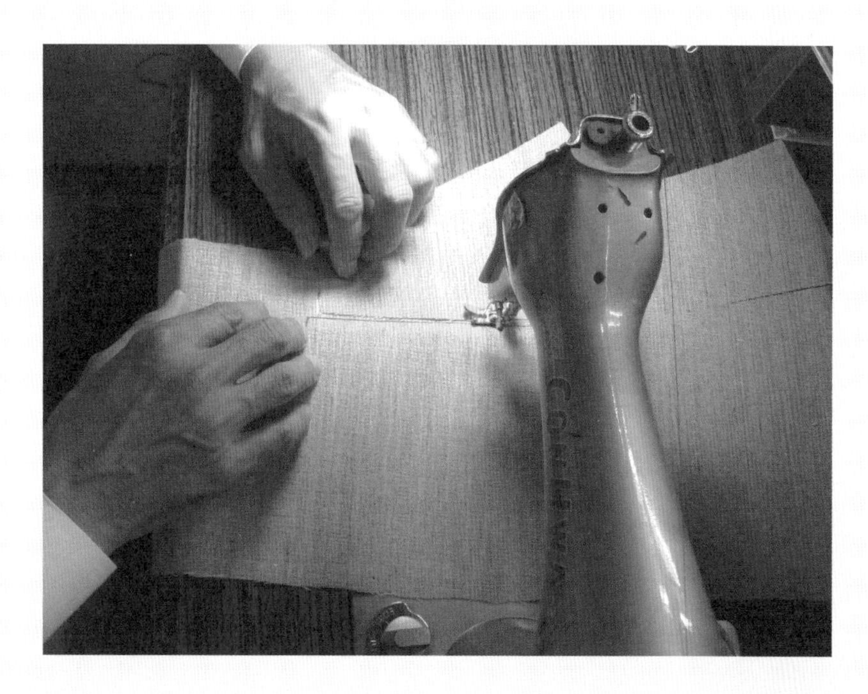

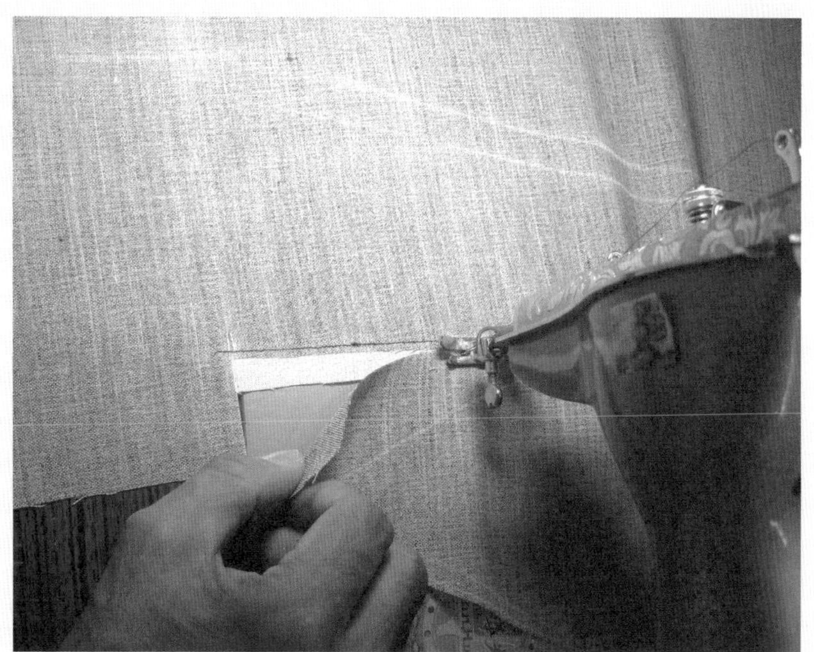

腰部剪掉處以 1.5cm 直布紋胚布車合固定

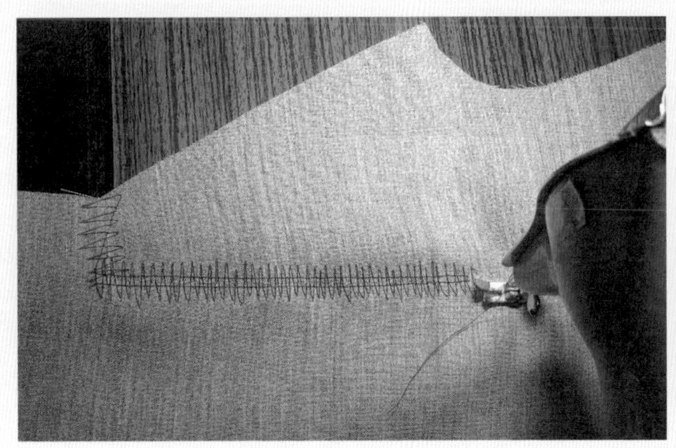

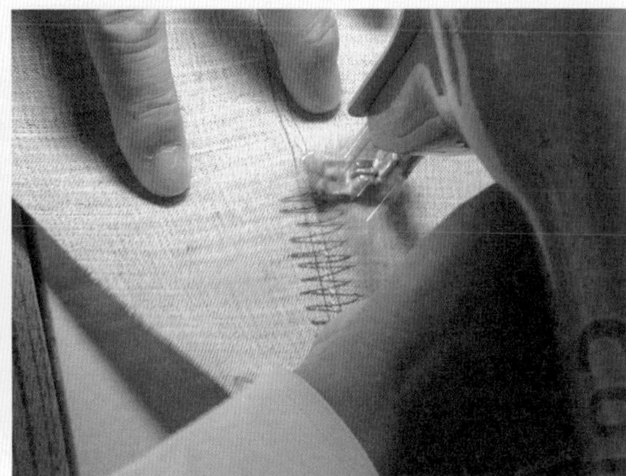

正面再車鋸齒

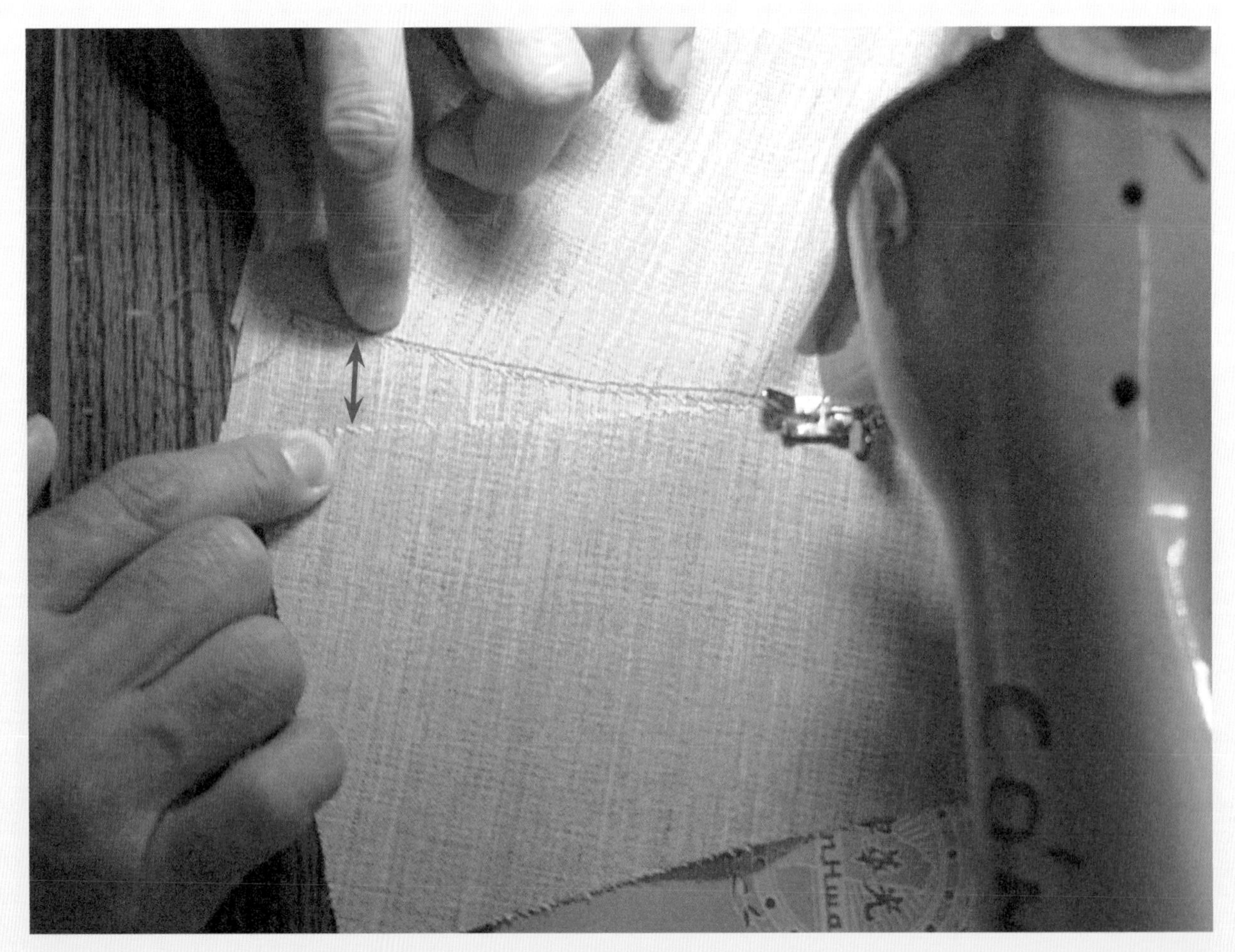

肩部展開 2cm，並加毛襯插布固定

| 第一層立體效果 |

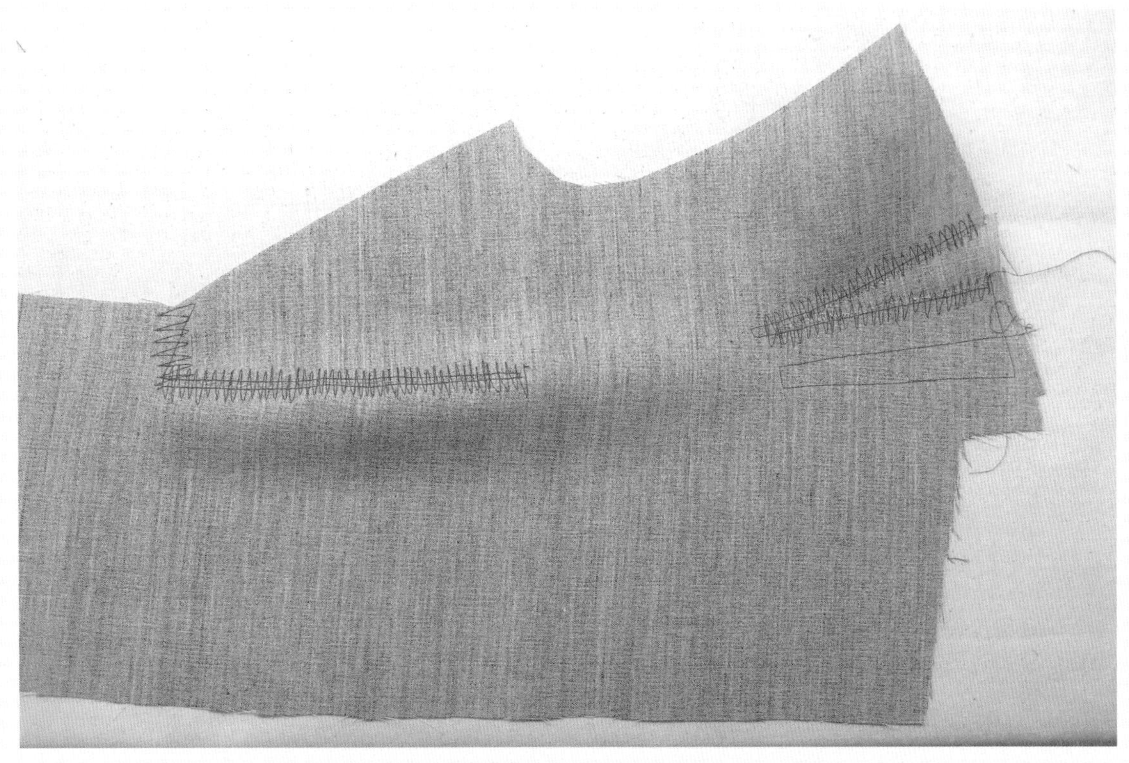

以插布、胚布條車固定並車鋸齒加強－正面

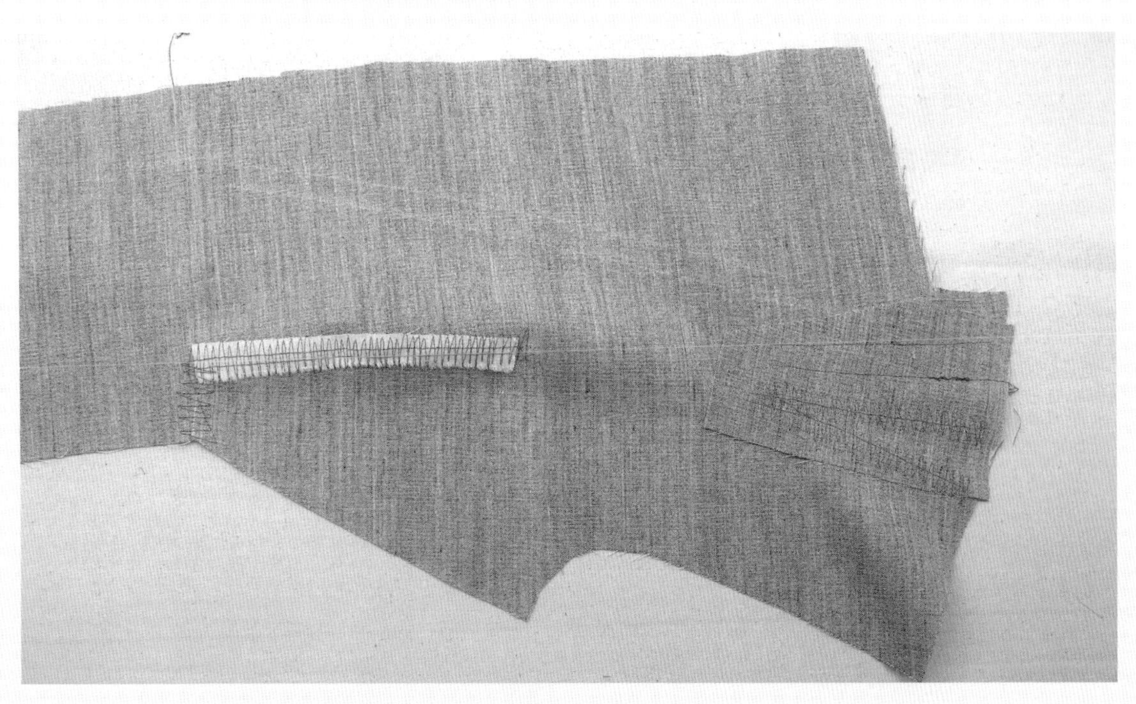

以插布、胚布條車固定並車鋸齒加強－背面

|第二層加強襯|

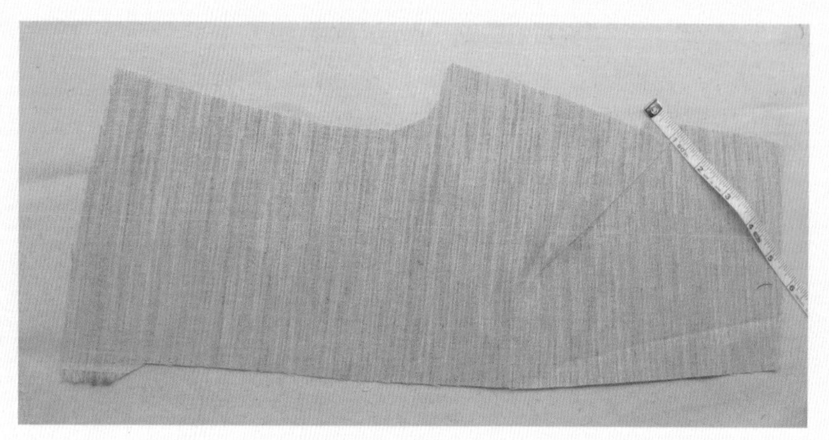

脇邊褶剪開重疊 2.5cm 車固定

熨燙呈立體

第二層加強襯固定於第一層，加強襯領折線外 1.5cm 處

| 肩窩加強中間層馬尾襯 |

肩窩翹起量 5cm

斜布紋肩窩馬尾襯剪牙口，以吻合人體肩窩與第一層加強襯之立體效果

| 強化三層加強襯 |

八字縫縫合三層－背面

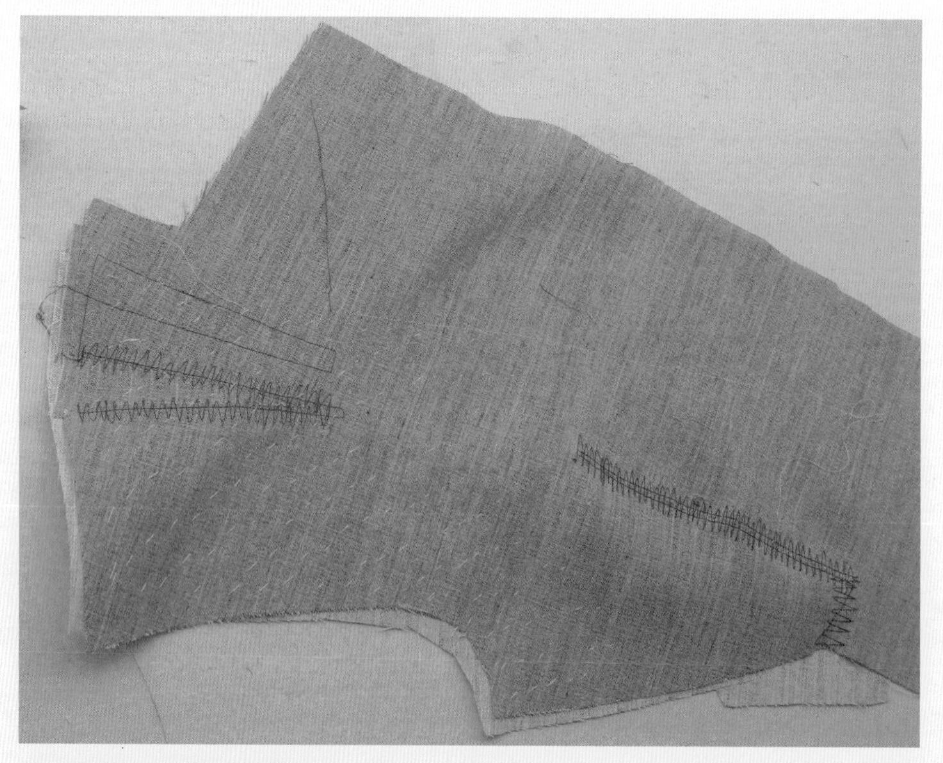

強化三層加強襯－正面

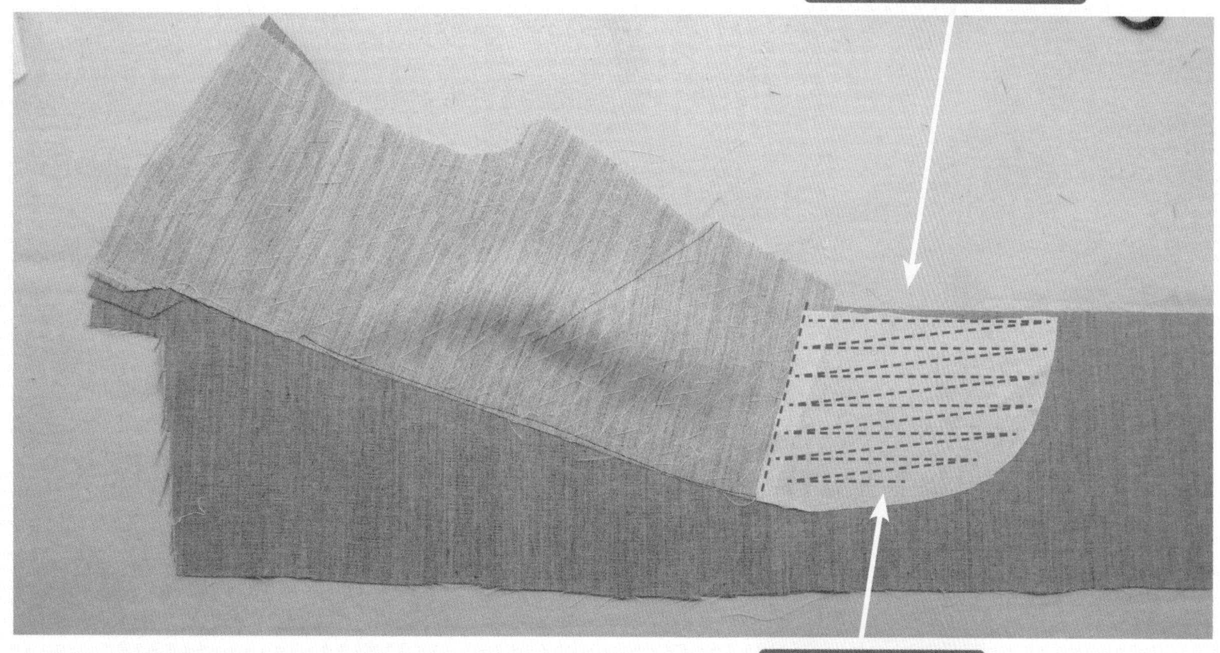

棉胚布重疊腰處 1.5cm 塗漿糊黏貼
棉胚布如圖車縫或八字縫固定

寬 3 cm、長度上下短 0.5cm 之直布紋牽條車固定於領折線處
車縫時上下拉對合，中段 $^2/_4$ 部分毛襯吃針 0.5cm
脇邊以 1 cm 直布紋牽條車固定加強

| 二牽條壓雙線固定 |

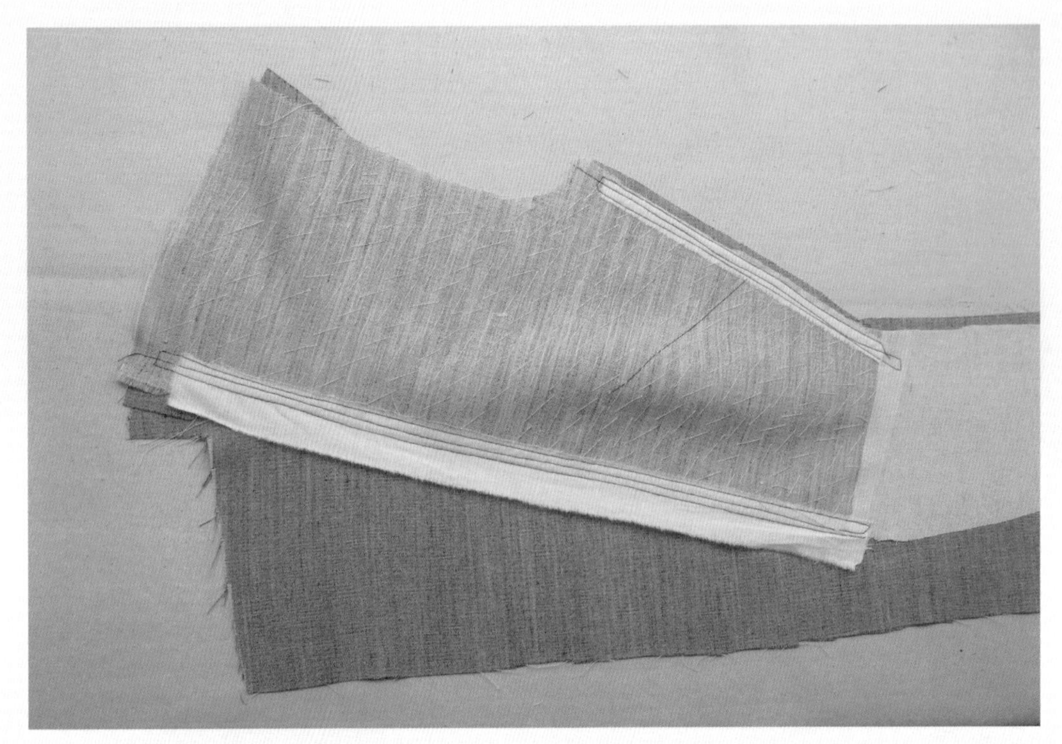

二牽條壓雙線固定－背面

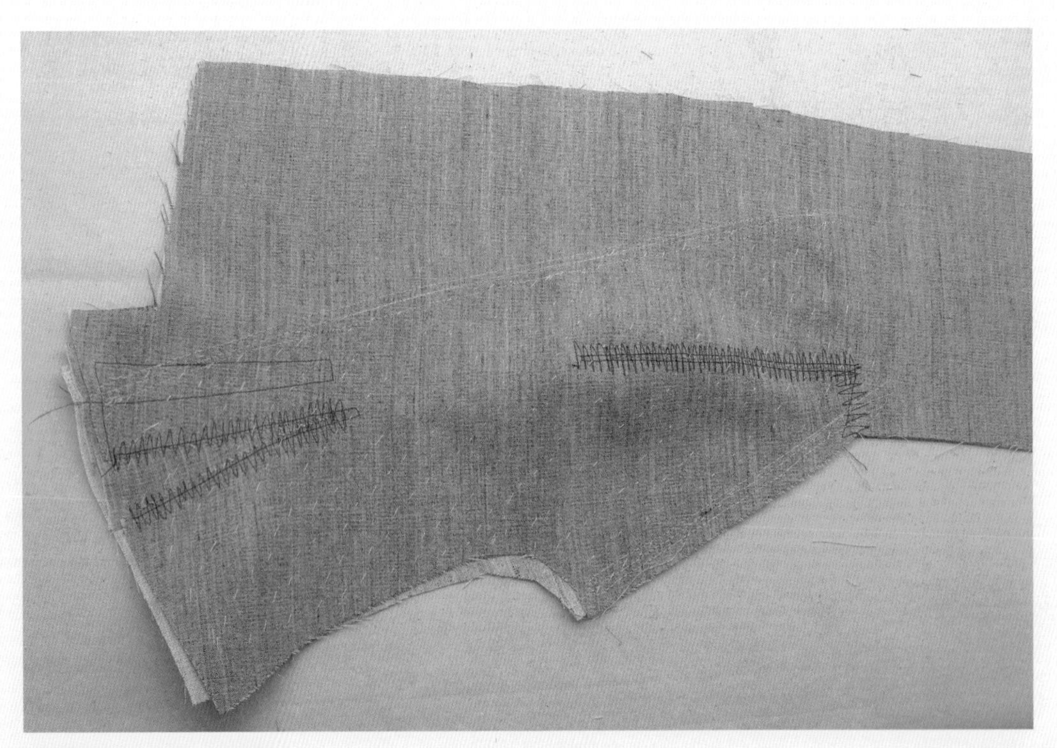

毛襯製作完成－正面

｜熨燙呈現立體效果｜

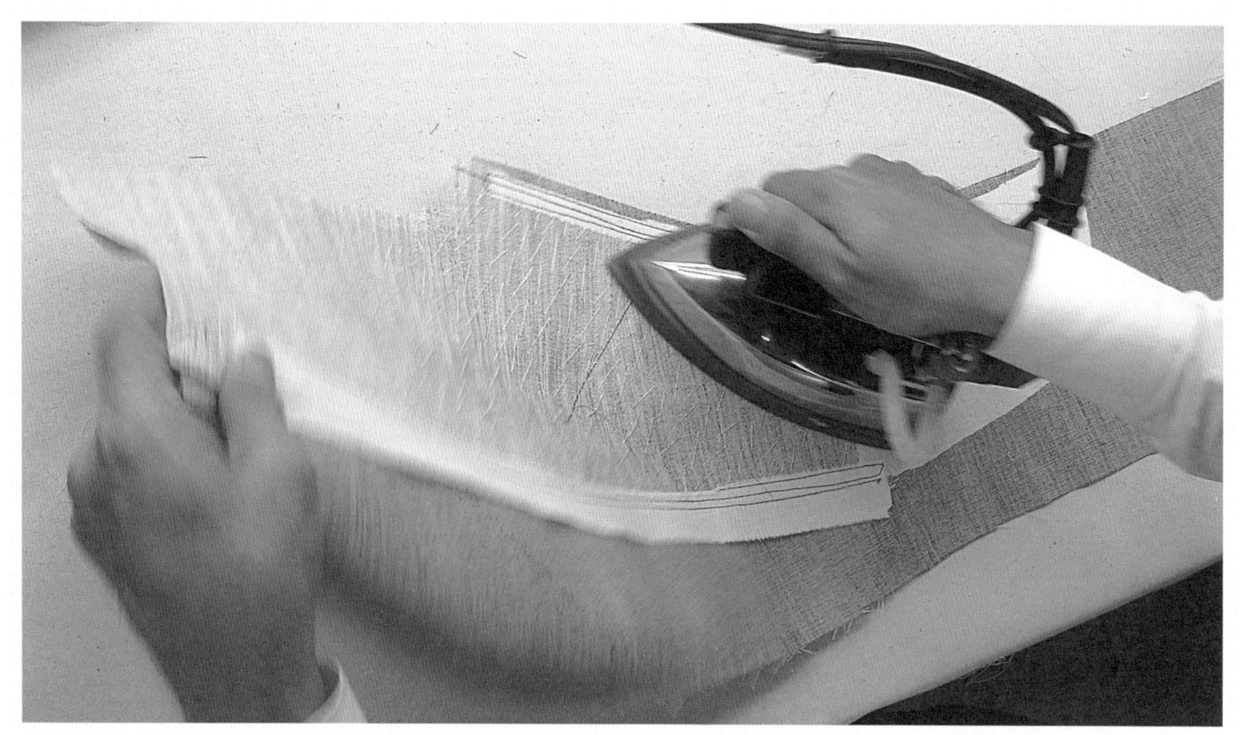

背面整燙

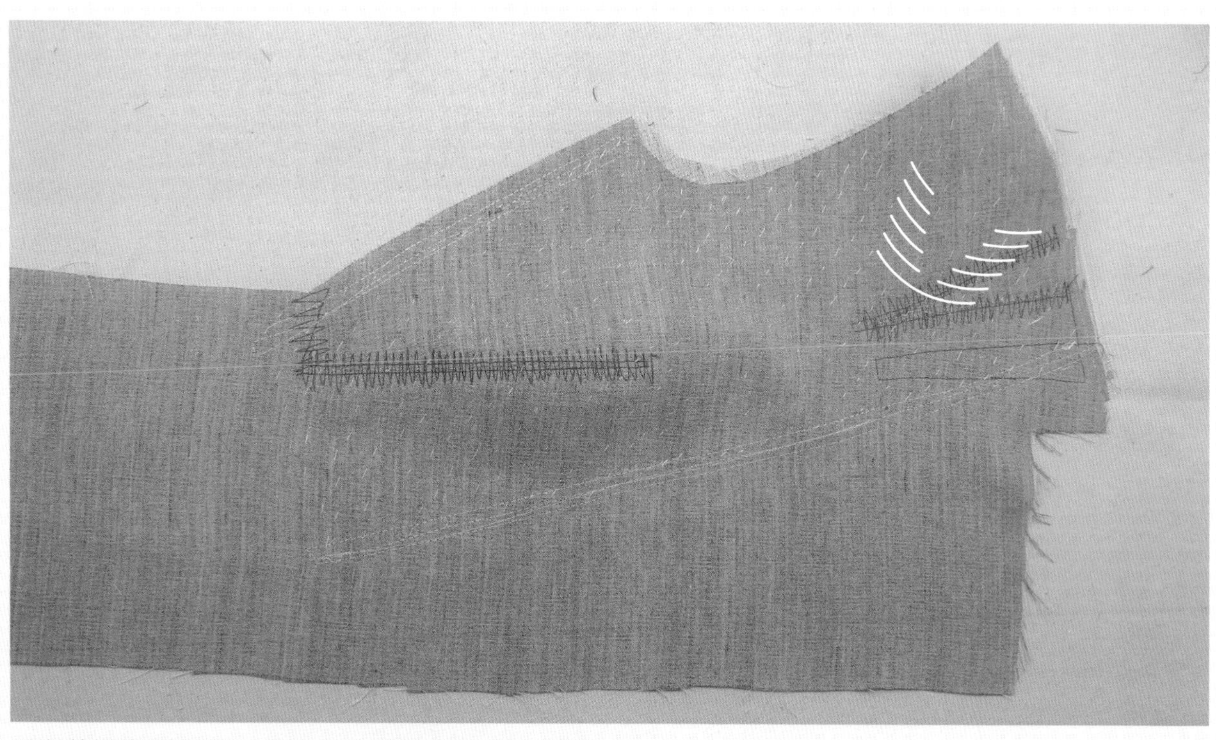

毛襯整燙塑型胸部、肩膀呈立體效果完成－正面

製作前身表布

- 前身片
- 車合脇邊片
- 熨燙呈立體
- 縫合前身片、加強襯
- 布紋經緯紗垂直水平

| 前身片 |

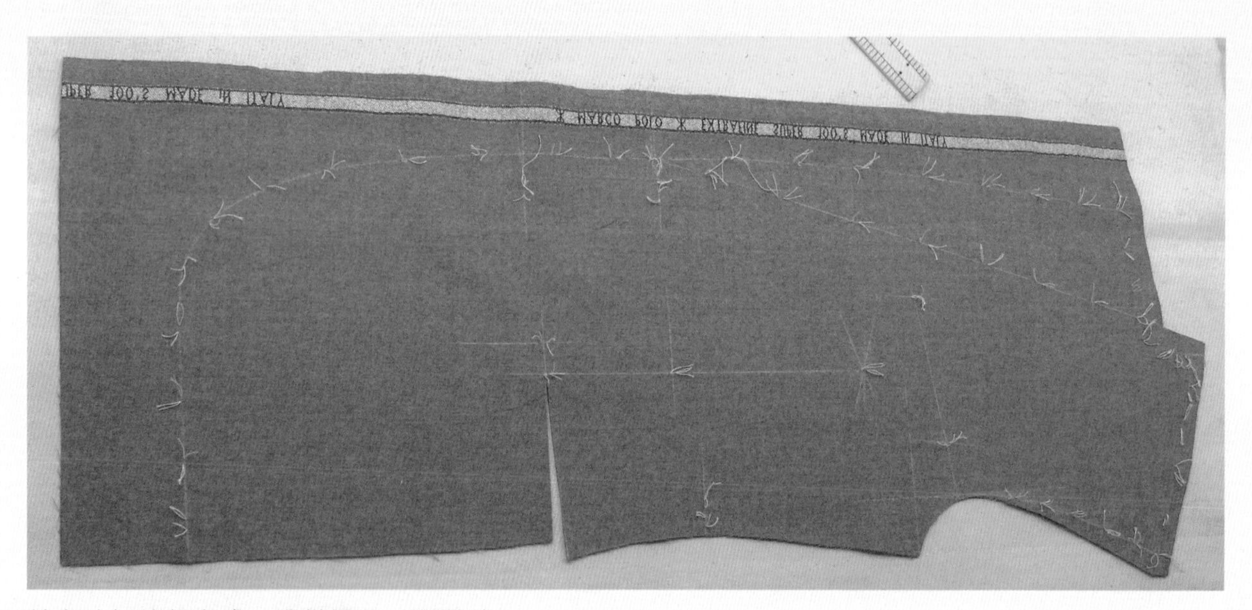

前身片打線釘完成，準備燙胸、腰褶線

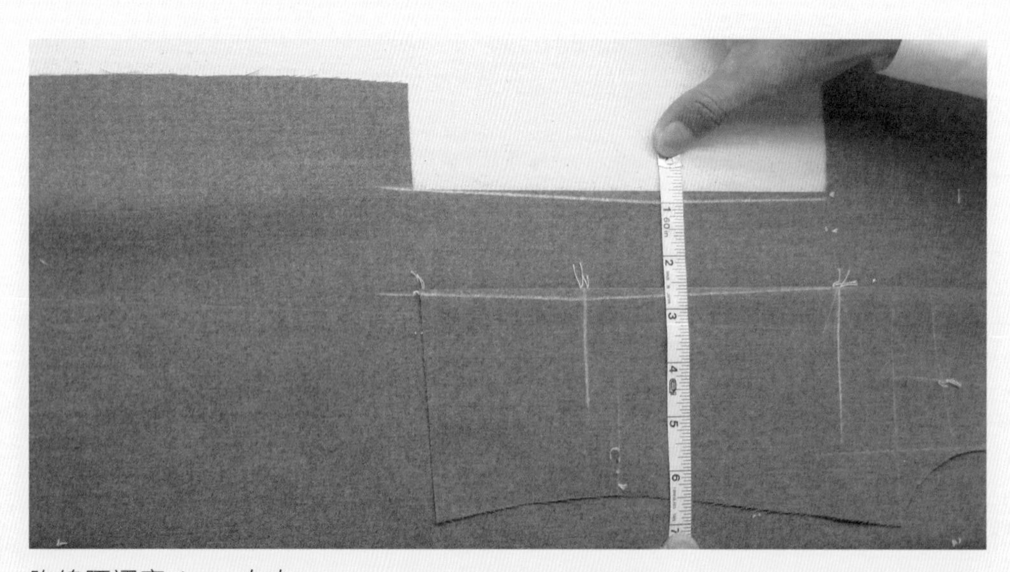

胸線腰褶寬 1 cm 左右

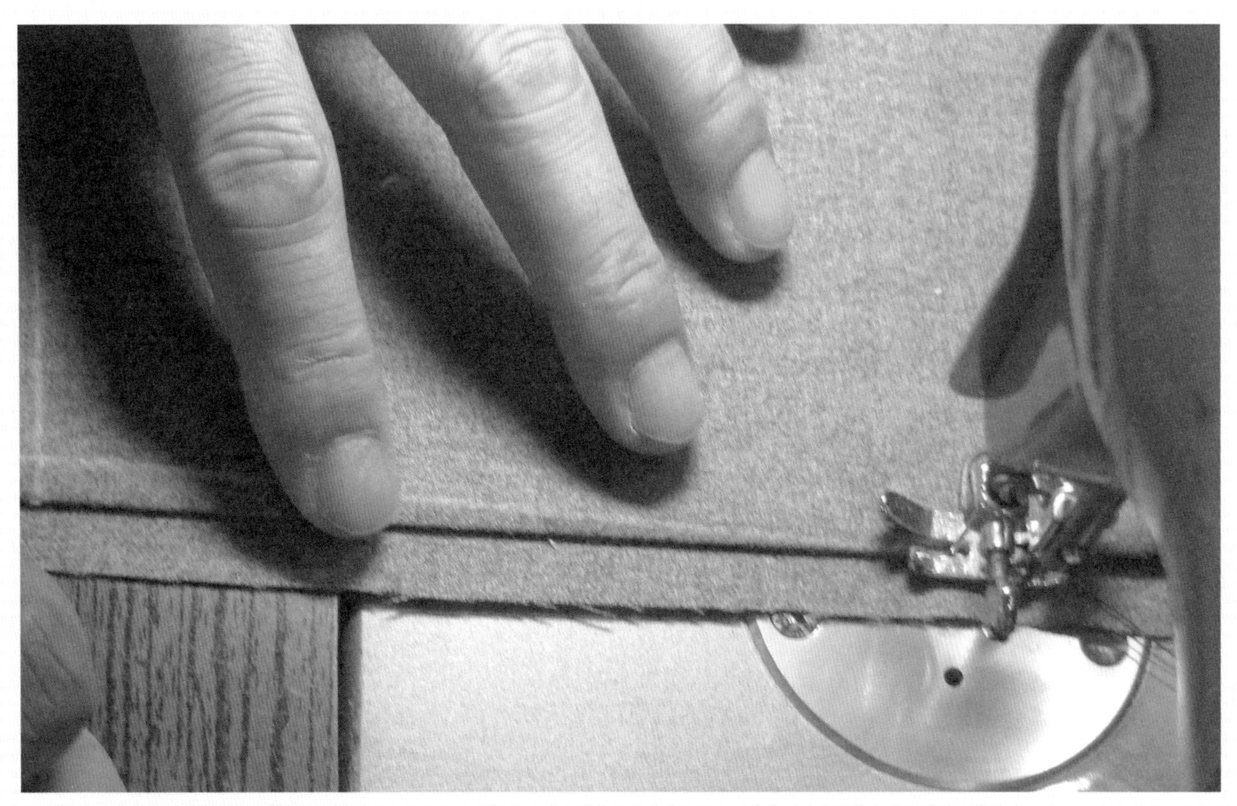

車腰褶時下層放直紋布一起車縫

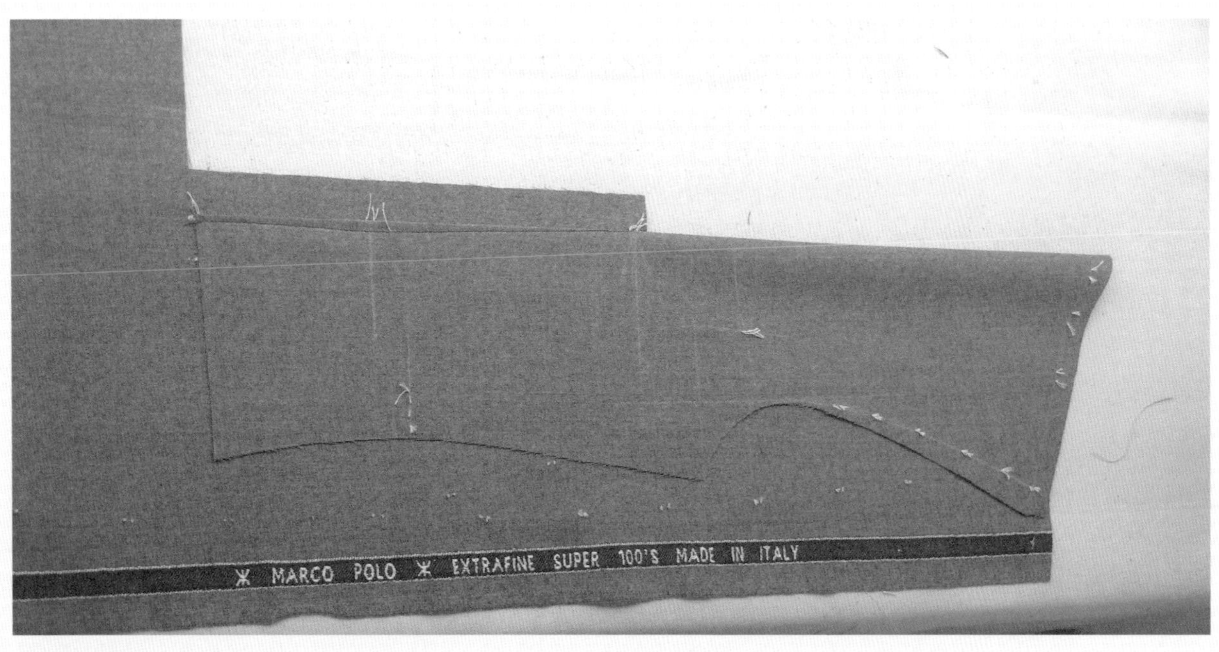

胸腰褶車縫完成

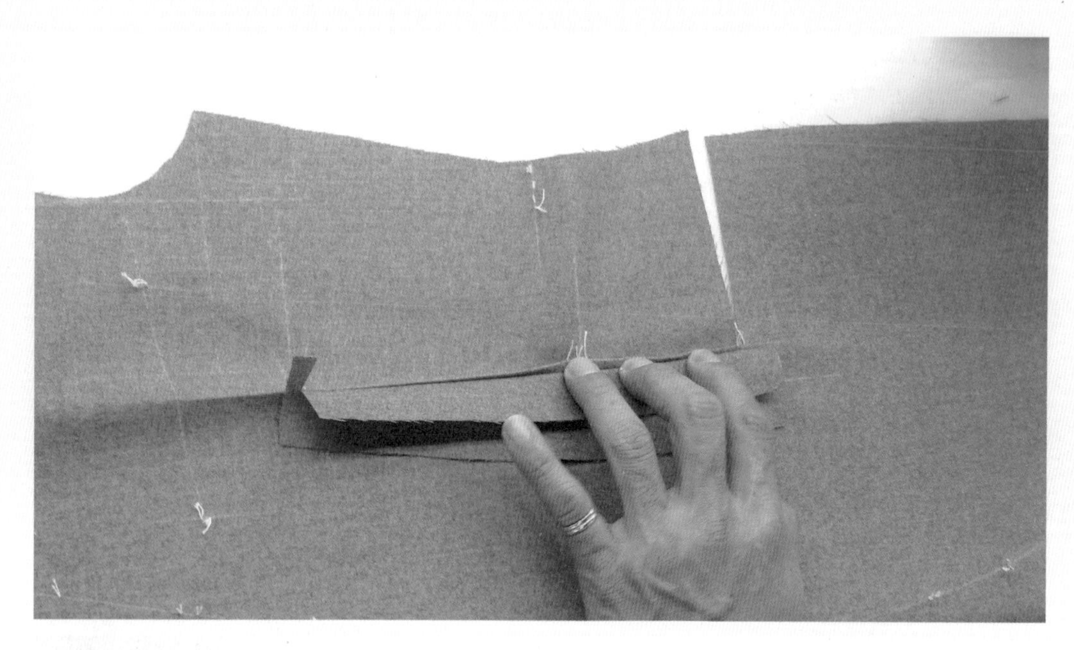

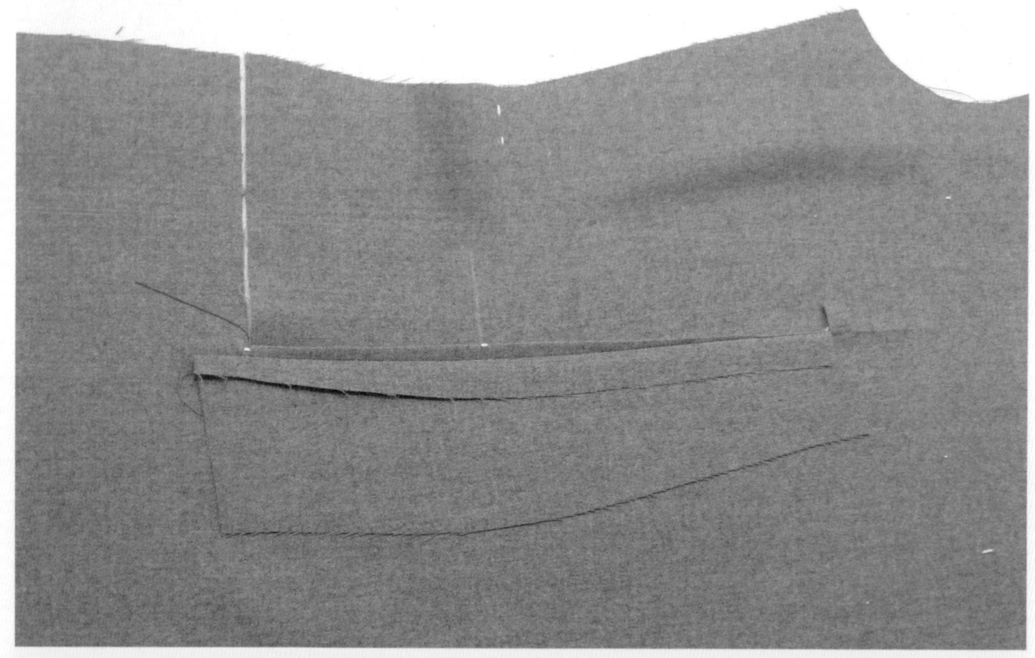

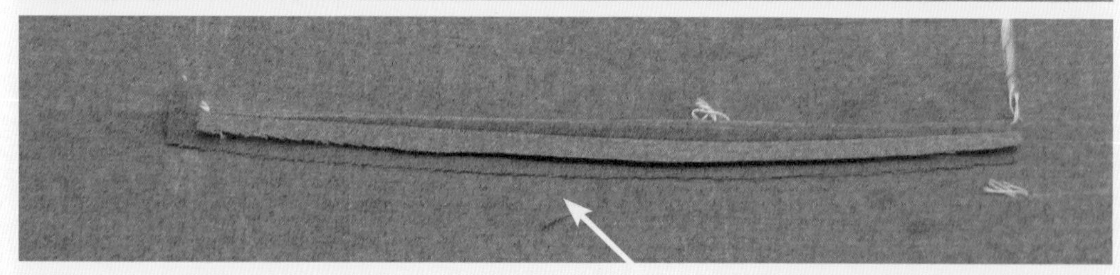

熨燙後，褶的左右呈平整狀

修剪上下層縫份
差 0.2 cm

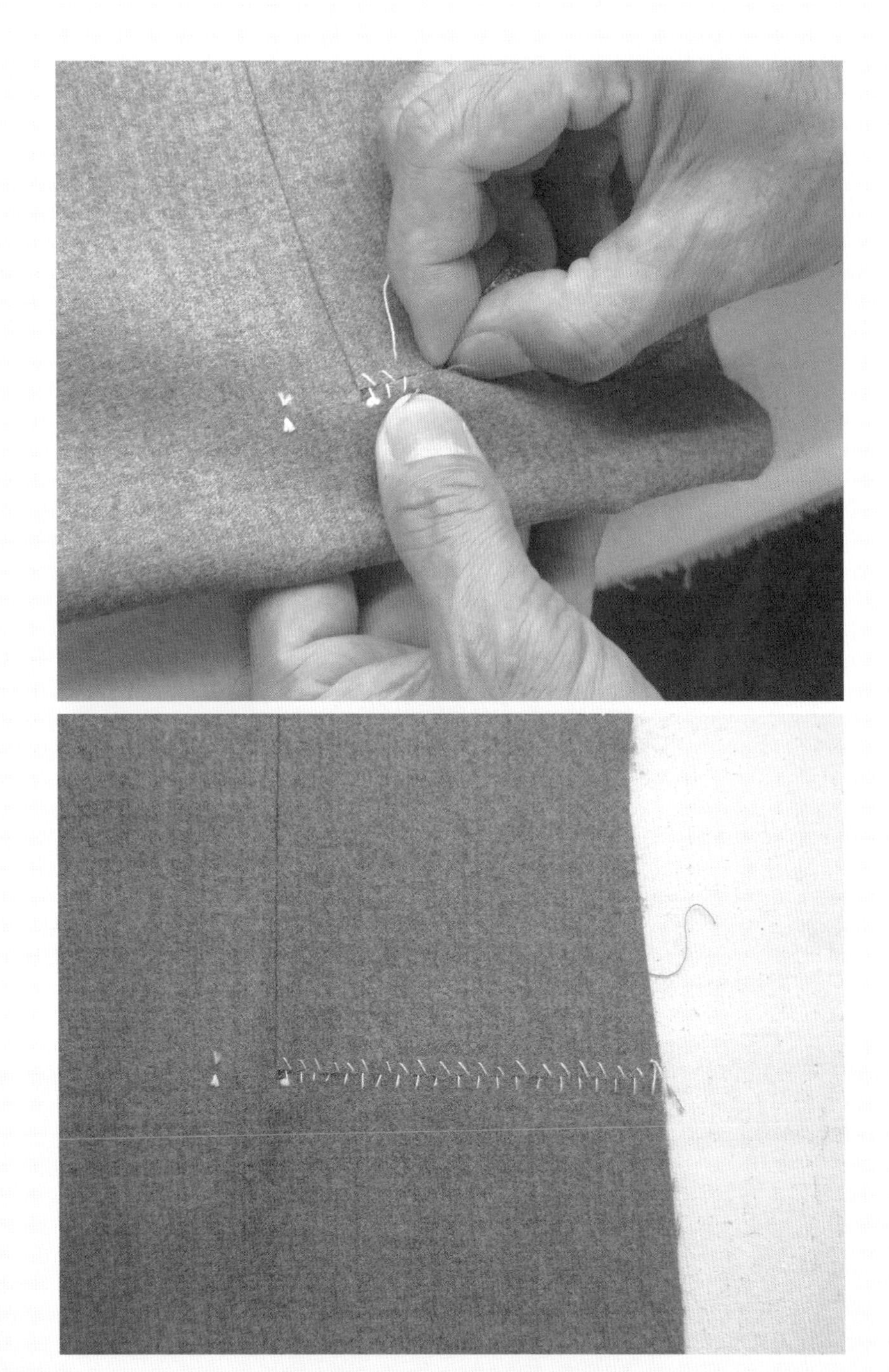

腰口袋以左右斜縫呈魚骨效果

| 車合脇邊片 |

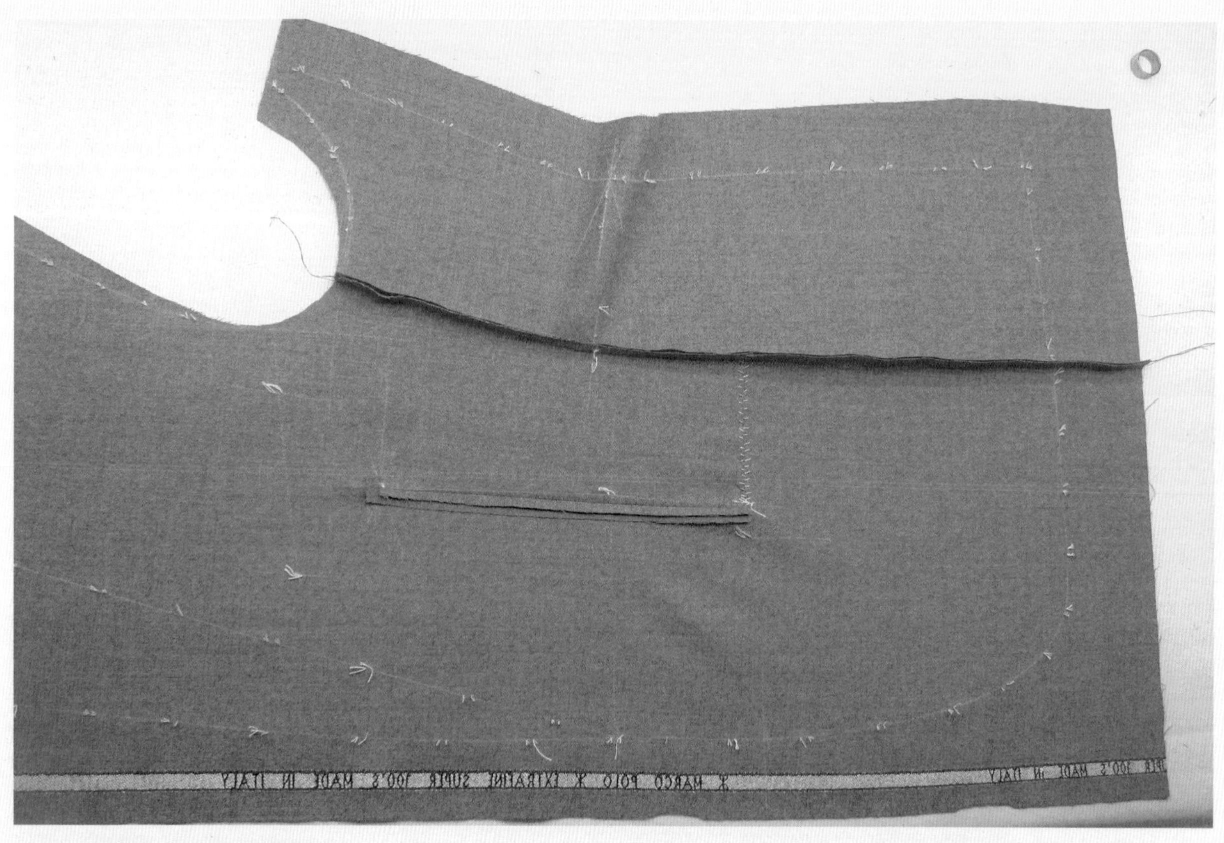

把前身片經緯紗布紋擺直

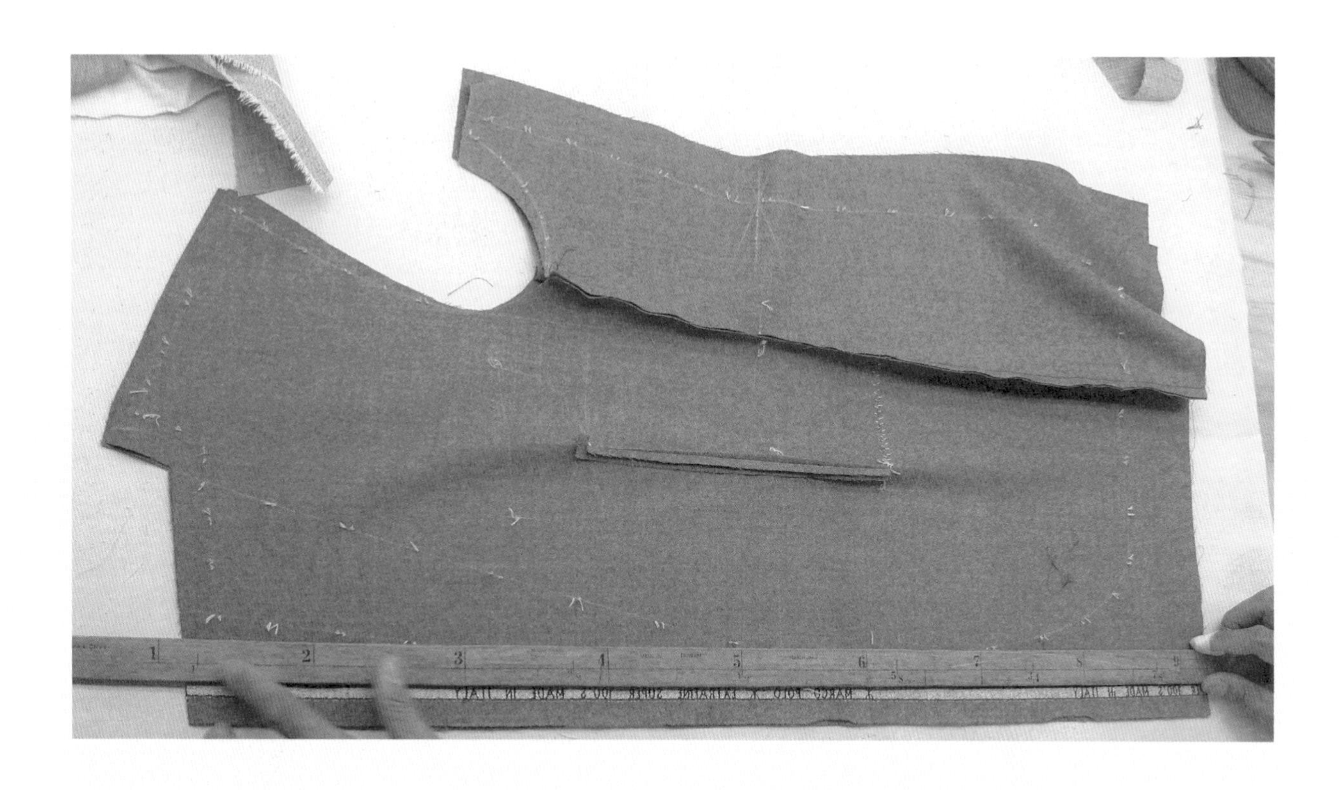

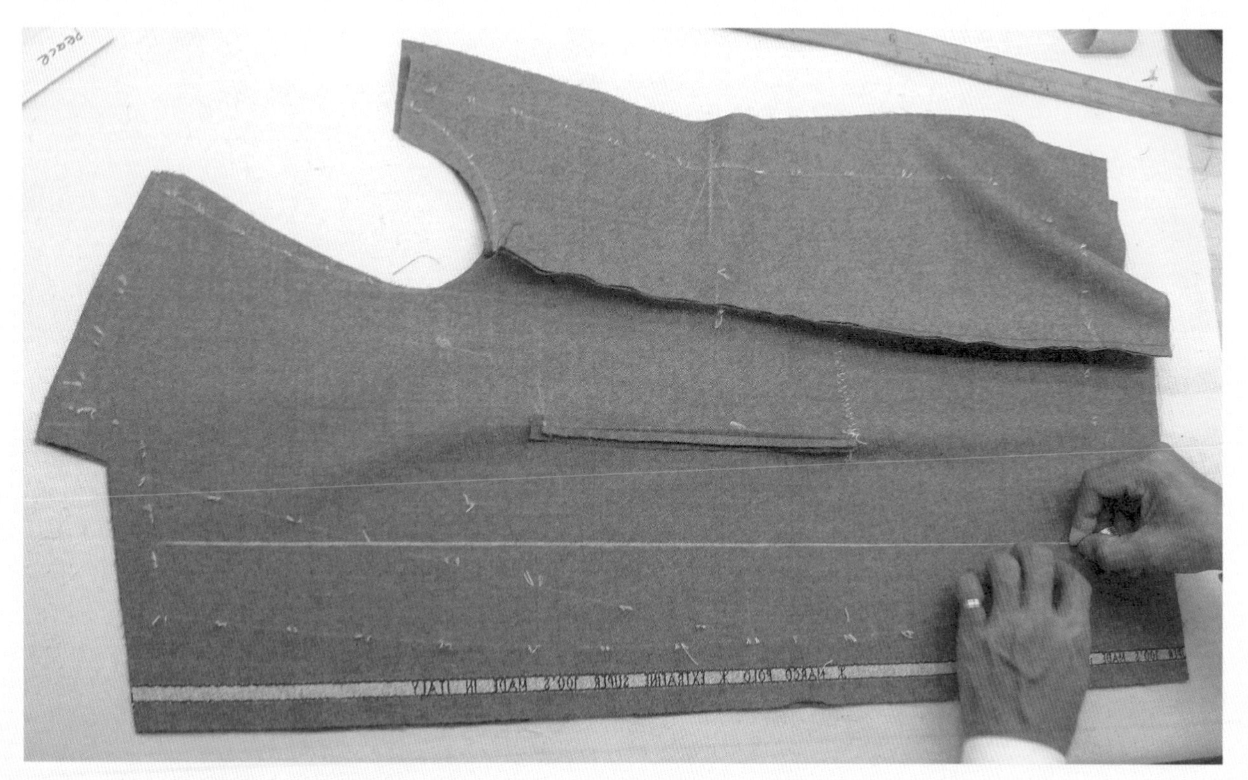

以尺、粉土定直布紋，並疏縫作記號

|熨燙呈立體|

先噴水後熨燙呈立體

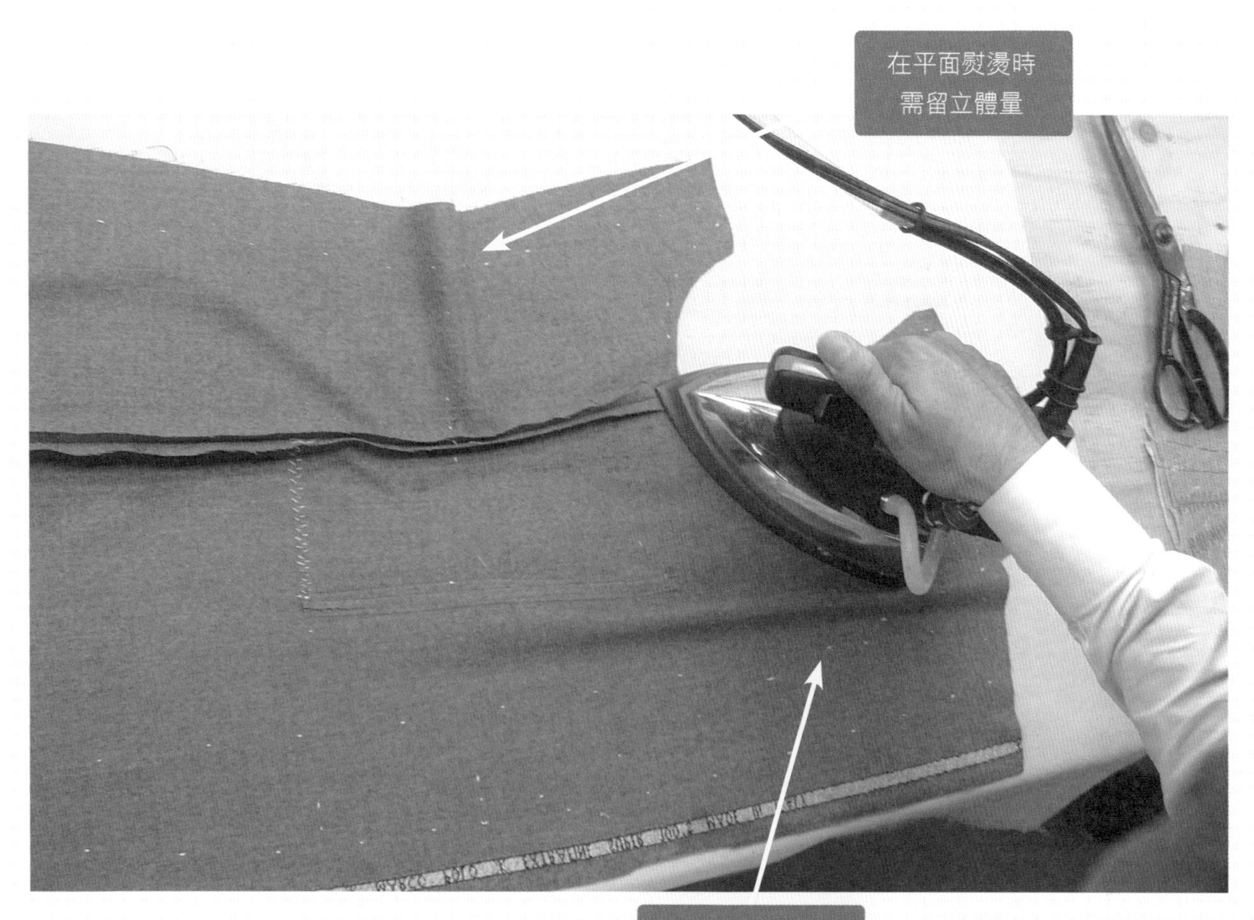
在平面熨燙時
需留立體量
在平面熨燙時
需留立體量

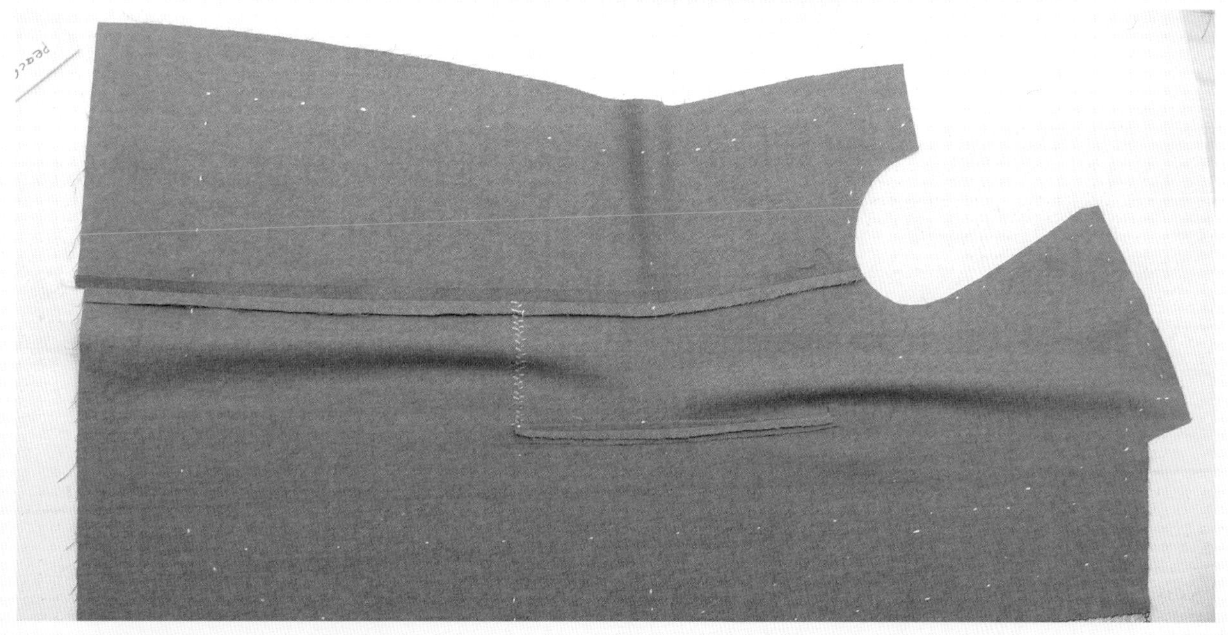

讓前身片胸、腰、臀呈立體效果

| 縫合前身片、加強襯 |

以尺撫平定直布紋縫合加強襯

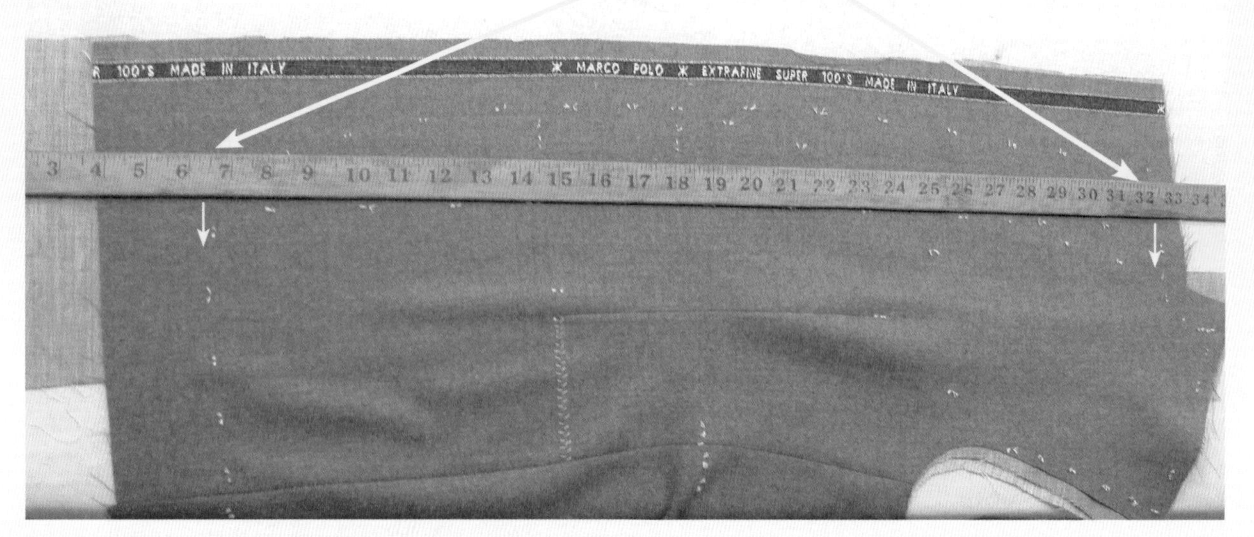

前身片表布，上下布紋各往外推 0.8cm

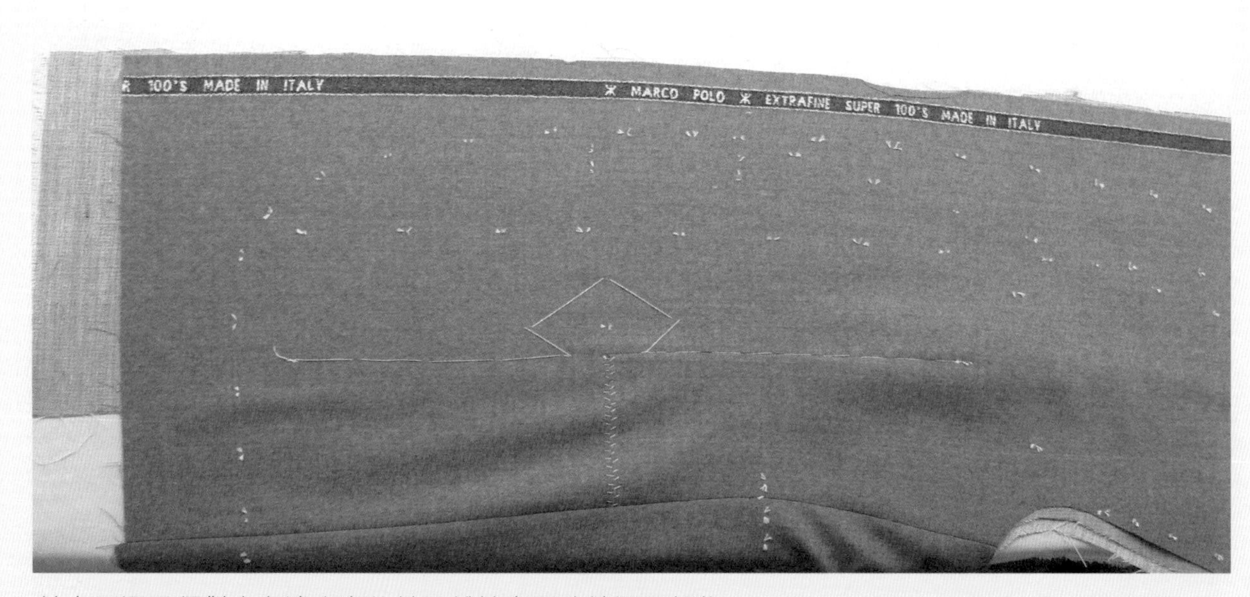

前中至褶子須對合布邊直布紋並平鋪於桌面疏縫褶子部位

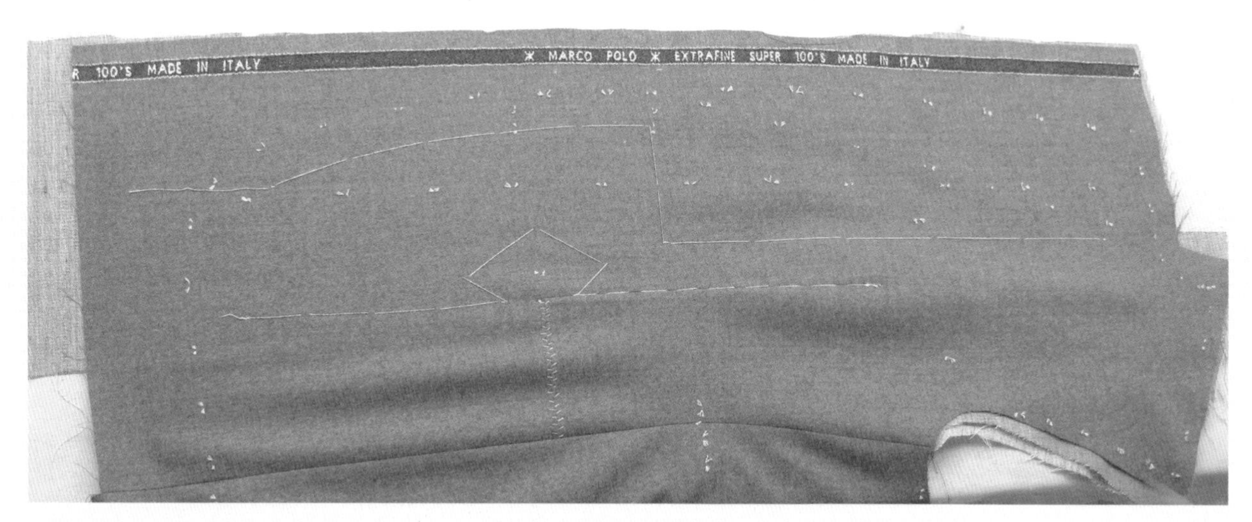

疏縫前胸、前衣襬部位

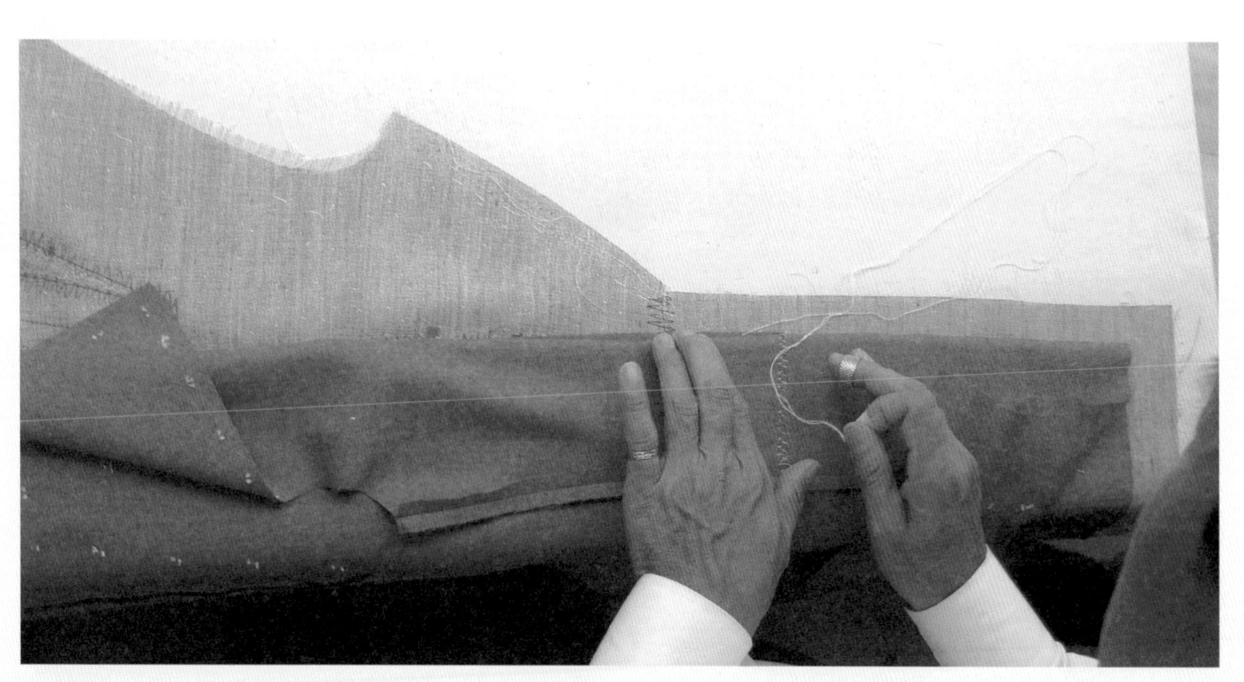

疏縫固定褶子與加強襯

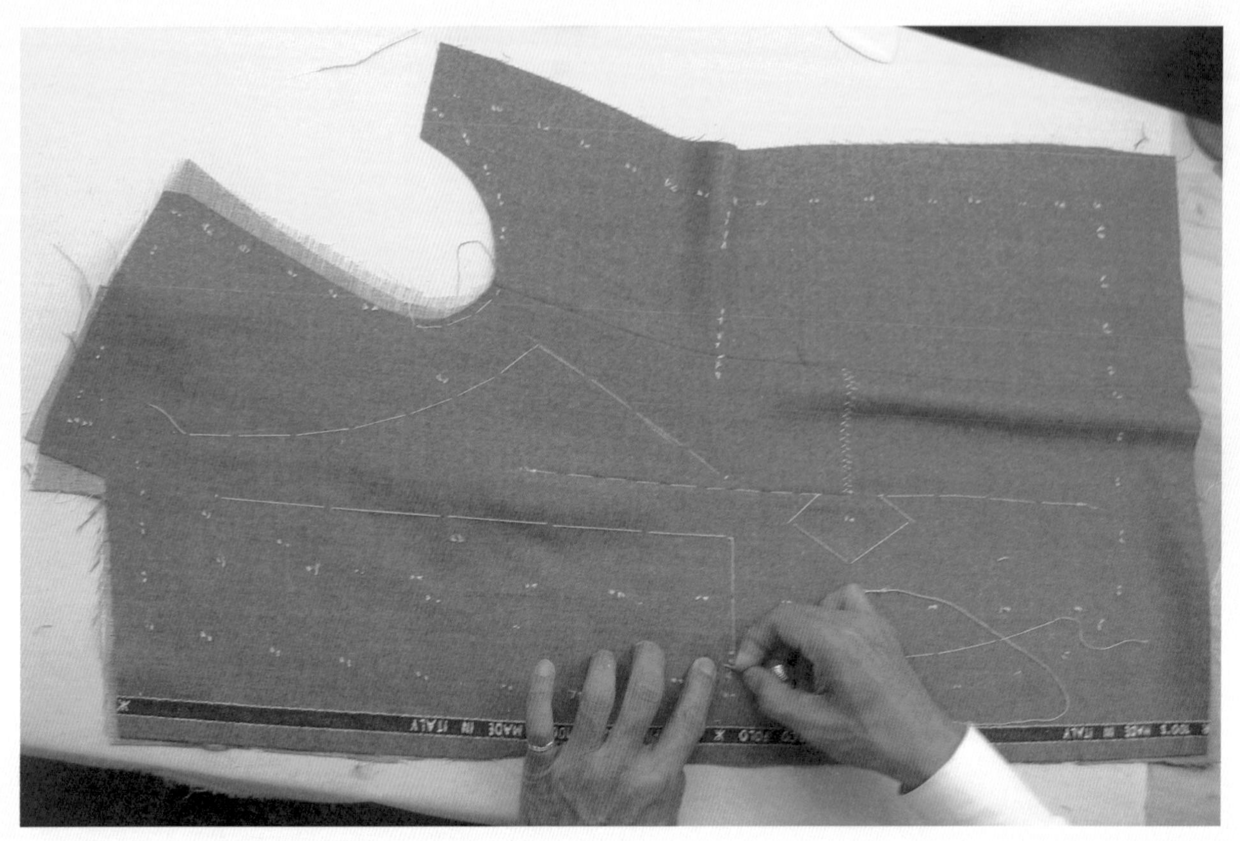

留肩墊位置，疏縫前胸經袖圍至腰部位

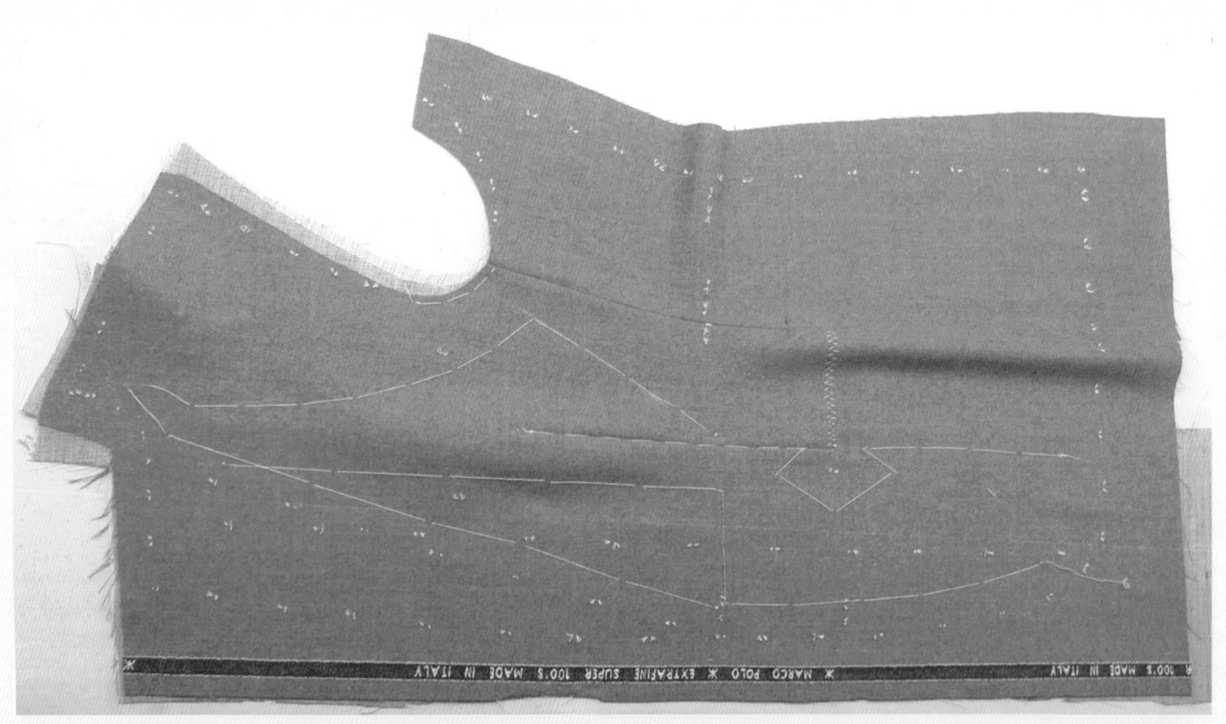

疏縫領折線，胸部、肩膀須呈立體效果

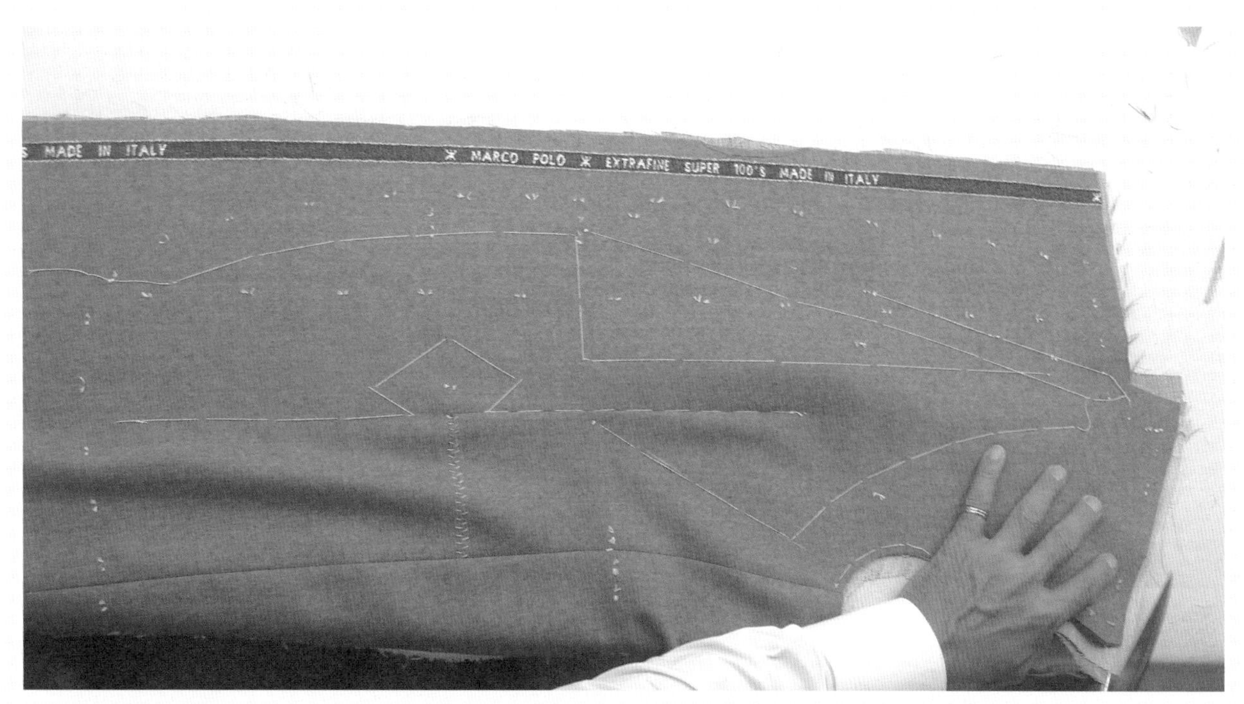

修剪多餘加強襯

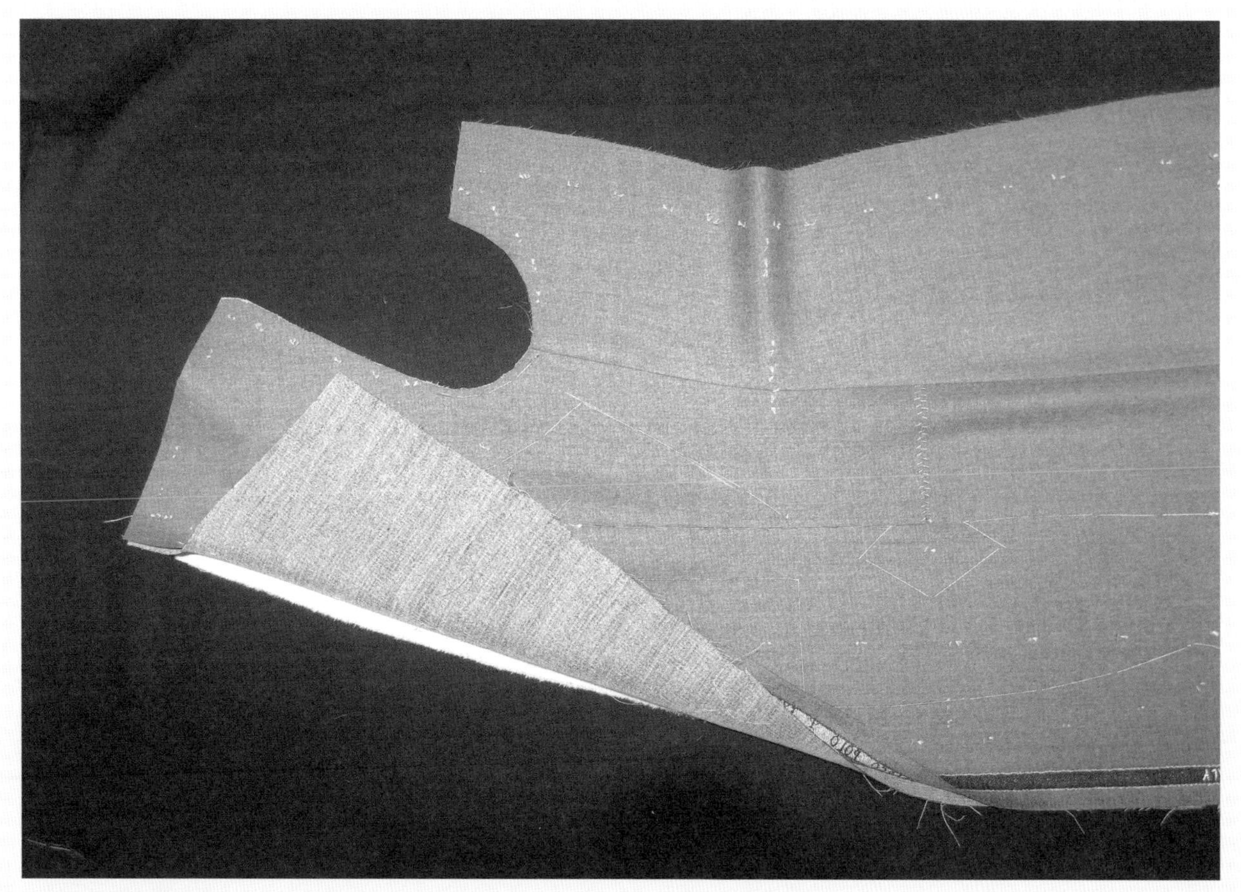
前身片立體效果

| 布紋經緯紗垂直水平 |

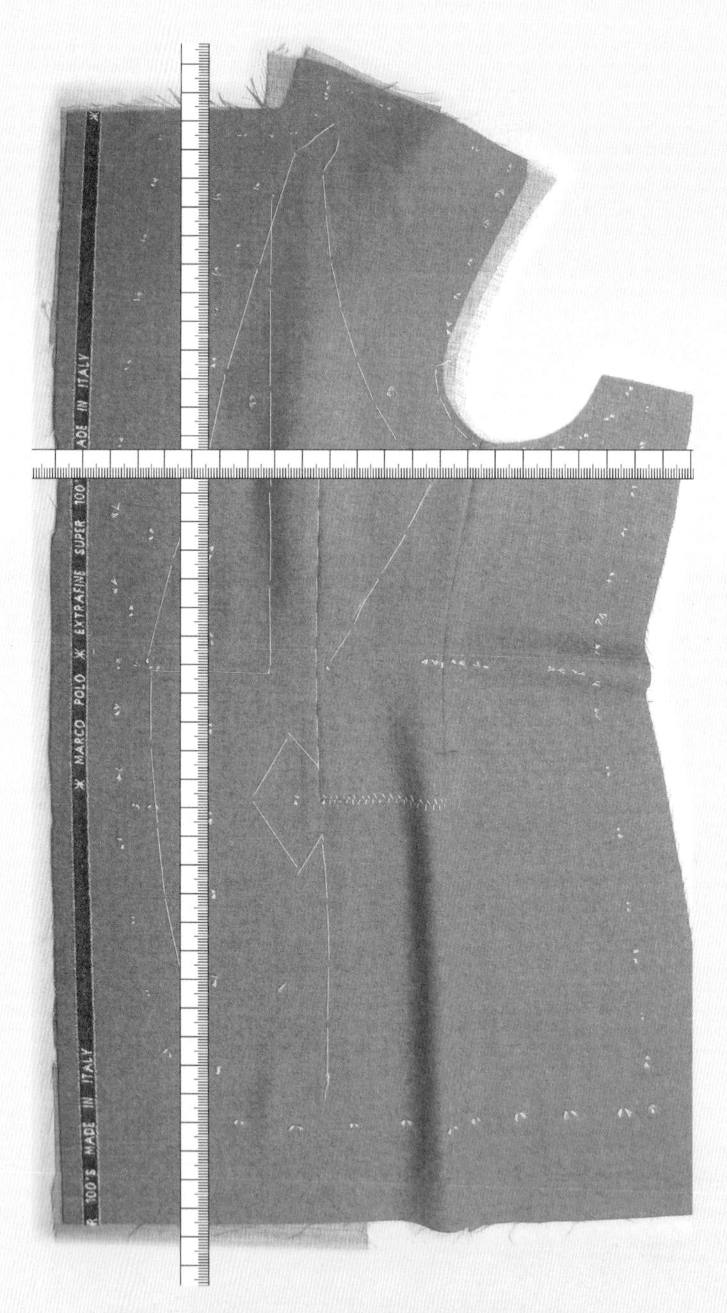

前身片布紋擺正，維持經緯紗垂直水平

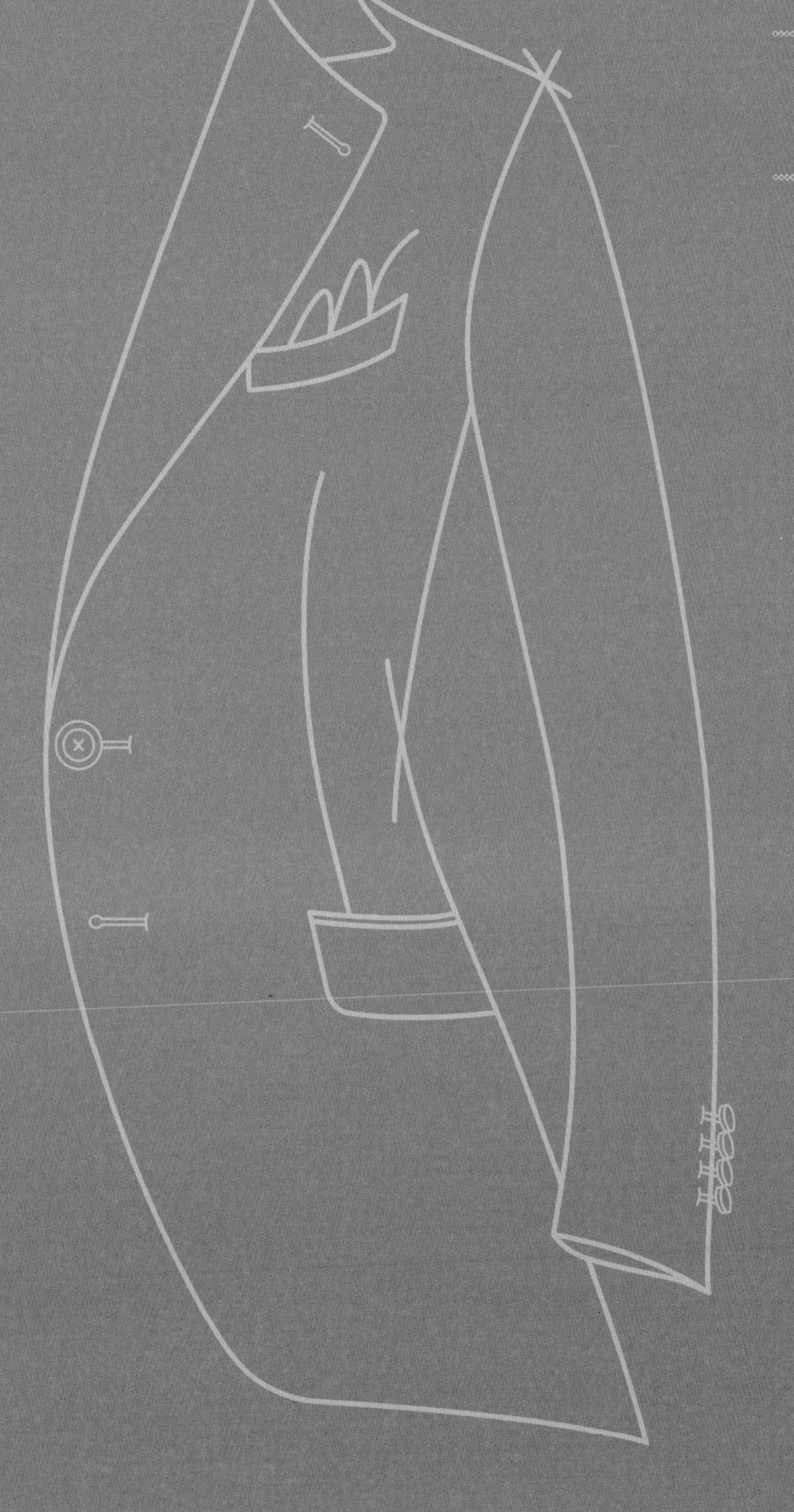

Chapter.3

口袋篇

Chapter.3

製作貼邊、裡布

- 口袋位置
- 前襟貼邊
- 複製口袋位置
- 製作前身片內裡
- 製作後身片內裡
- 縮推燙後身片
- 縮推燙技巧
- 後身片
- 後叉剪開
- 車縫後中心
- 折燙後中心
- 後開叉
- 確認後領圍
- 車縫內裡後中心線
- 整燙內裡後中心線
- 車縫內裡後肩褶

| 口袋位置 |

立式胸口袋

腰口袋雙滾邊加袋蓋

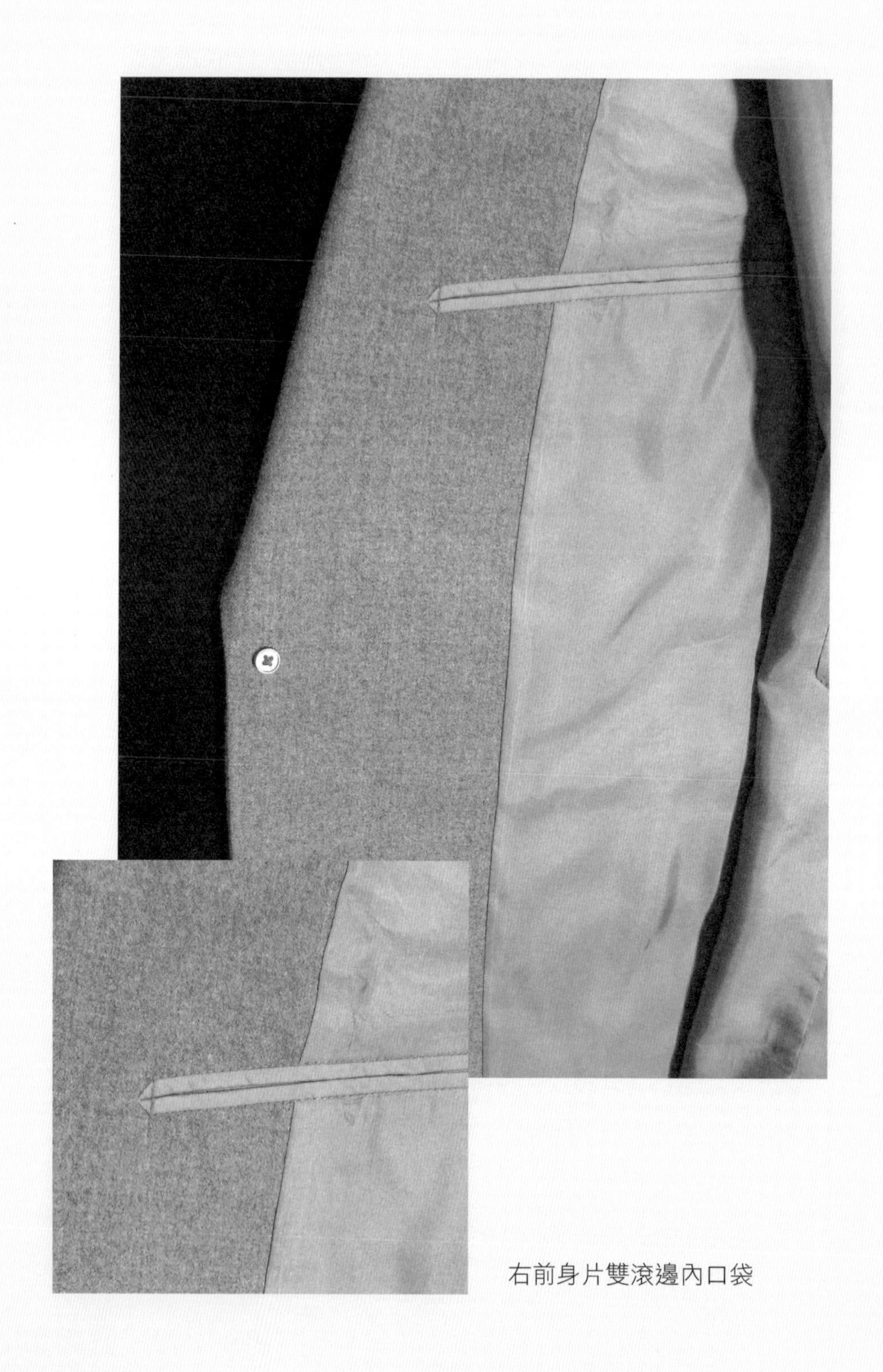

右前身片雙滾邊內口袋

左前身片雙滾邊大小內口袋
筆袋、卡袋

| 前襟貼邊 |

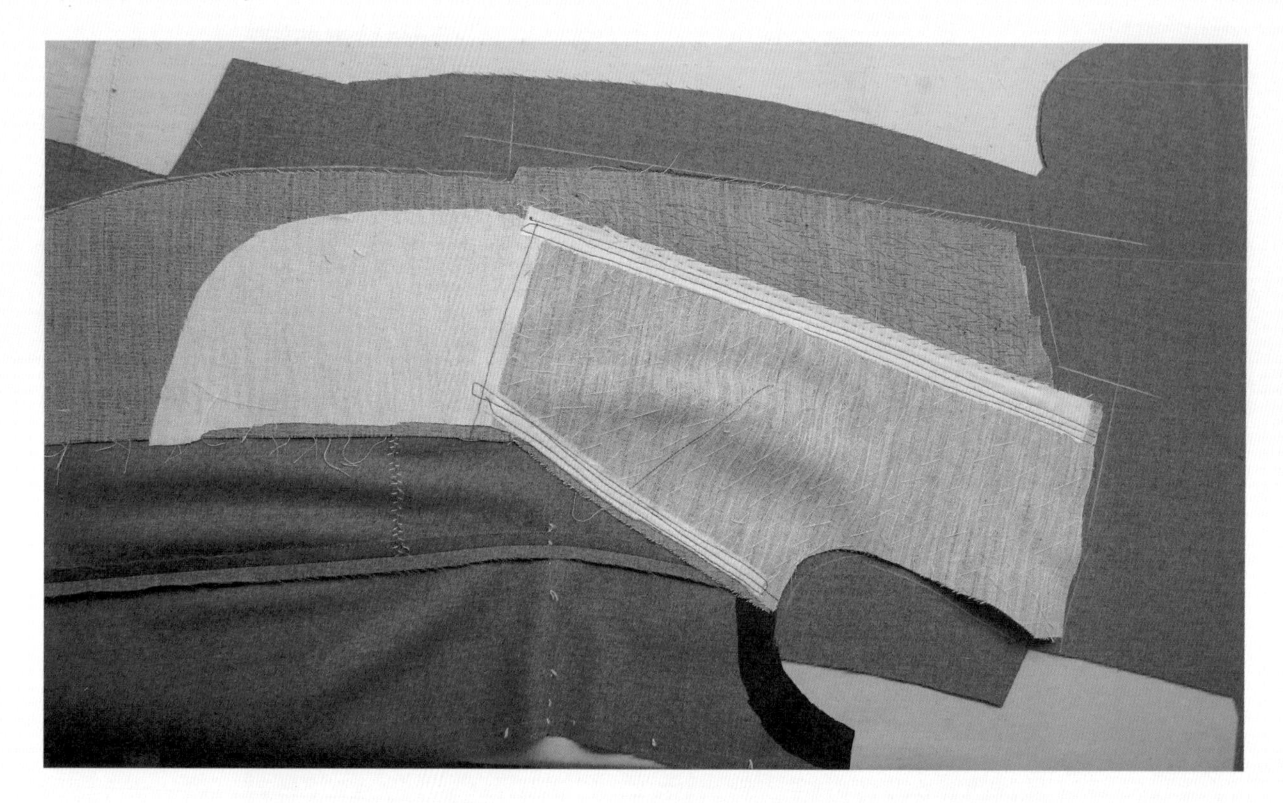

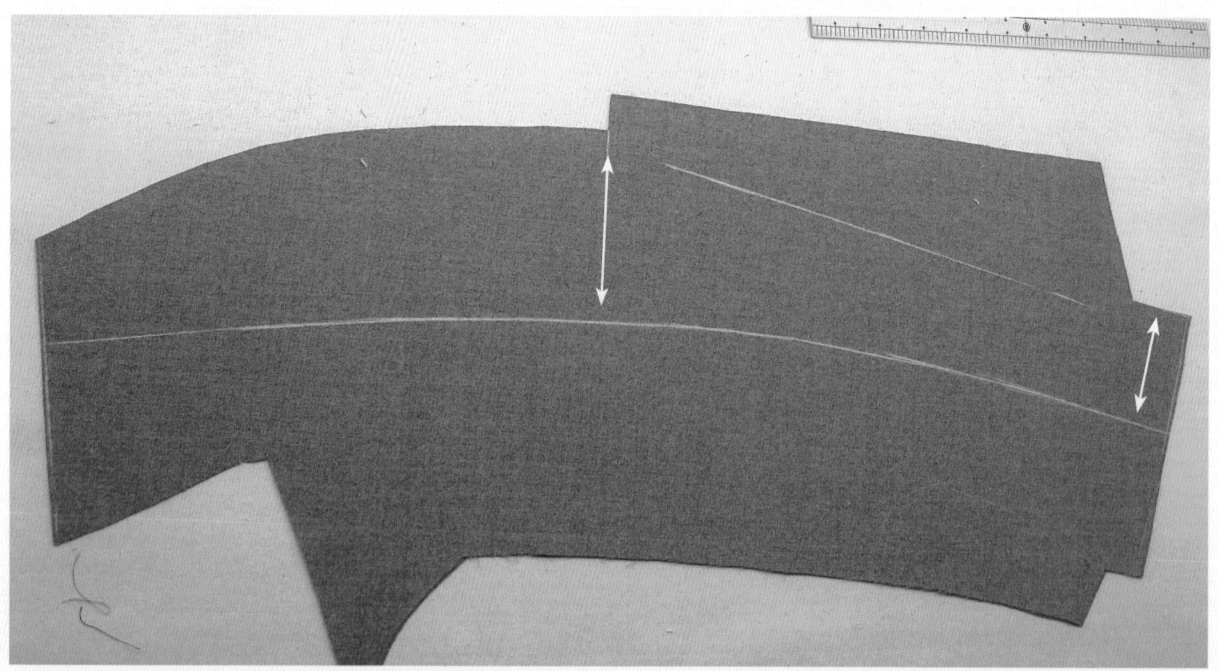

領、肩部分比衣身片約多 1 cm 預留布量

肩線約寬 7.5cm、WL 約寬 12.5cm 垂直而下至下襬，複製領折線

｜複製口袋位置｜

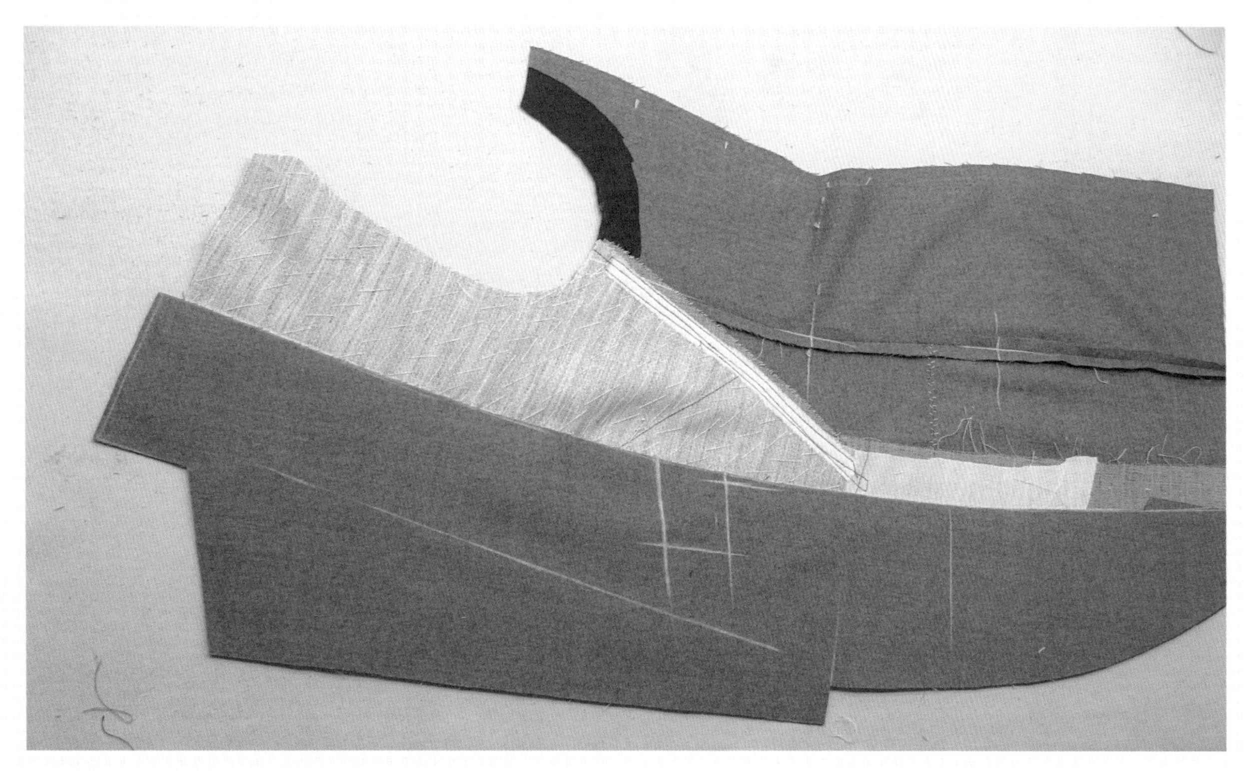

標記開口袋位置，方便製作內口袋時使用

｜製作前身片內裡｜

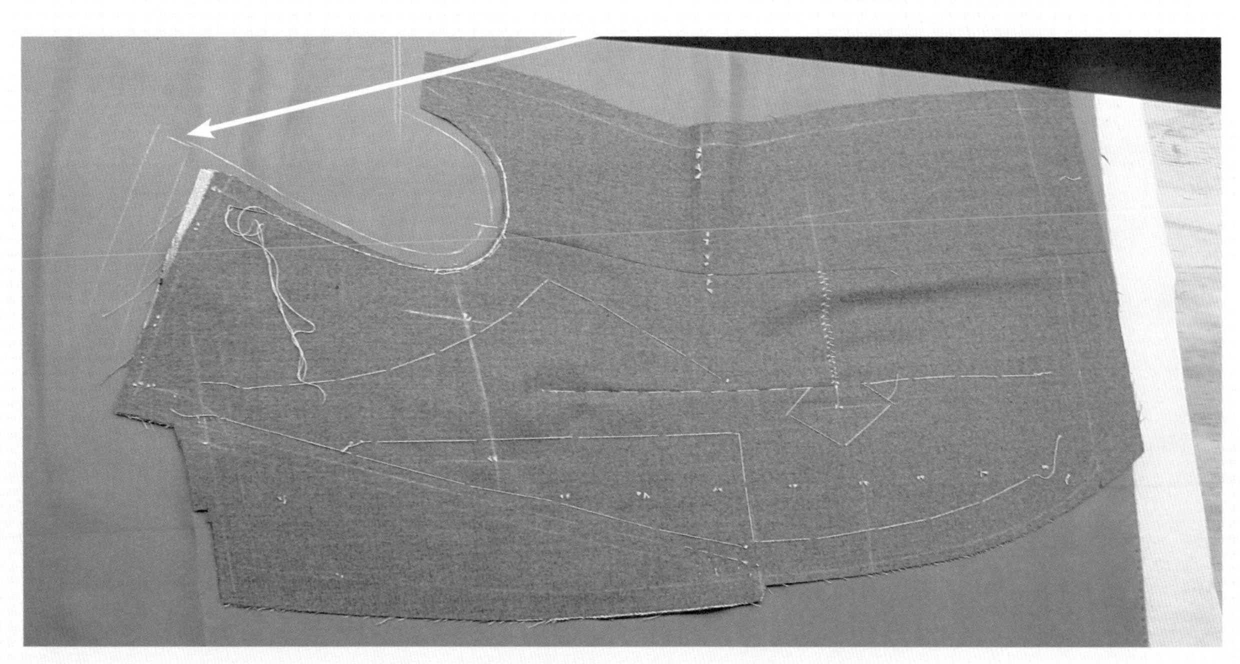

複製前身片、脇邊褶位置，肩線上 2cm、再多上 2.5cm 活褶量，袖圍 1 cm

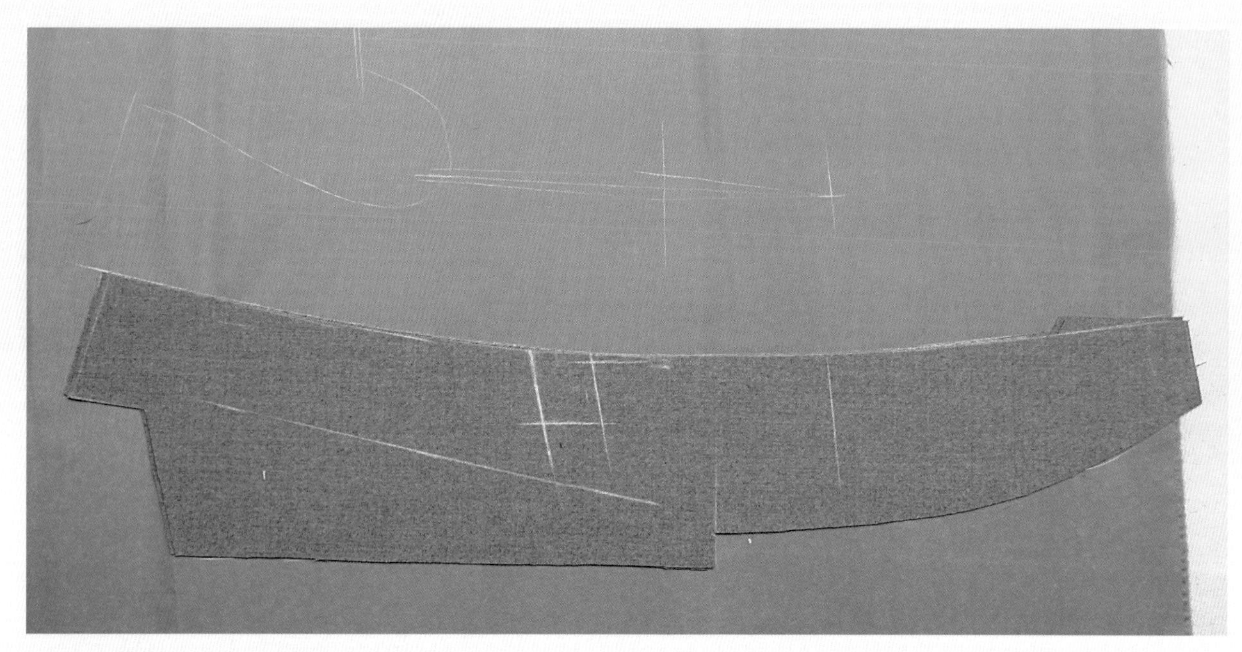

複製貼邊線、褶子位置
以粉土劃分出貼邊、內裡、褶子位置

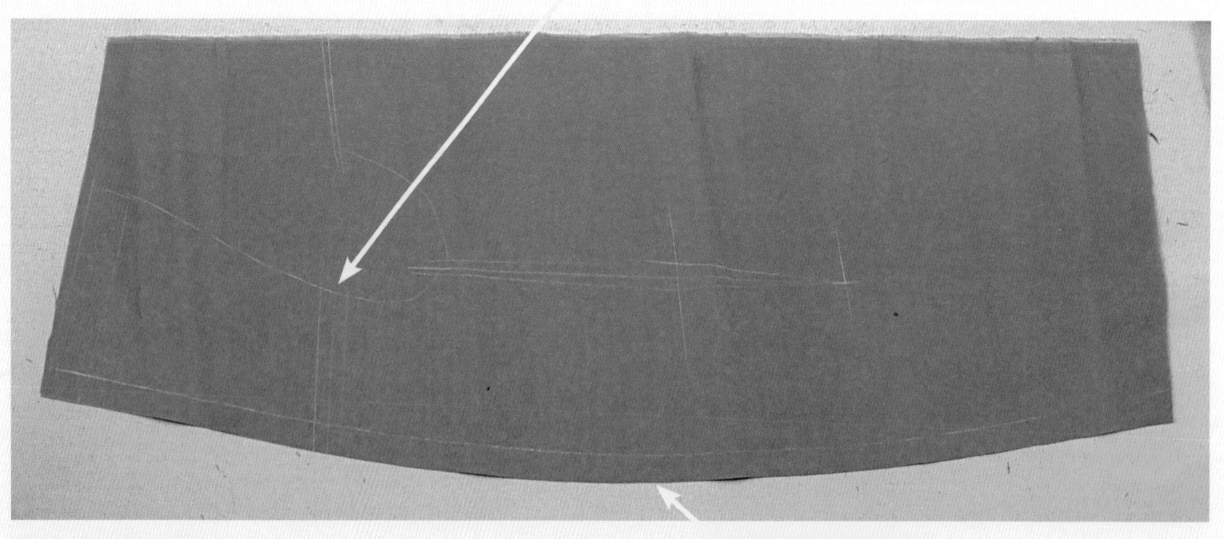

貼邊線處留 2cm

｜製作後身片內裡｜

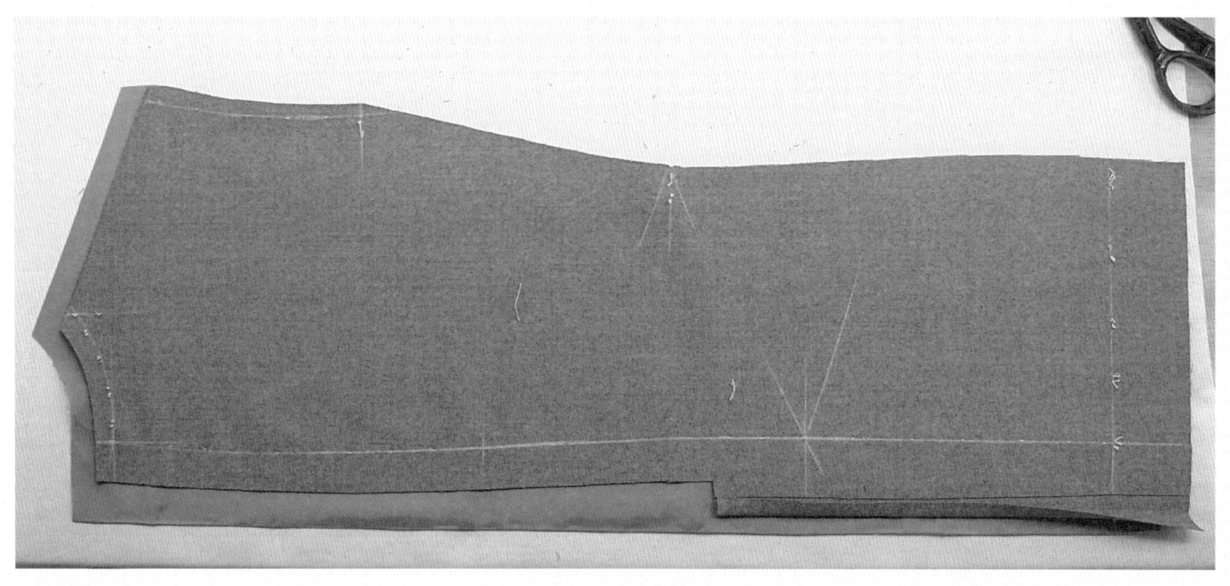

複製後身片
後中 2.5cm、領圍 2cm、肩線 2cm

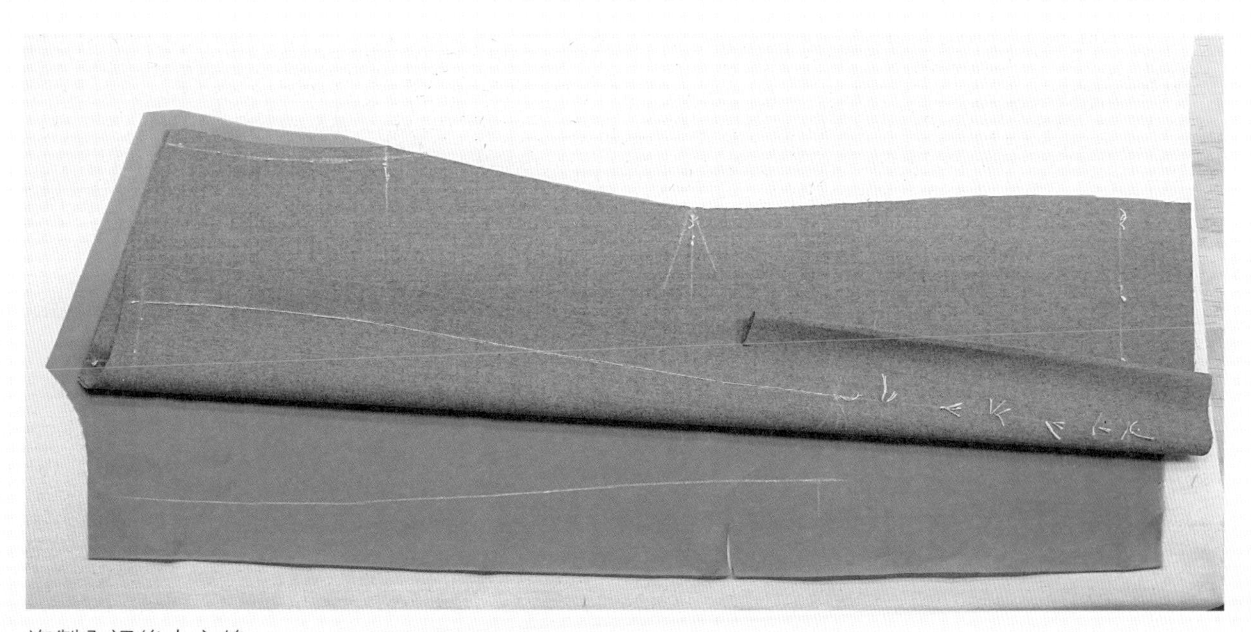

複製內裡後中心線

| 縮推燙後身片 |

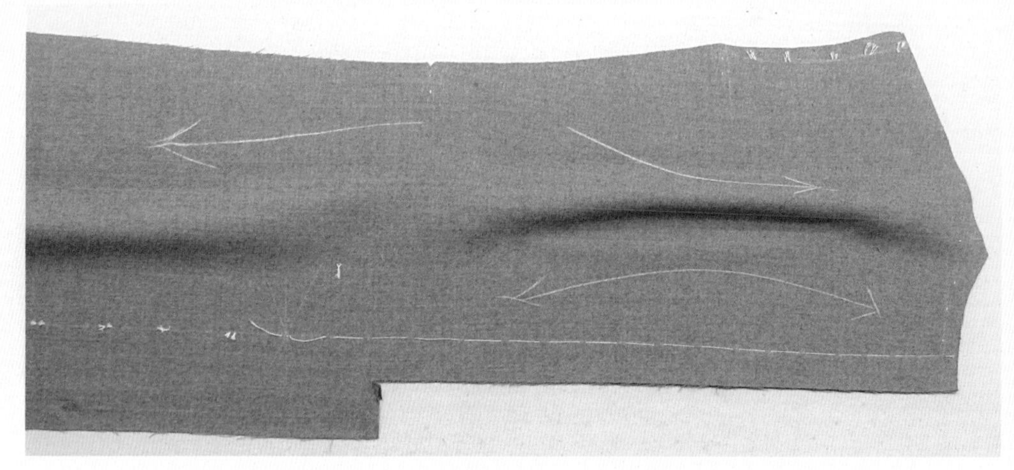

縮燙後中呈直線，將立體量推向肩胛骨處、H 呈立體量

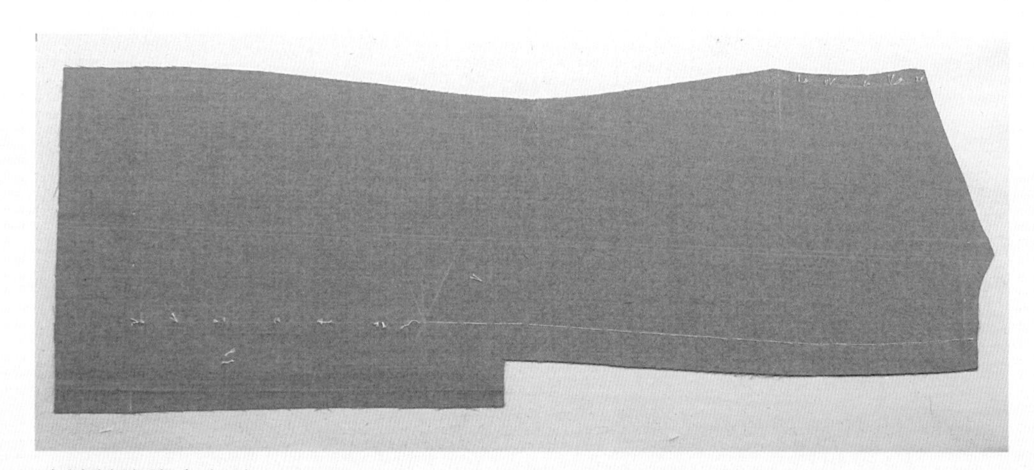

疏縫並縮後中心線

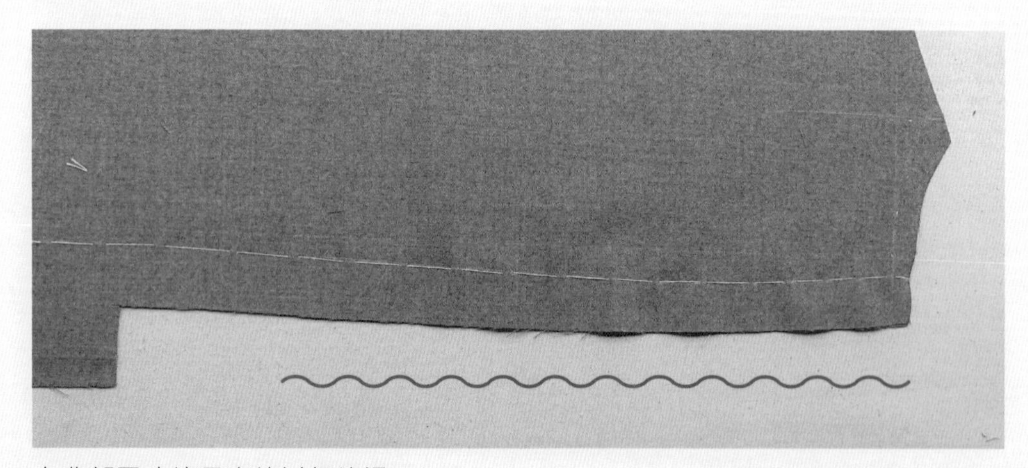

上背部需略縮呈直線以便縮燙

｜縮推燙技巧｜

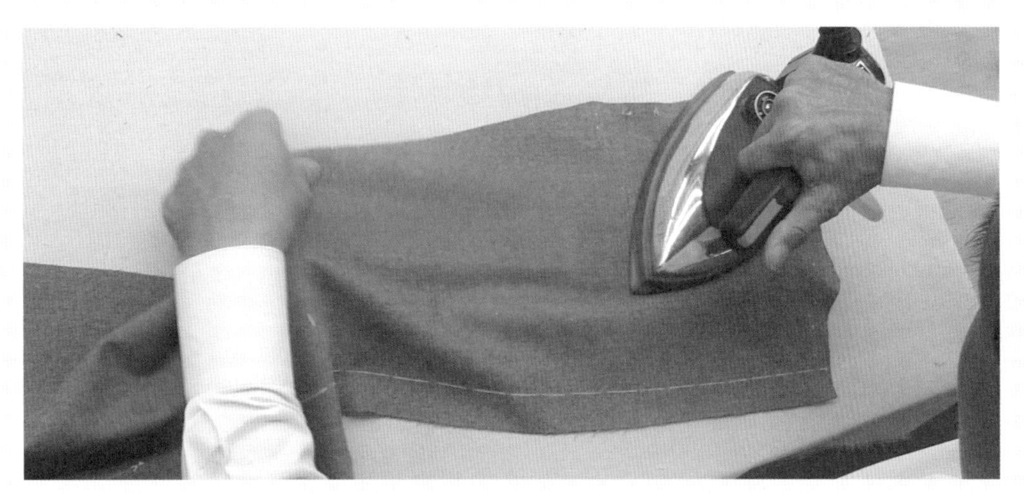

後背歸縮燙至腰際，讓肩、後背量足夠

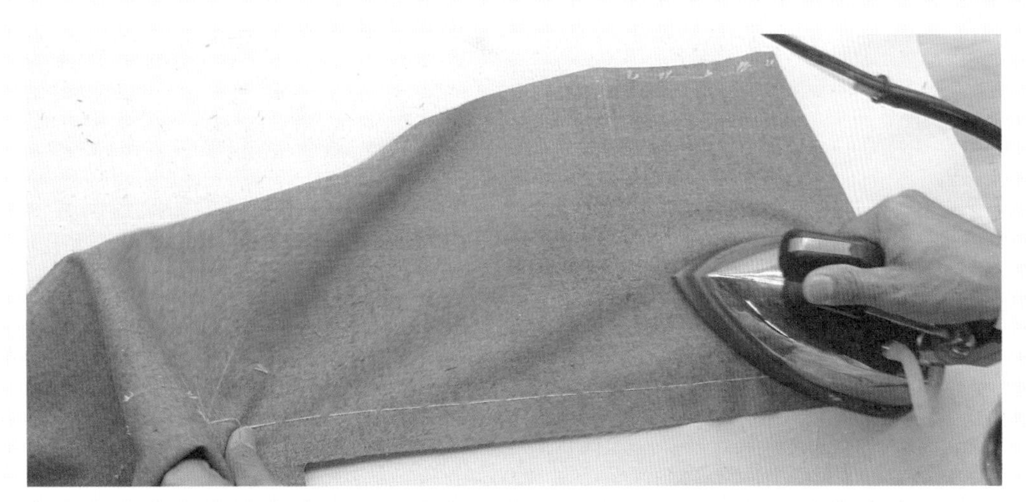

後背歸縮燙呈直線至腰際

將立體量推向肩胛骨處，保持後中呈直線

| 後身片 |

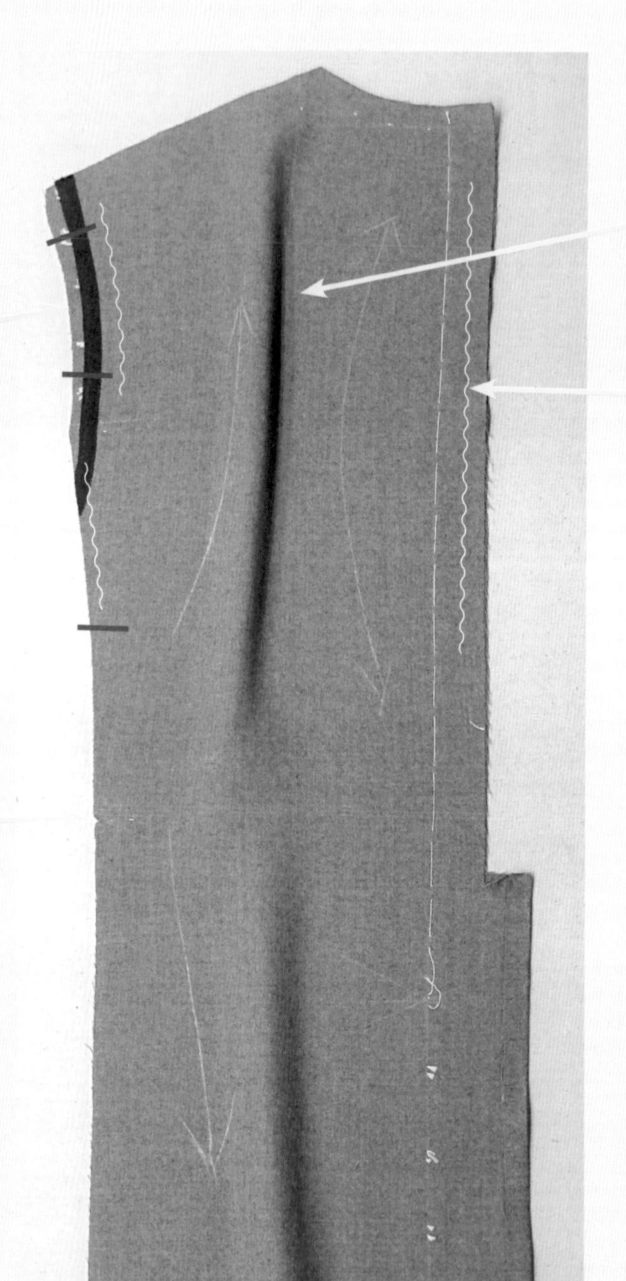

縫貼牽條 1 cm 直布紋：袖圍、下襬
縮燙後，讓背量呈立體效果

｜後叉剪開｜

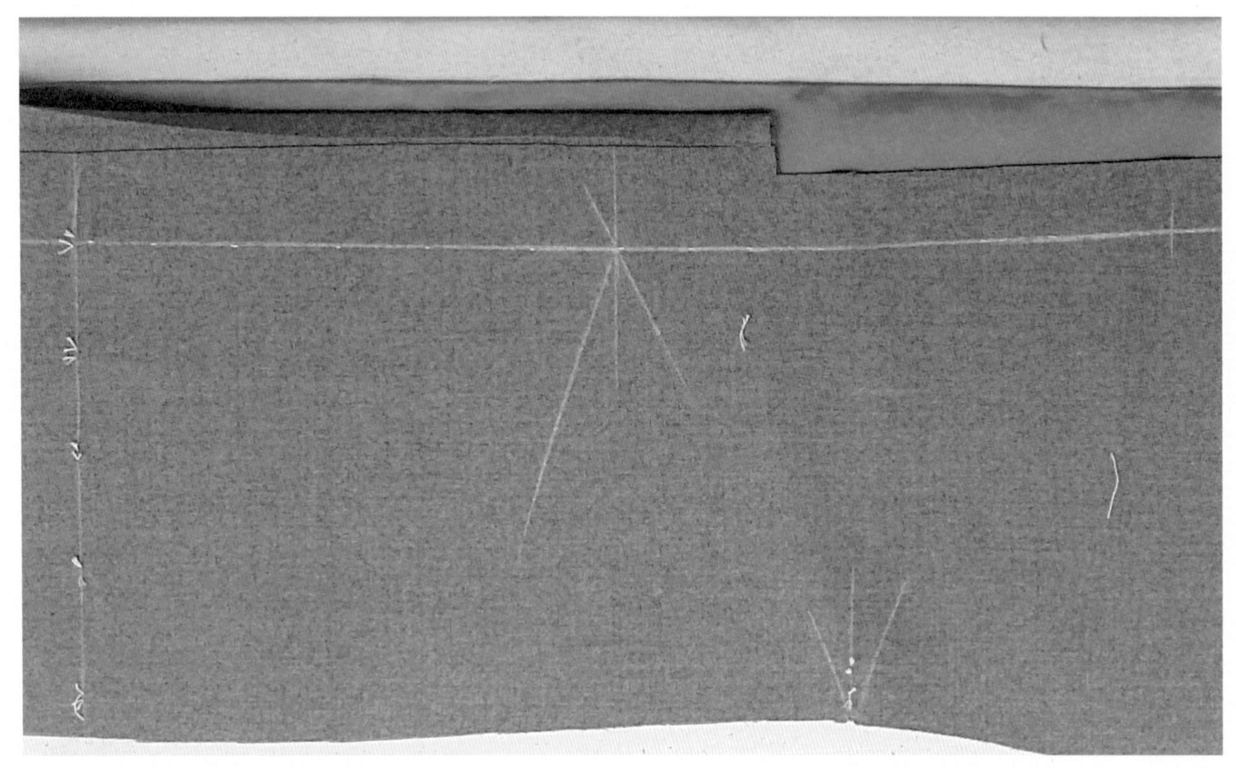

後叉剪開，右身片比左身片大 2 公分

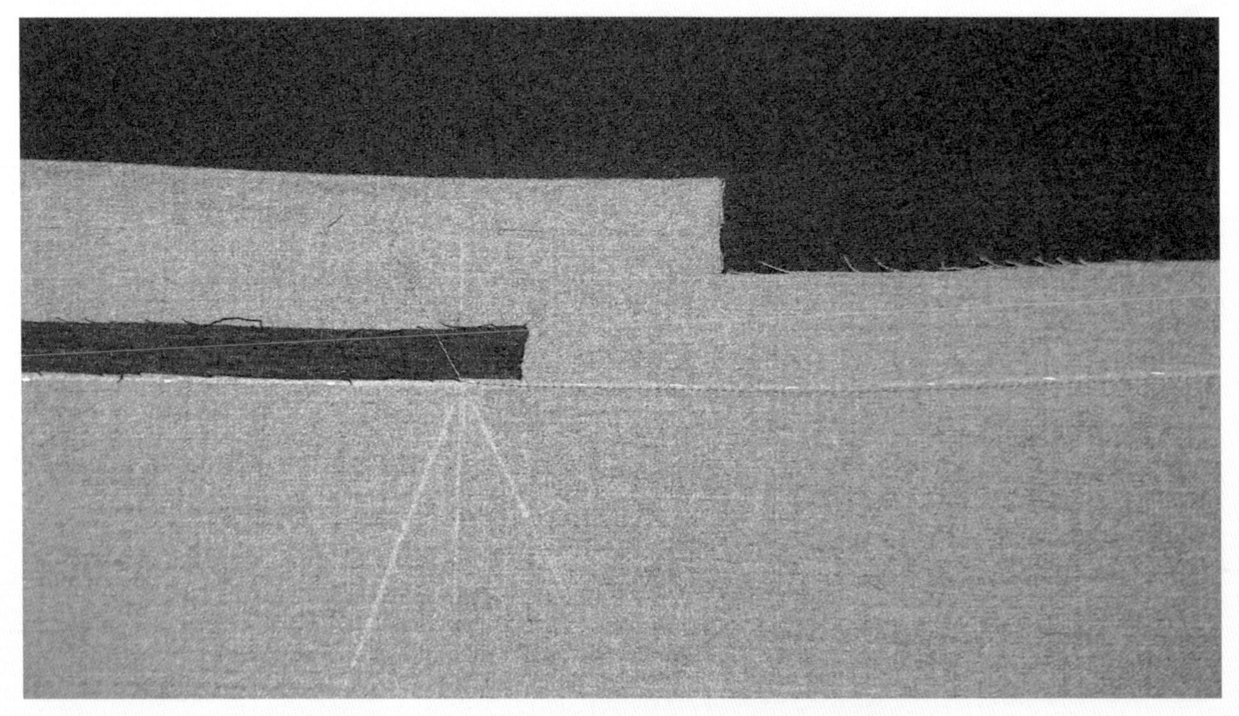

縫貼後叉牽條 1 cm 直布紋襯

| 車縫後中心 |

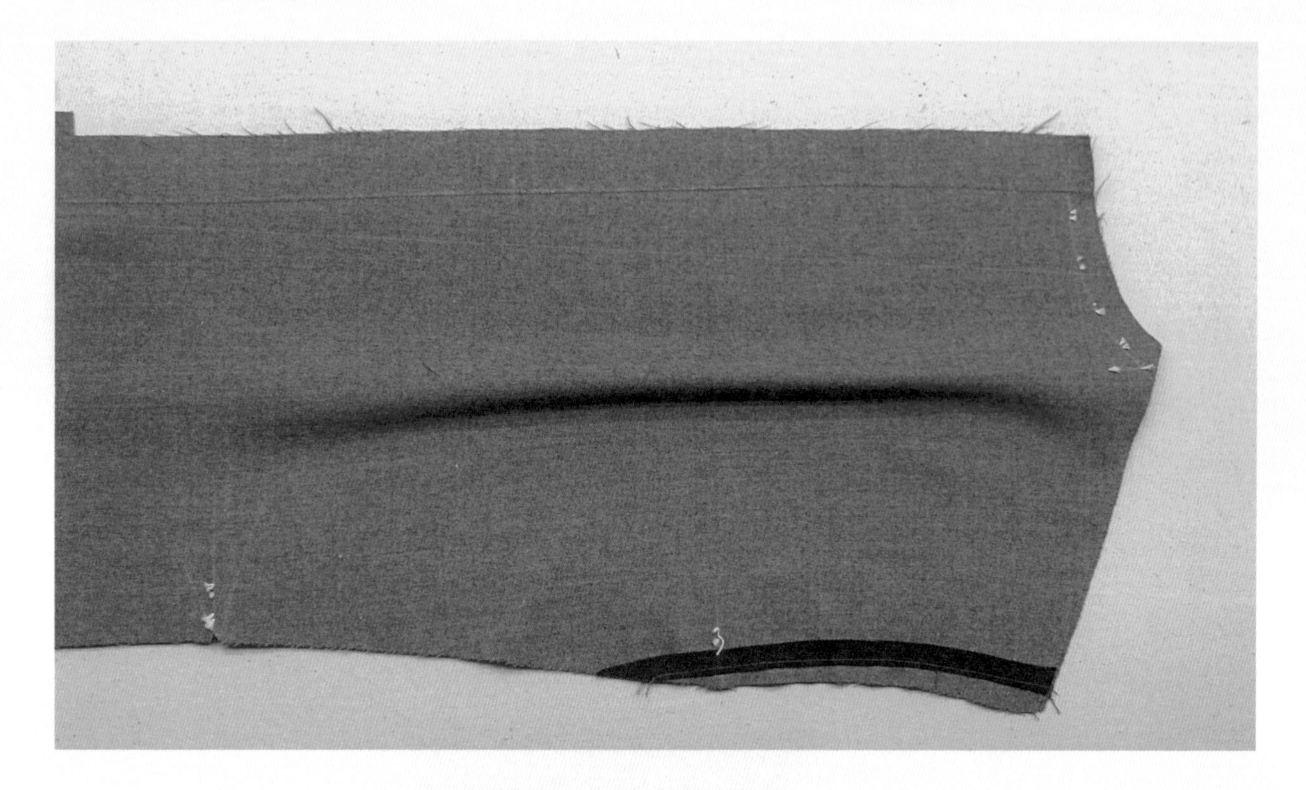

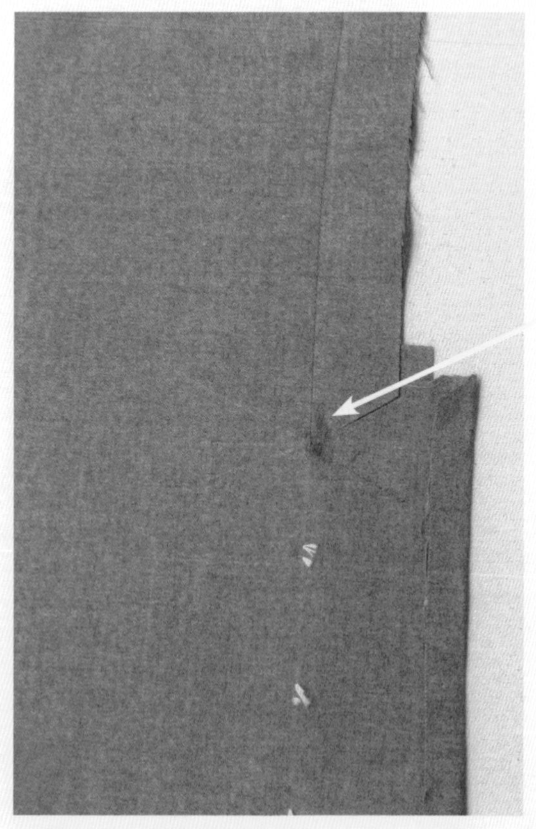

車縫後中至開叉點轉彎

｜折燙後中心｜

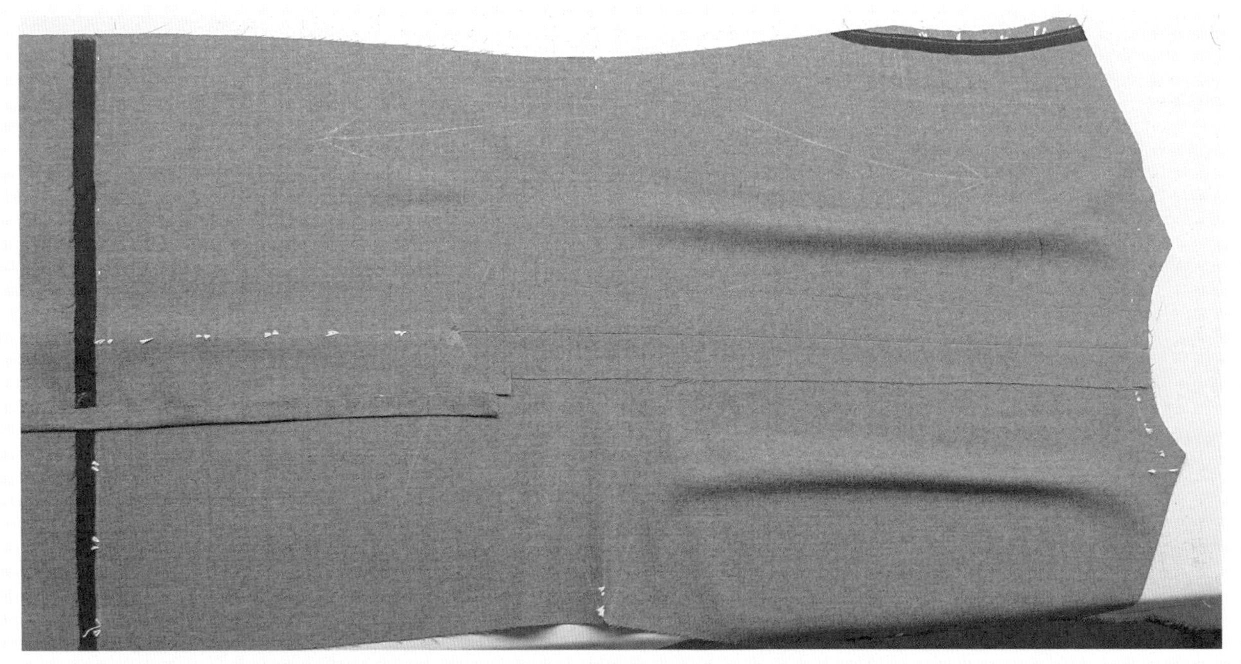

後中縫份燙開，保持肩胛骨處立體

｜後開叉｜

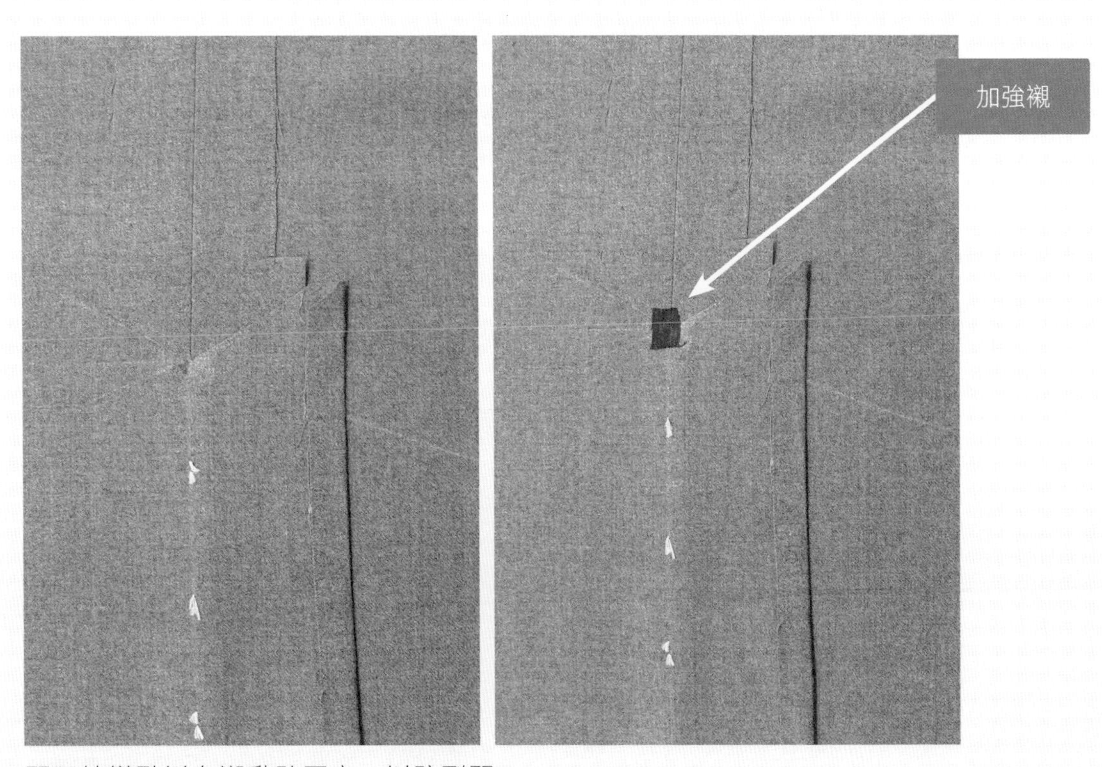

開叉轉彎點以布襯黏貼固定，以防裂開

| 確認後領圍 |

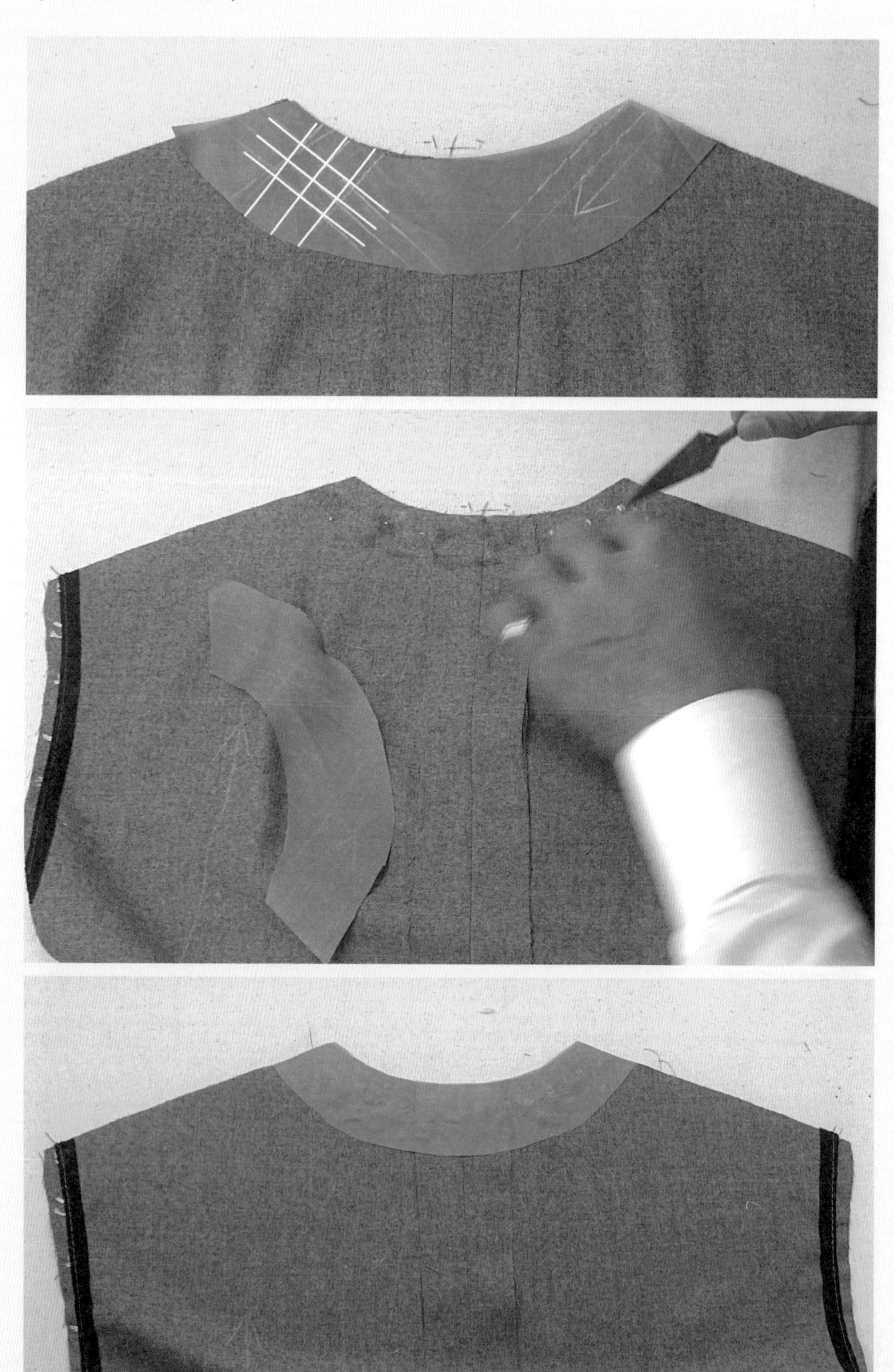

寬度約 4-5 cm 正斜布紋內裡，黏貼於後領圍處，代替牽條防領圍拉伸

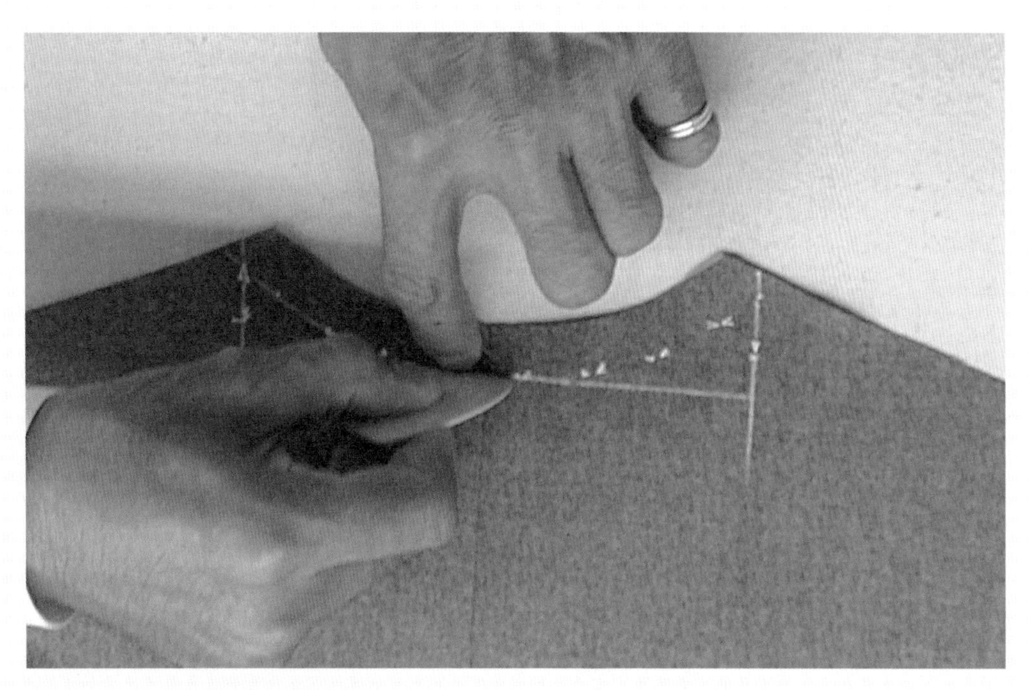

正面以粉土再次畫出後領圍

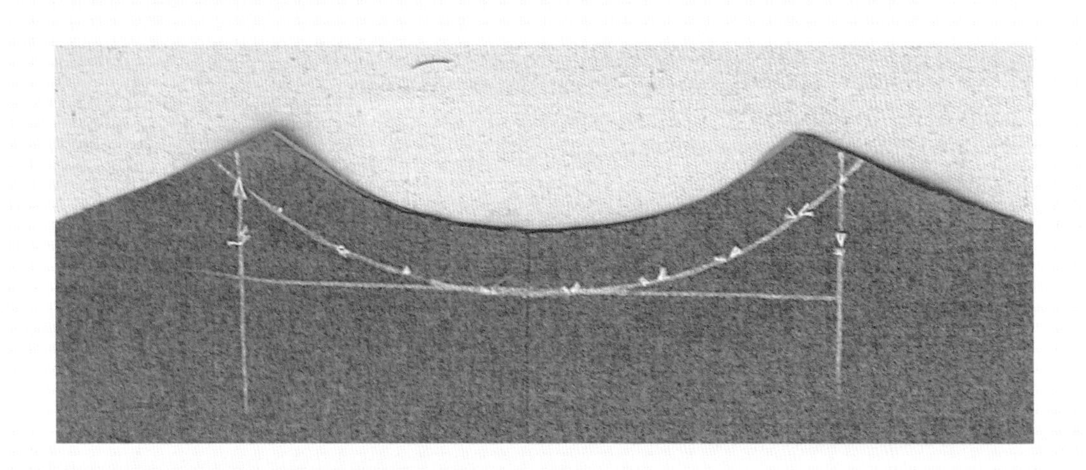

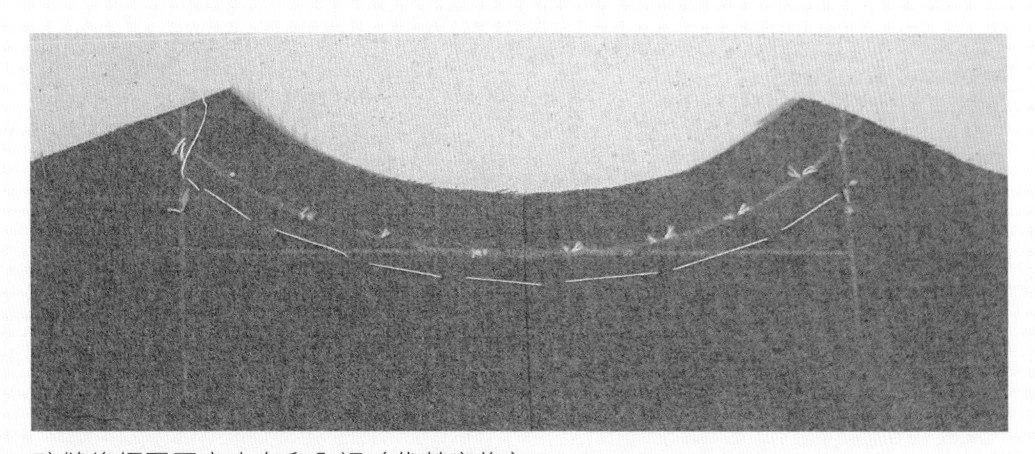

疏縫後領圍固定表布和內裡（代替牽條）

| 車縫內裡後中心線 |

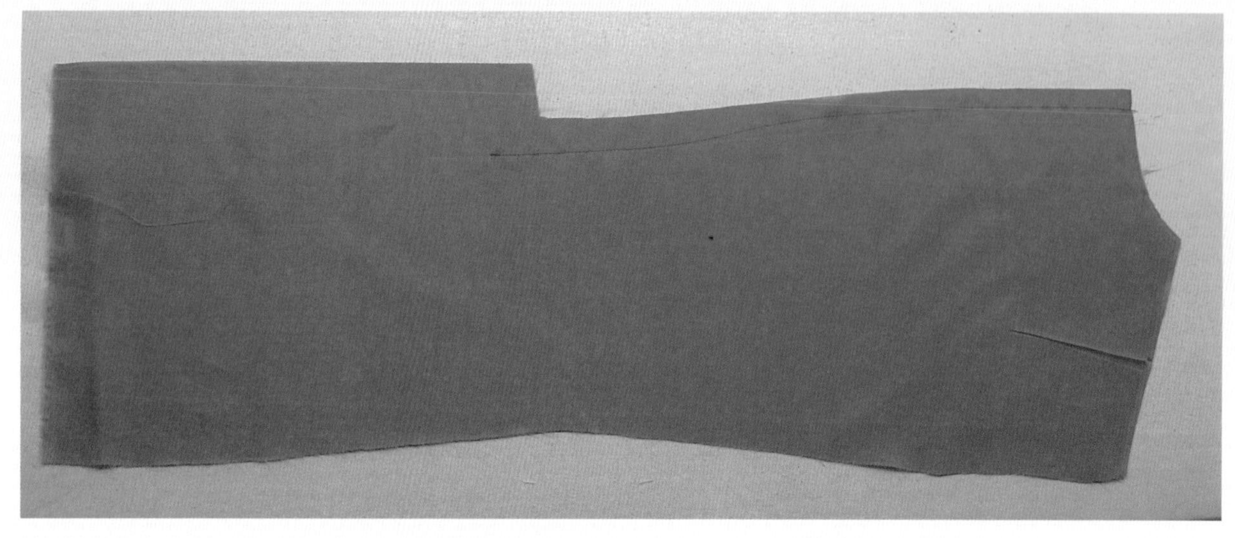

車縫內裡後中心線比表布高 2cm 為開叉止點

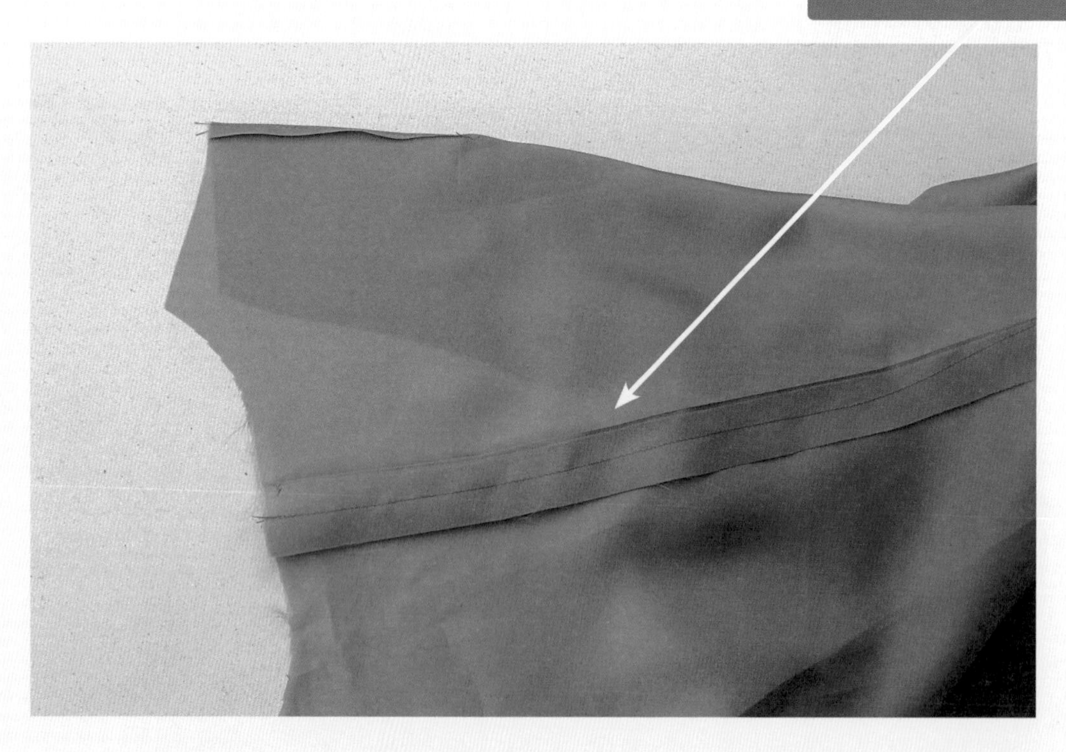

| 整燙內裡後中心線 |

上段後背部保留 0.8~1cm
縫份當活動量

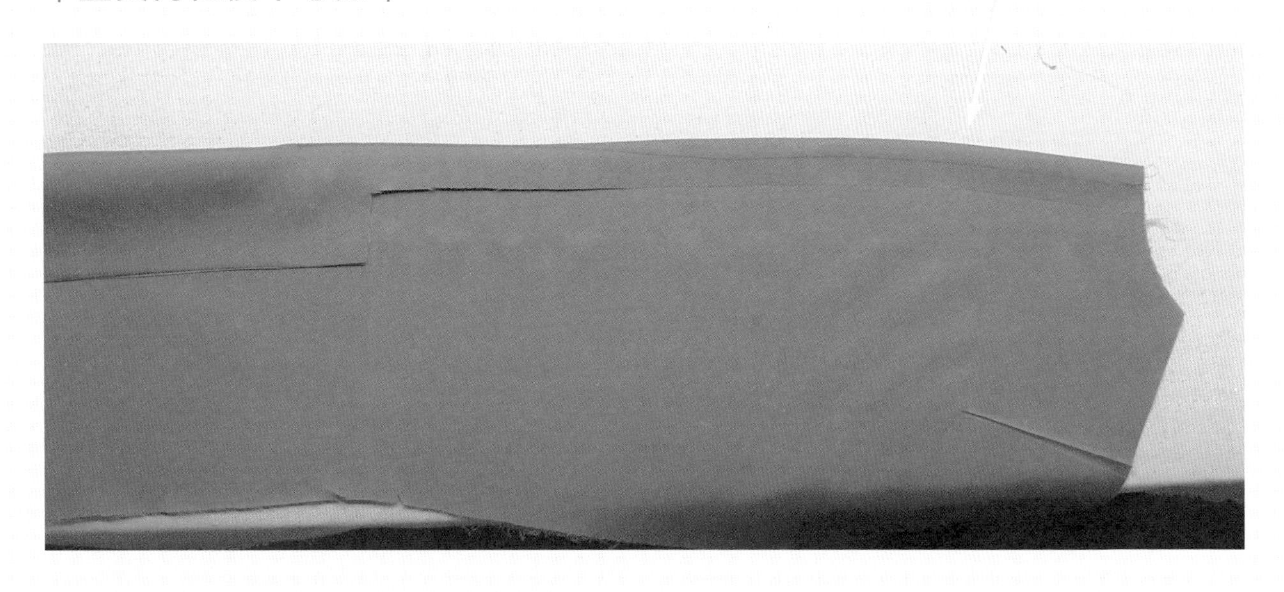

內裡縫份整燙倒向左手片

| 車縫內裡後肩褶 |

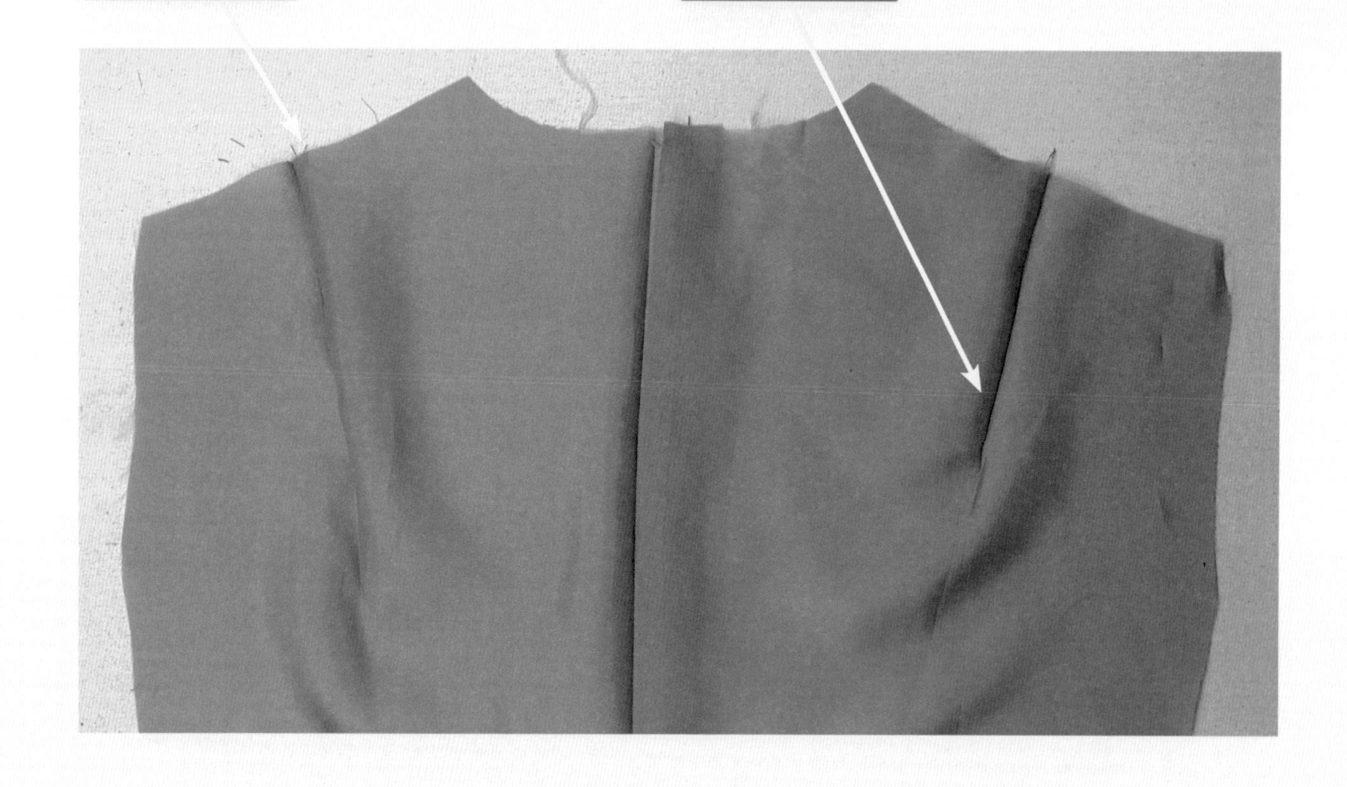

Chapter.3

製作前身片、八字縫

- 確認貼邊裏袋位置
- 疏縫內裡活褶
- 疏縫貼邊、內裡
- 車縫貼邊、內裡
- 半回針縫前袖圍
- 下領片
- 星止縫領折線
- 八字縫下領片
- 領片八字縫呈曲捲狀
- 確認接領點、外圍線
- 修剪毛襯縫份
- 牽條
- 黏貼前襟牽條
- 下襬牽條
- 單邊八字縫

| 確認貼邊裡袋位置 |

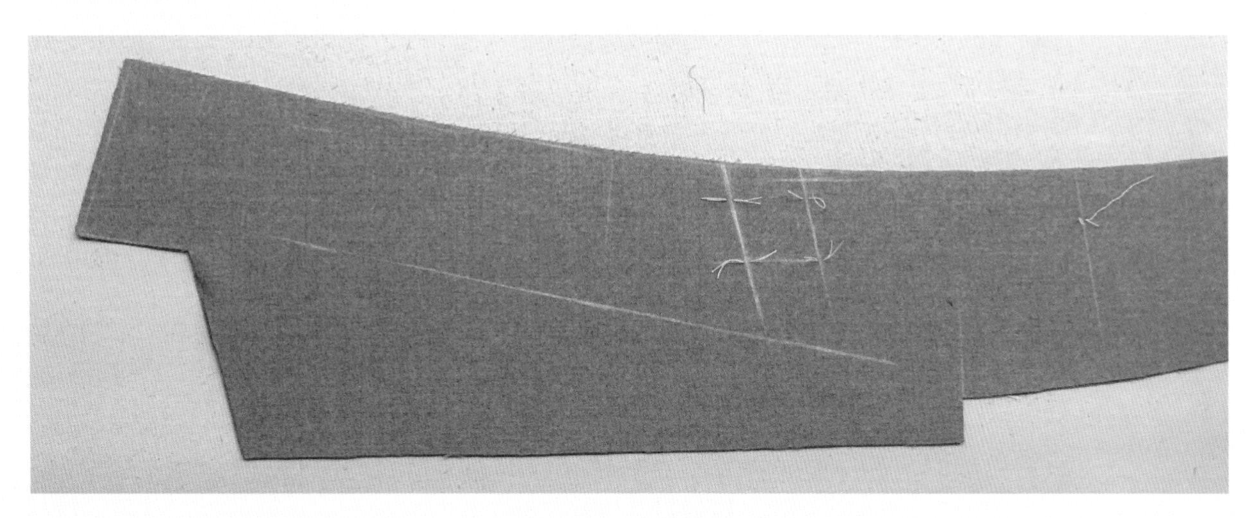

方便製作內口袋時使用

| 疏縫內裡活褶 |

疏縫前胸內裡活褶

| 疏縫貼邊、內裡 |

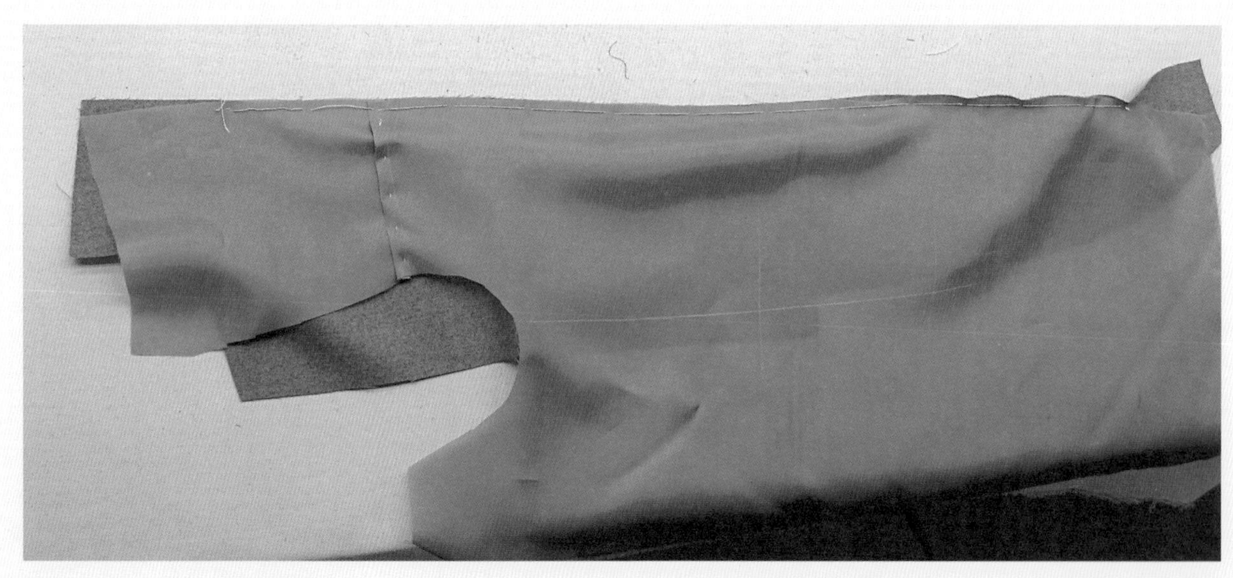

疏縫貼邊、內裡暫時固定

| 車縫貼邊、內裡 |

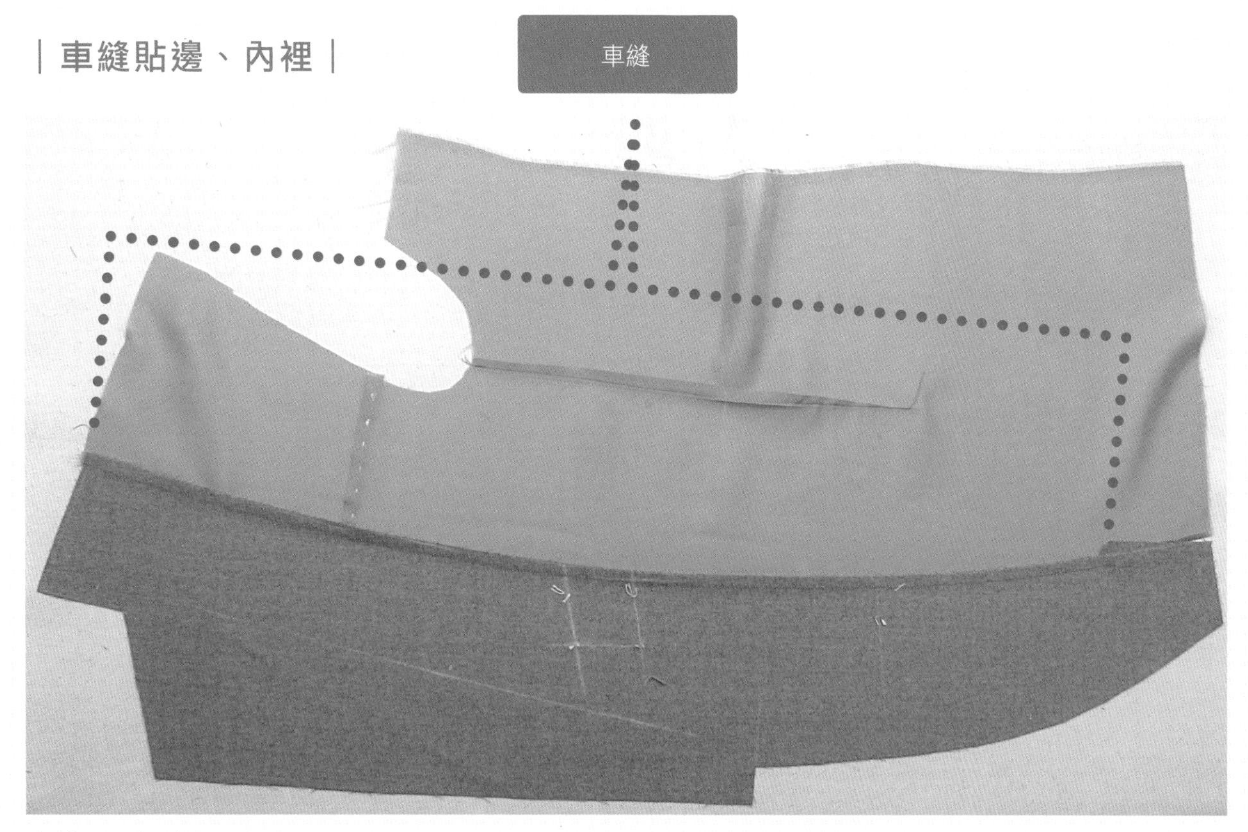

車縫至下襬上 5~7cm

標示腰線車縫量 2cm

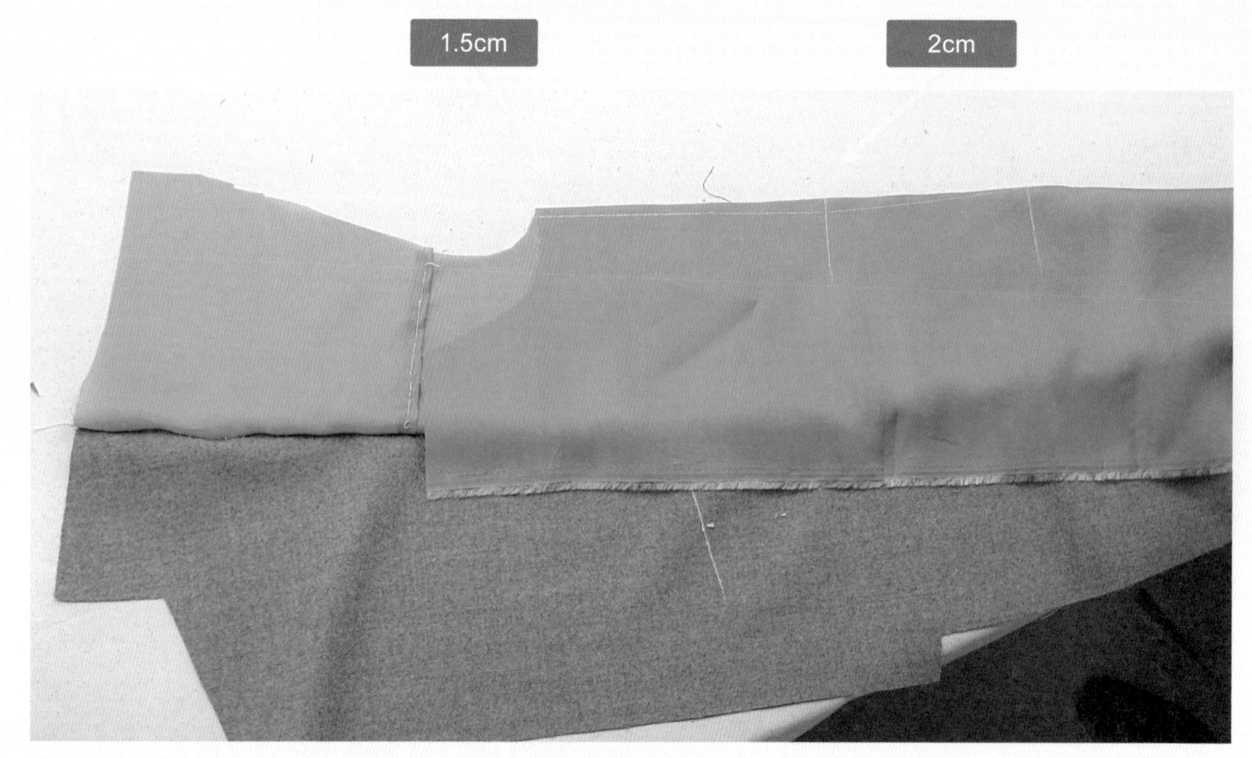

車縫內裡脇邊褶

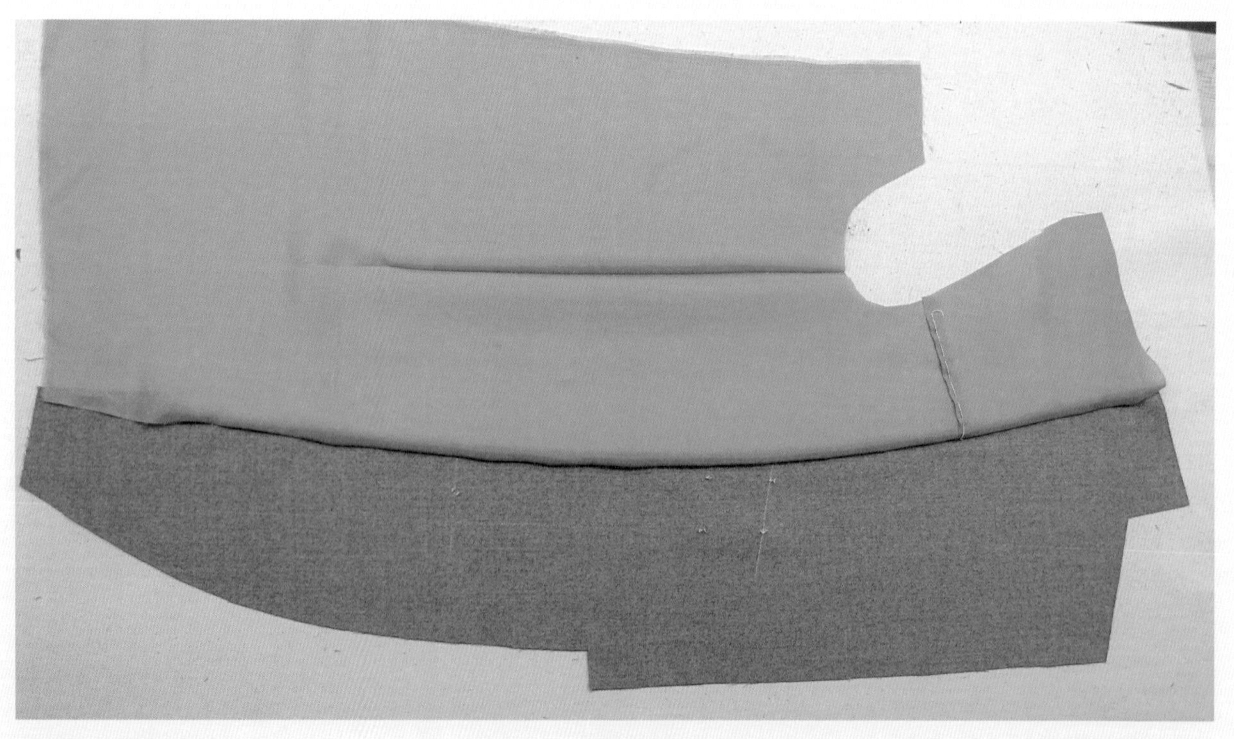

貼邊 + 內裡效果
縫份倒向內裡

｜半回針縫前袖圍｜

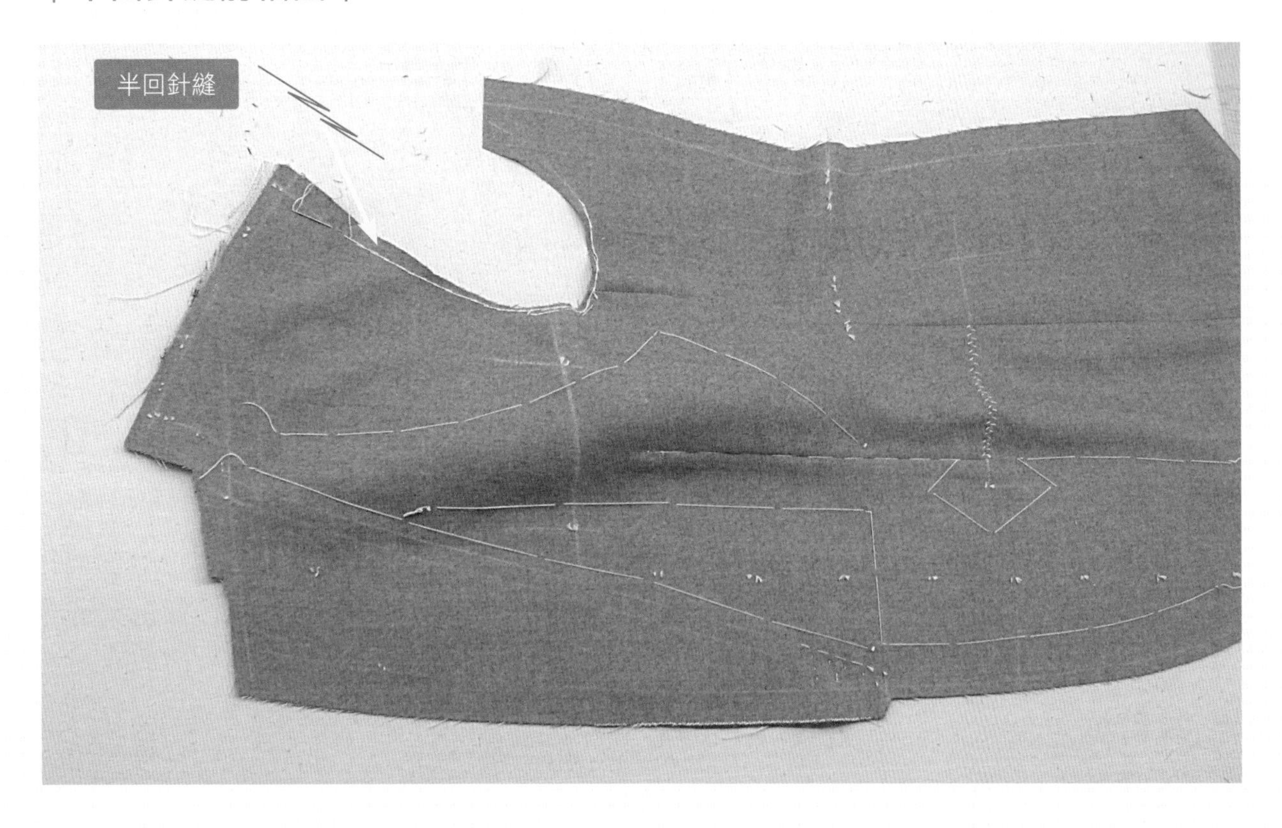

｜下領片｜

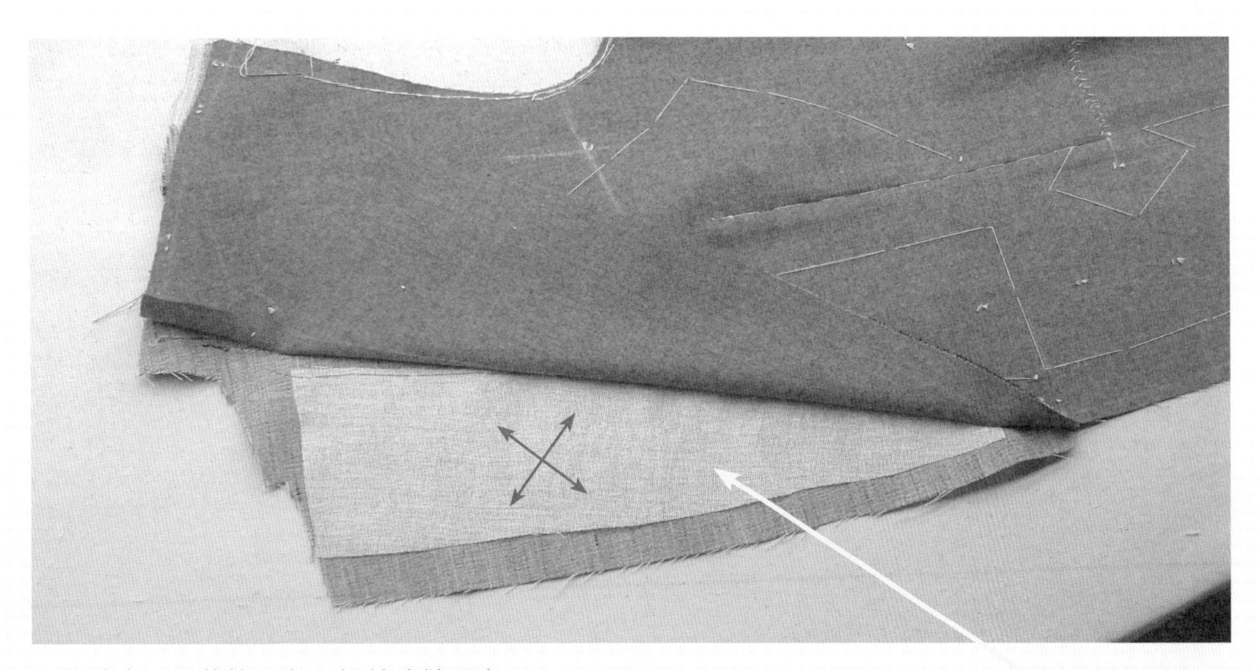

下領片夾一層薄棉胚布，粗針疏縫固定
衣身下領片＋毛襯＋薄胚布＋貼邊

| 星止縫領折線 |

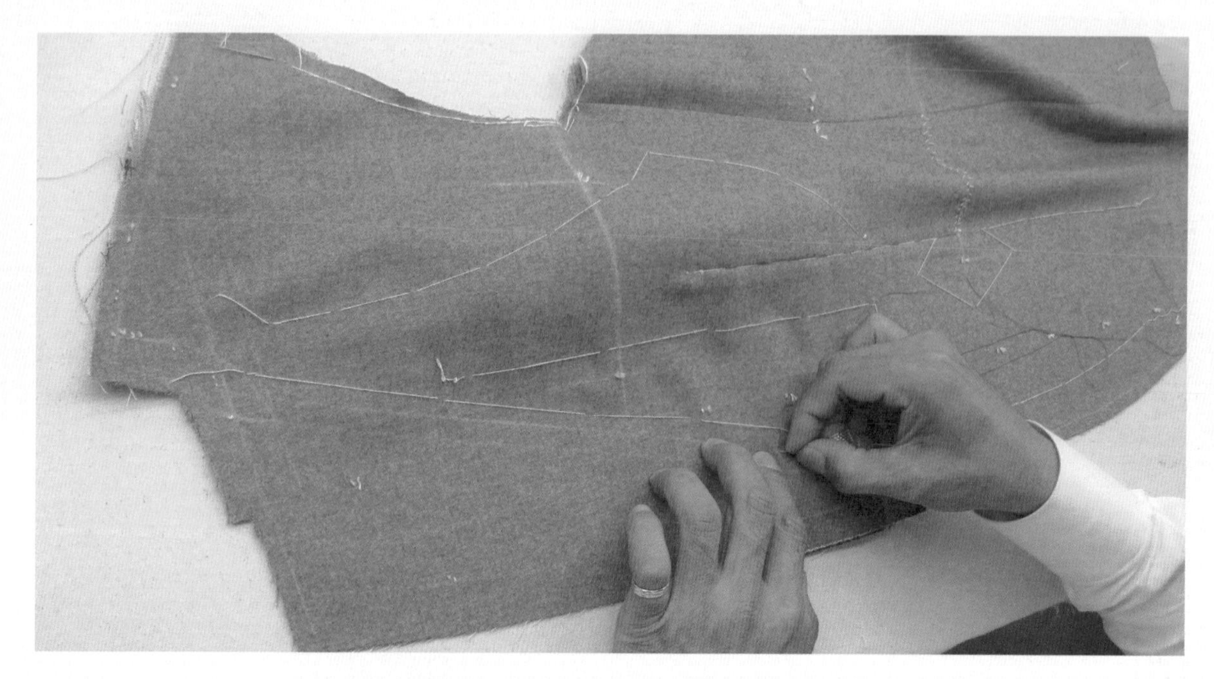

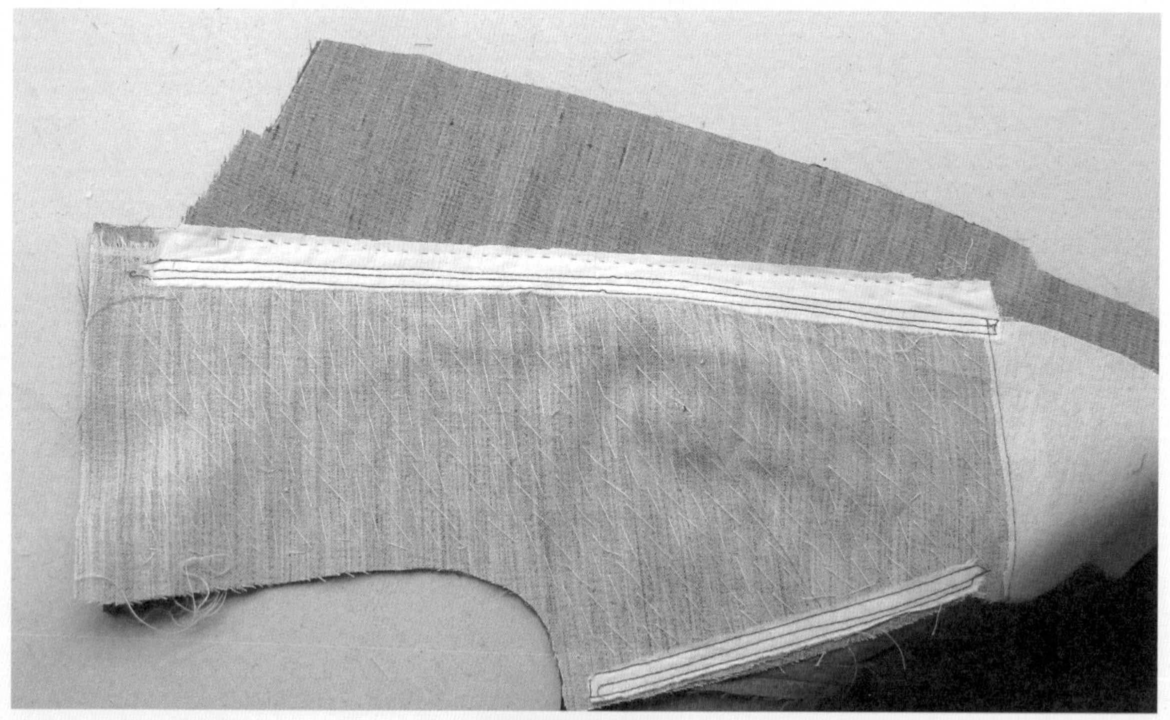

星止縫固定領折線
領折線內移 0.5 cm 位置

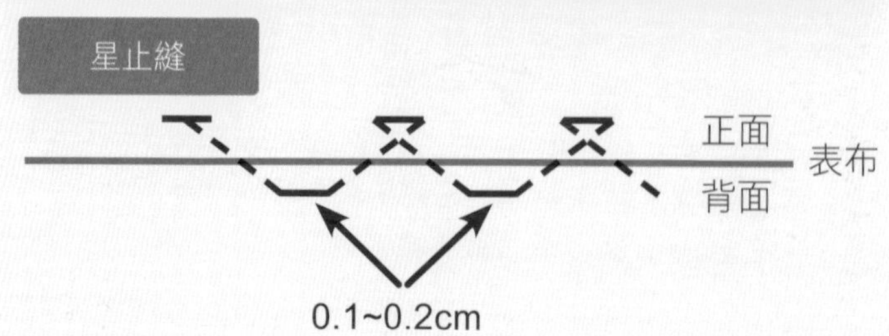

｜八字縫下領片｜

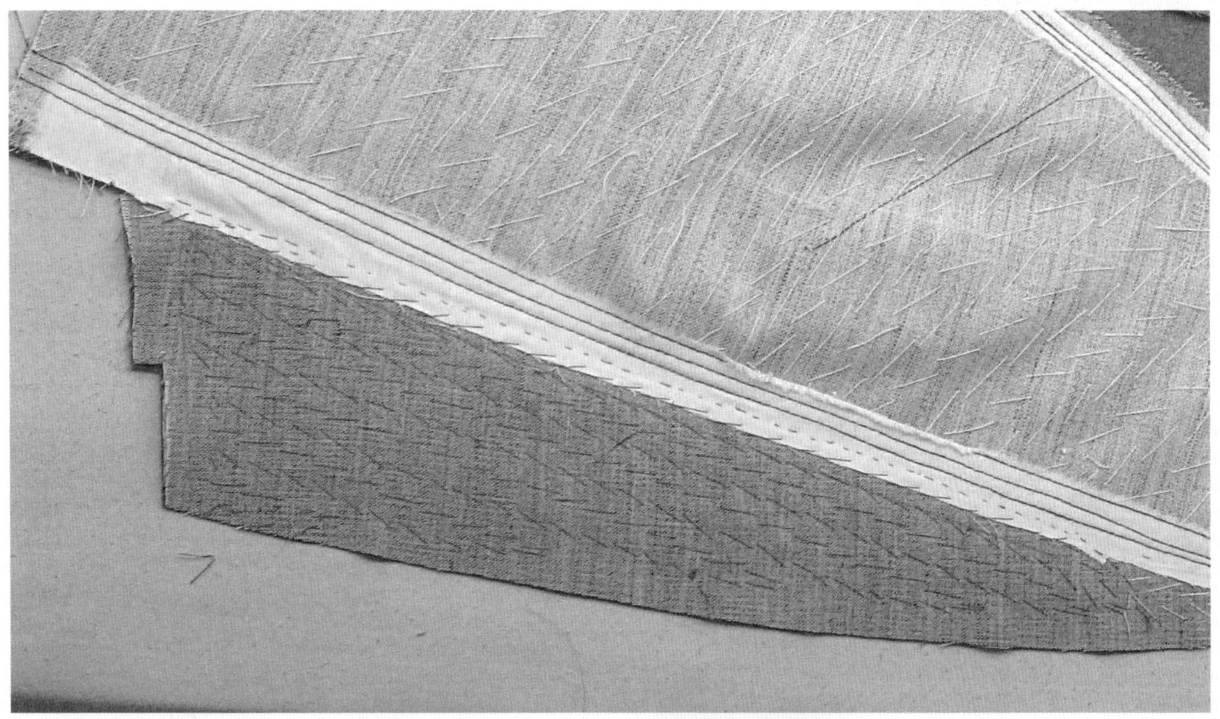

翻折下領片手縫八字縫、領外圍縫份不縫
每針針距約 1cm

八字縫

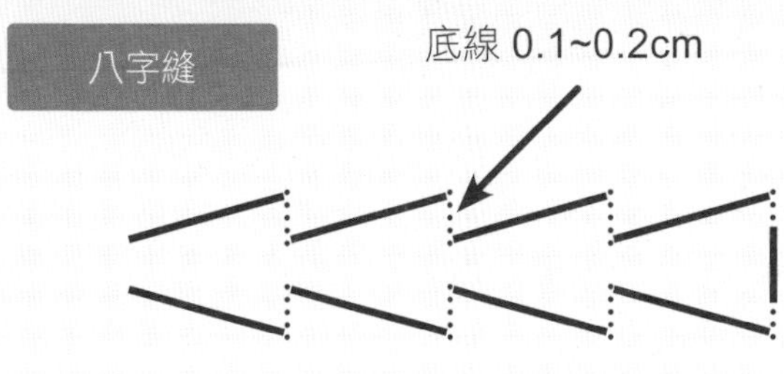

| 領片八字縫呈曲捲狀 |

| 確認接領點、外圍線 |

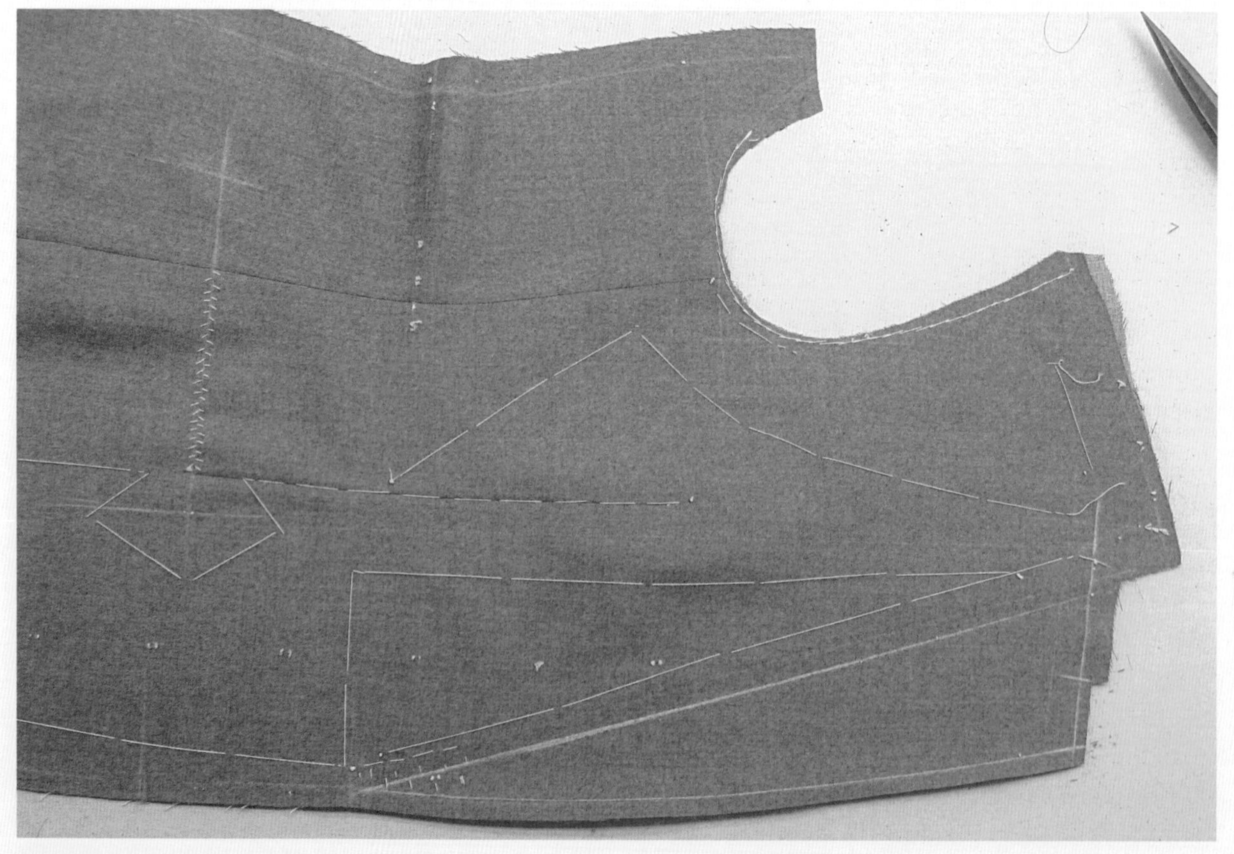

核對版型、左右片尺寸

｜修剪毛襯縫份｜

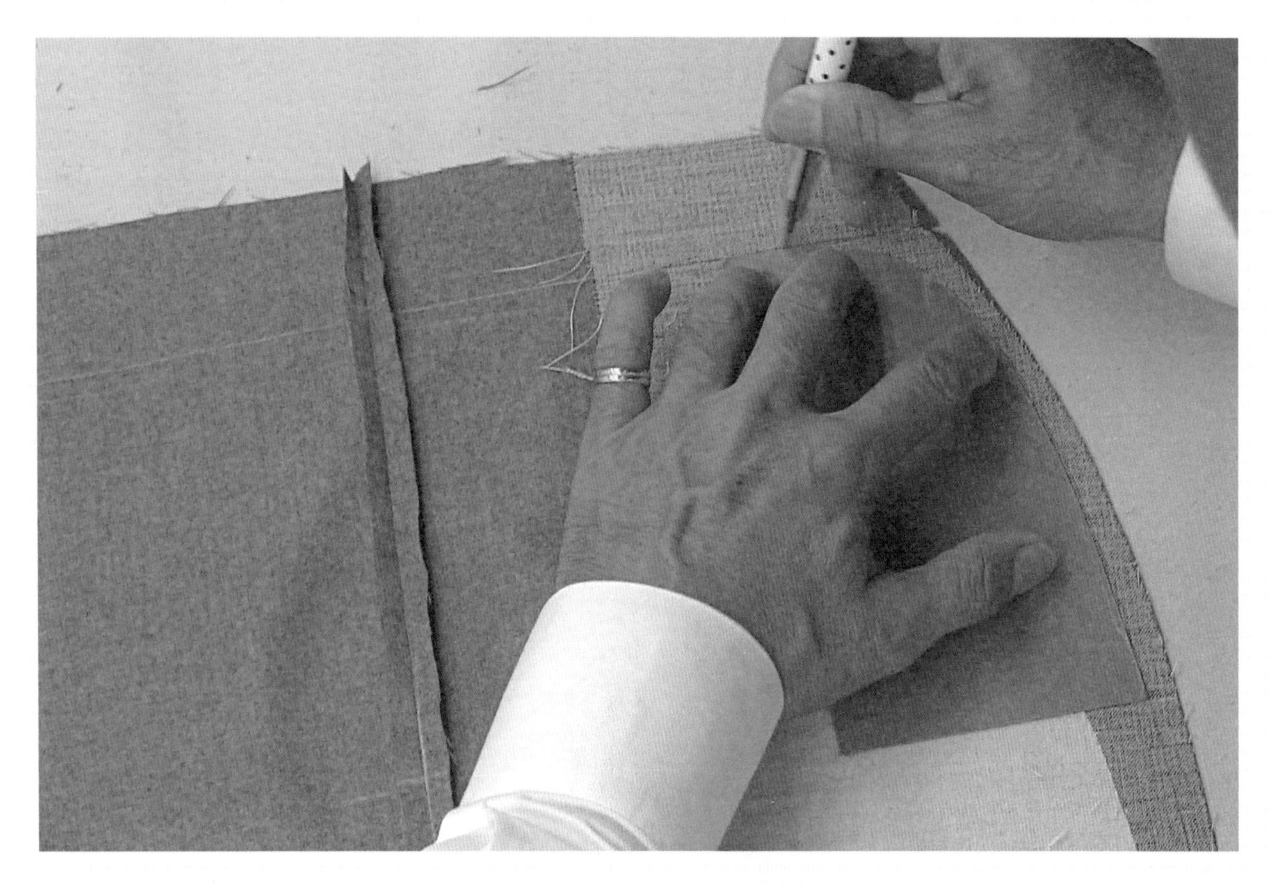

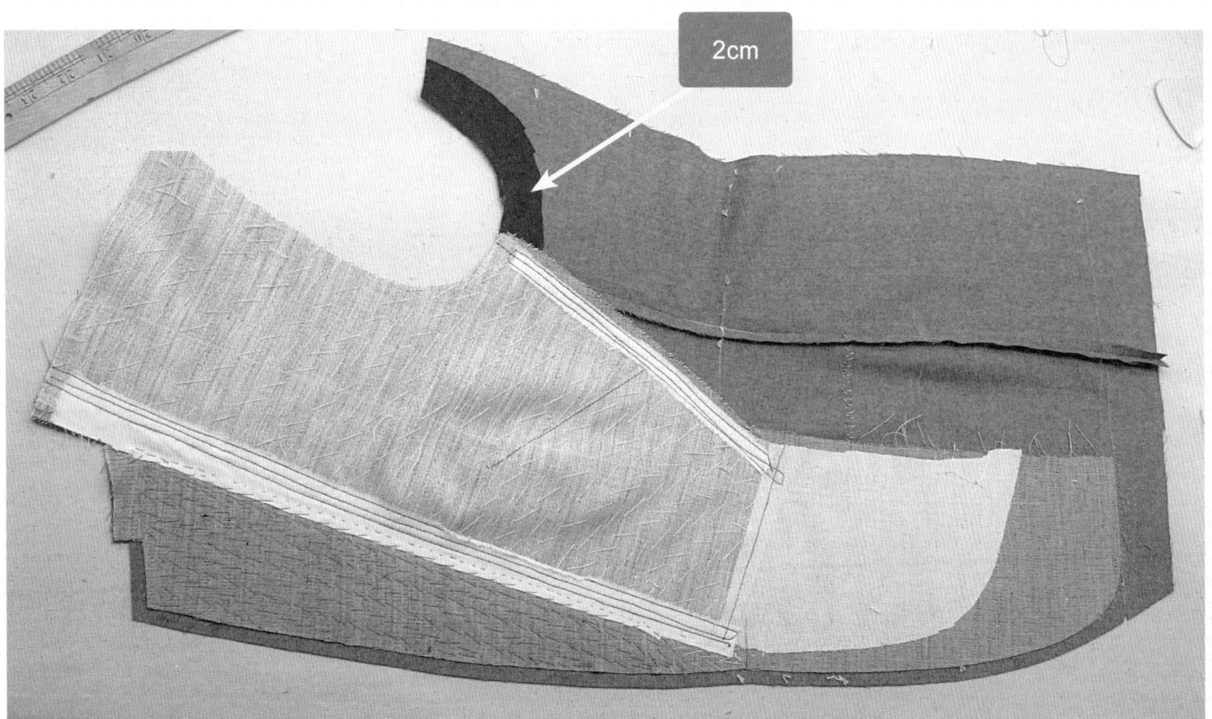

修剪前襟毛襯縫份至完成線位置。前身片腋下處，黏貼 2cm 斜紋布襯固定

| 牽條 |

寬 3cm 直布紋牽條（白漂白布）

左右兩邊抽掉多根紗線 0.5cm，對剪中間成 2 條

｜黏貼前襟牽條｜

領角處剪牙口
黏貼燙牢牽條

｜下襬牽條｜

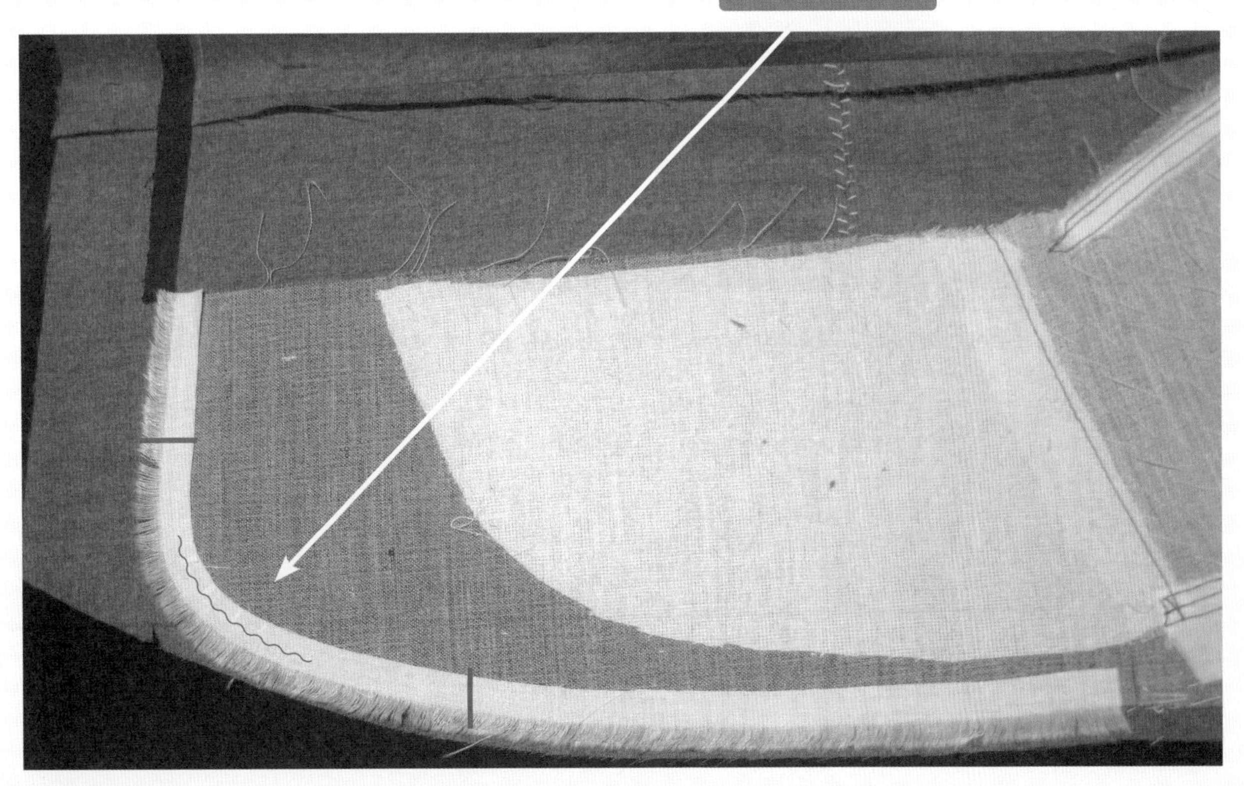

內圓處剪牙口
黏貼燙牢牽條及用布襯牽條貼燙固定下襬

單邊八字縫

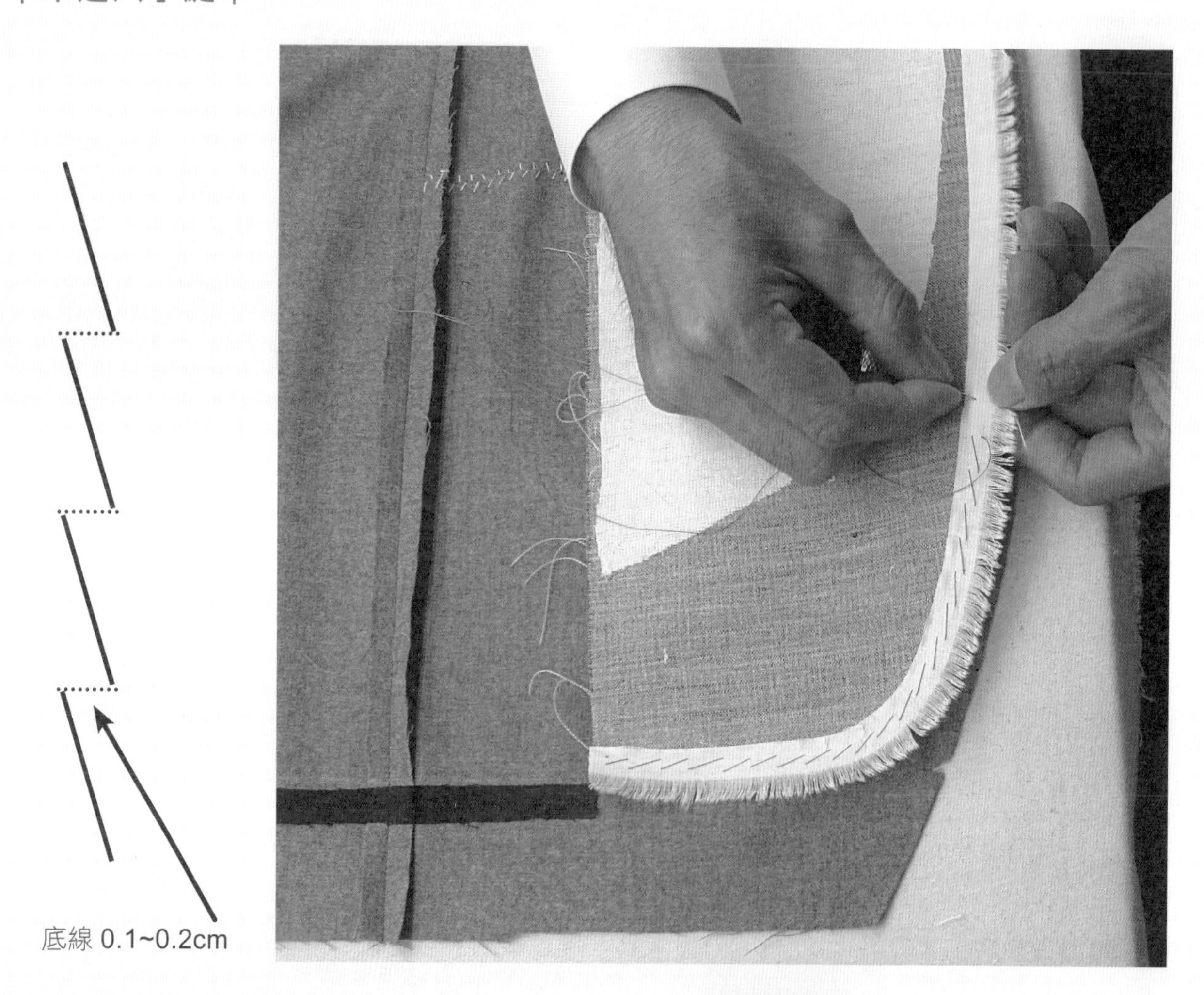

底線 0.1~0.2cm

空 5cm

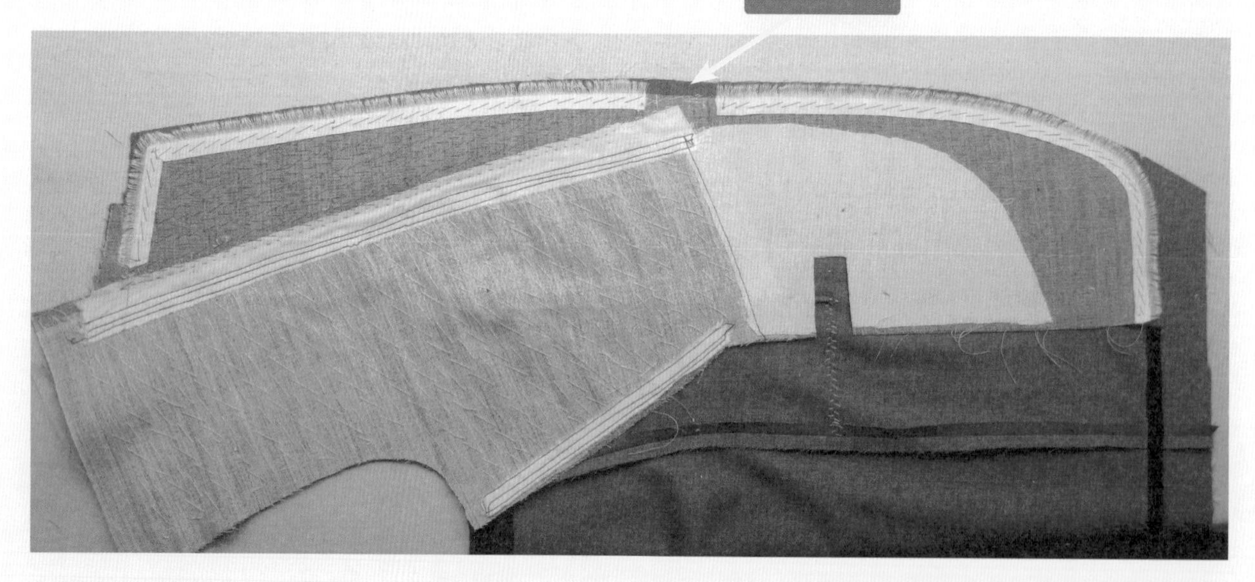

下領片至前襟釦位子，約 5cm 不要牽條布

Chapter.3

製作腰口袋

｜腰口袋位置｜

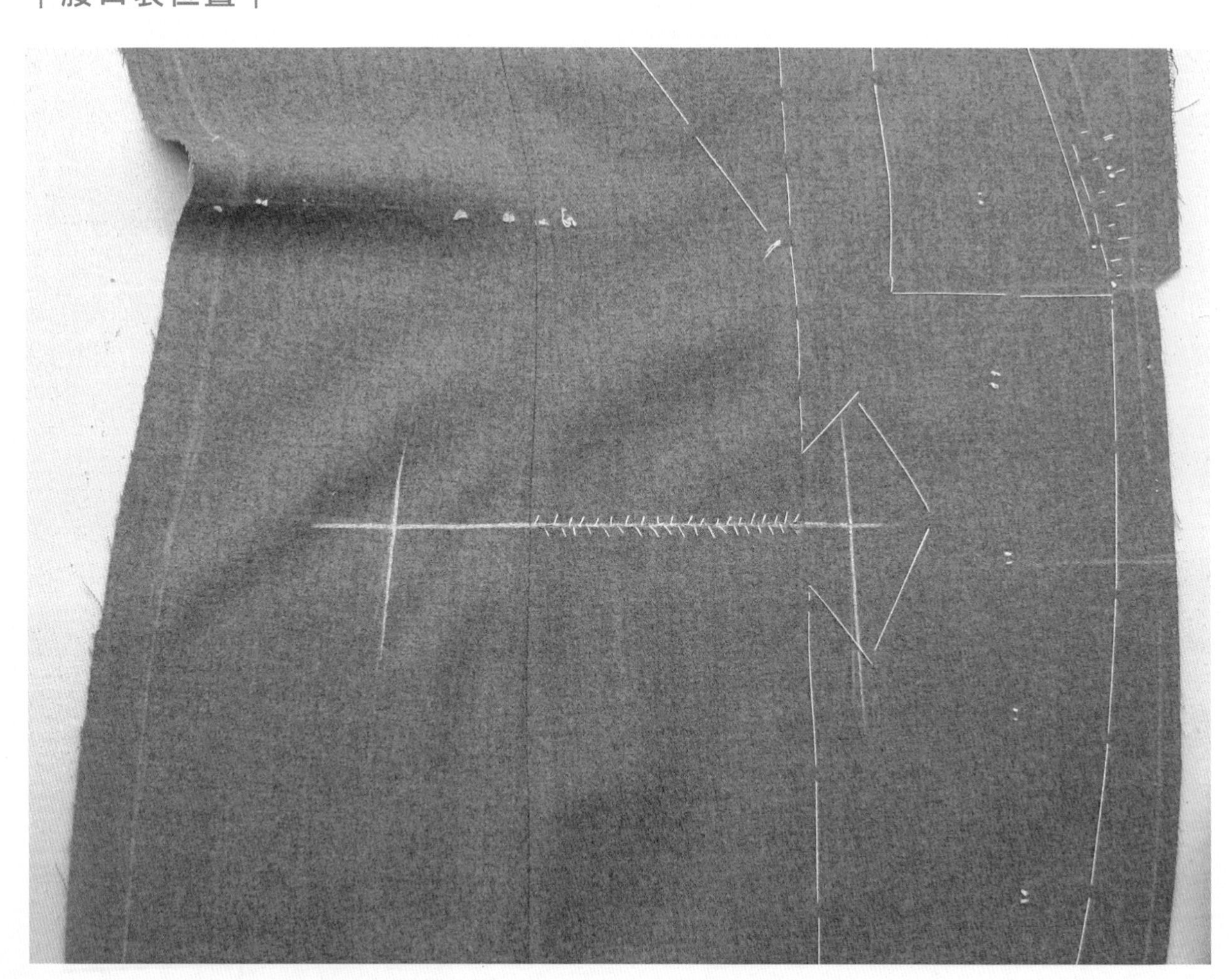

核對版型、左右腰口袋位置和尺寸

| 貼襯 |

腰口袋位置背面黏貼直布紋布襯

｜口袋布｜

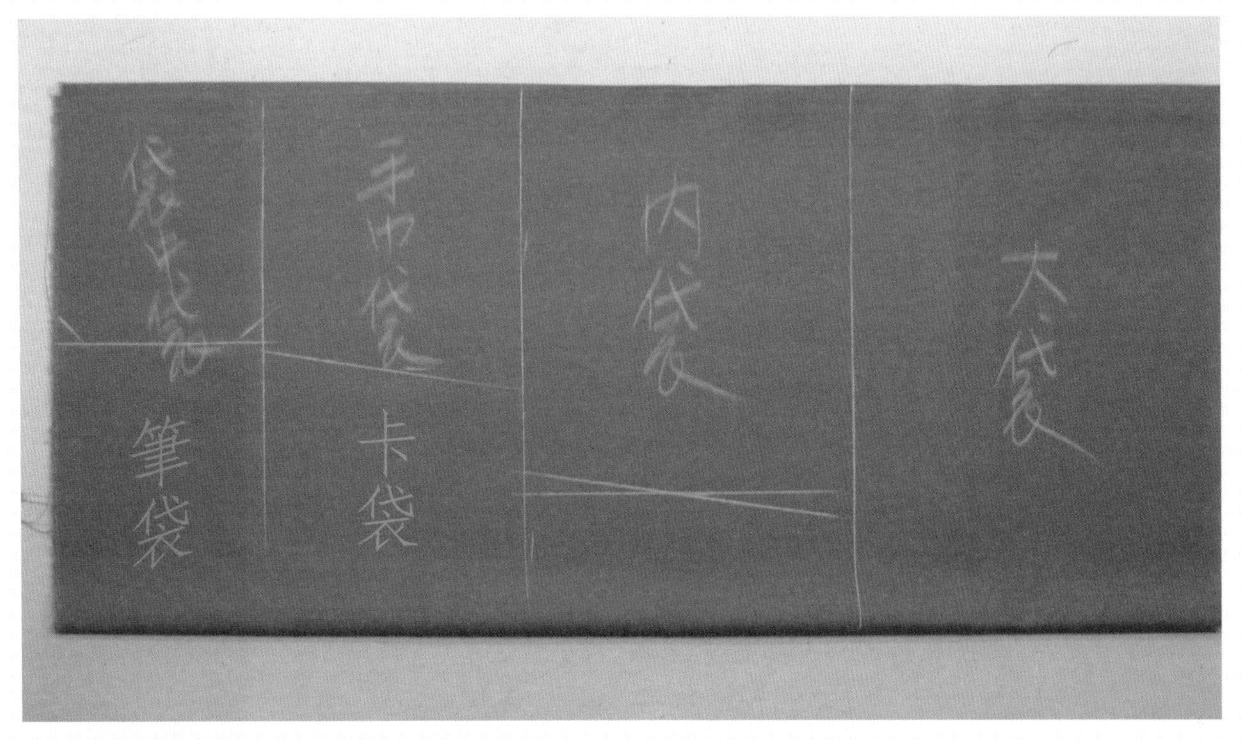

整件上衣所需袋布

｜腰口袋之袋蓋｜

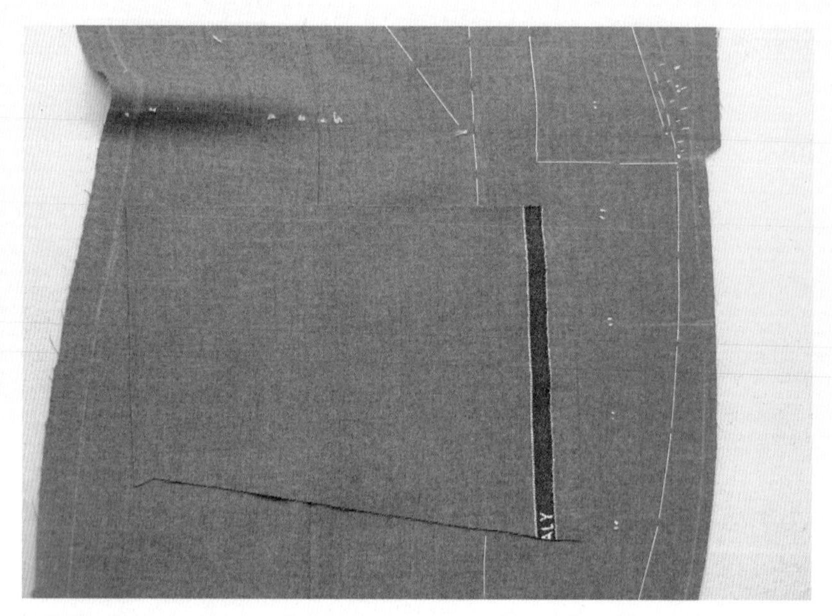

核對布紋

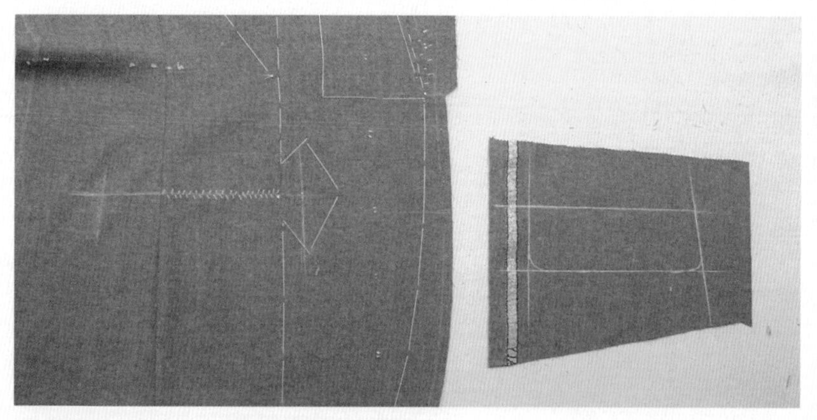

複製袋蓋大小

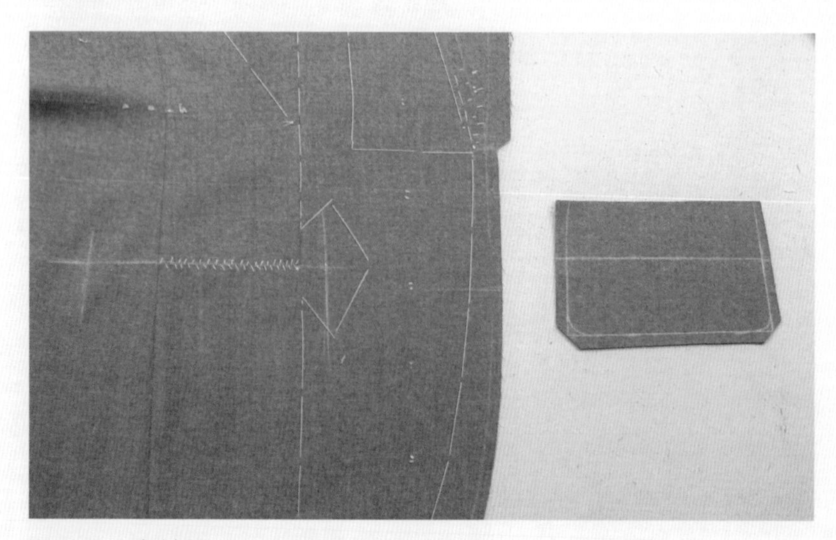

留 1 cm 車縫份

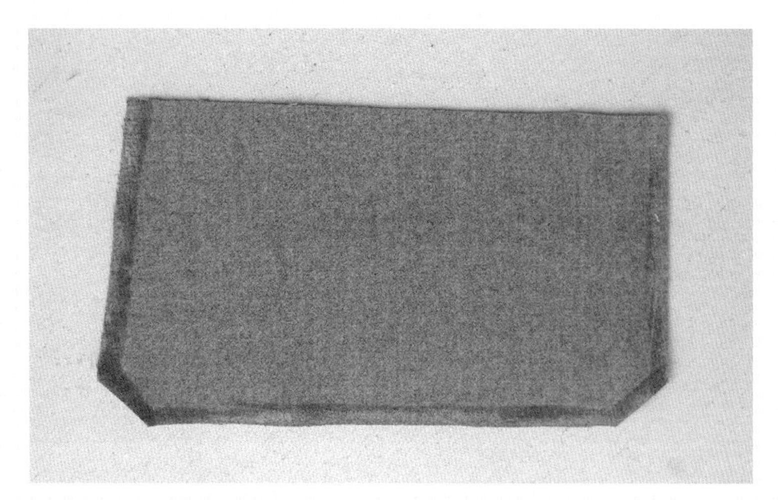

袋蓋正面三邊塗漿糊

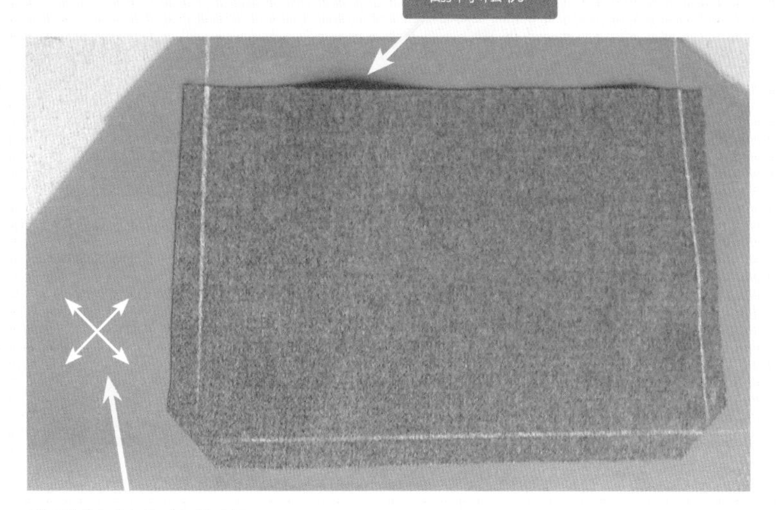

黏貼於斜布紋內裡

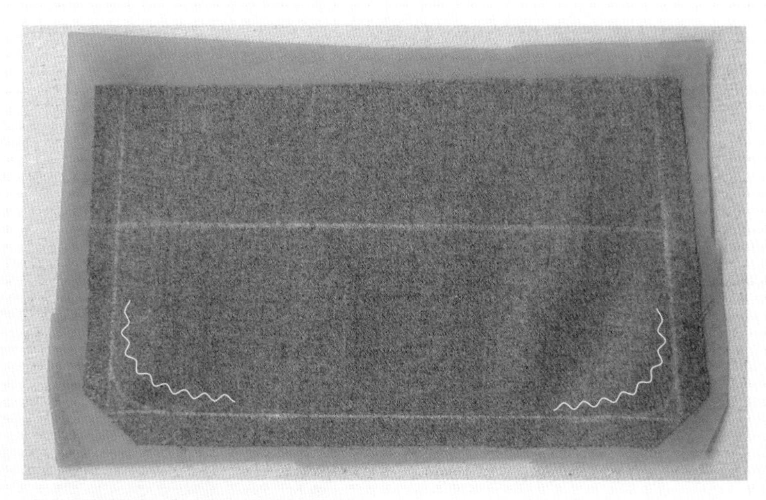

上下邊圓角處須留翻轉鬆份

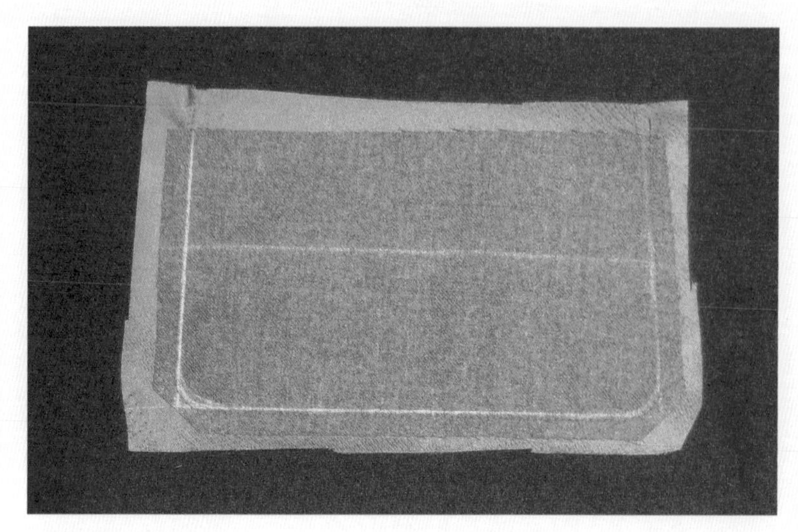

車縫黏貼的三邊

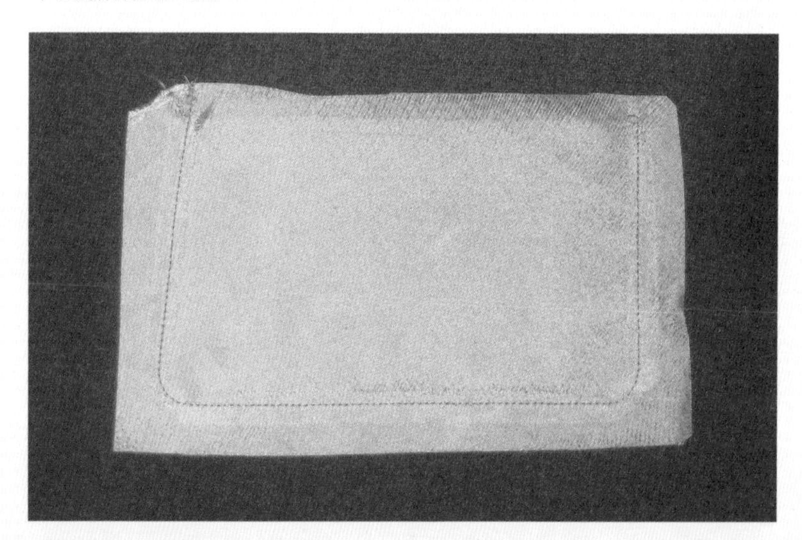

針目須平順圓滑

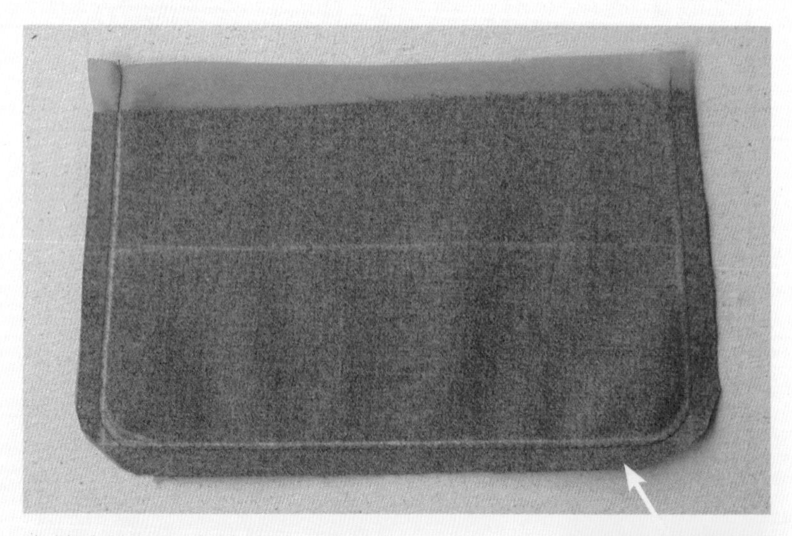

車縫後效果，車於線外 0.2 cm

｜翻圓角整理｜

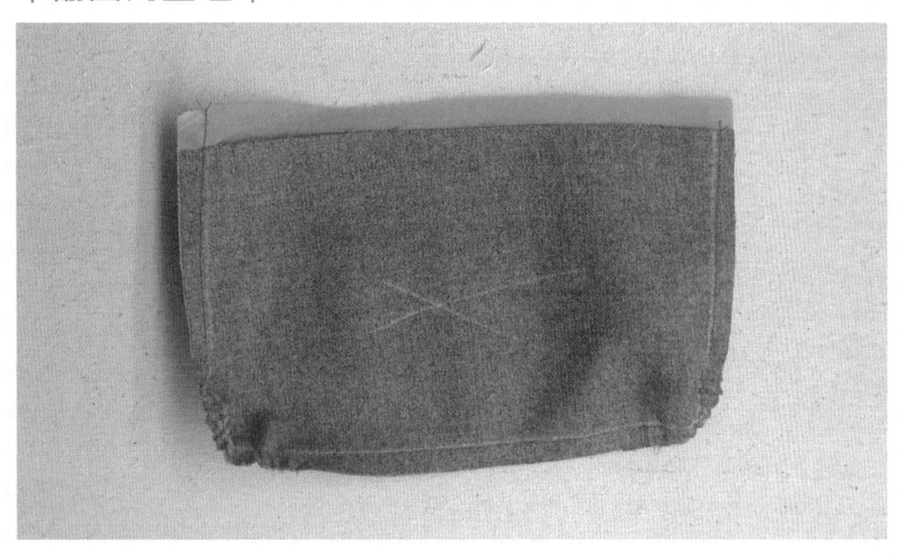

兩邊圓角縐縮燙

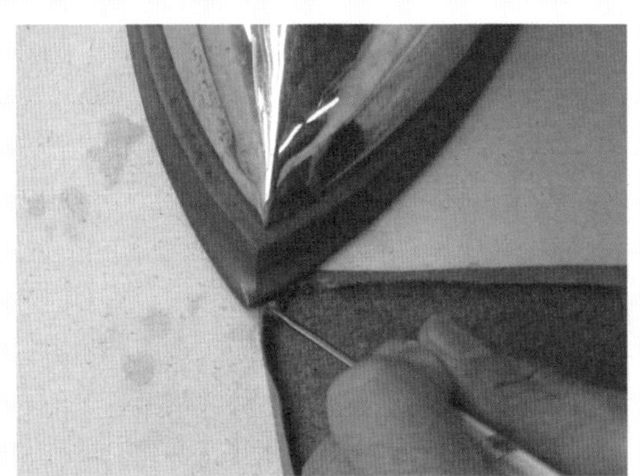

使用錐子協助折燙圓角縫份

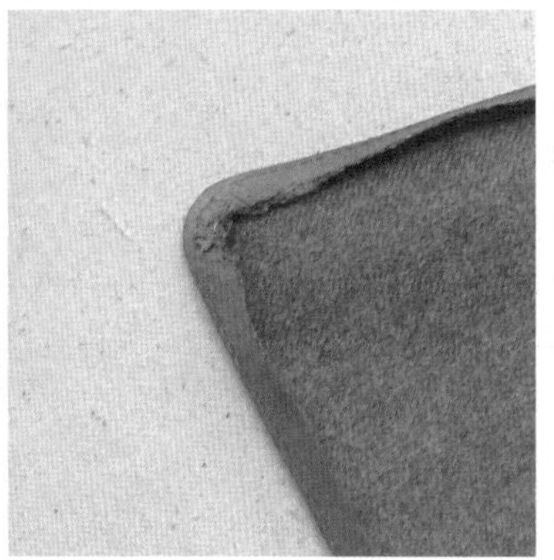

翻圓角

縫份倒向表袋蓋

| 翻面後的袋蓋 |

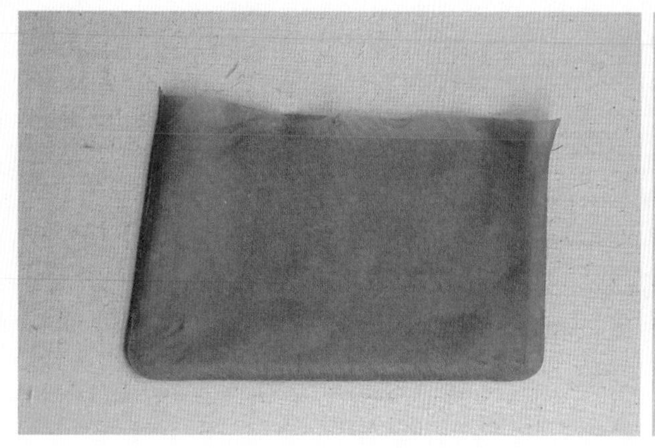

圓角處需無角度，左右成相對稱且同大小尺寸

| 袋蓋邊緣星止縫 |

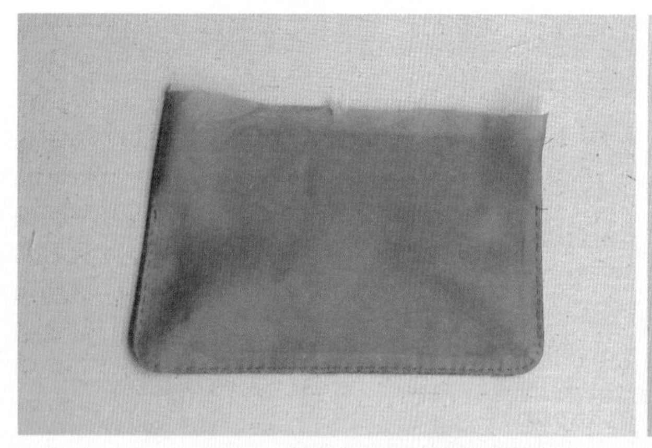

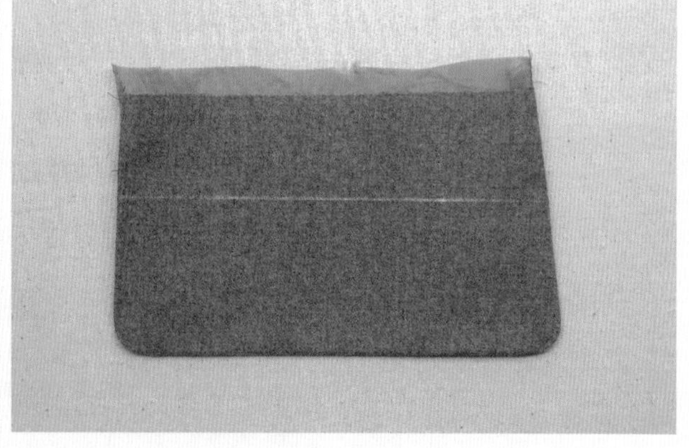

以星止縫固定縫份呈平整，當壓裝飾線固定

｜畫線確認完成線位置｜

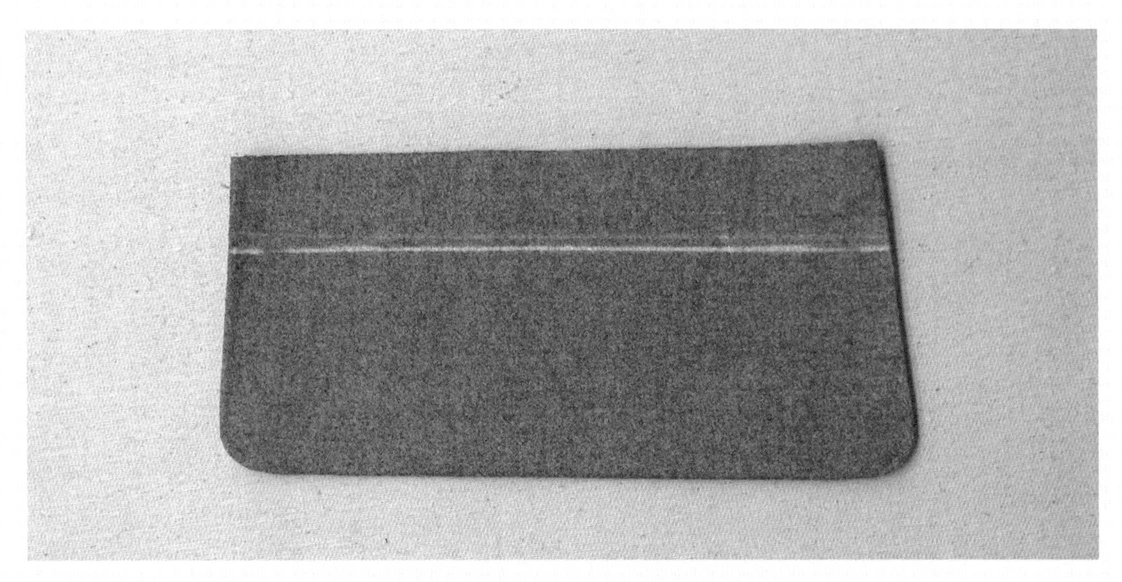

確認左右口袋高度

｜比對袋蓋與腰口袋大小｜

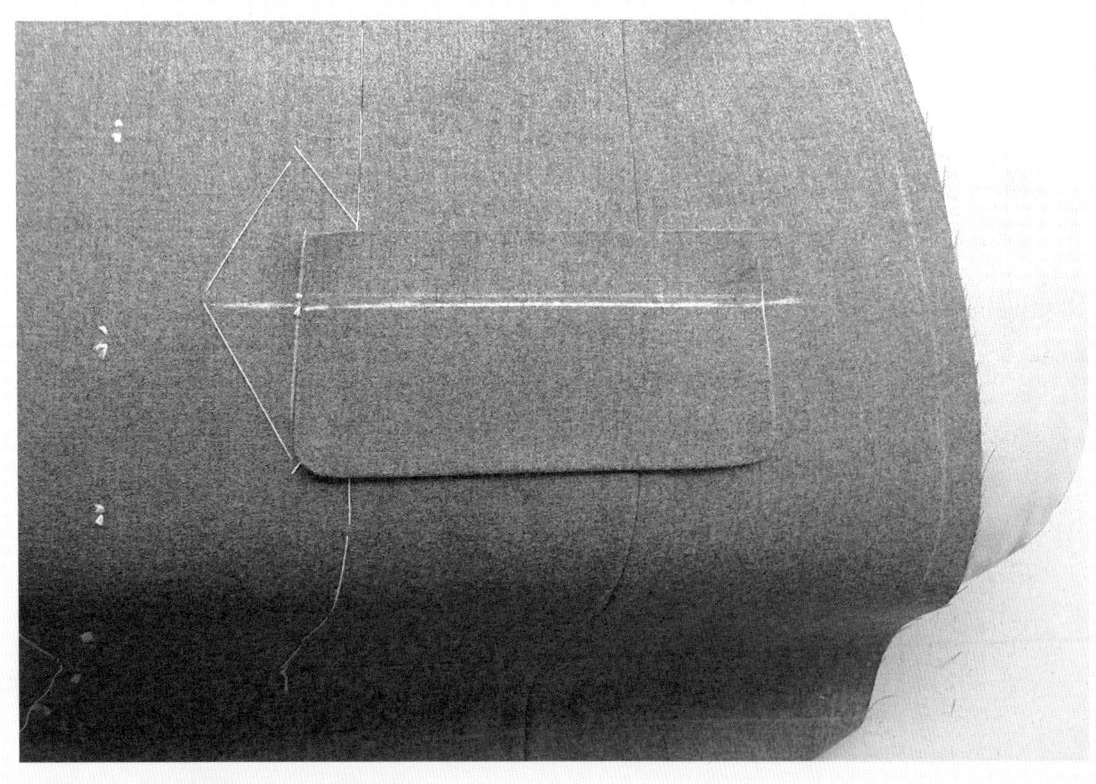

比對大小，放置燙馬上試看效果

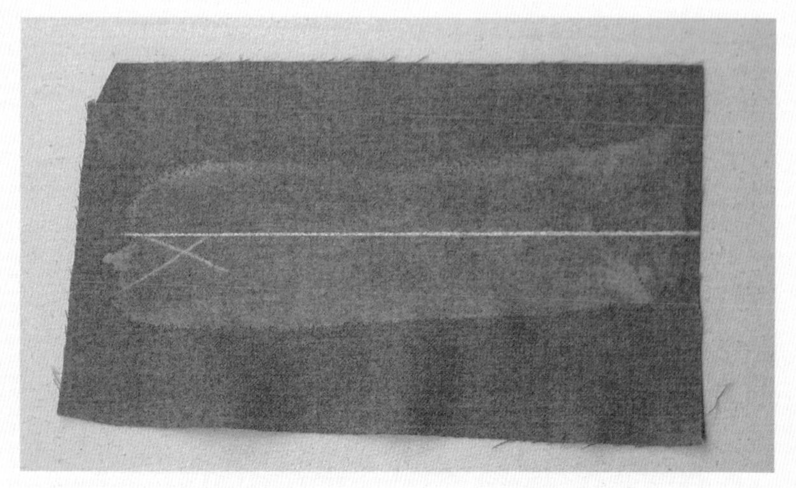

於開袋布背面塗漿糊自然乾

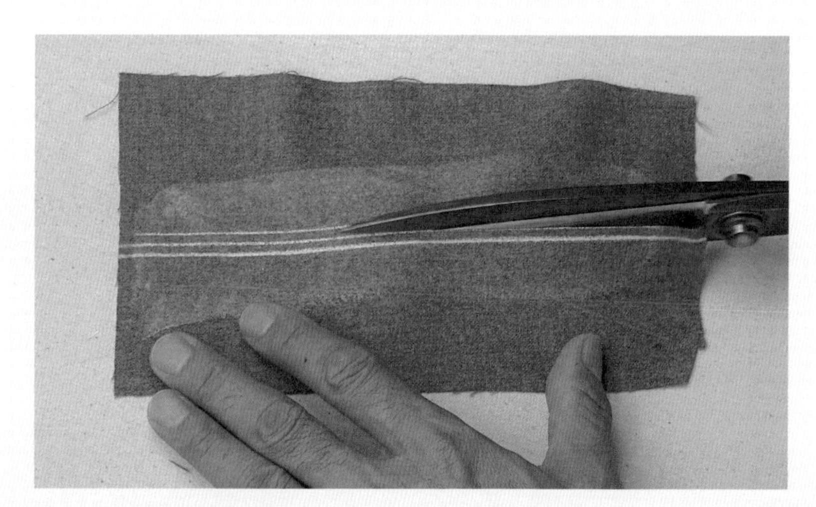

畫出袋唇雙滾邊位置

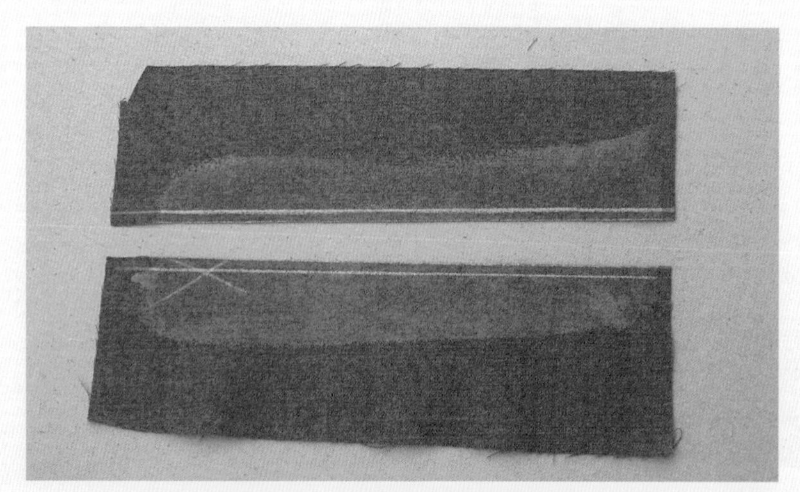

從中剪開分上下滾邊布（沿著直布紋紗線剪）

｜開腰口袋｜

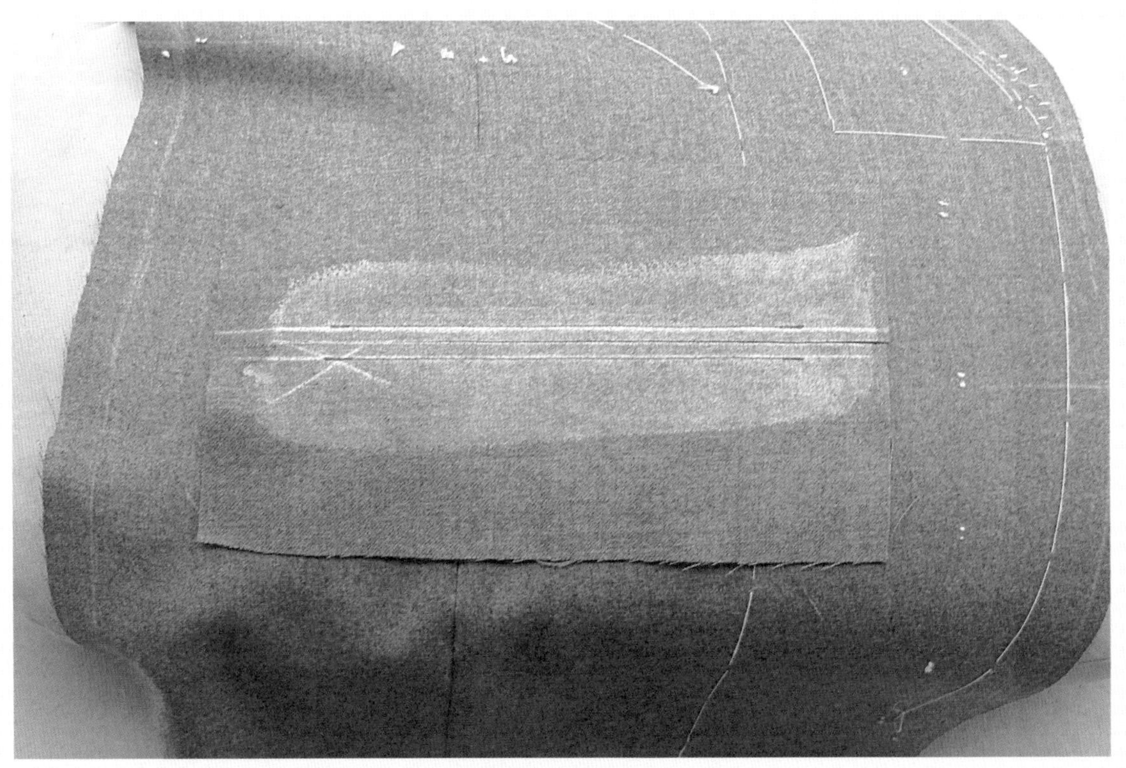

車縫上下滾邊位置並左右回針，上下滾邊唇寬各約 0.4 公分

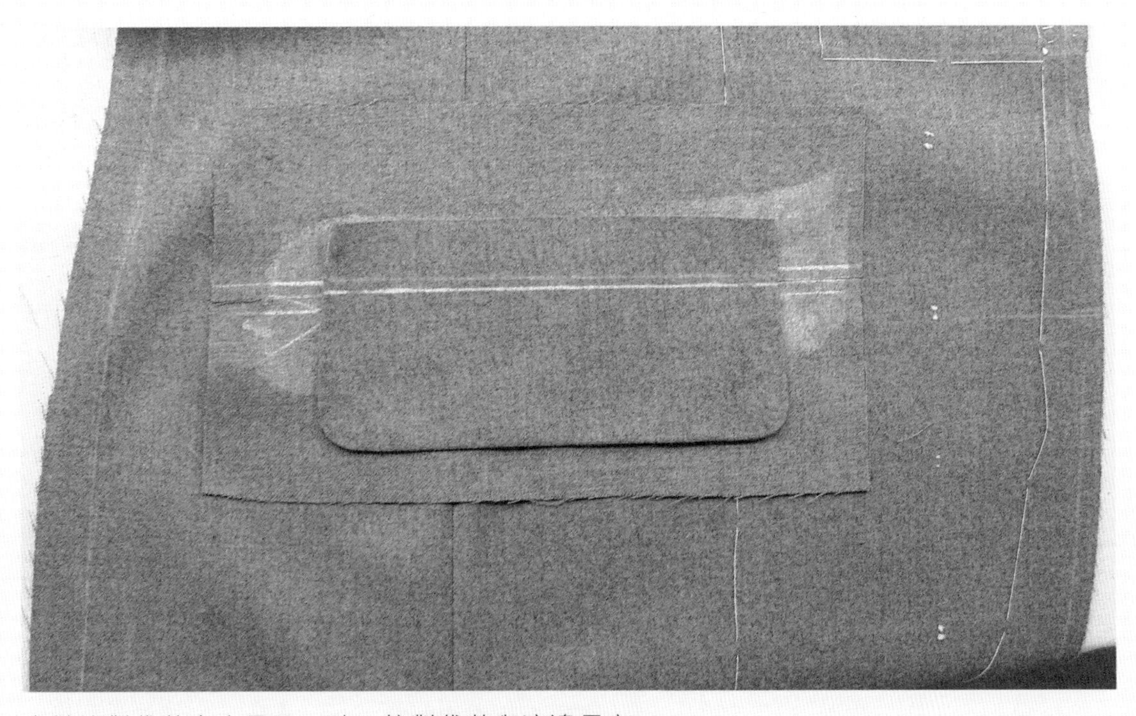

車縫比對袋蓋大小是否一致，核對袋蓋與滾邊長度

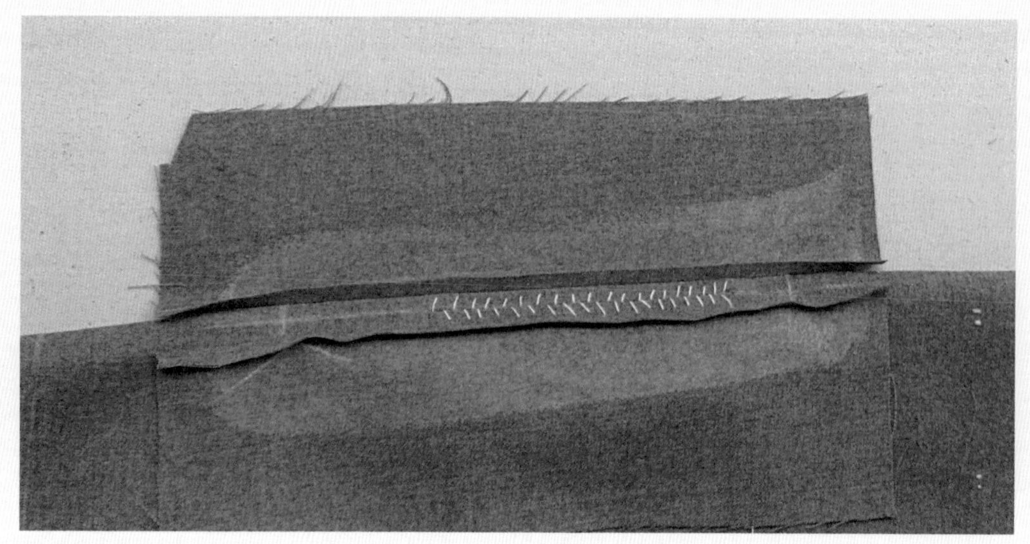

折燙滾邊

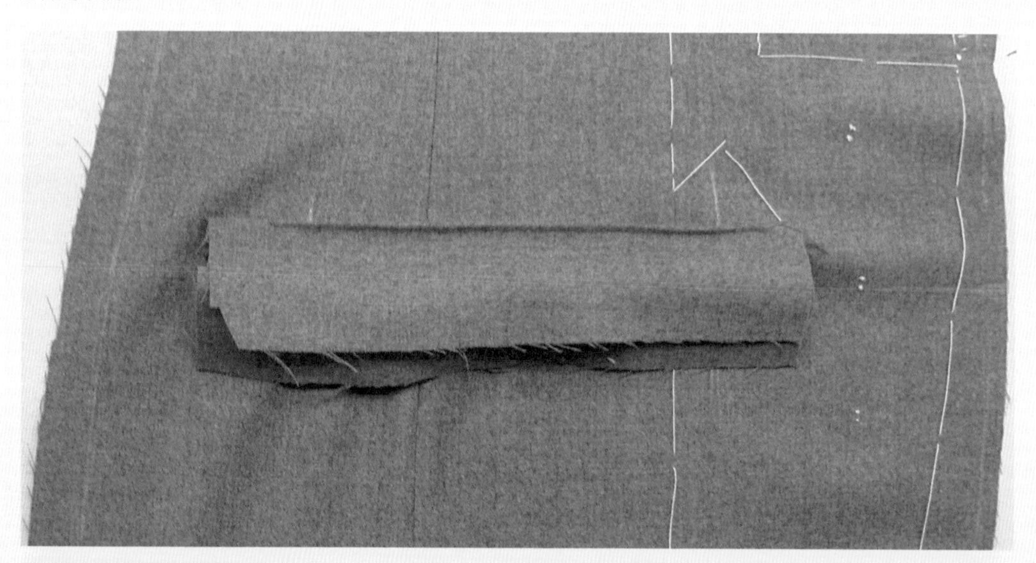

先粗針車縫固定滾邊寬

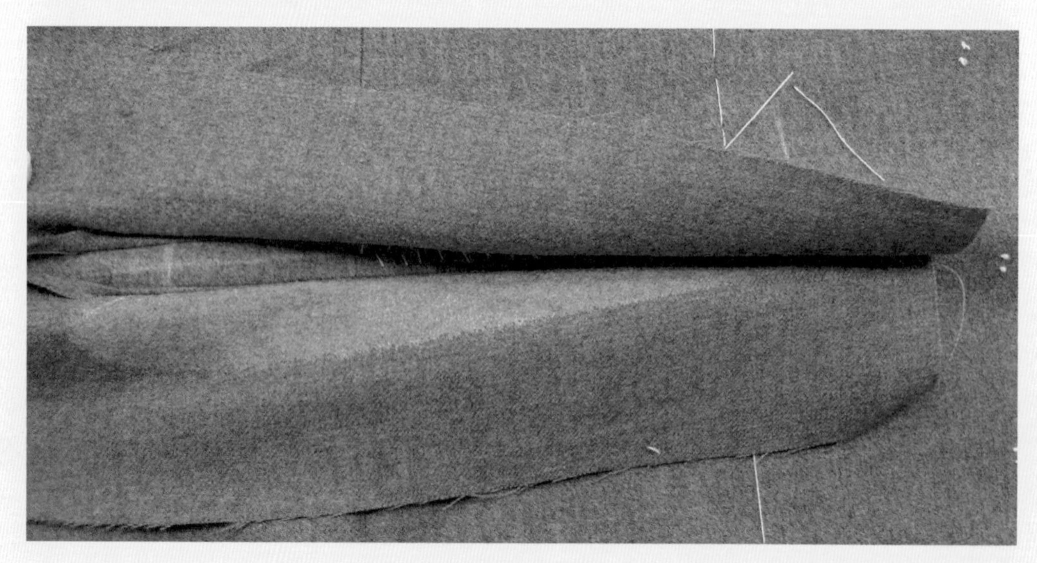

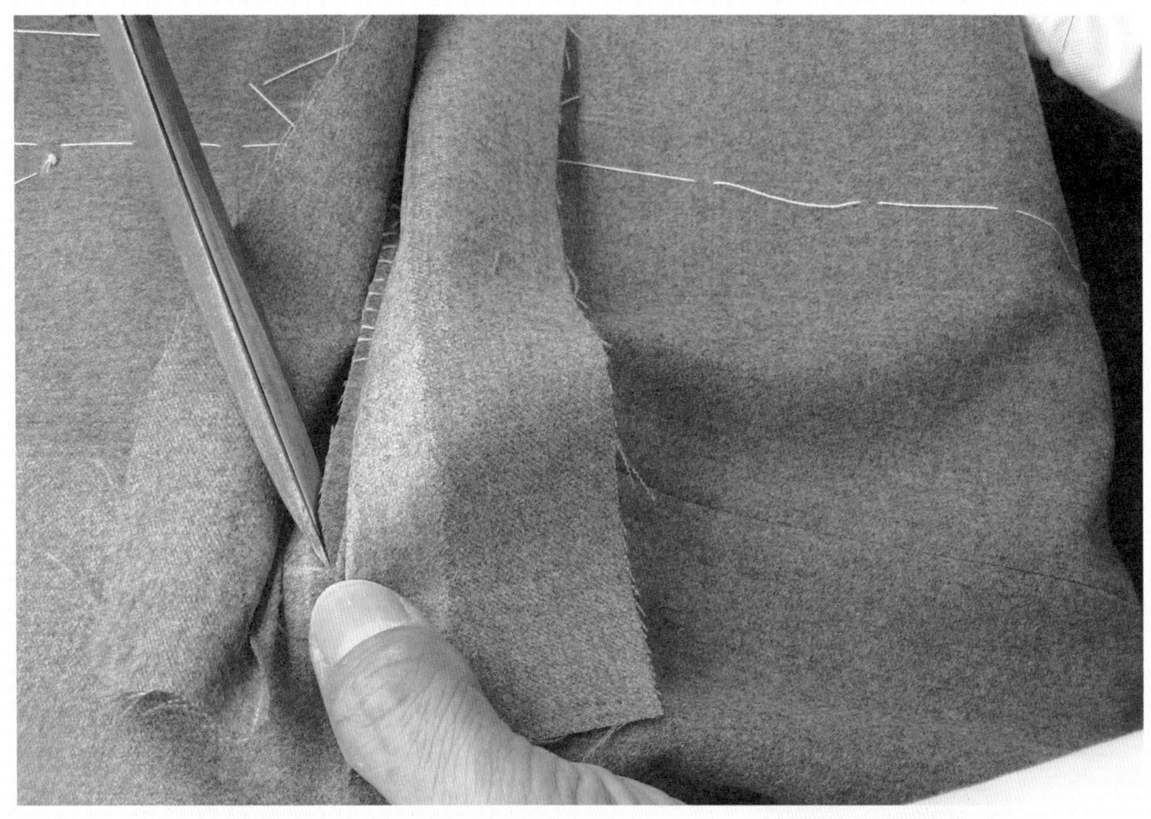
剪箭形牙口到止針處切齊

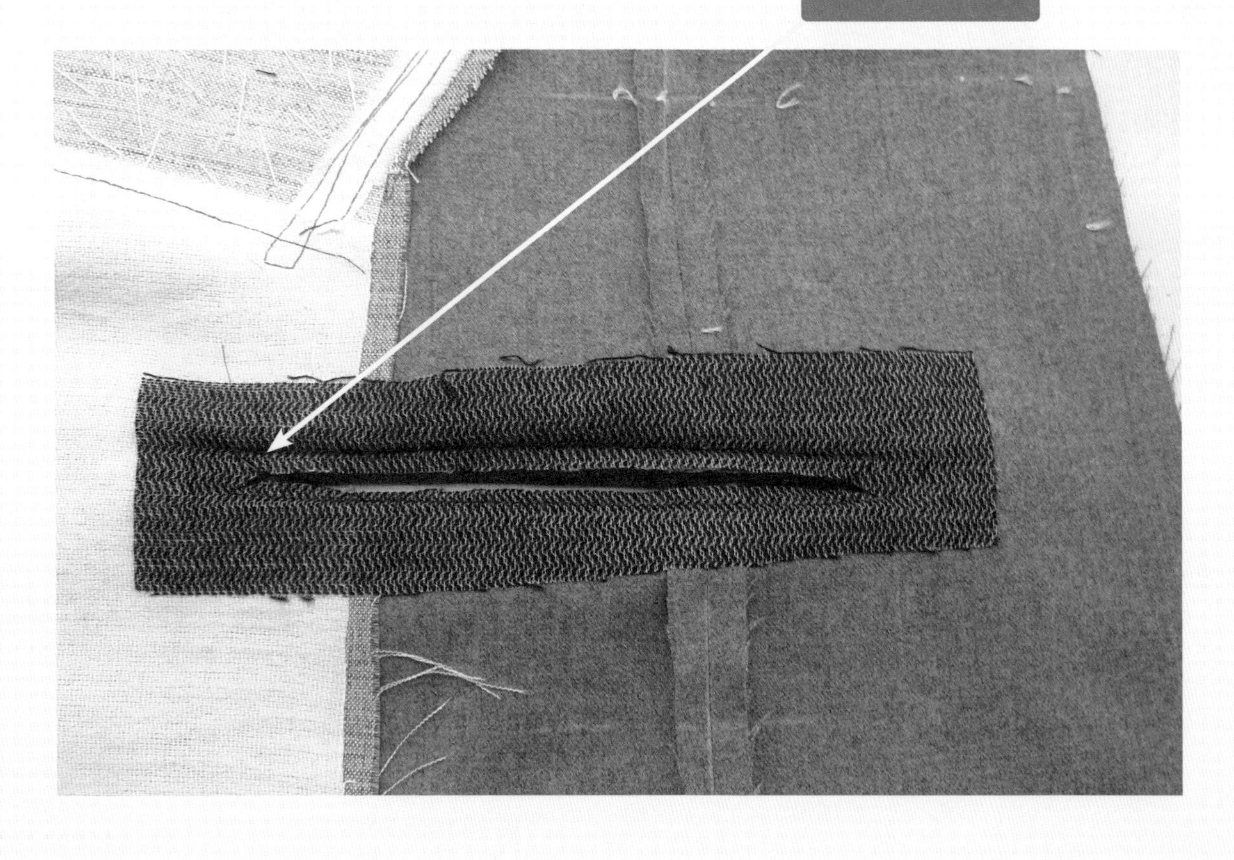

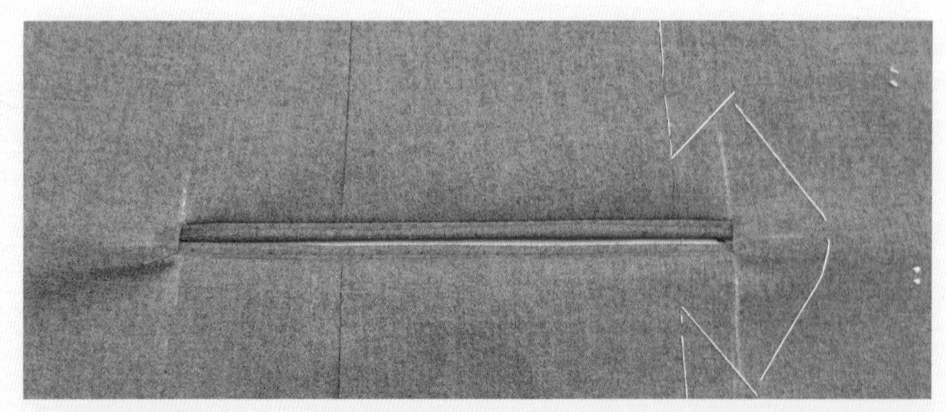

整燙整理雙滾邊

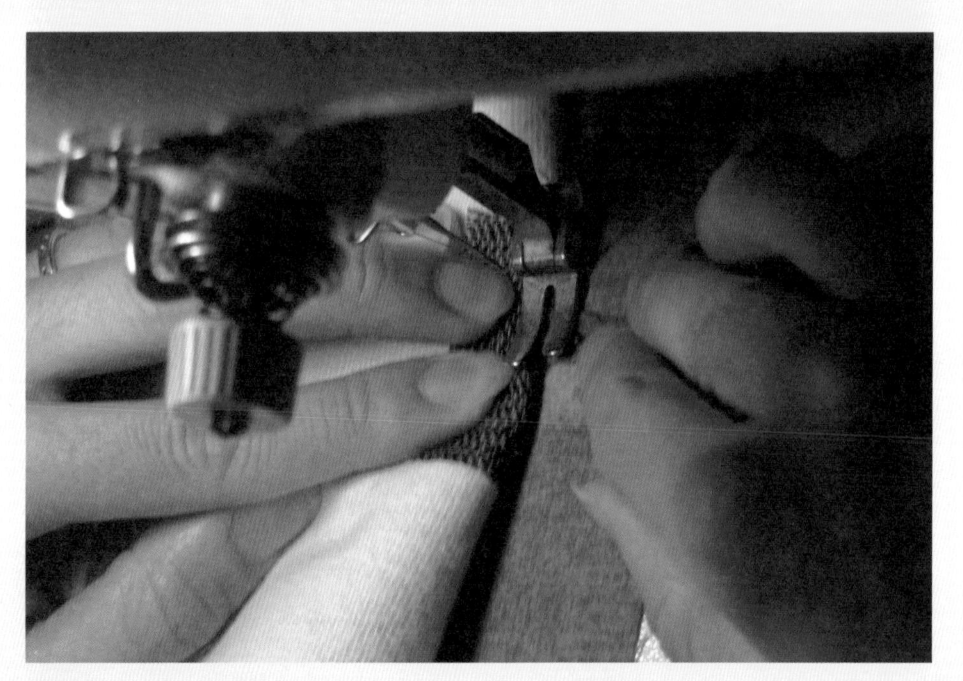

車縫固定背面雙滾邊三角

細針車縫固定背面下滾邊

｜腰口袋之袋中袋｜

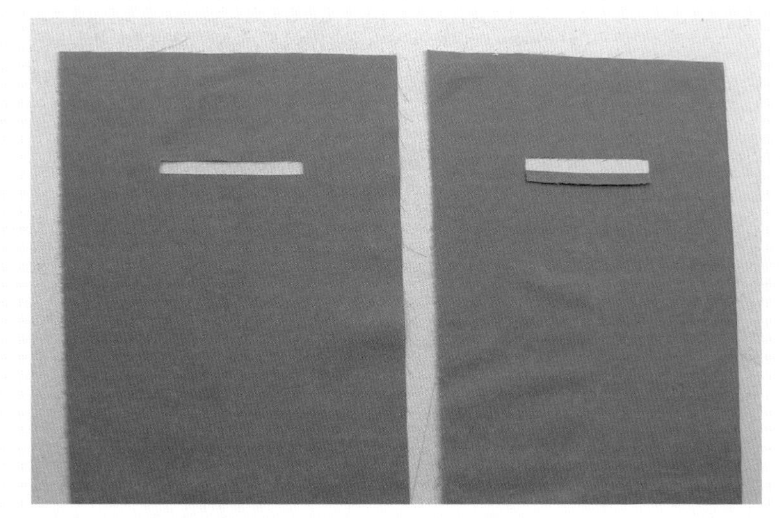

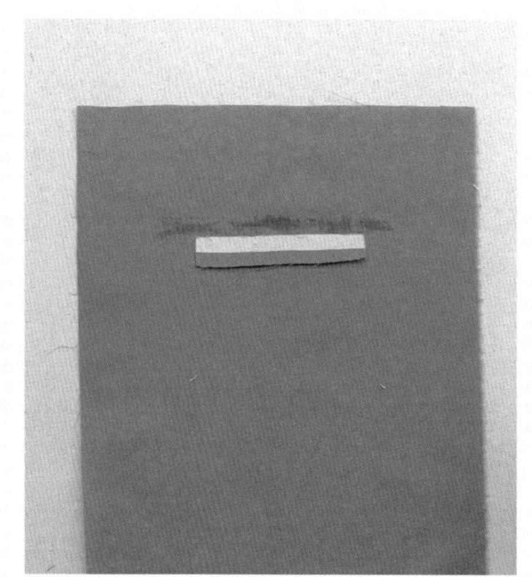

剪開→折燙→塗漿糊

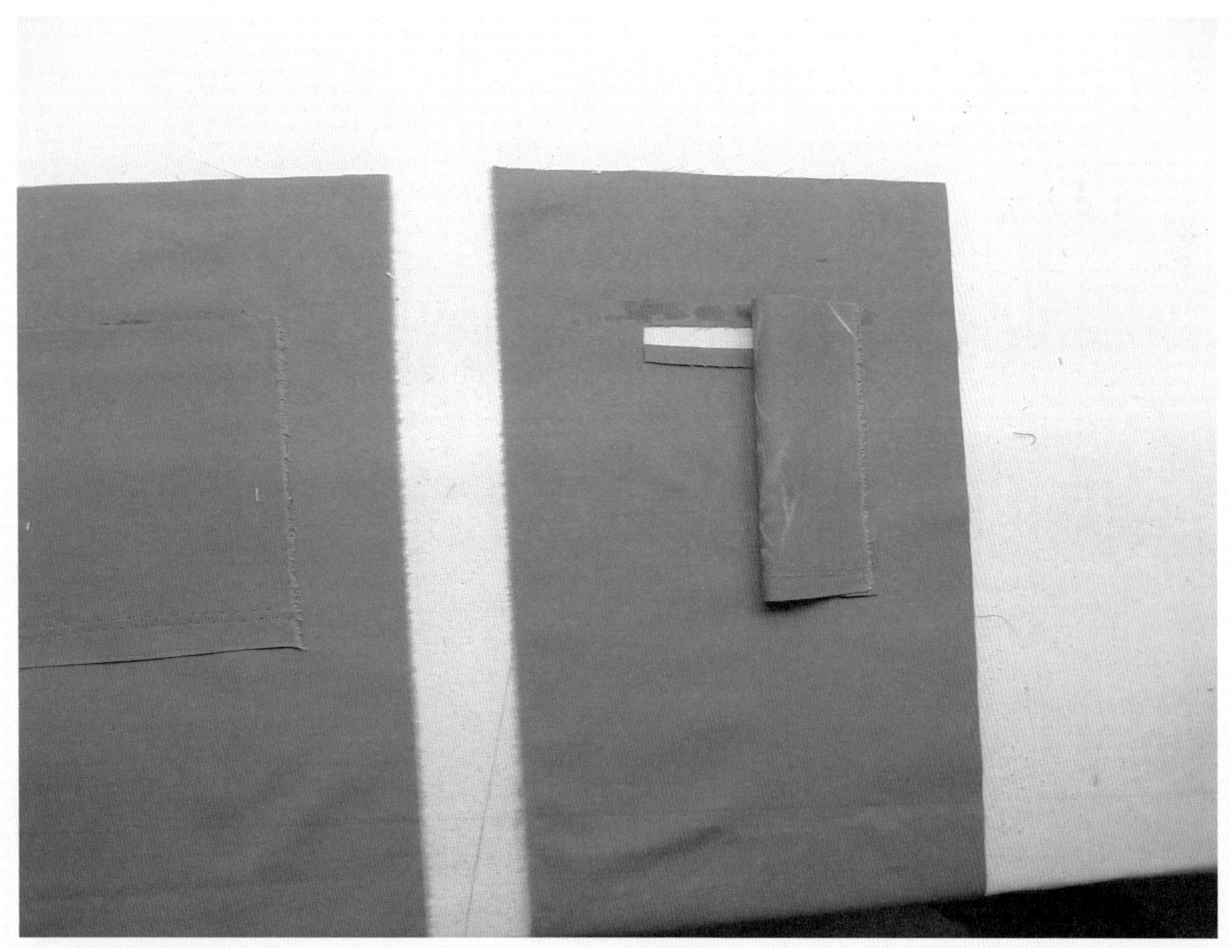

黏貼袋中袋的袋布

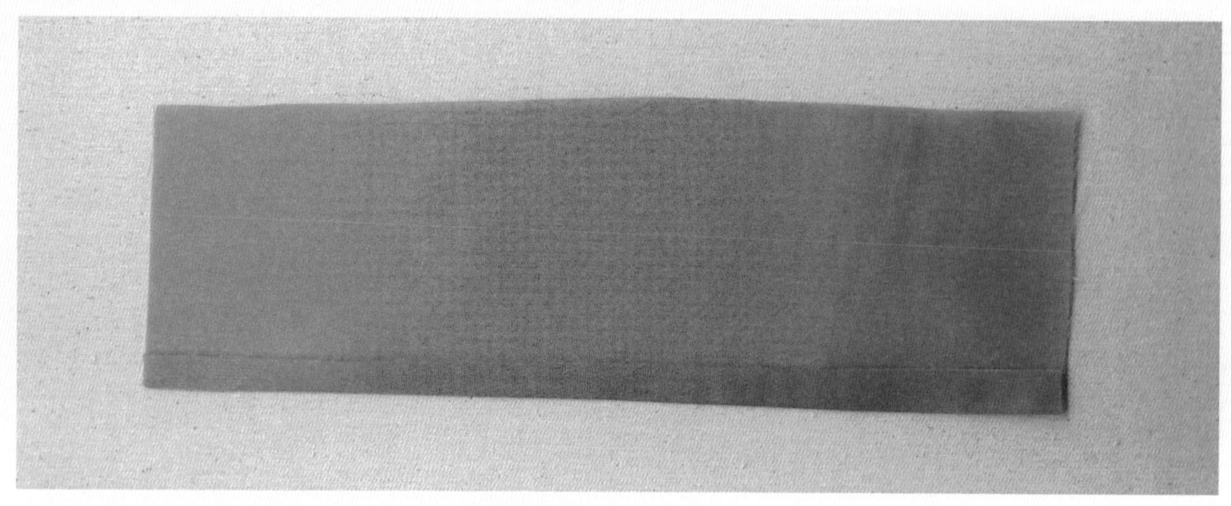

袋口擋布，5 cm 寬的表布或內裡（有袋蓋時使用）
袋口擋布折燙 1 cm

裡布黏貼袋中袋口齊

｜黏貼口袋擋布｜

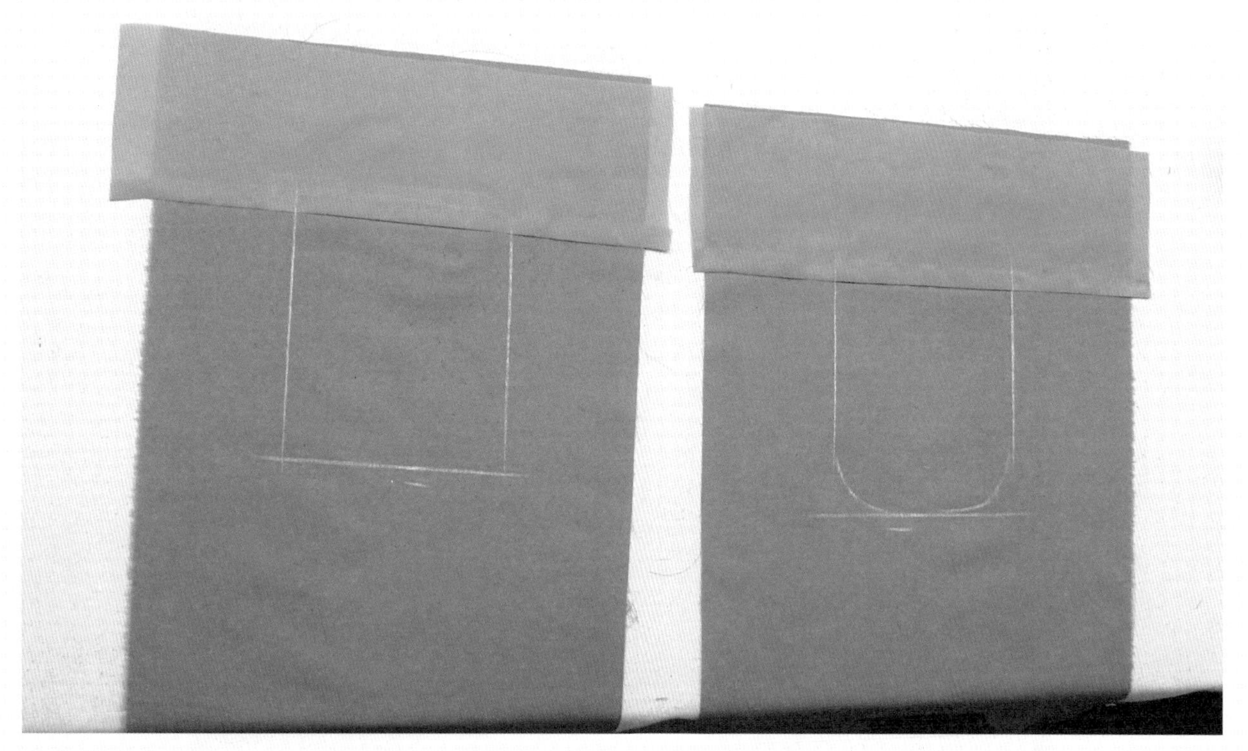

袋中袋尺寸，寬 10cm、長 10cm

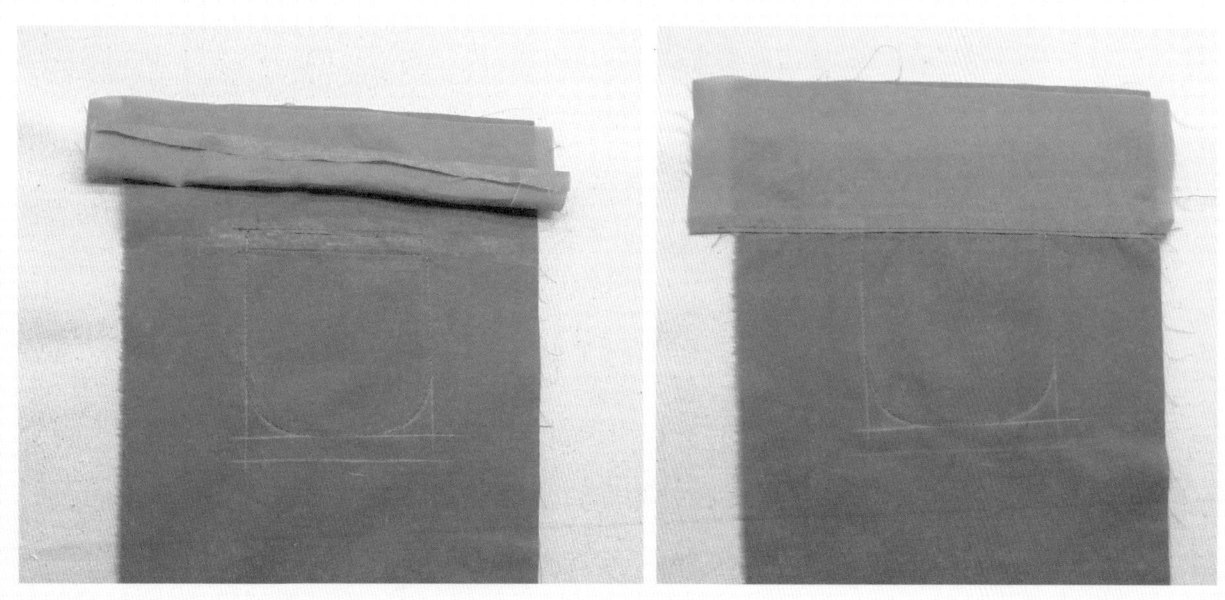

黏貼擋布前車縫，袋中袋口、口袋三邊

| 車縫口袋布 |

口袋布與下滾邊布車合

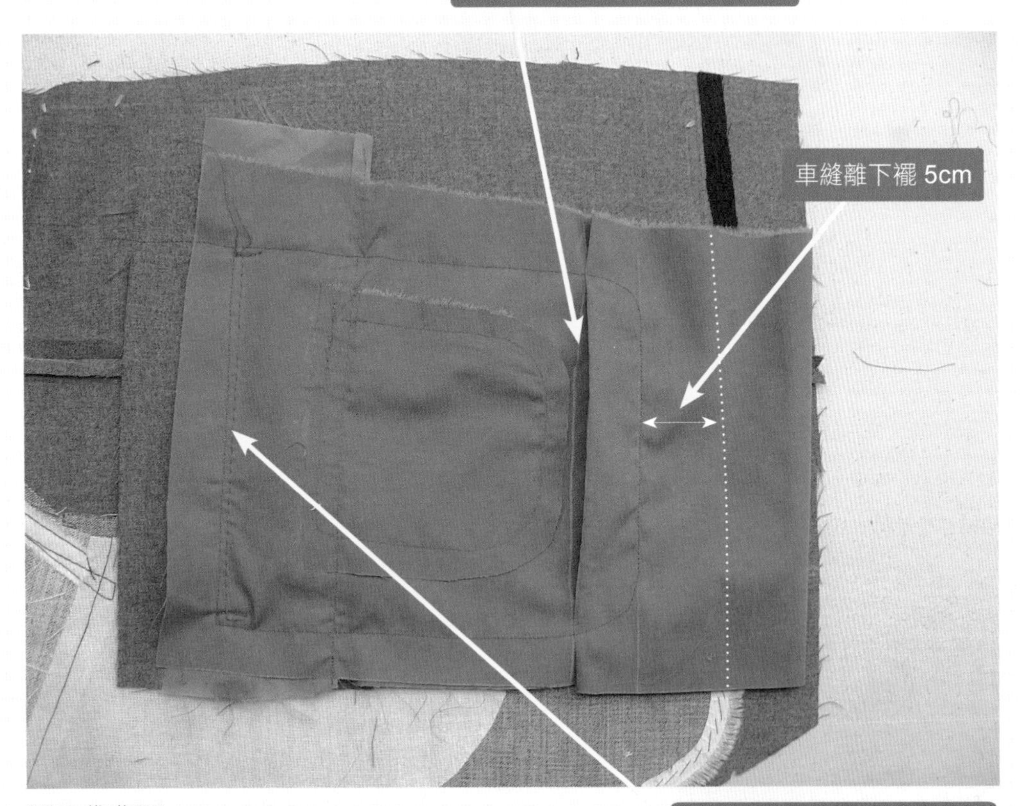

腰口袋背面
放置袋蓋
車縫固定背面上滾邊和袋布

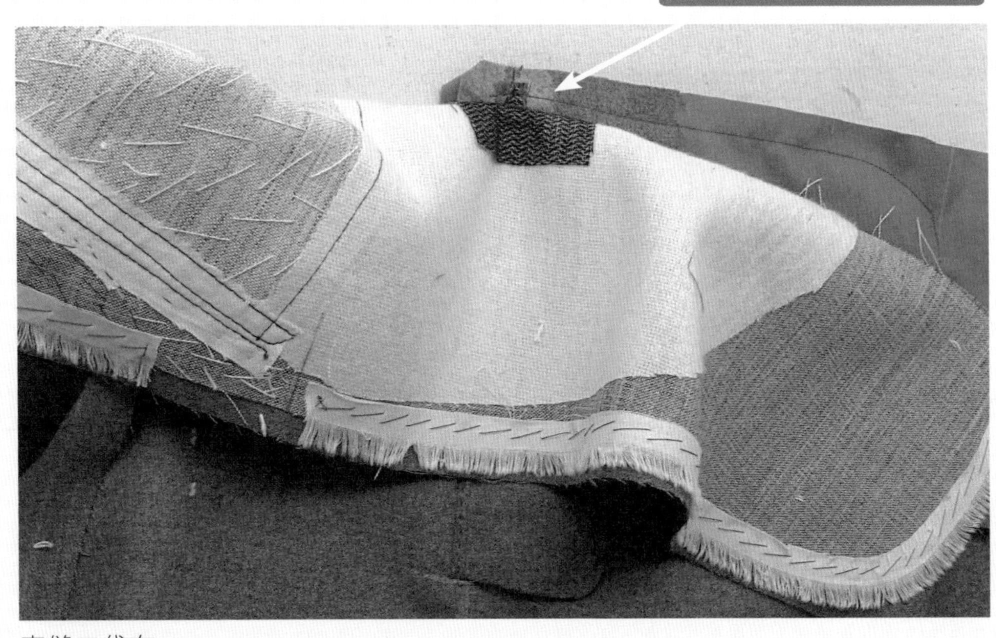

車縫口袋布

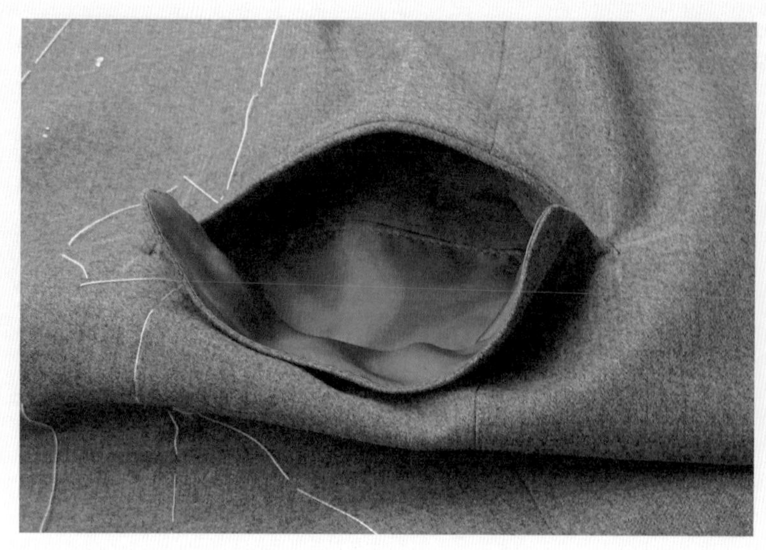

腰口袋內部，開口處剛好看見擋布

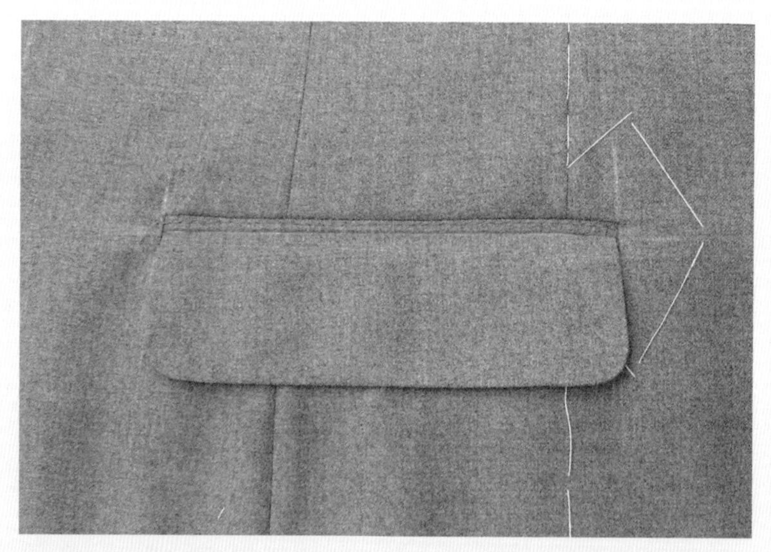

腰口袋正面效果

修剪多餘袋布左右兩側邊緣留 1cm，袋布長離下襬 0.8cm

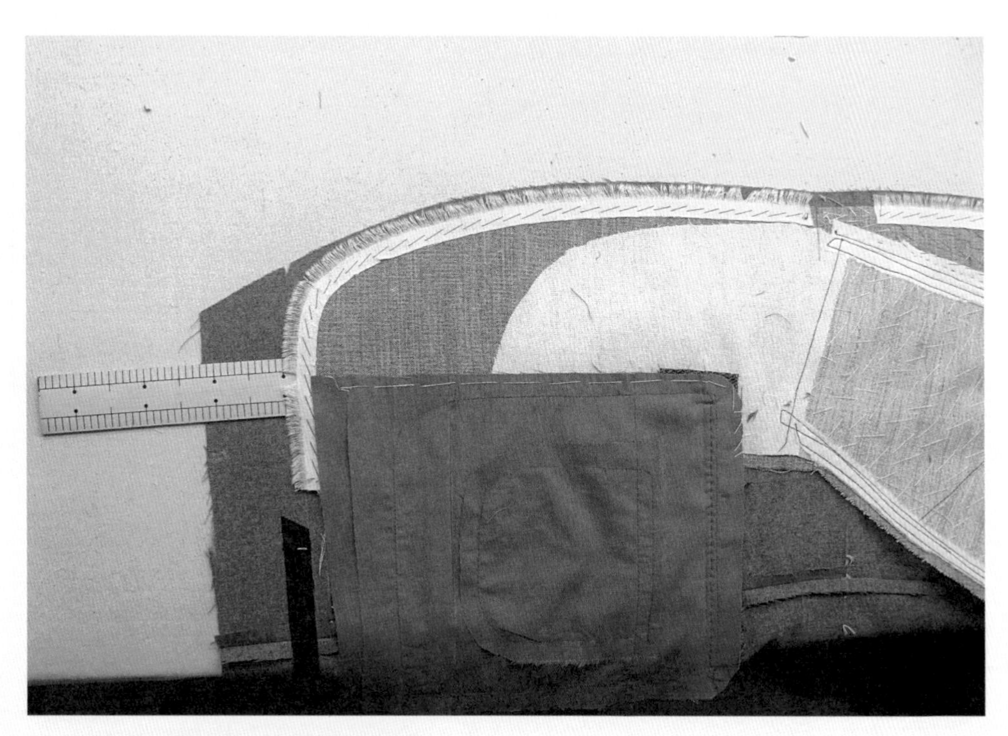

腰口袋袋布邊緣與毛襯疏縫固定
以尺放置於表布和毛襯中間再疏縫，以免手縫到表布

Chapter.3

製作胸口袋（手巾袋）

· 胸口袋位置
· 胸口袋加強襯
· 弧形胸口袋折燙後效果
· 胸口袋車縫固定
· 胸口袋兩側手縫星止縫
· 前身片整燙完成

| 胸口袋位置 |

左身片 BL 上方
BL 上取 10 cm 長
靠近袖圍處往上提 1 cm
口袋高 2.5cm 左右
可依流行設計款式以直線、
船型弧線呈現

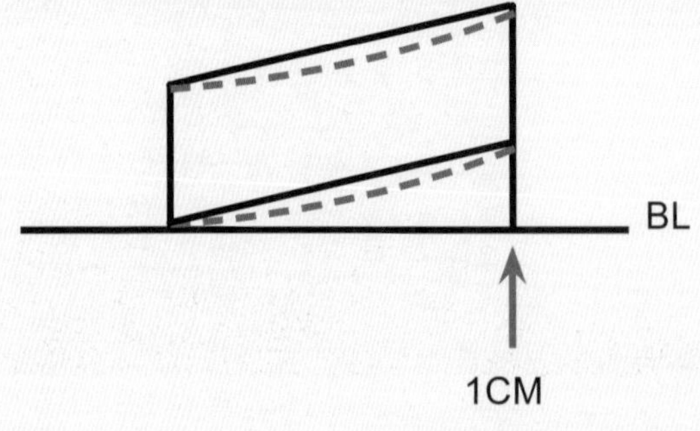

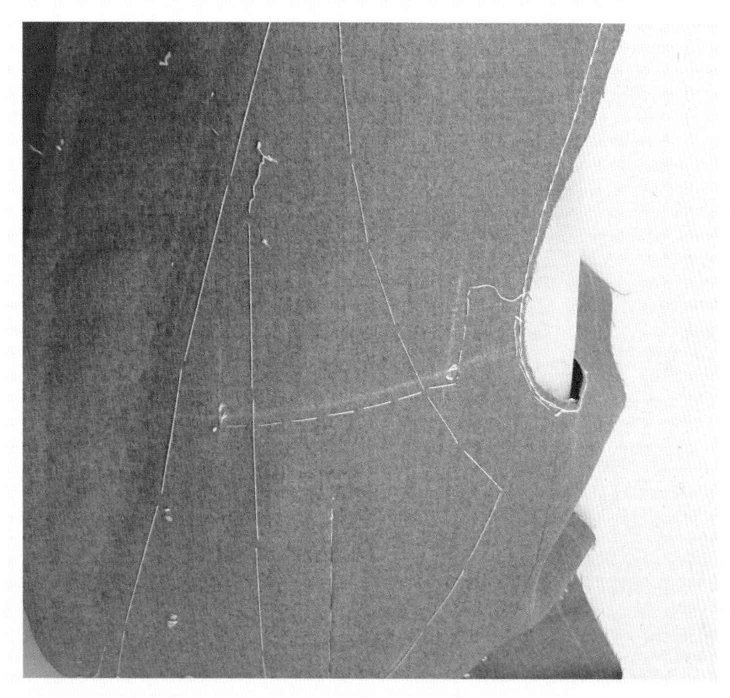

確認胸口袋位置

對花對格

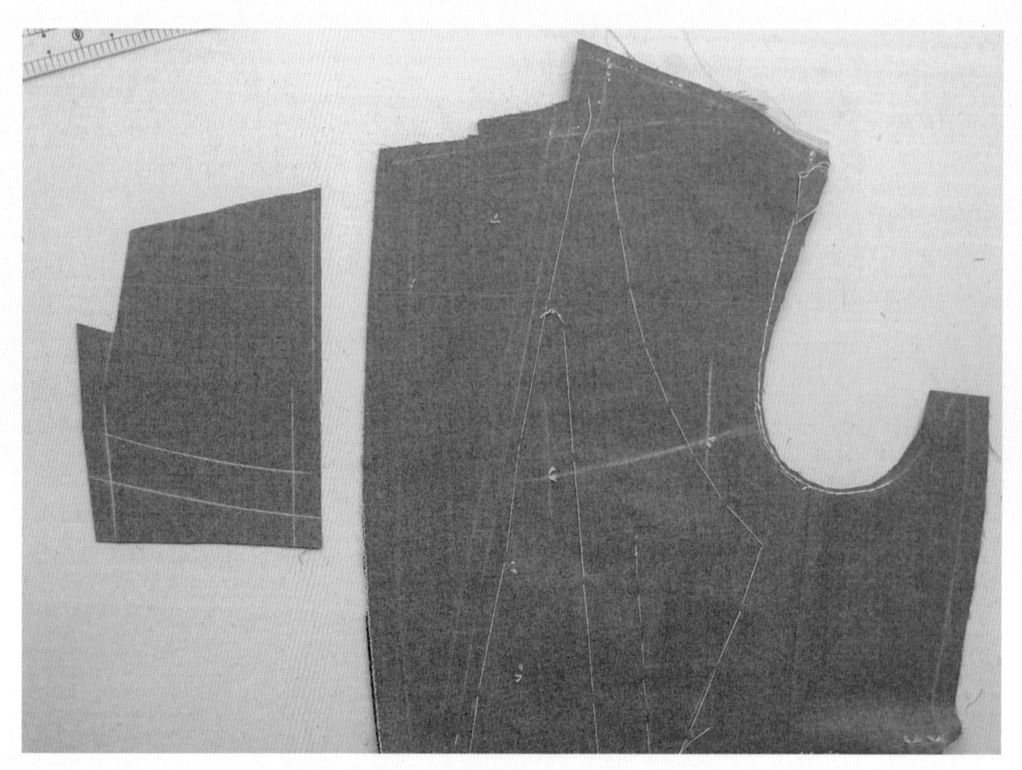

複製線條

胸口袋加強襯

貼厚襯並車縫固定

折燙邊角

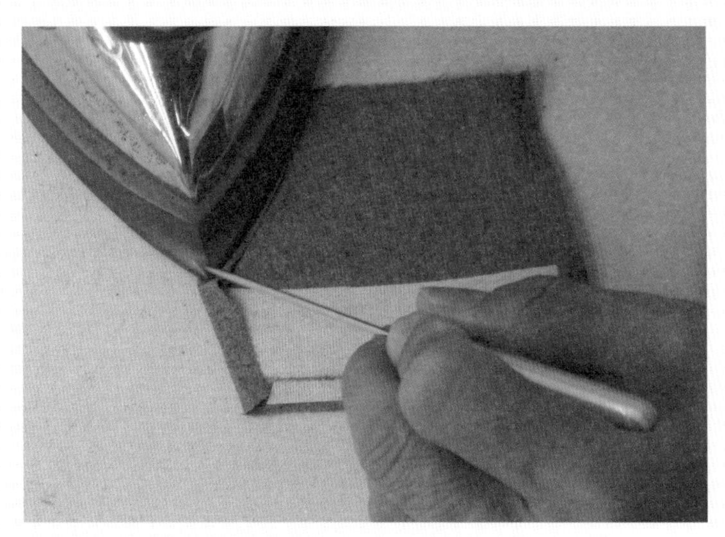

利用漿糊和錐子協助黏燙

黏貼折燙胸口袋外型

｜弧形胸口袋折燙後效果｜

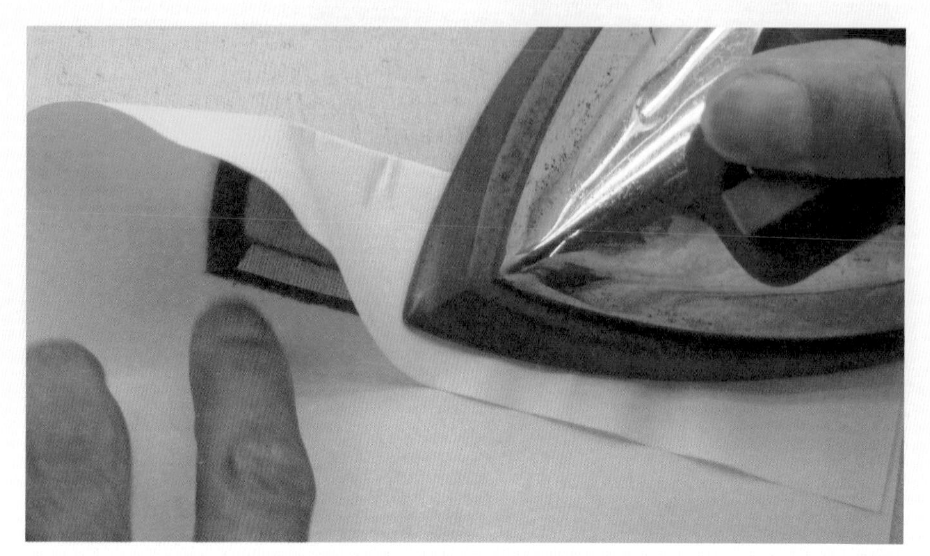

夾在紙中間乾燙

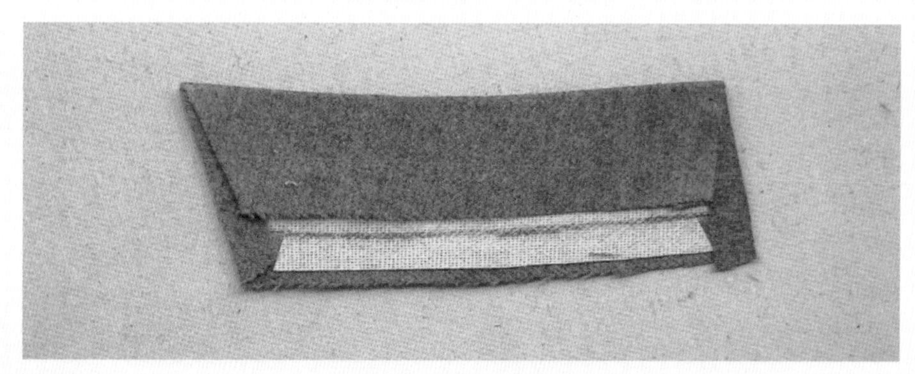

背面

正面

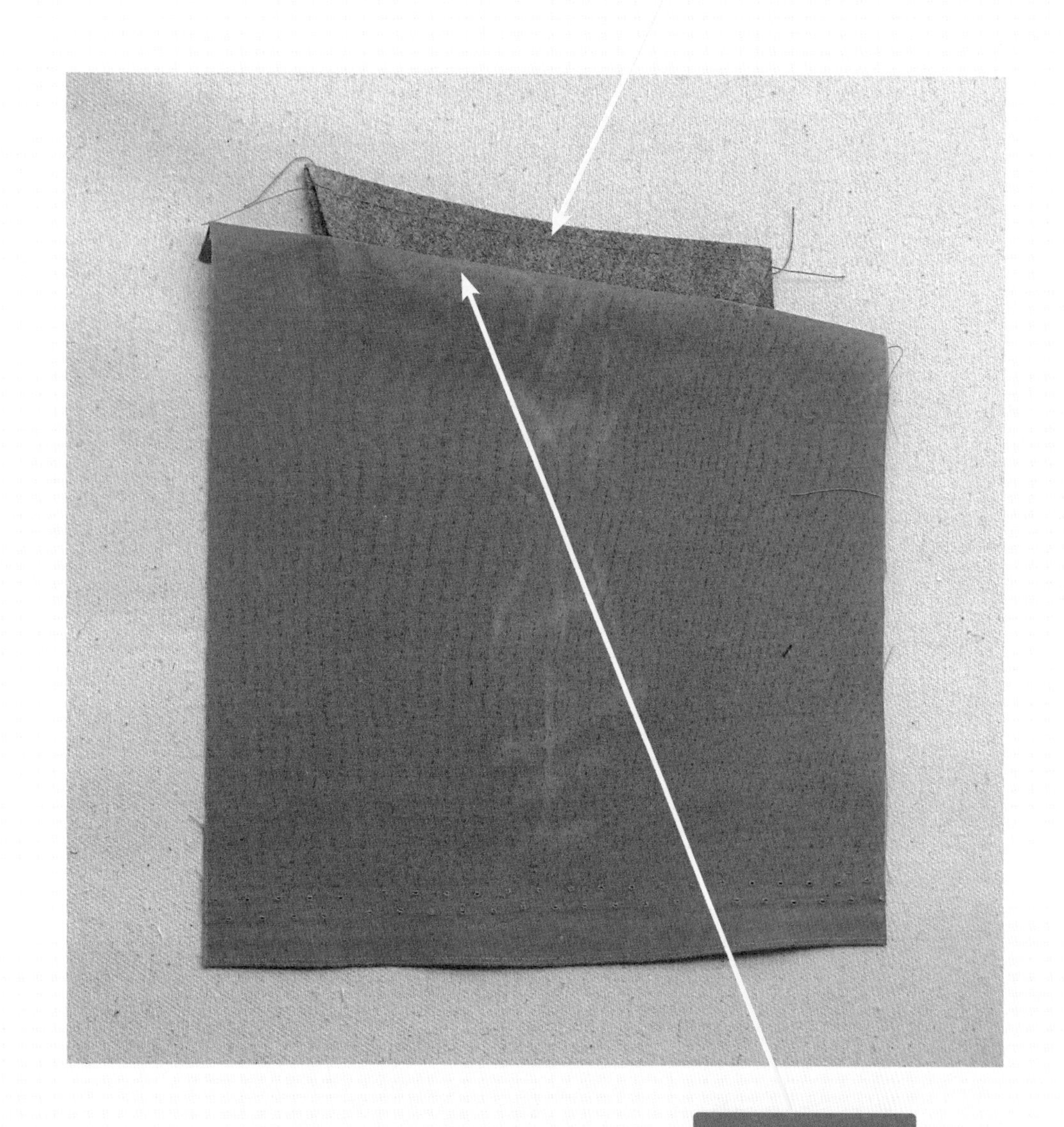
車大針固定胸口袋上緣
車合袋布

車縫口袋位置是否準確

衣身剪箭形牙口到止針處切齊

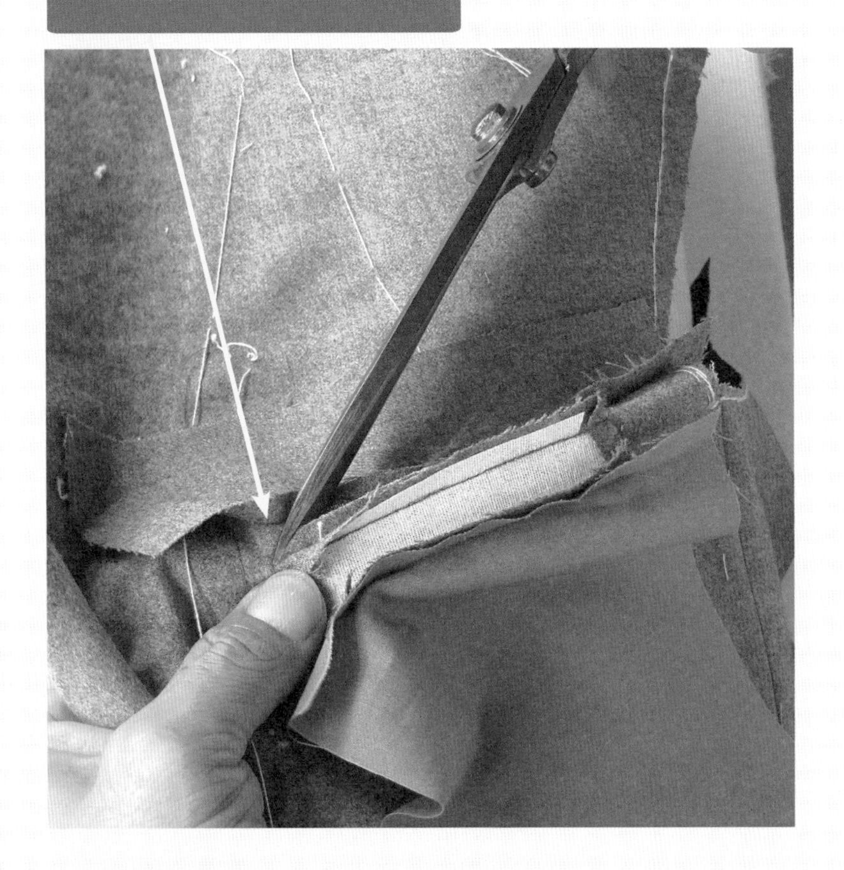

擋布兩邊車止點 剪三角牙口

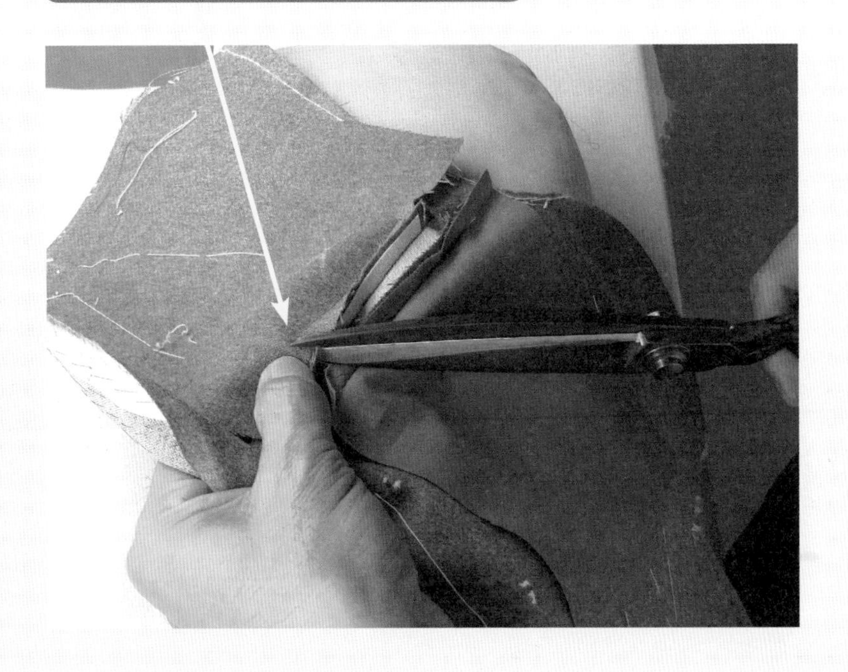

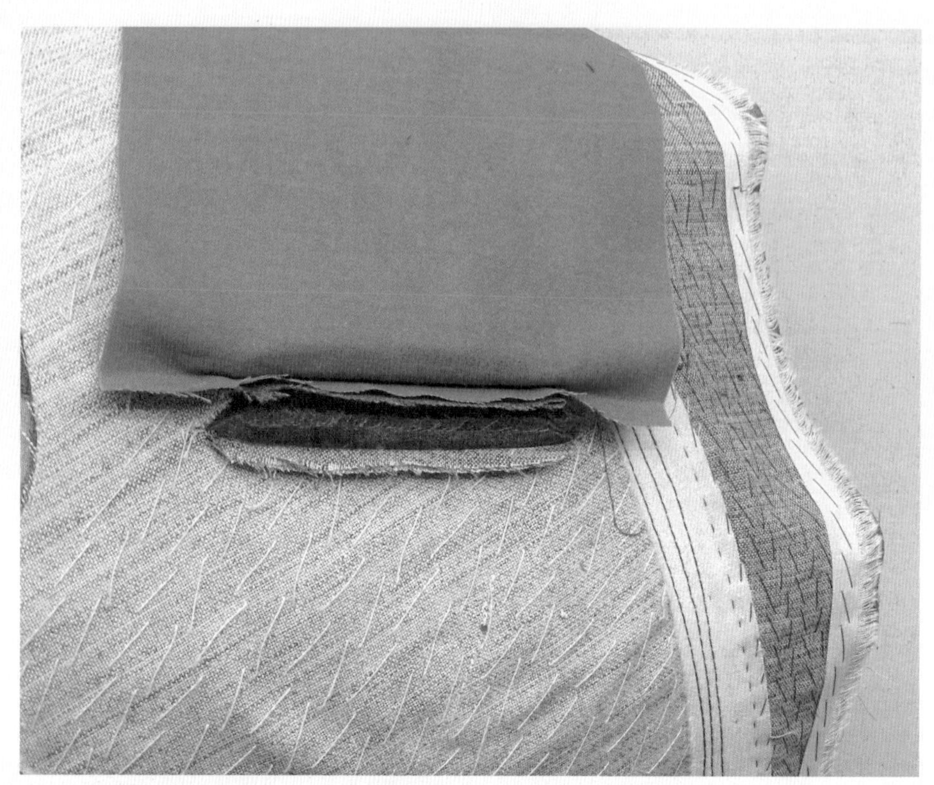

將胸口袋袋布翻至背面，縫份燙開

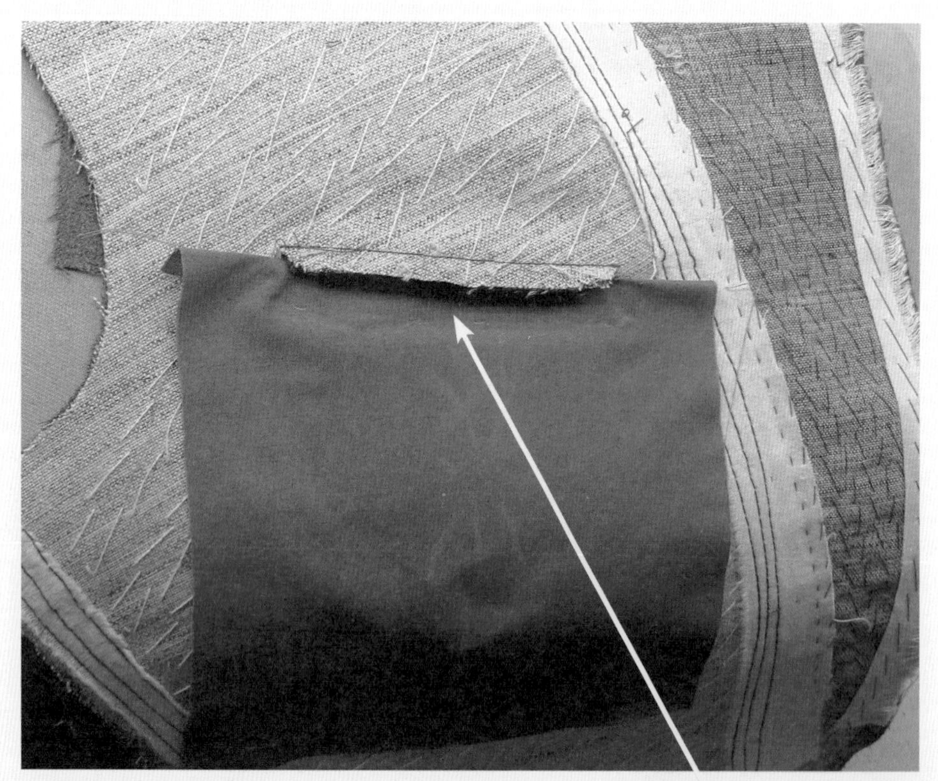

折燙整理袋布與擋布

黏燙固定袋布

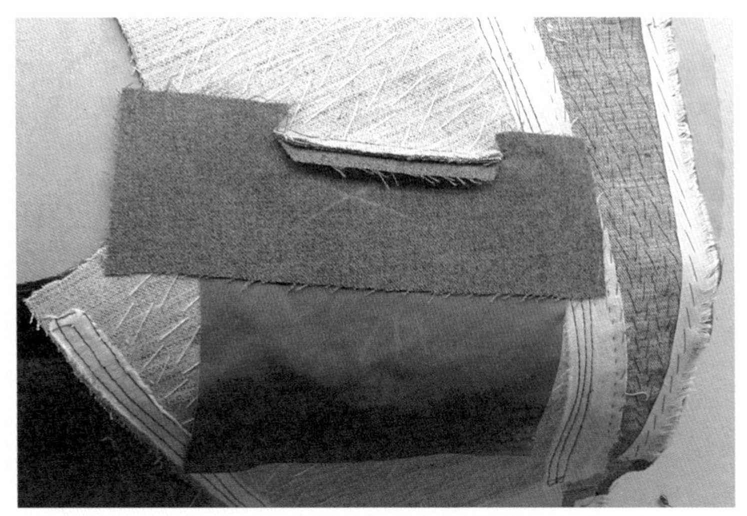
折燙整理袋布與擋布

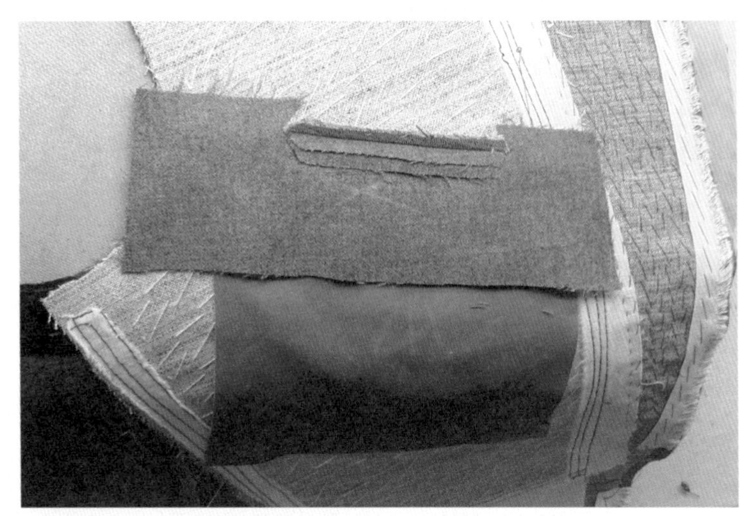
折燙整理，縫份燙分開

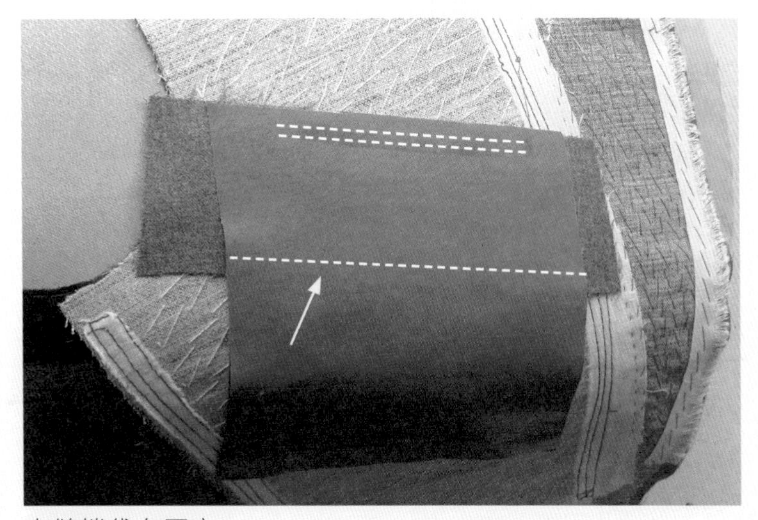
車縫擋袋布固定

｜胸口袋車縫固定｜

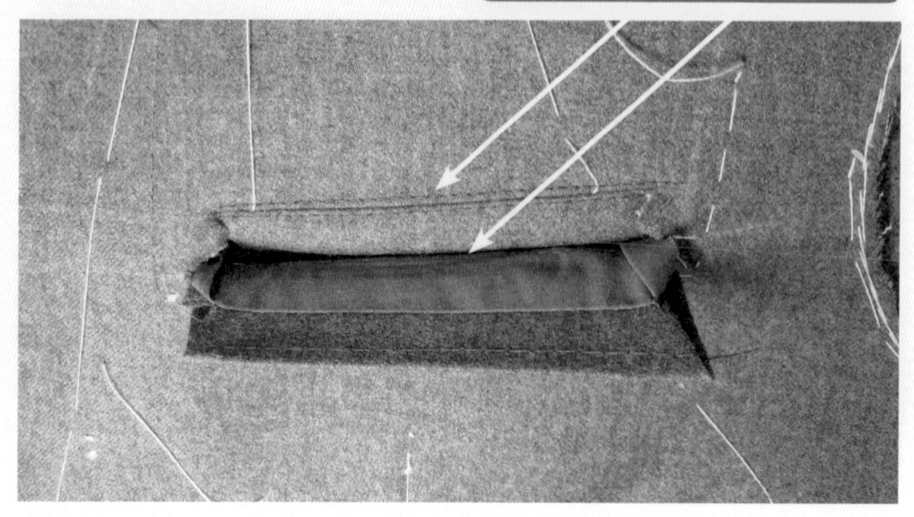

車縫固定擋布

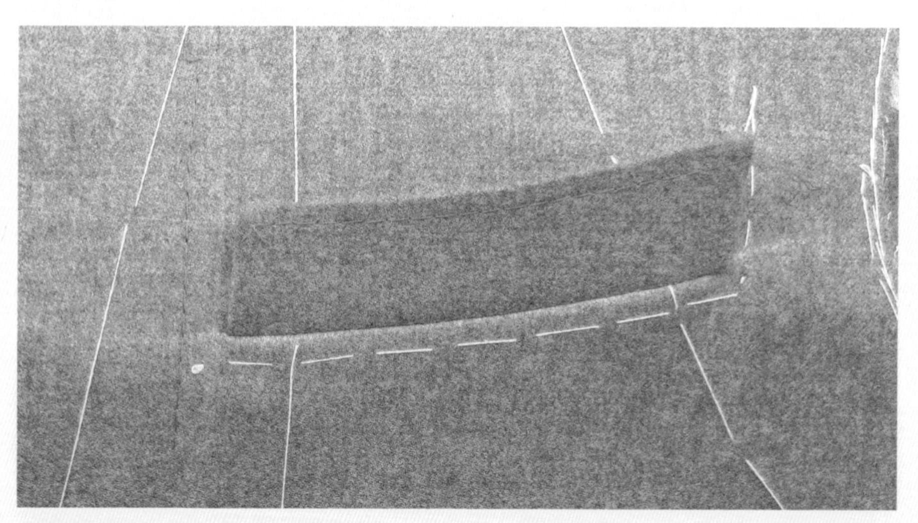
翻轉後的正面

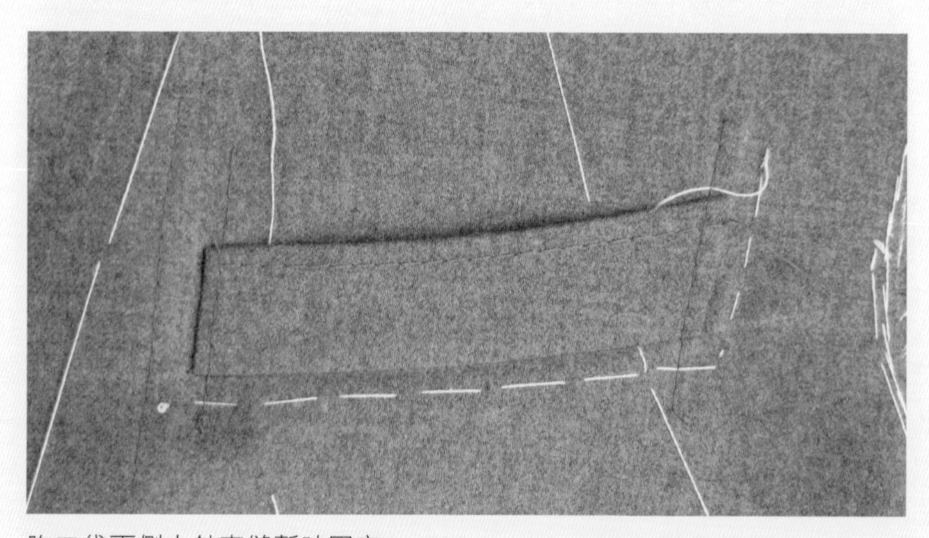
胸口袋兩側大針車縫暫時固定

｜胸口袋兩側手縫星止縫｜

胸口袋手工星止縫，口袋角縫牢固定

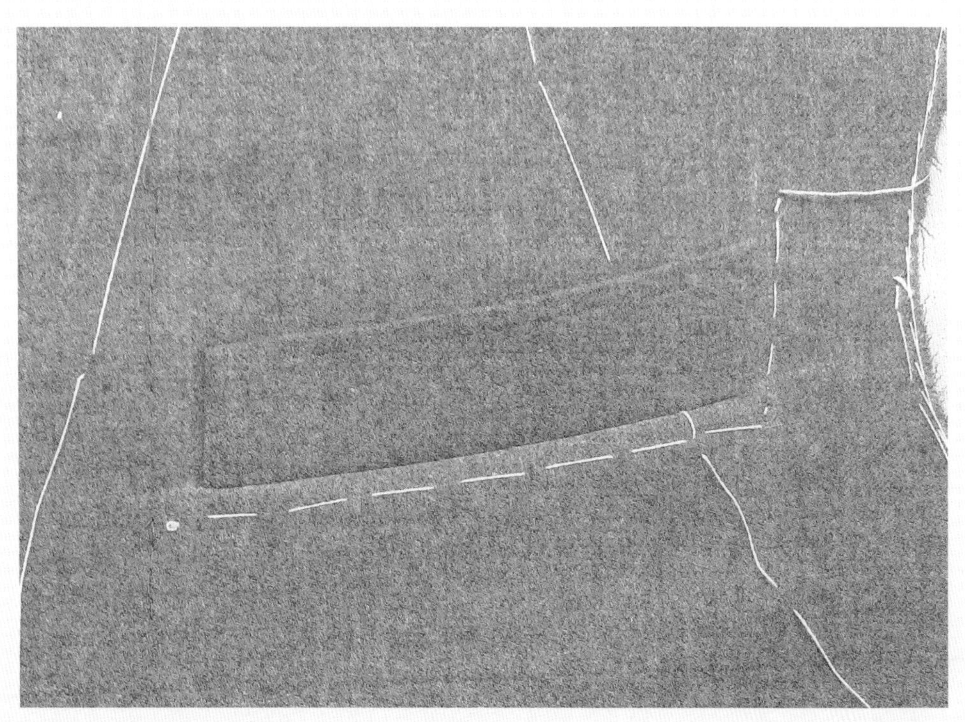

胸口袋手工星止縫完成

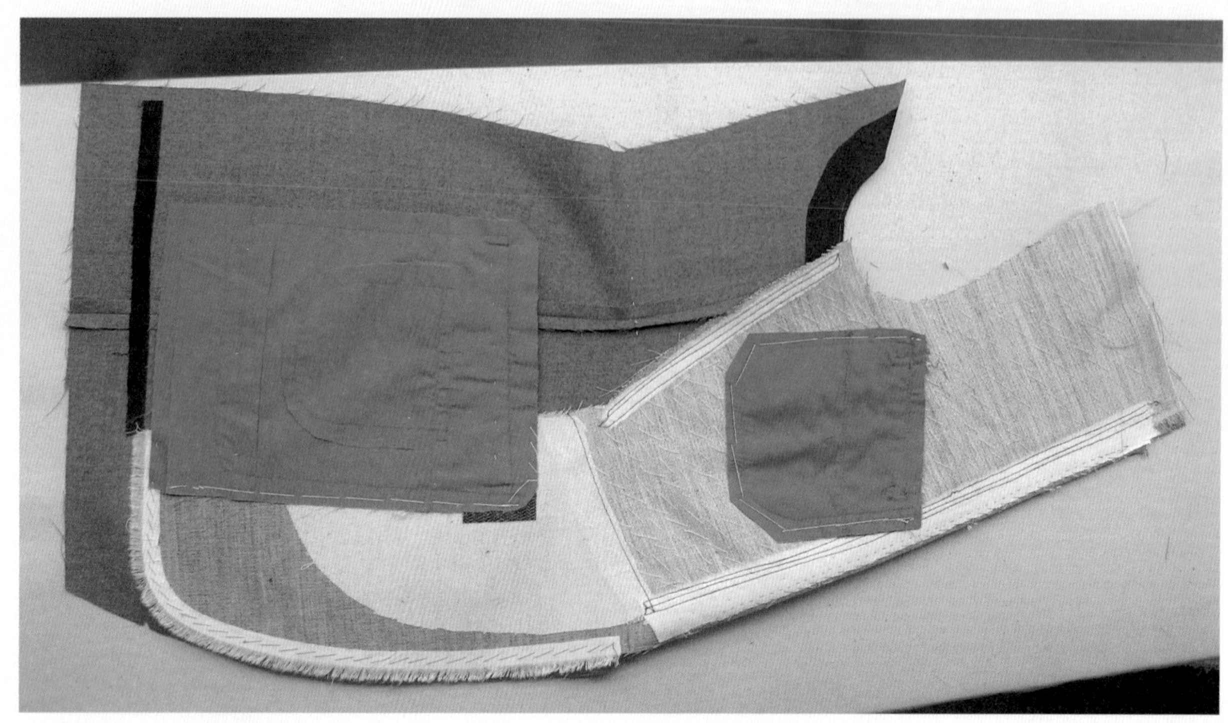

背面袋布與毛襯疏縫固定

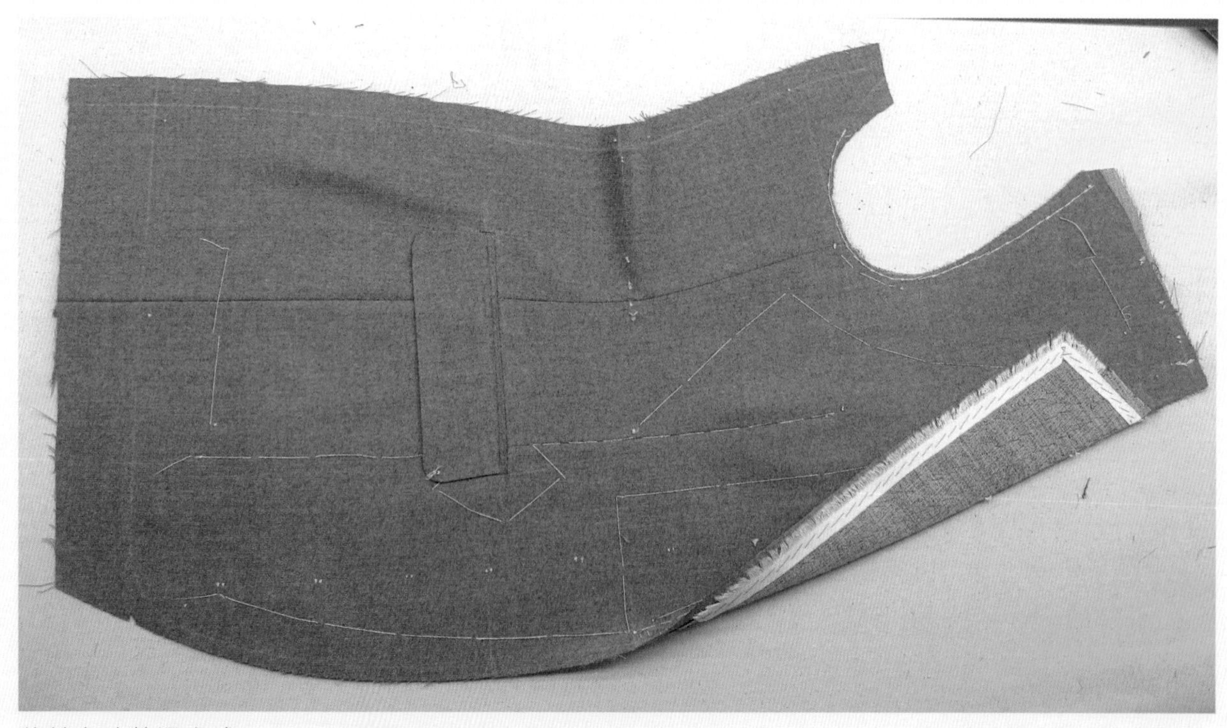

將前身片整燙完成

｜前身片整燙完成｜

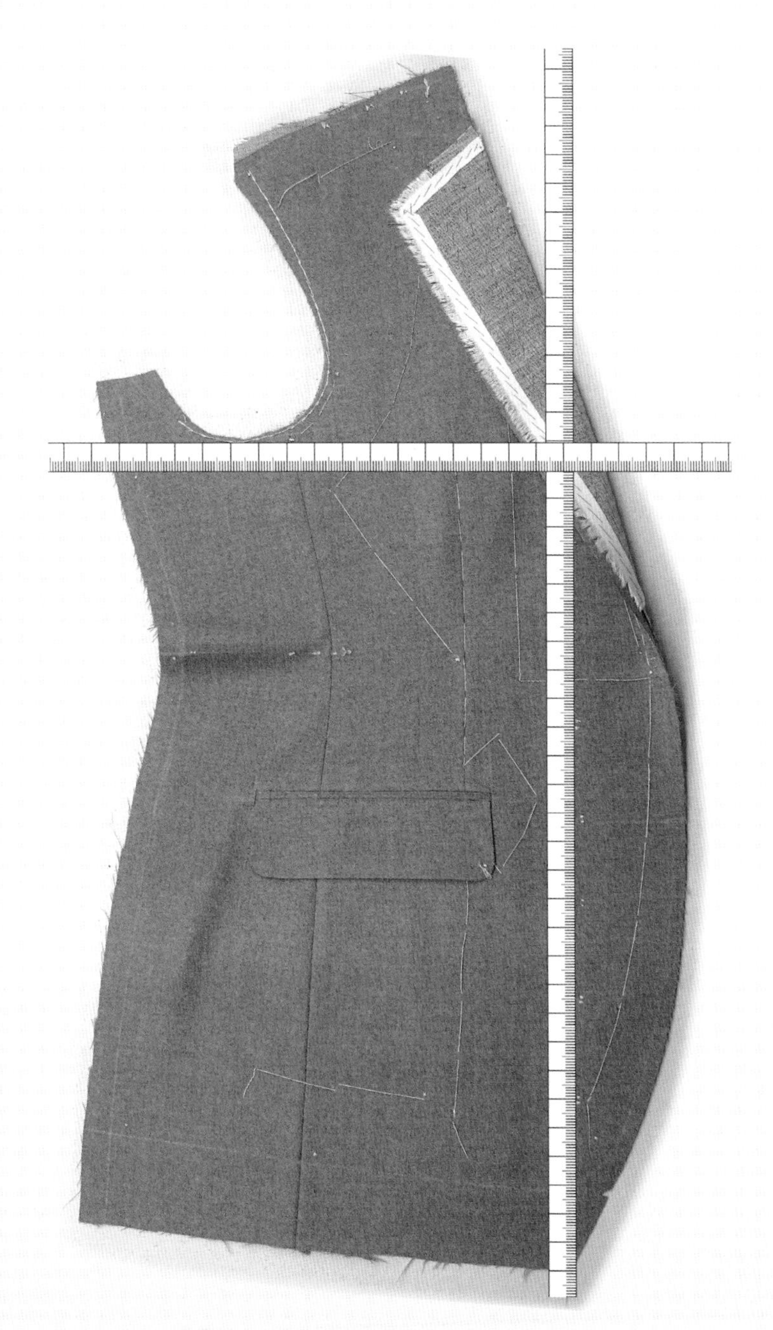

開口袋完成，整燙後，須注意前身片經緯紗勿偏離，呈垂直水平

Chapter.3

製作內口袋、筆袋

- 內大口袋袋蓋
- 車縫內大口袋袋蓋
- 內大口袋袋布
- 內口袋正面位置
- 內口袋布
- 開內大口袋、筆袋
- 內口袋、筆袋

| 內大口袋袋蓋 |

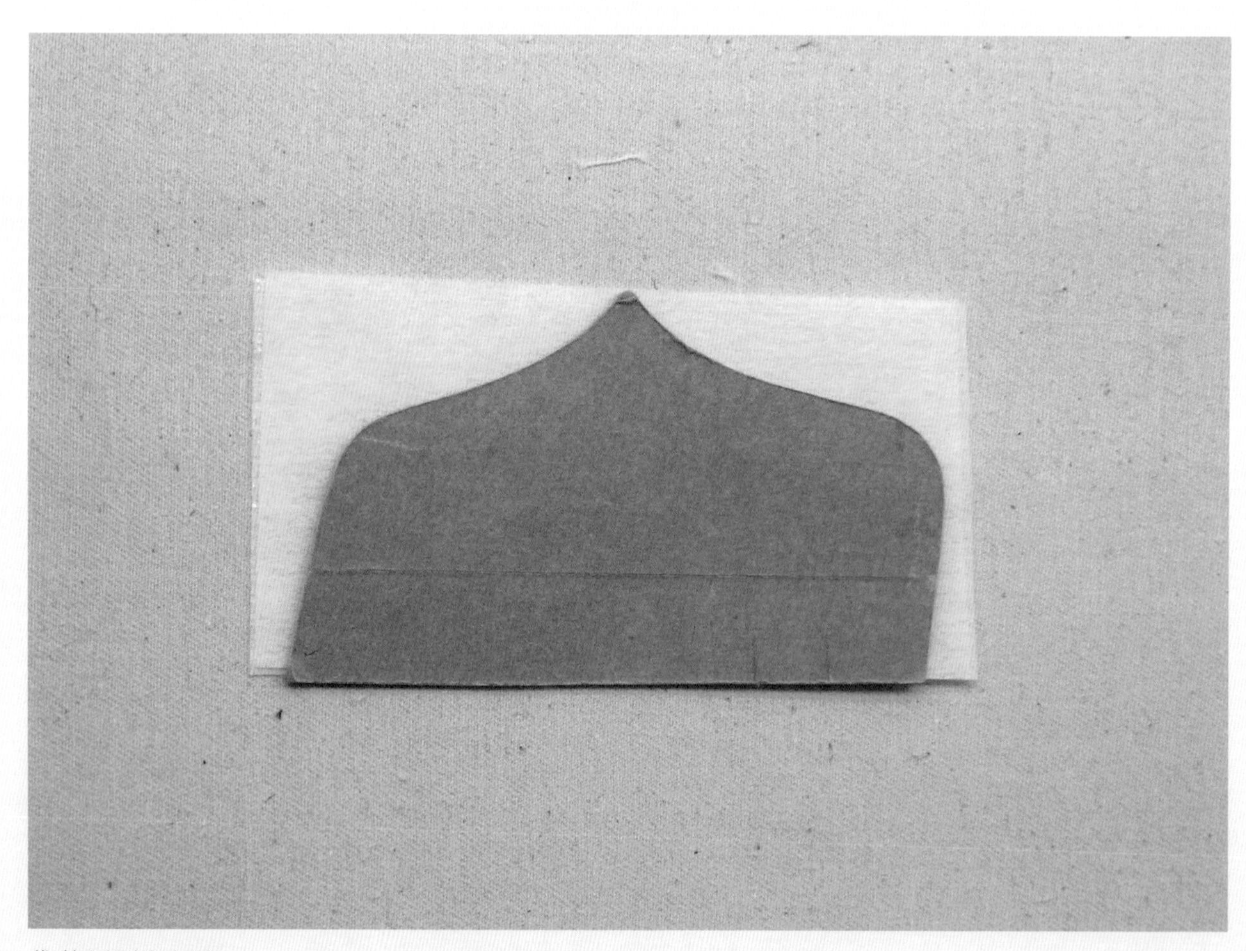

袋蓋紙型與紙襯

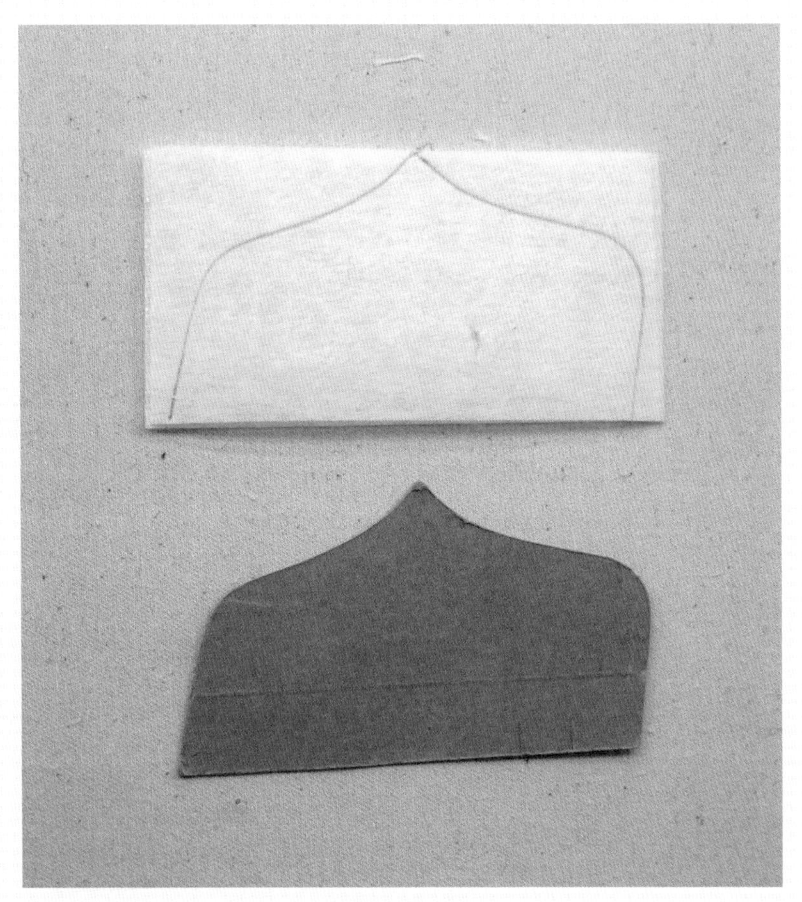

袋蓋紙型繪製於紙襯上

袋蓋紙襯熨燙黏貼於內裡

彎曲二邊塗漿糊

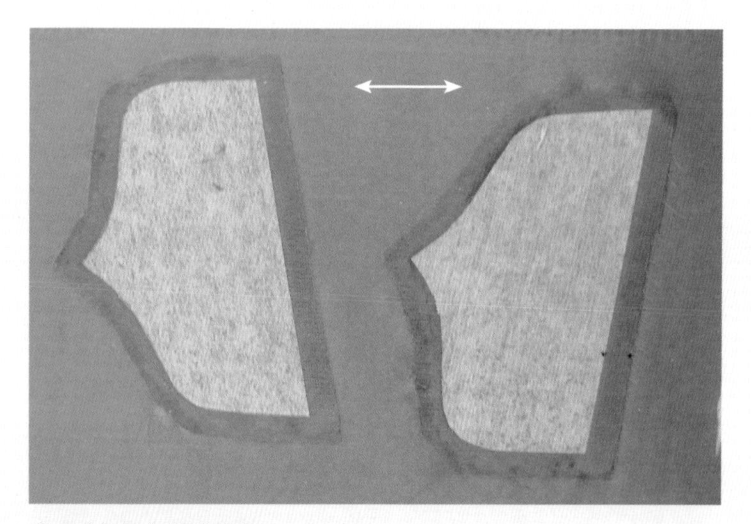

黏貼於直布紋內裡

內裡粗裁

｜車縫內大口袋袋蓋｜

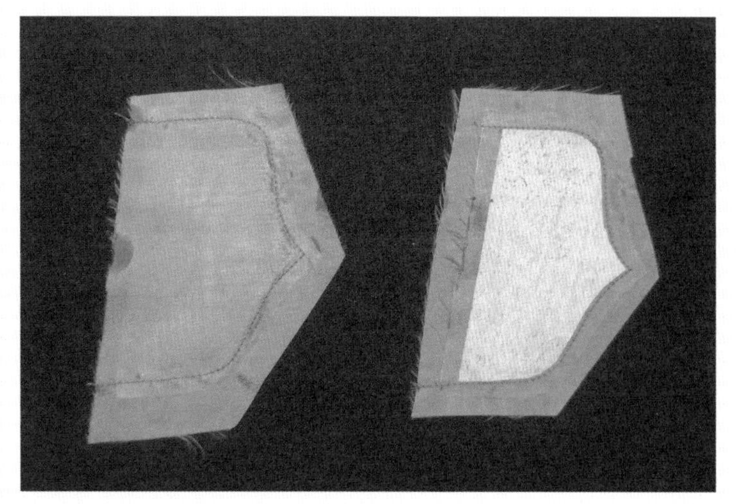

車縫線條需流暢無角度

往外 0.2 cm 車縫

車縫彎曲二邊，修剪縫份剩 0.5 cm

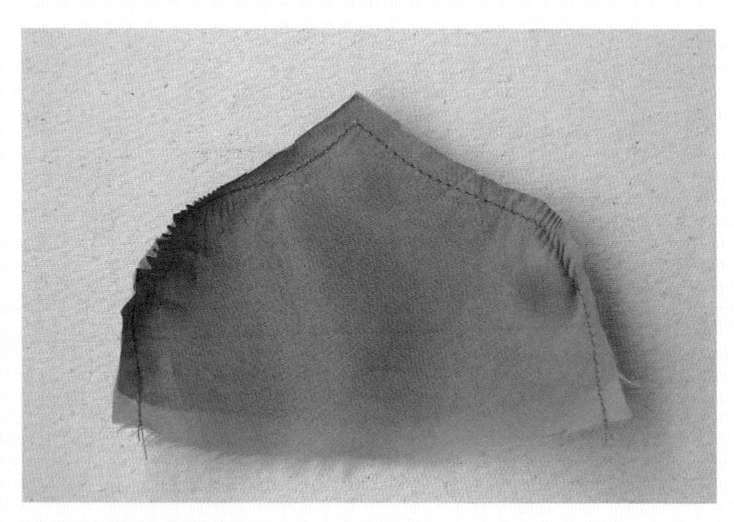

縐縮外彎曲處縫份

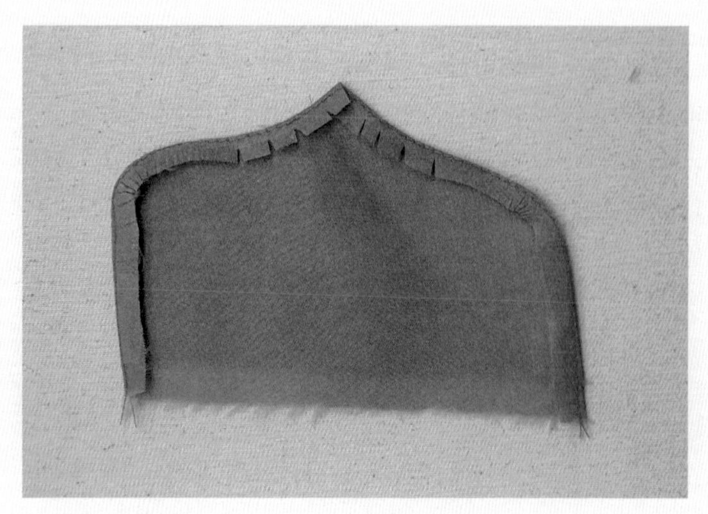

內彎曲處剪牙口

縫份折燙往無貼襯之內裡

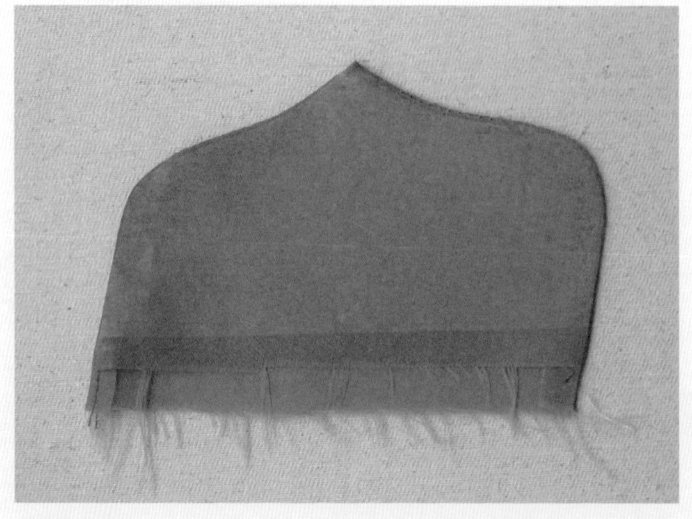

翻面整燙

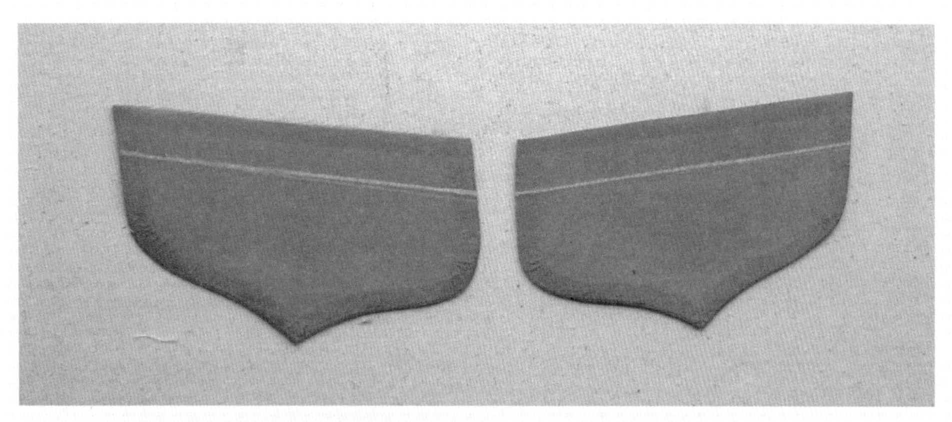

無貼紙襯面為袋蓋正面，確認大小一對

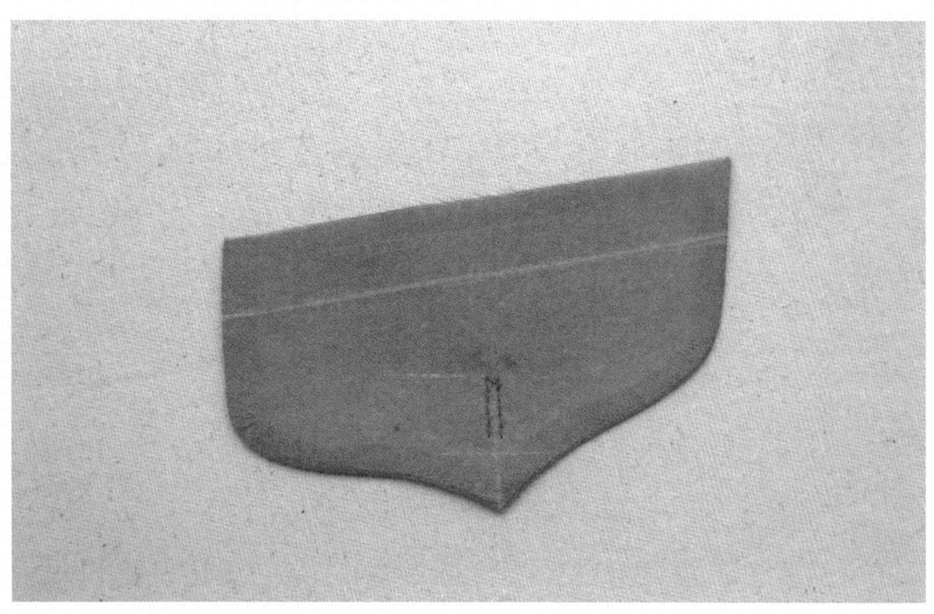

確認釦洞位置
車縫釦洞二邊

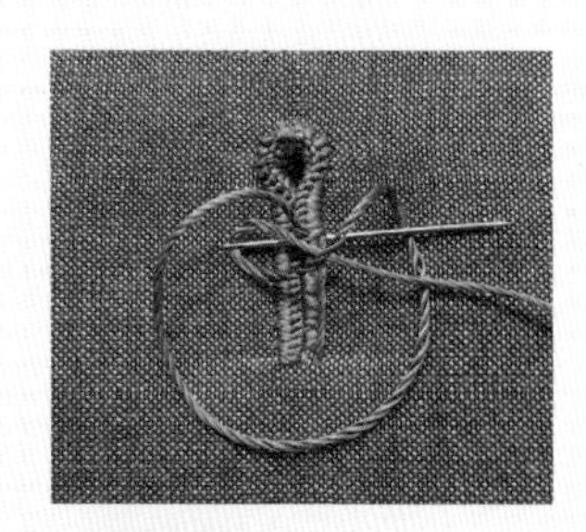

手縫釦眼

| 內大口袋袋布 |

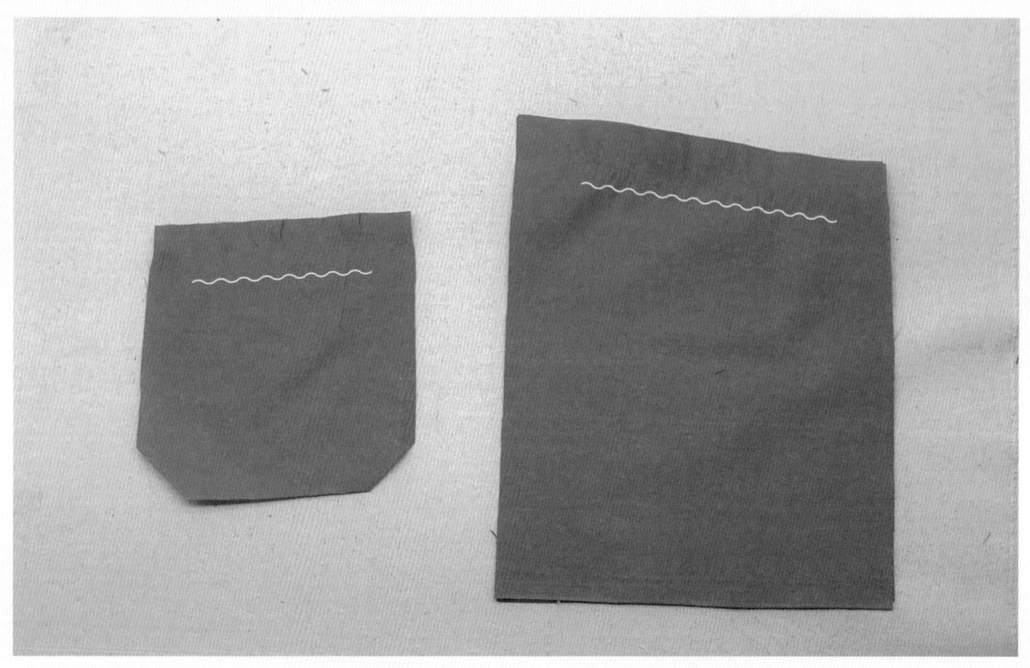

黏貼口袋布前，袋唇處先行縮縮燙

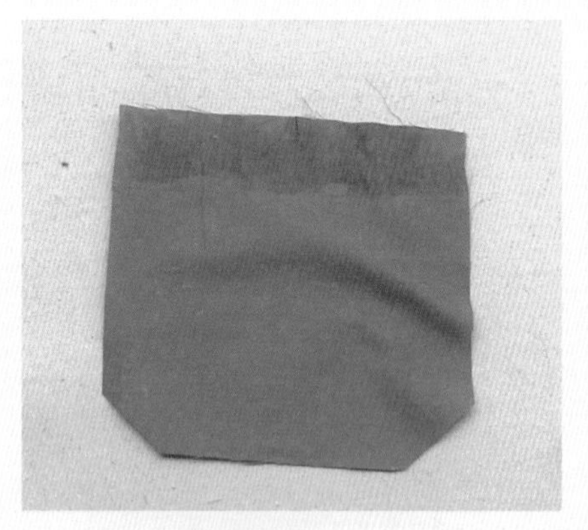

袋口刮一層薄漿糊

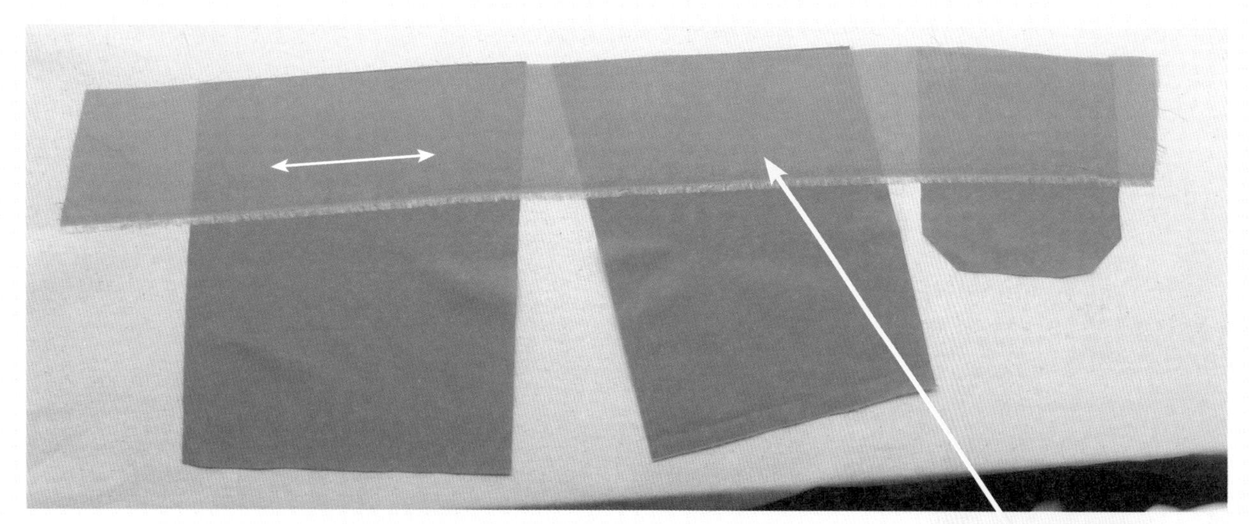

袋口黏貼內裡當擋布

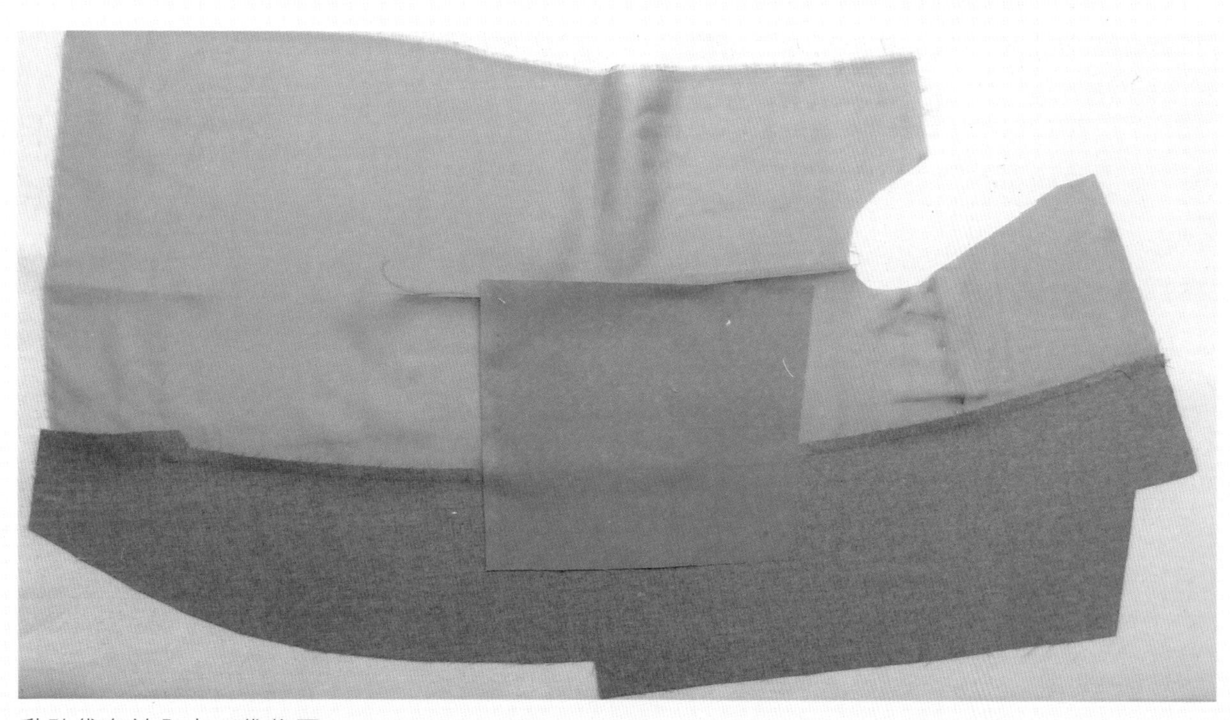

黏貼袋布於內大口袋位置

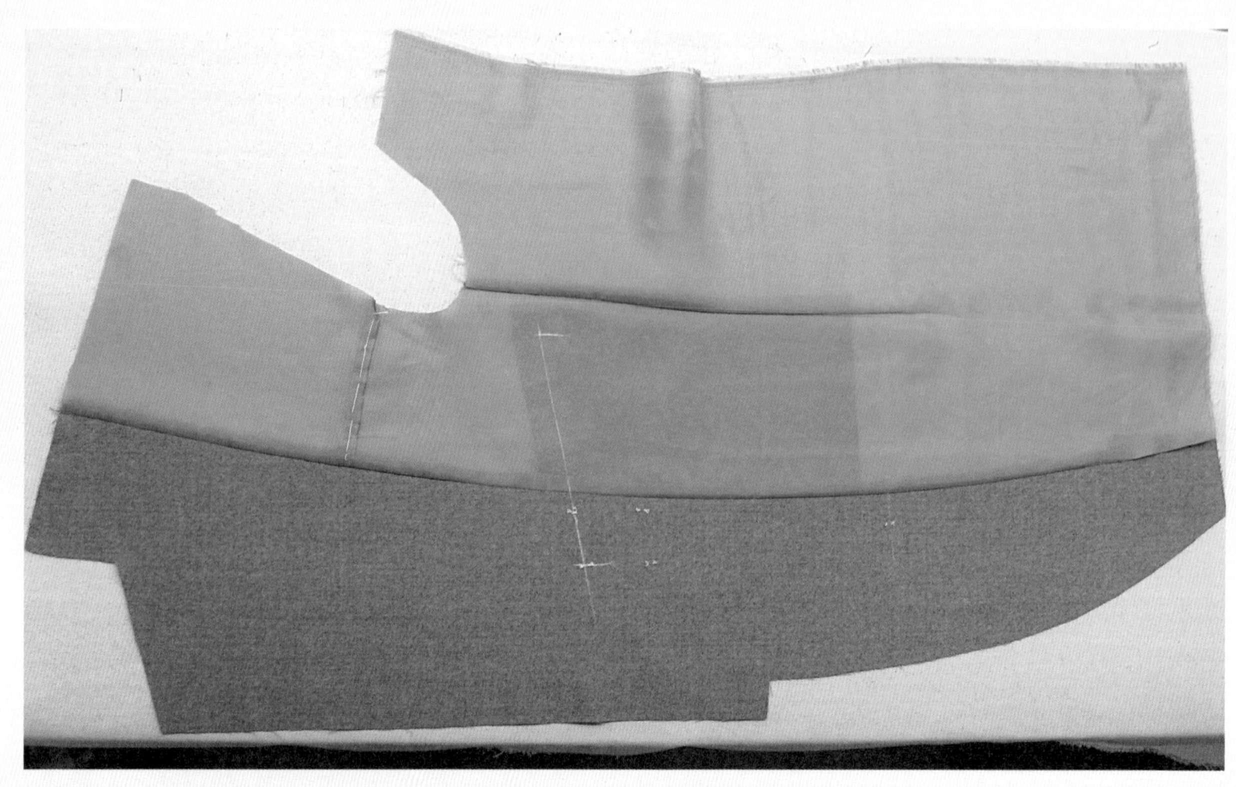

確認內大口袋位置，寬 15cm

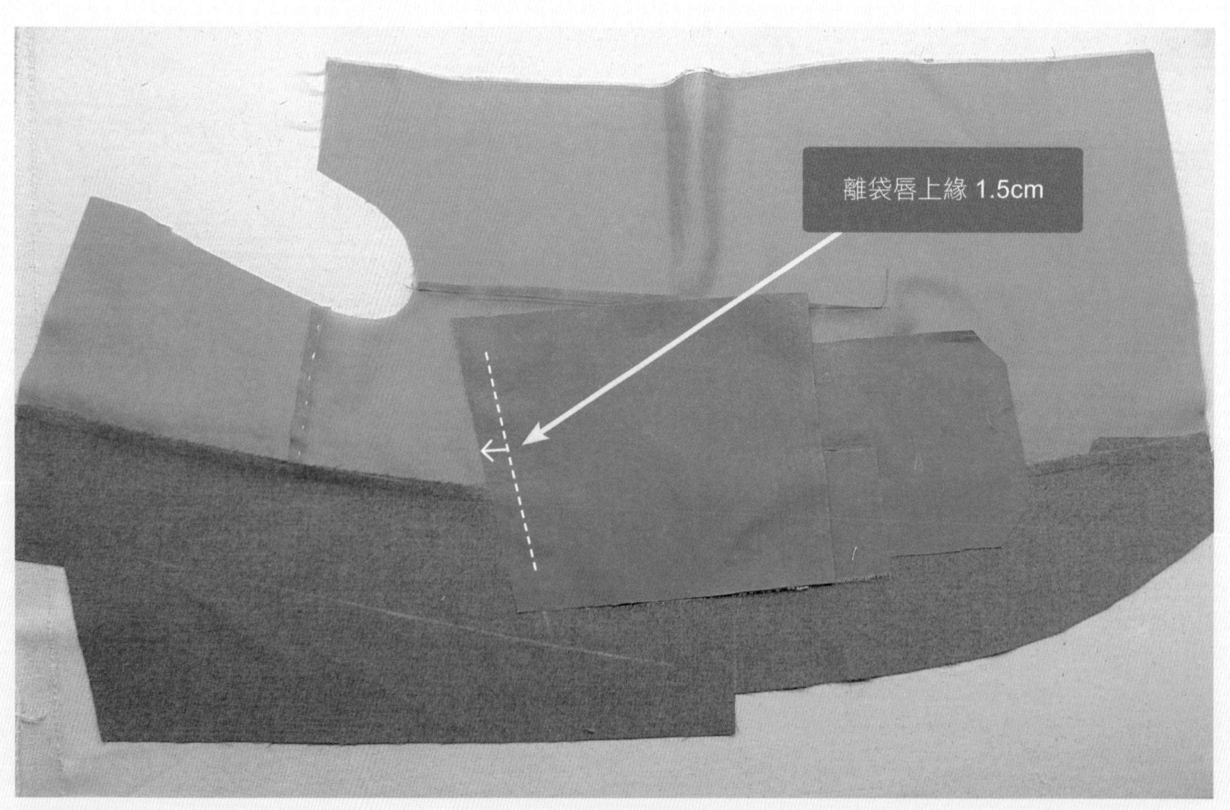

左前身片內口袋位置

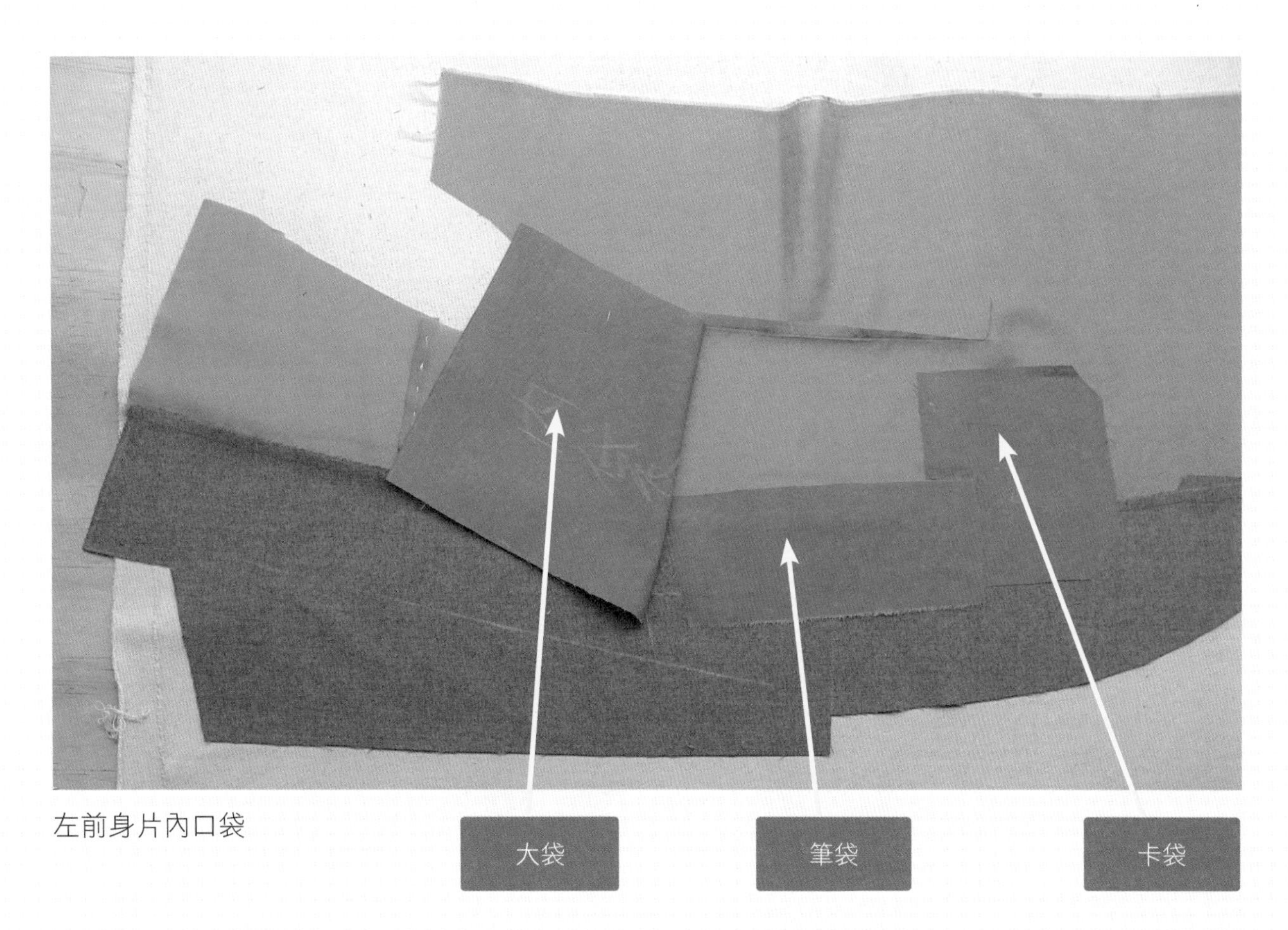

左前身片內口袋

｜內口袋正面位置｜

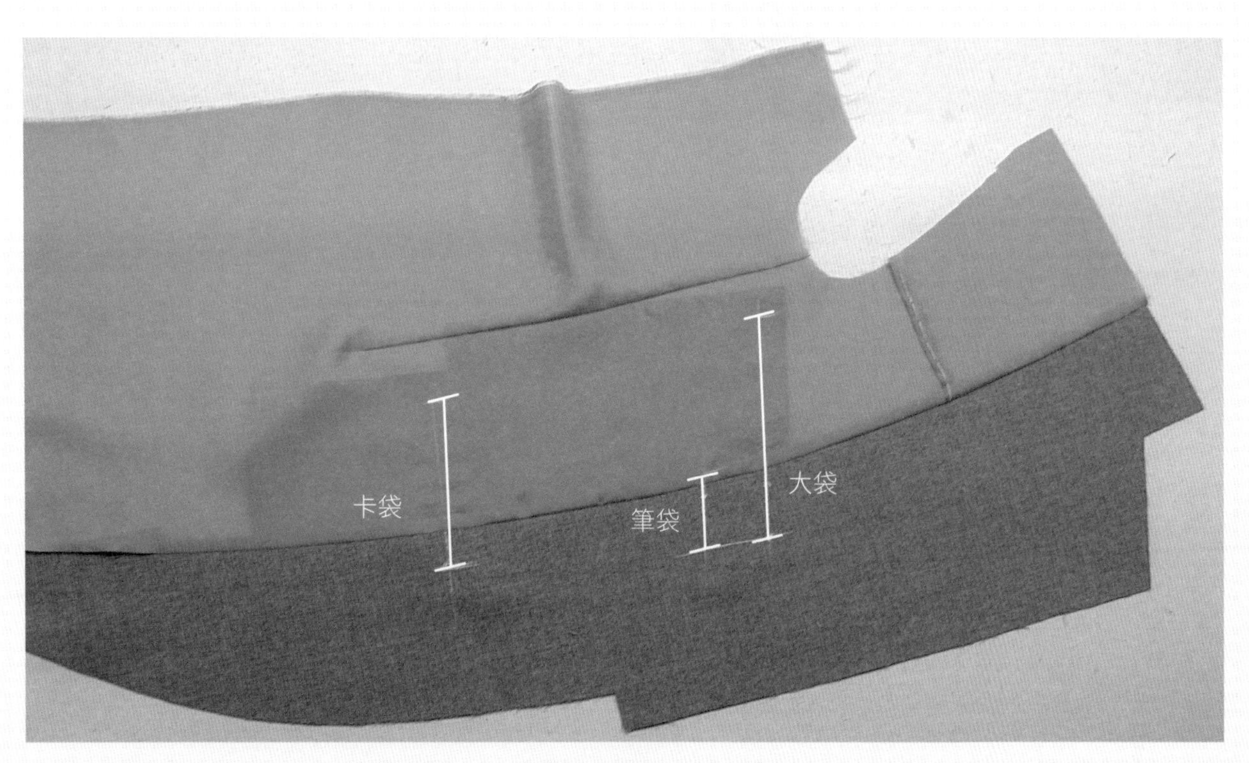

口袋尺寸寬 : 大袋 15cm，筆袋 5.5cm，卡袋 10.5cm

| 內口袋布 |

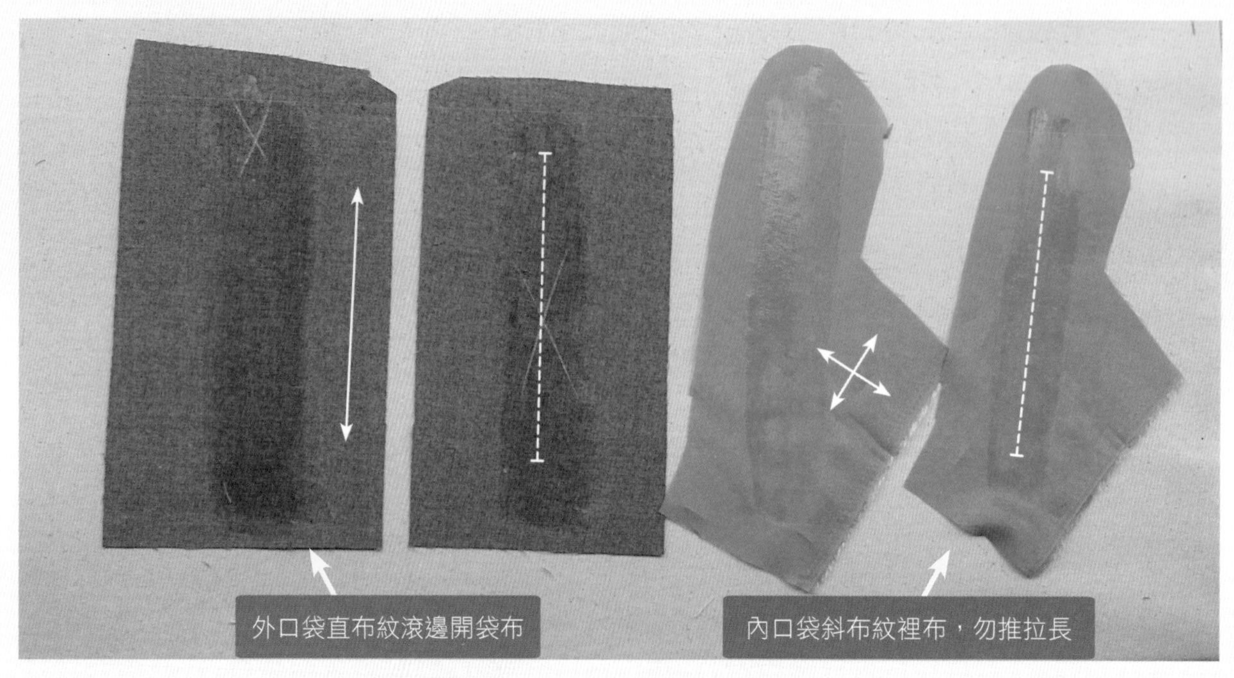

虛線為開口袋位置，用布襯或刮一層薄漿糊，待自然乾

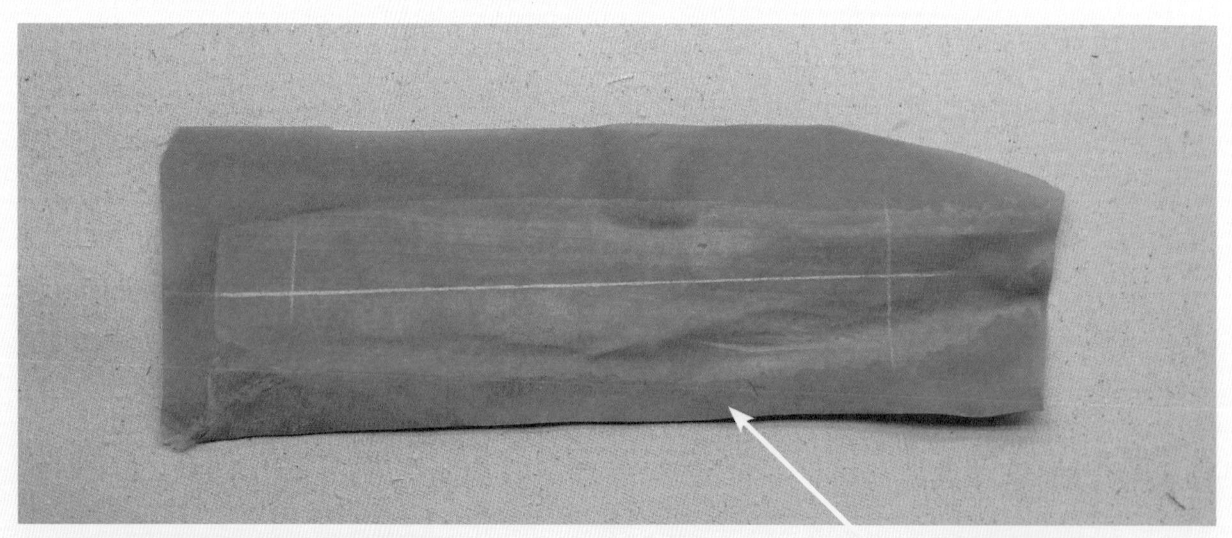

刮一層薄漿糊後自然乾或黏貼薄襯
以粉片畫出開口袋位置、長度

｜開內大口袋、筆袋｜

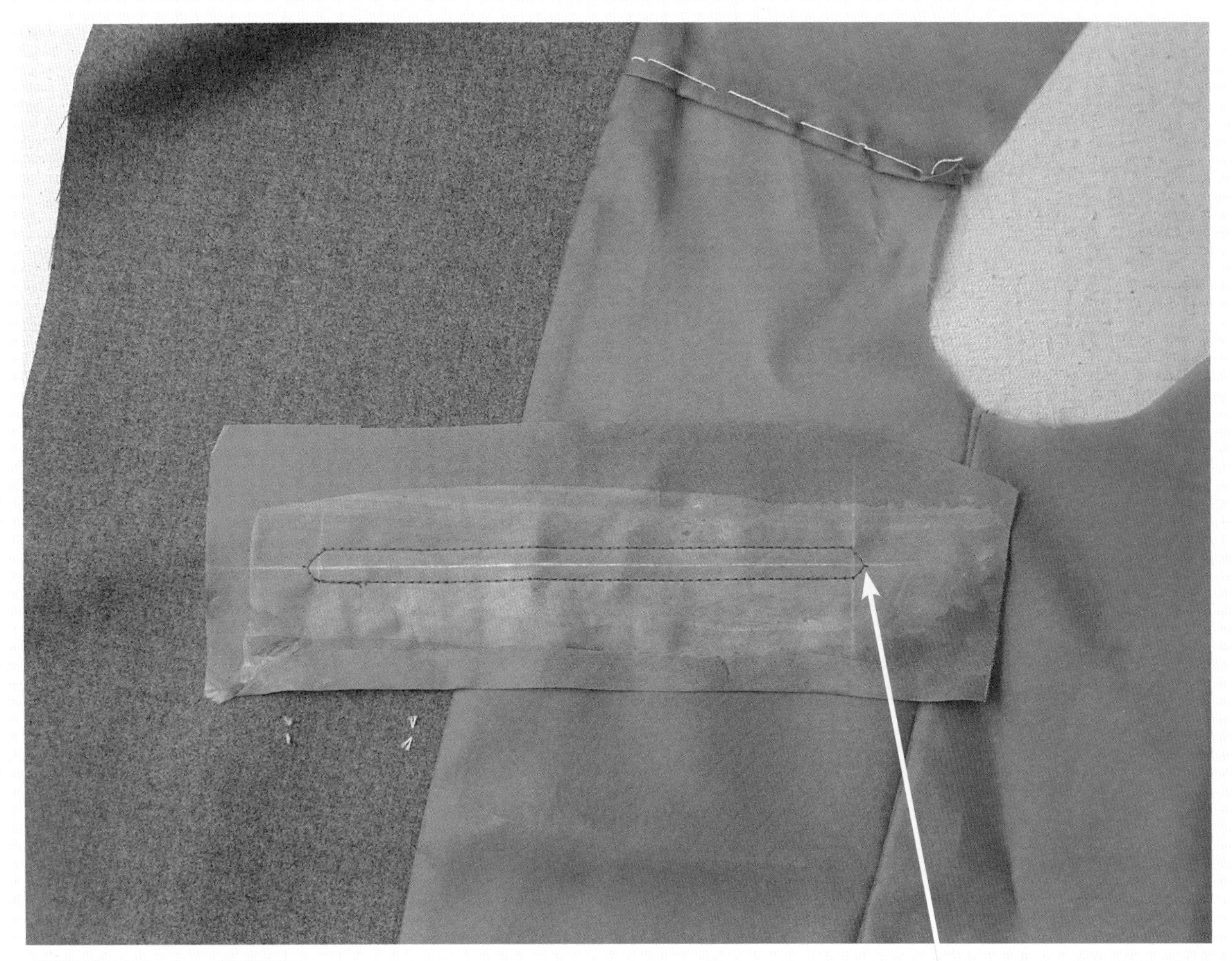

車縫箭形內大口袋邊框

上下二邊各 0.4cm
兩邊往外 0.5cm

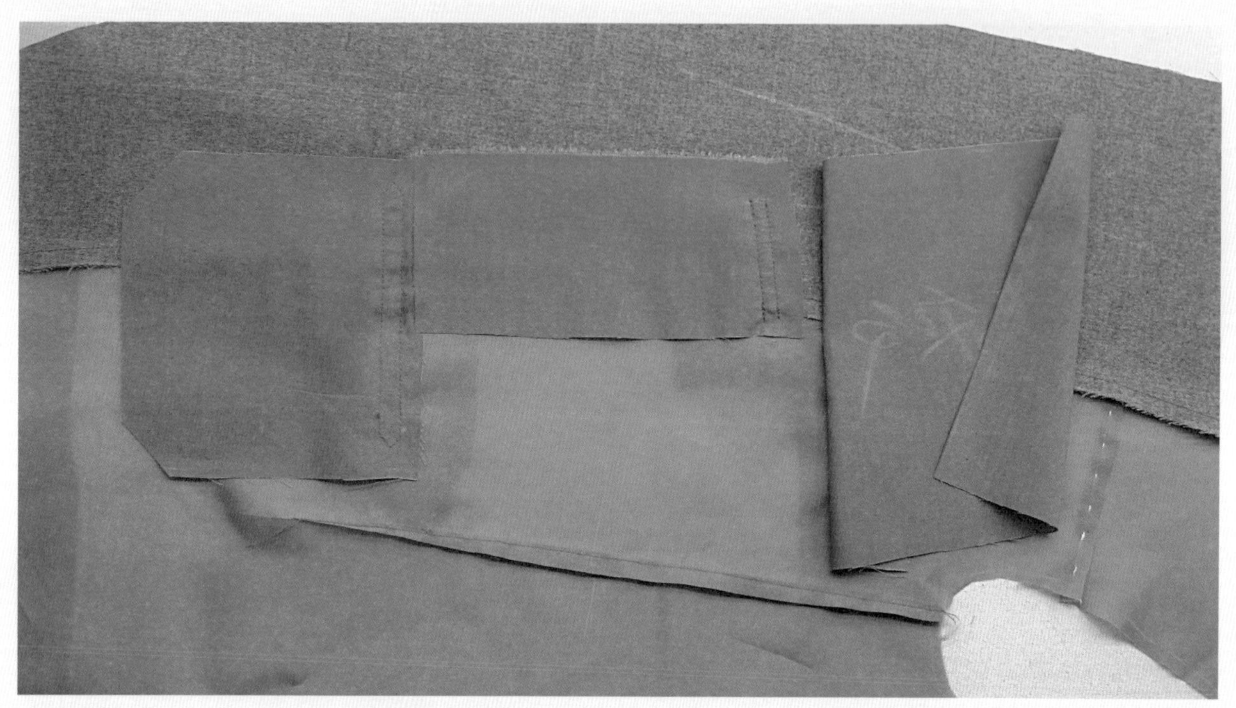

車縫箭形內大小口袋邊框，背面圖示

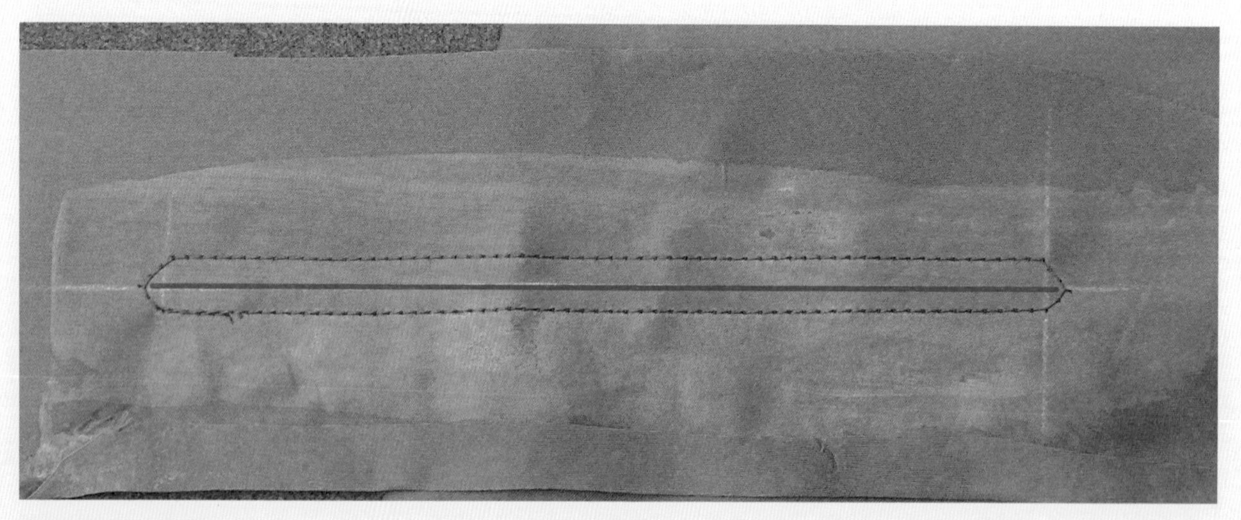

箭形框正中剪開

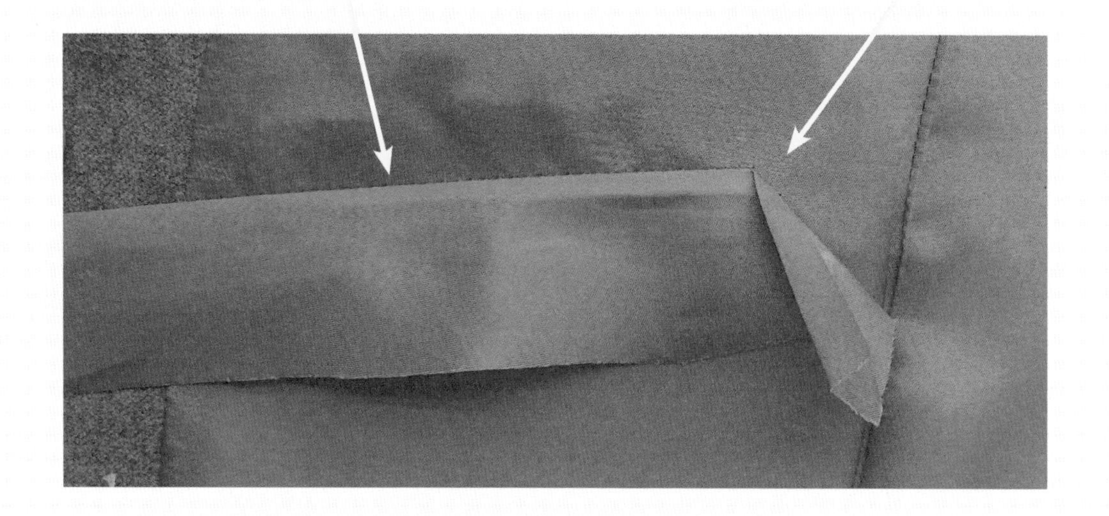

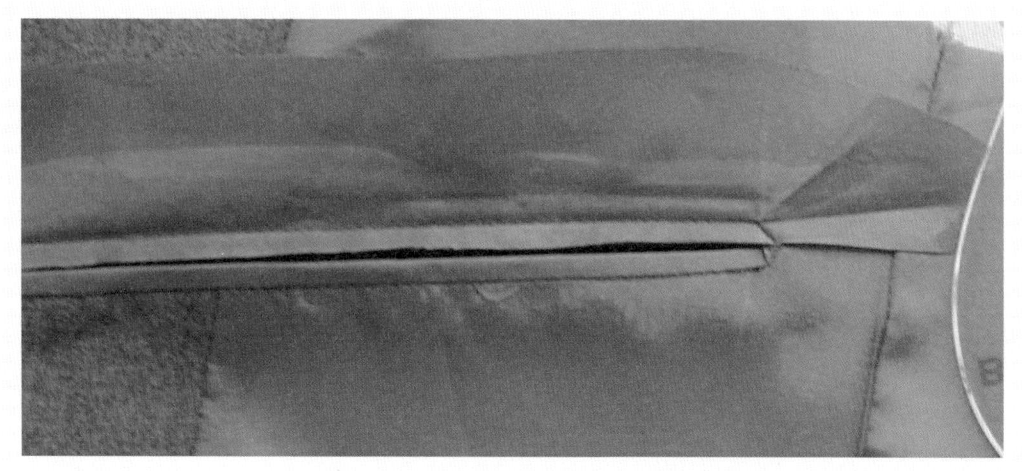

雙邊折入正面

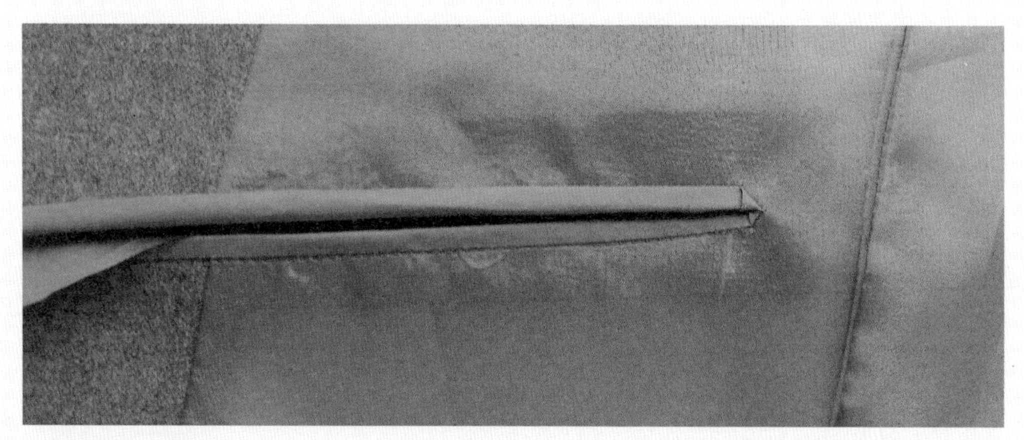

單邊折入正面

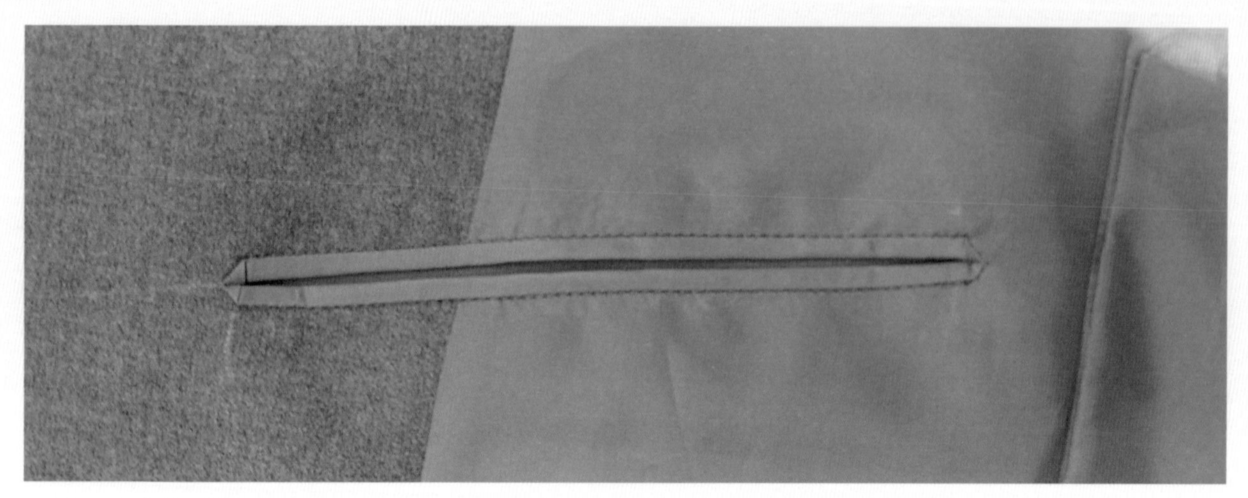

車縫固定上下滾邊－正面

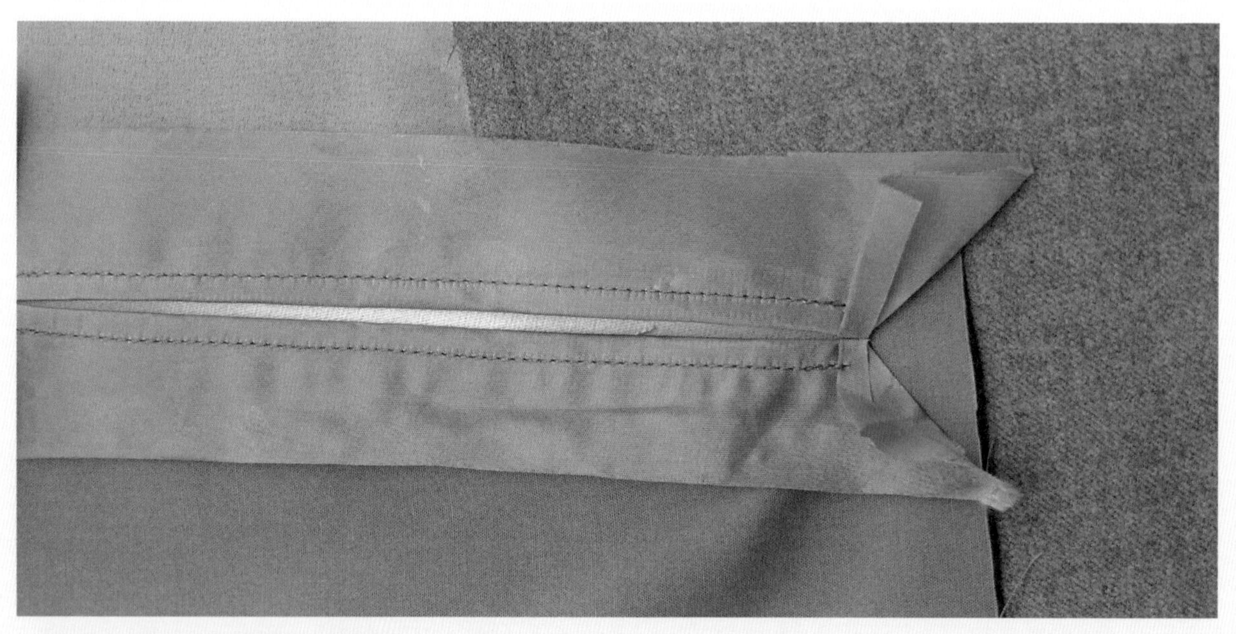

落機車縫固定上下滾邊－背面

｜內口袋、筆袋｜

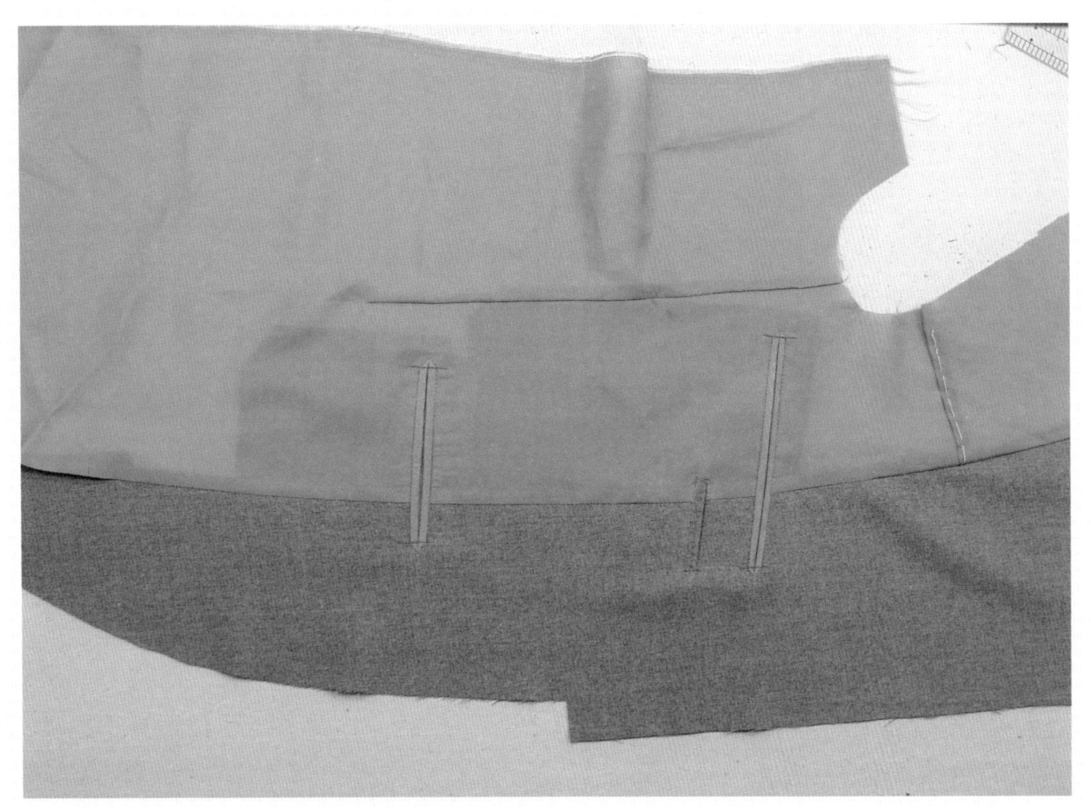

左前身片內口袋、筆袋、卡袋，車縫完成

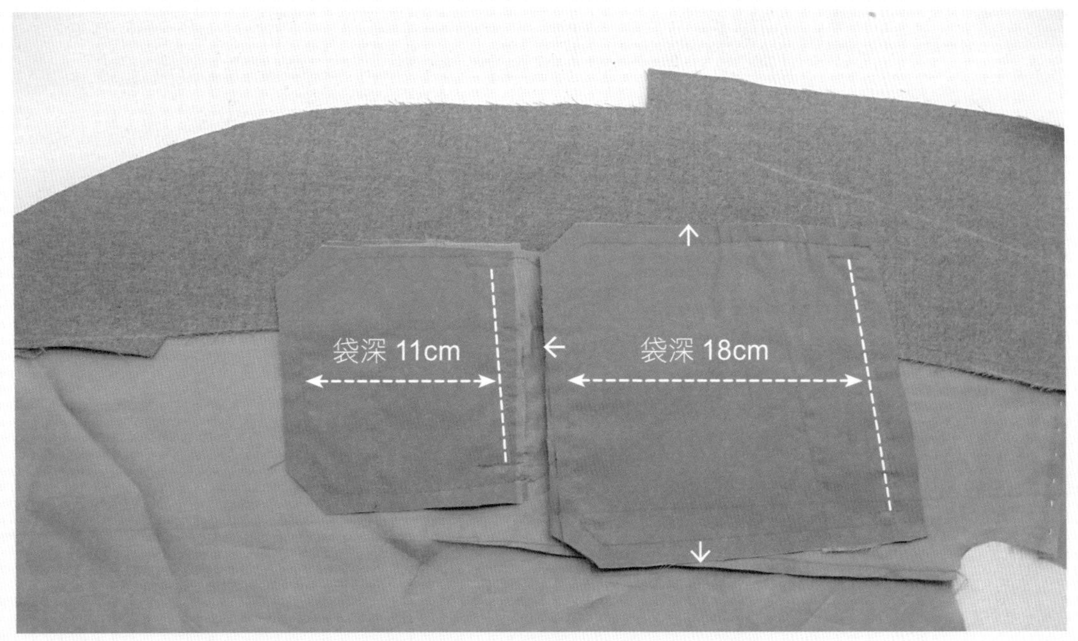

左前身片內口袋背面，修剪多餘袋布，左右兩側及底布邊緣留 1cm

加袋蓋的內口袋完成

Chapter.3

縫合前襟、製作前身片

- 整理疏縫固定前身片
- 車縫前襟
- 修剪縫份
- 折燙縫份
- 圓角魚口折燙效果
- 疏縫固定前身片

｜整理疏縫固定前身片｜

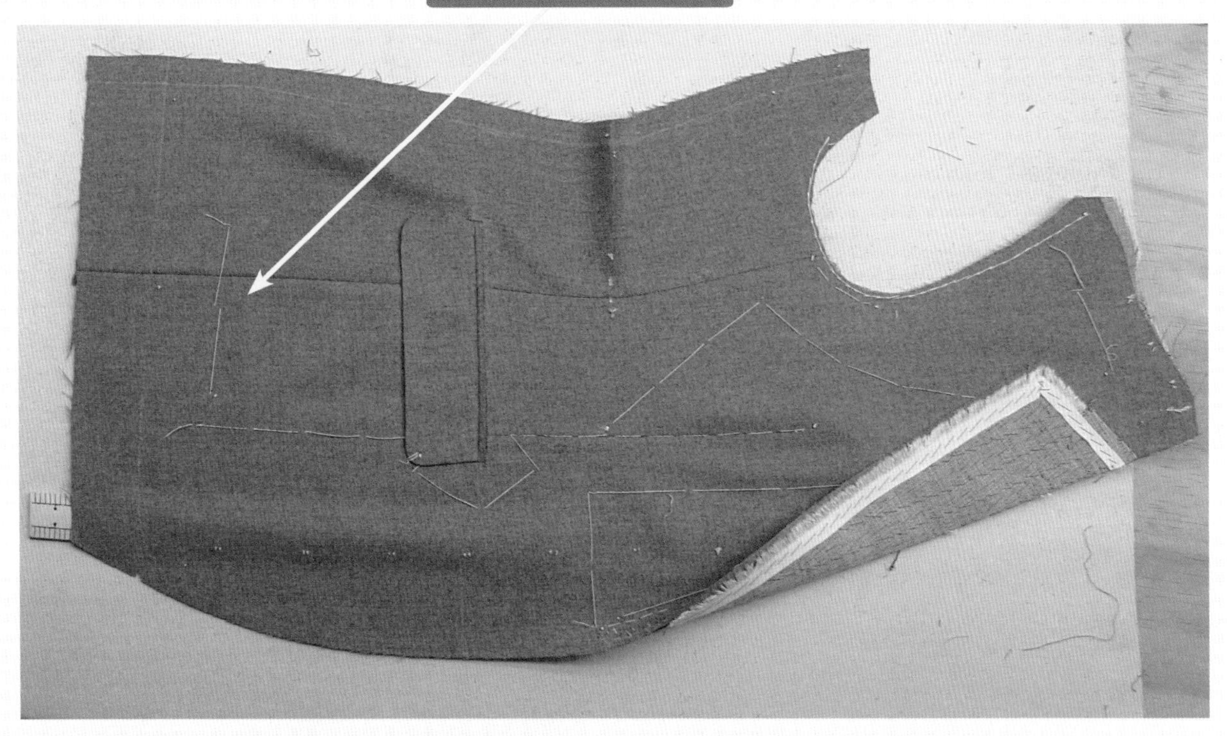

將直尺放置於表布與毛襯之間，留表布翻轉量

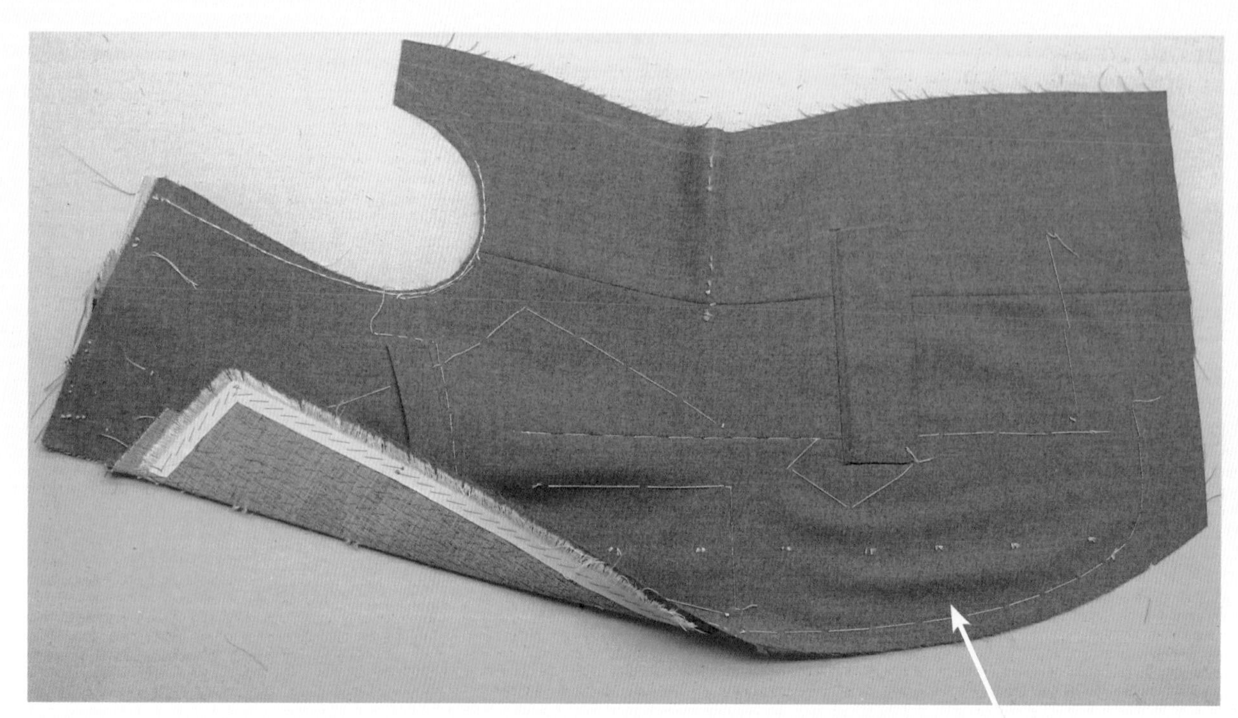

前身片完成胸口袋、腰口袋
前襟疏縫固定留鬆份效果

前身下襬包覆屈捲量需
0.3 cm 才不會翹起外翻

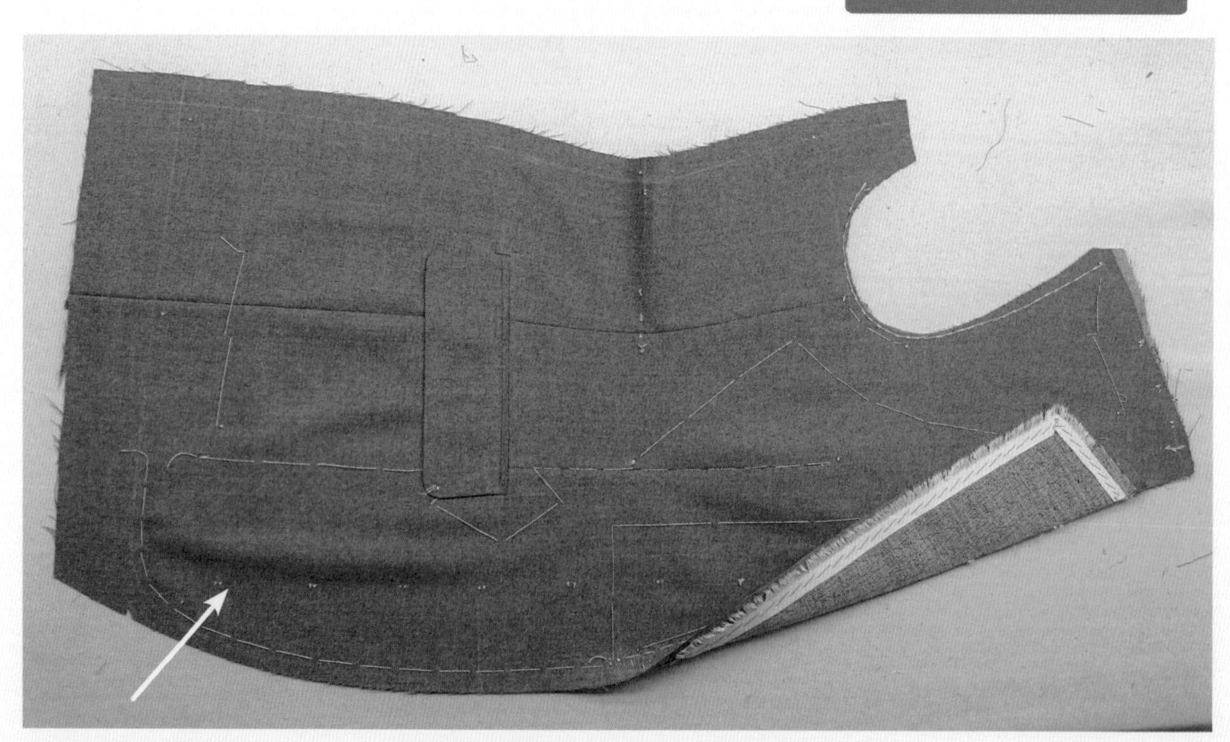

前襟疏縫固定留鬆份效果，下襬包覆曲捲量需 0.3cm，才不會翹起外翻

疏縫前襟下半段貼邊 + 前身片

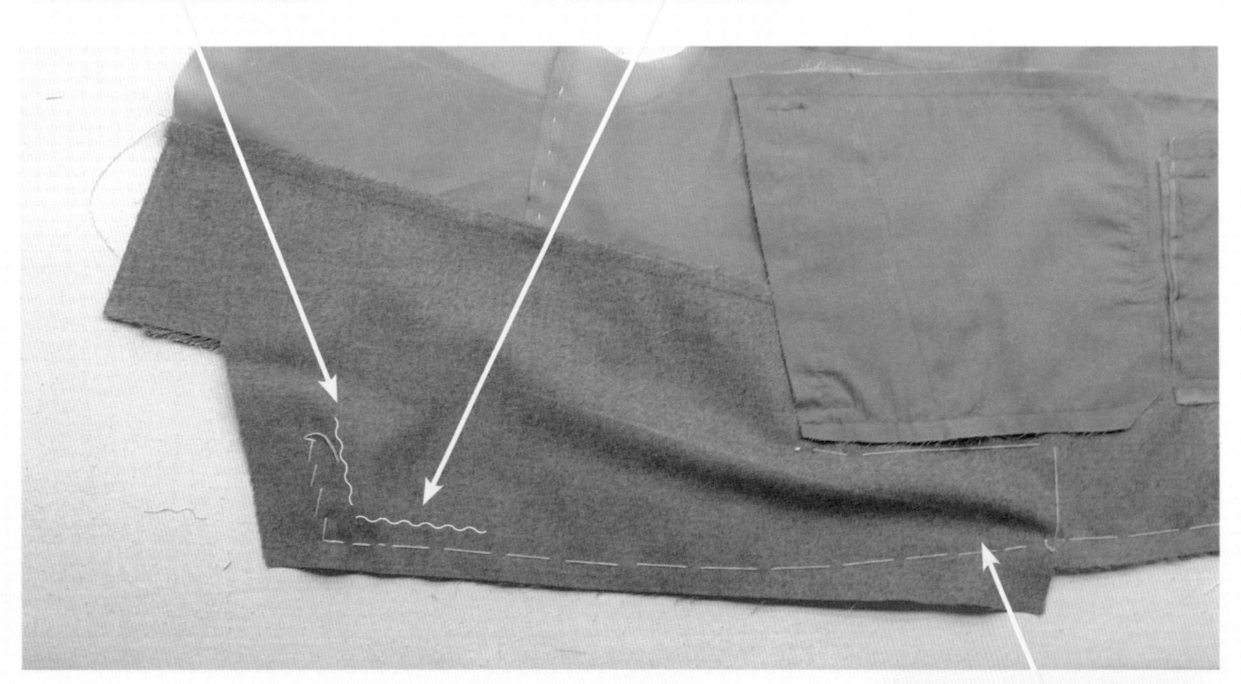

疏縫前襟上半段貼邊 + 前身片領角處吃針，增加曲捲量

| 車縫前襟 |

下半段往外 0.2 cm 車縫
上半段沿完成線車縫

疏縫後縮燙吃針部分
車縫前襟邊緣

領止點不回針，以打結 + 漿糊乾燙

車縫

魚口車縫效果

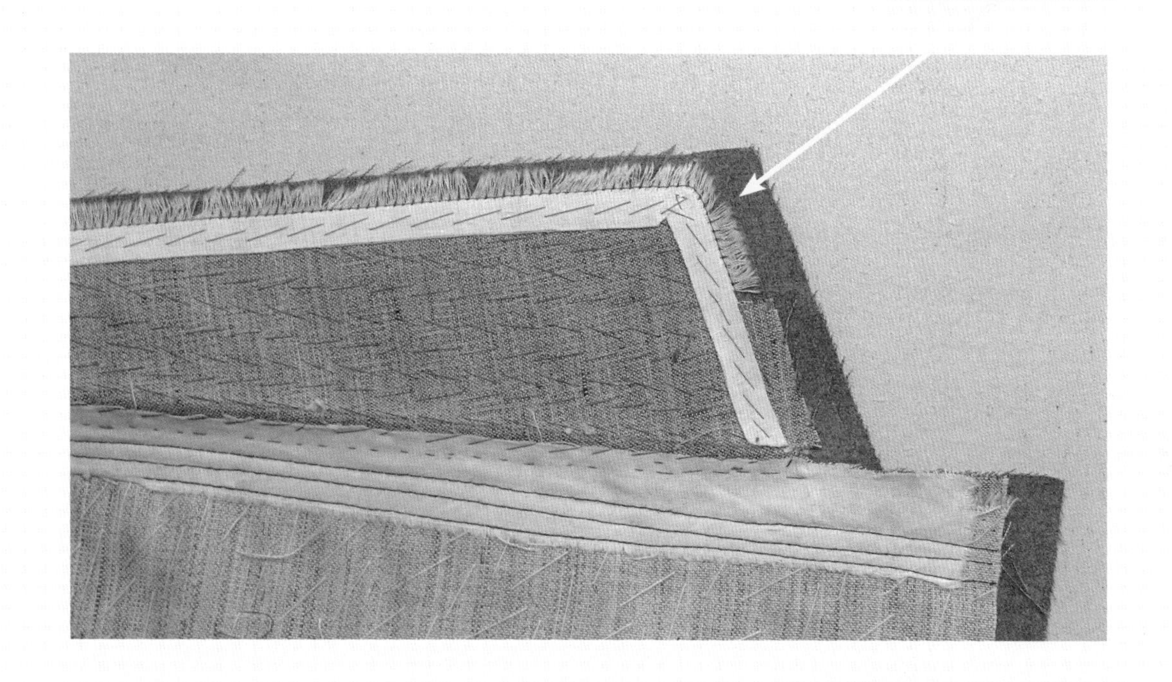

前襟貼邊下襬車縫效果

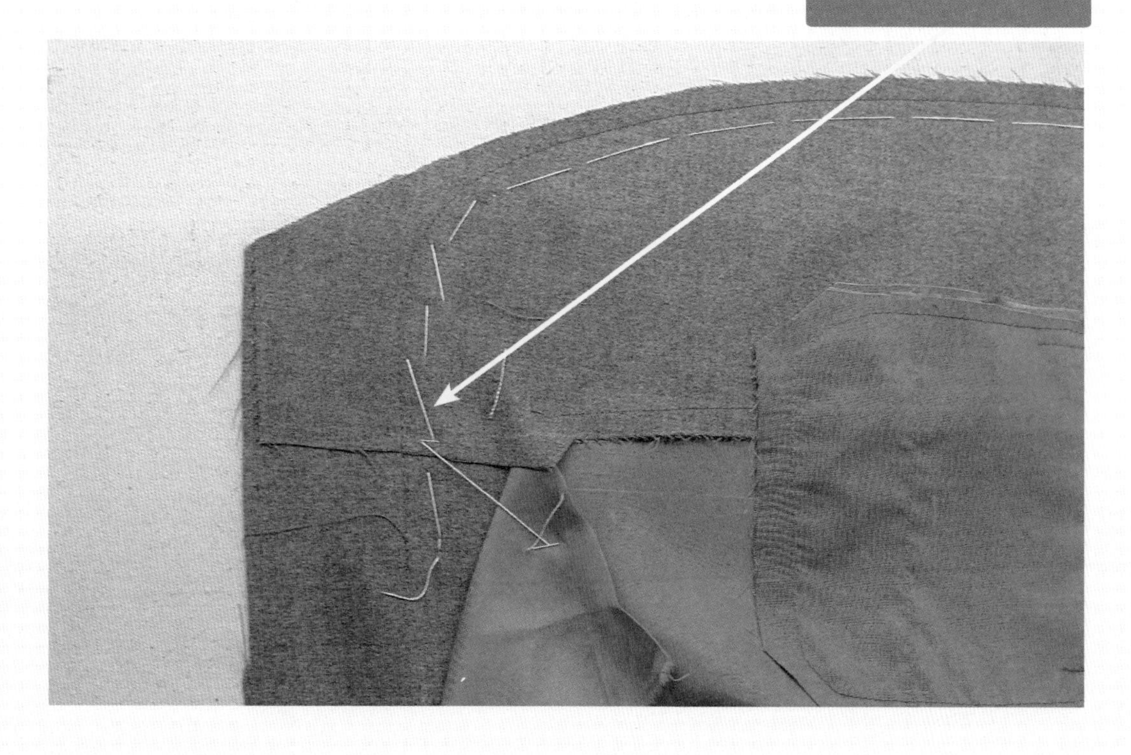

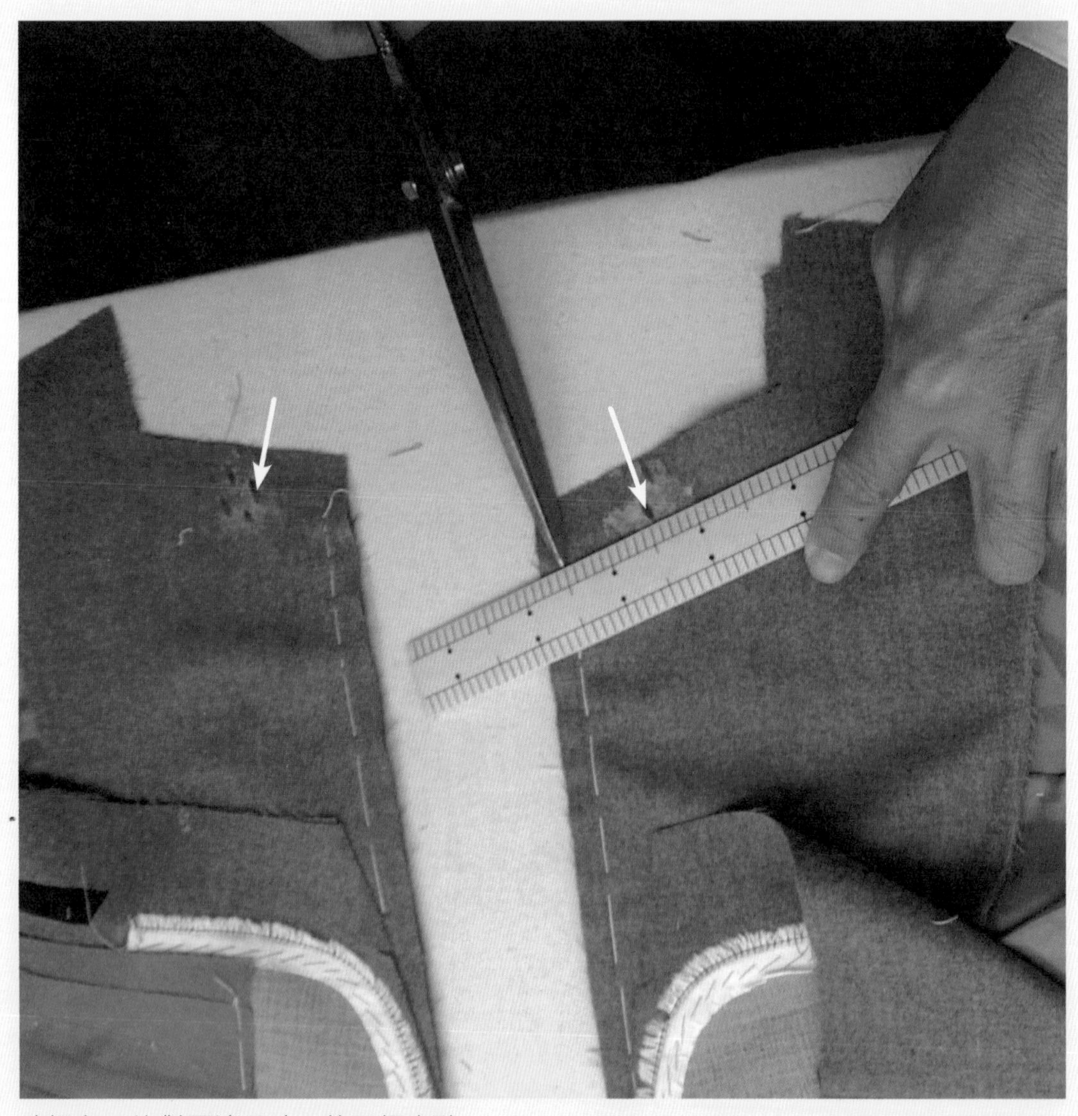

確認魚口比對兩邊尺寸，剪至領止點

| 修剪縫份 |

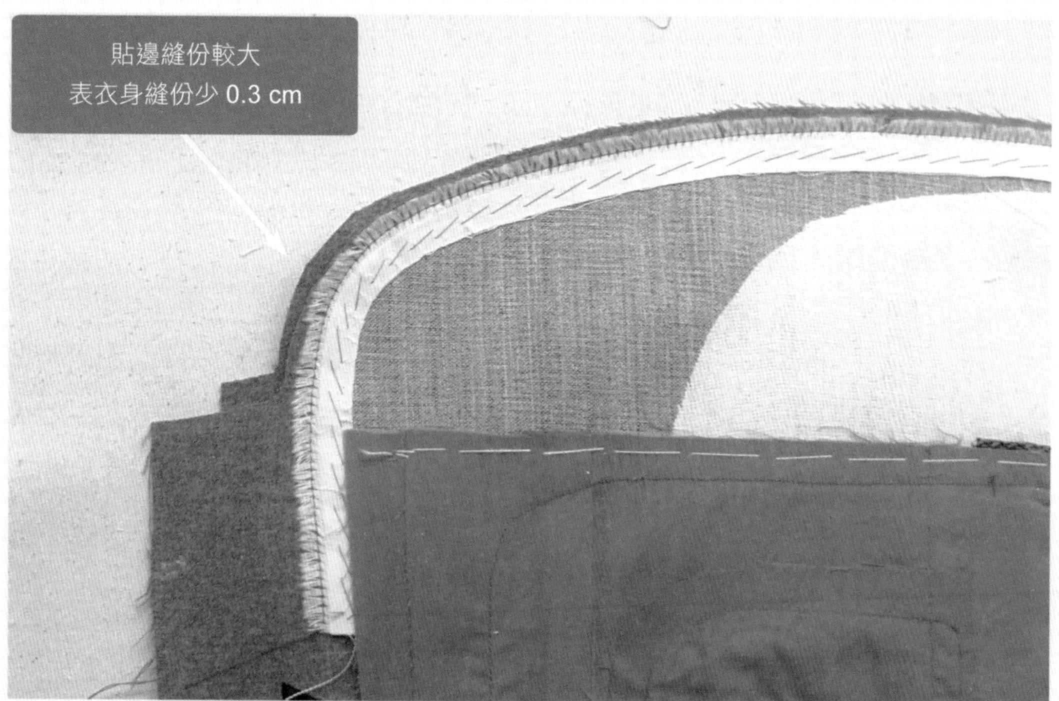

貼邊縫份留約 0.8cm，表衣身縫份留約 0.5cm

| 折燙縫份 |

前襟上半段縫份燙分開

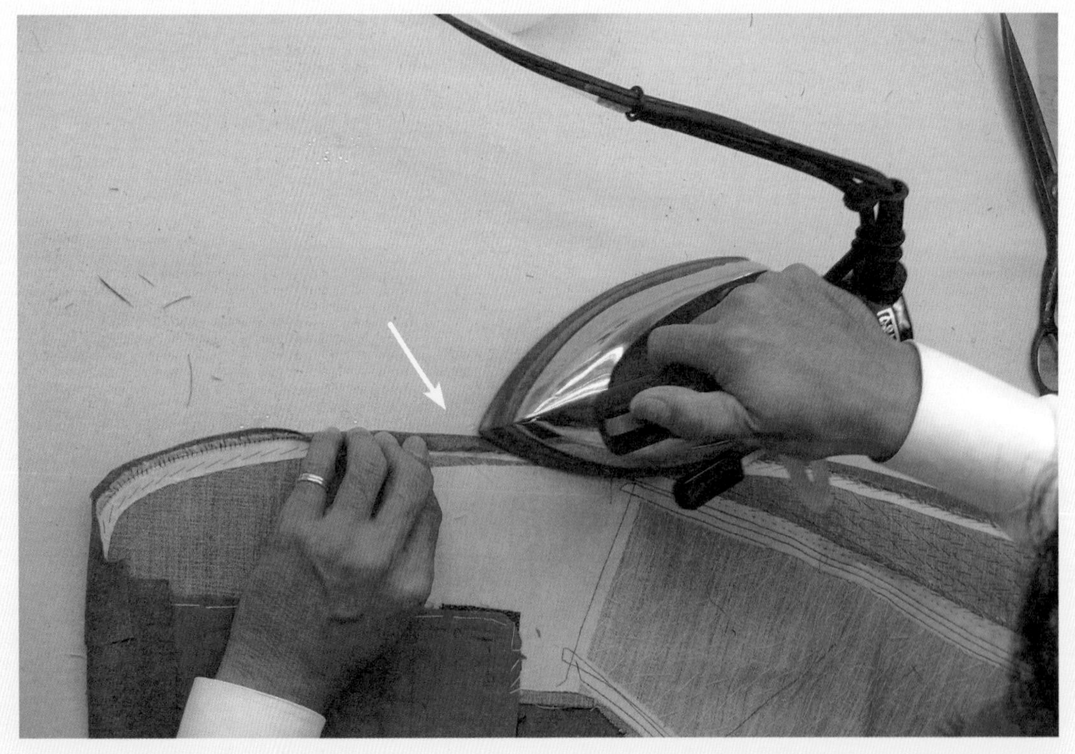

前襟下半段縫份燙向衣身片

折燙圓弧平順

折燙效果

| 圓角魚口折燙效果 |

折燙時縫份不可重疊，領角須呈現平、薄、小圓角

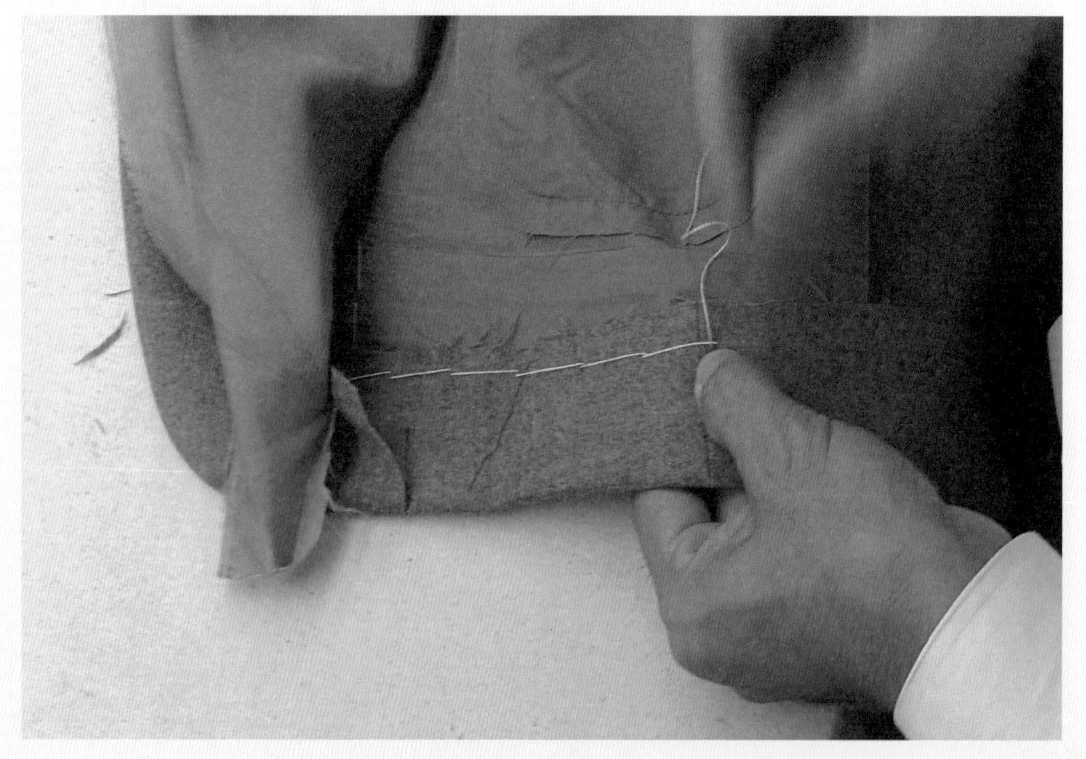

略回針疏縫下襬，貼邊翻面後需順便整理、疏縫下襬

｜疏縫固定前身片｜

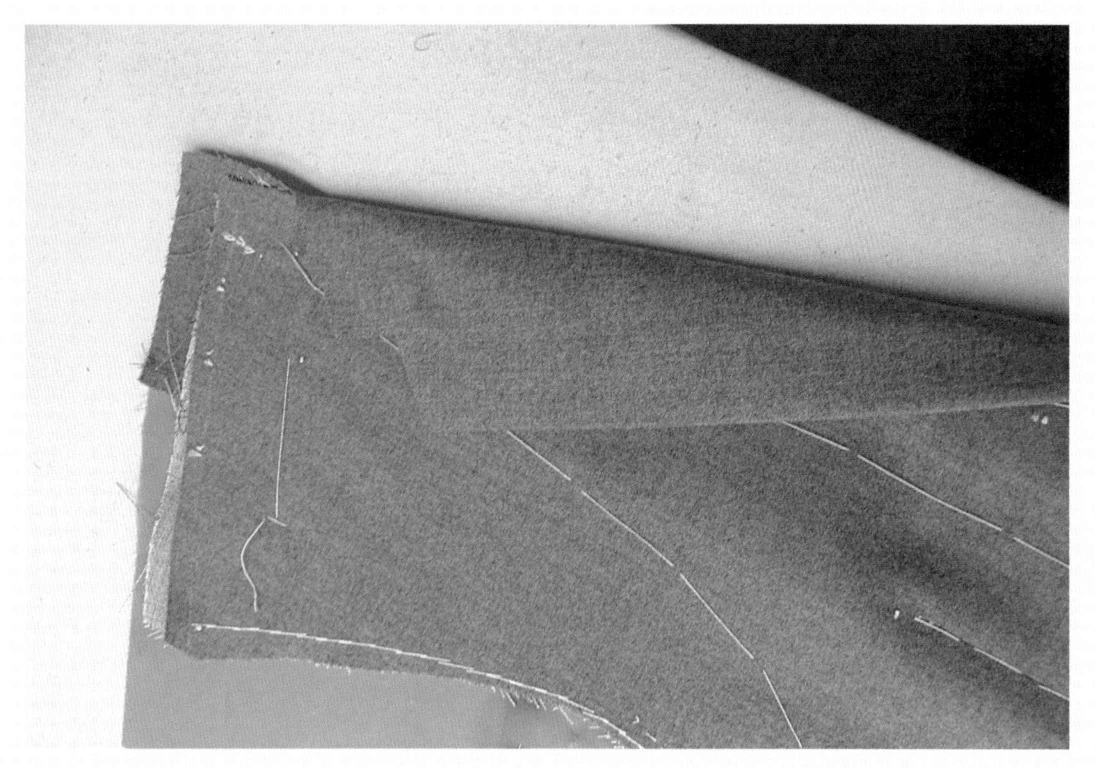

翻面整燙

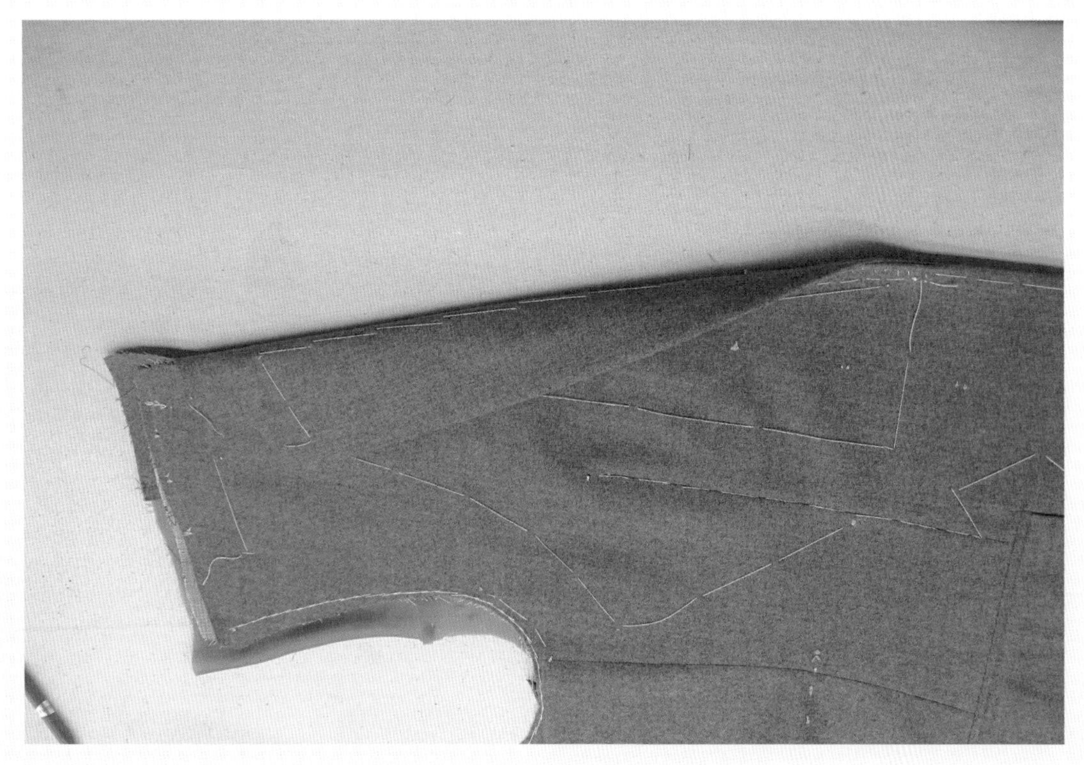

疏縫領折線

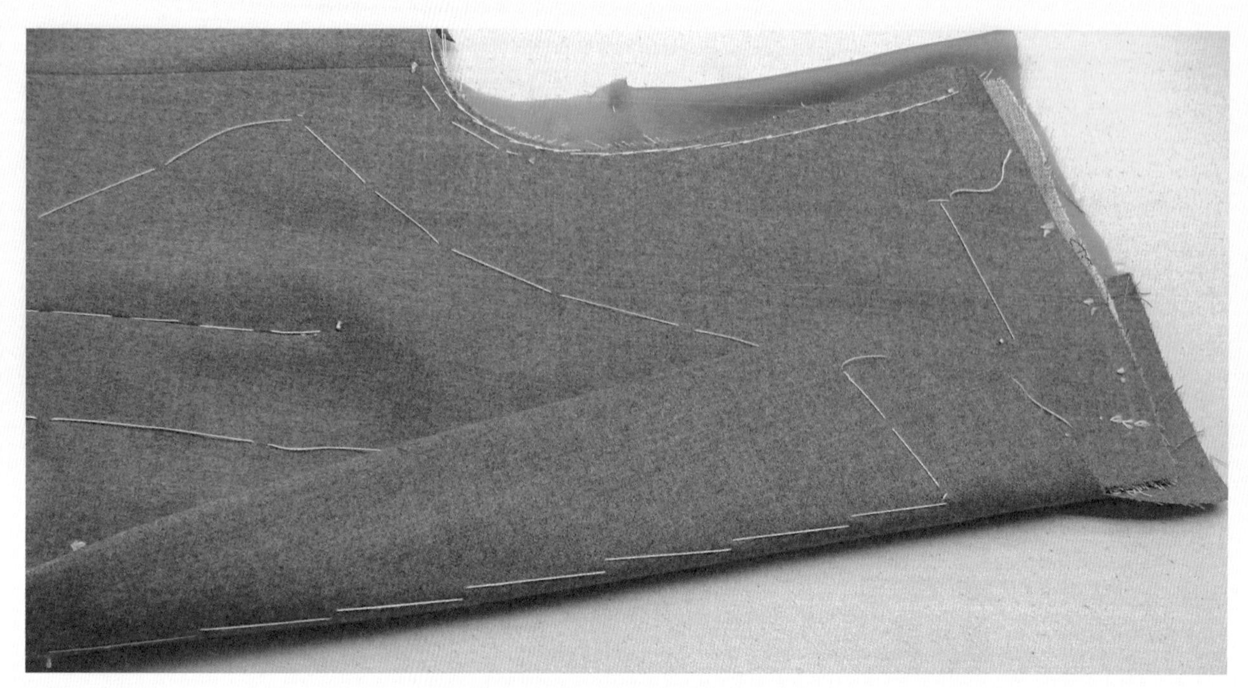

疏縫領折線

八字縫、疏縫下領片、固定領型與翻轉量

疏縫貼邊

疏縫固定貼邊翻轉量

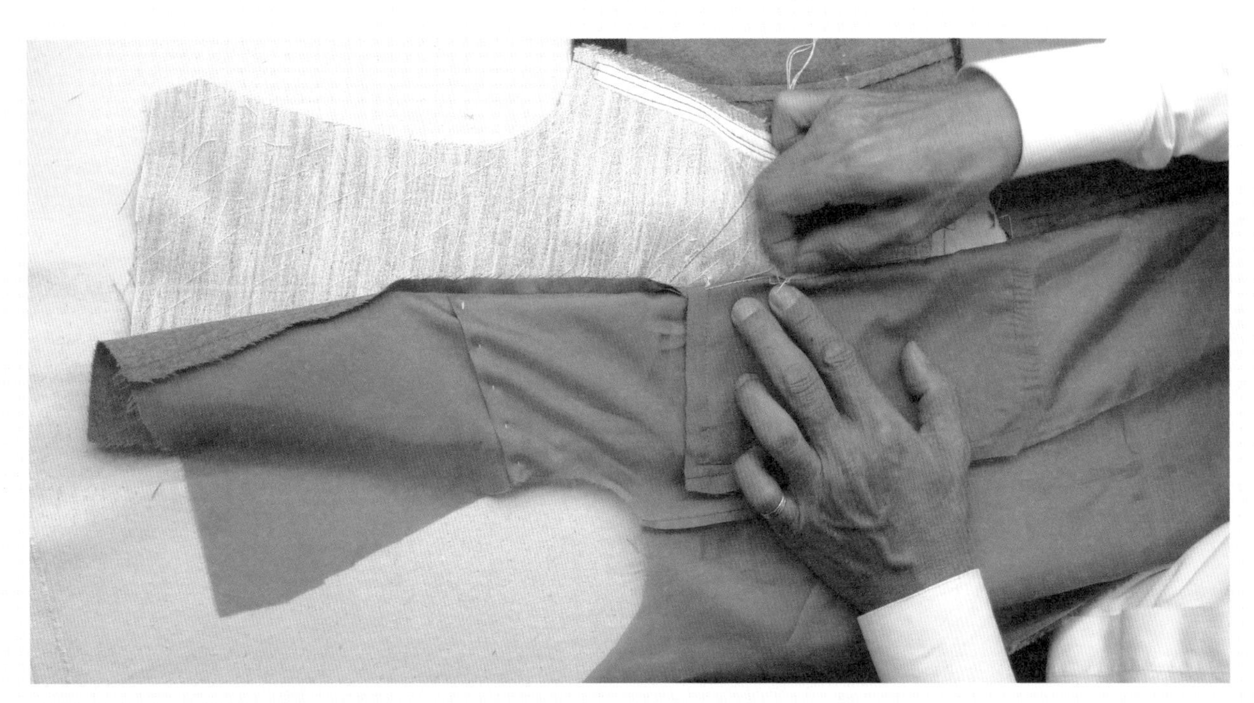
手縫固定暗口袋於毛襯

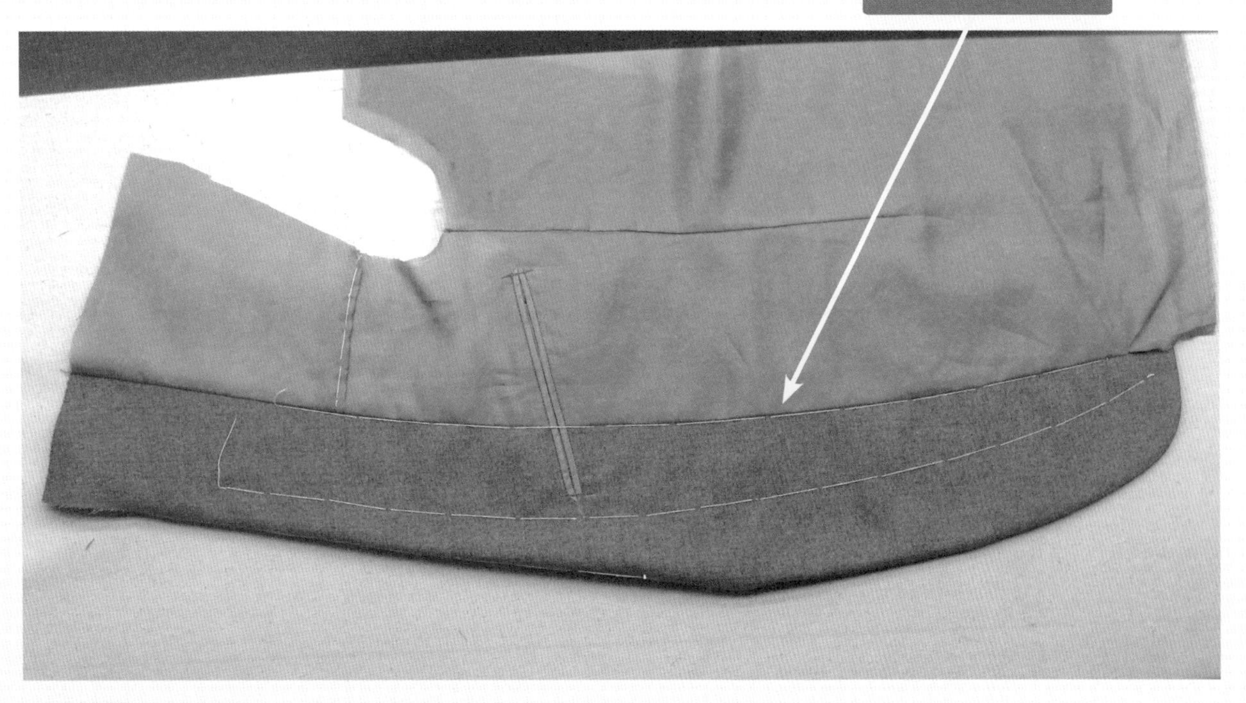

疏縫貼邊 + 前身片

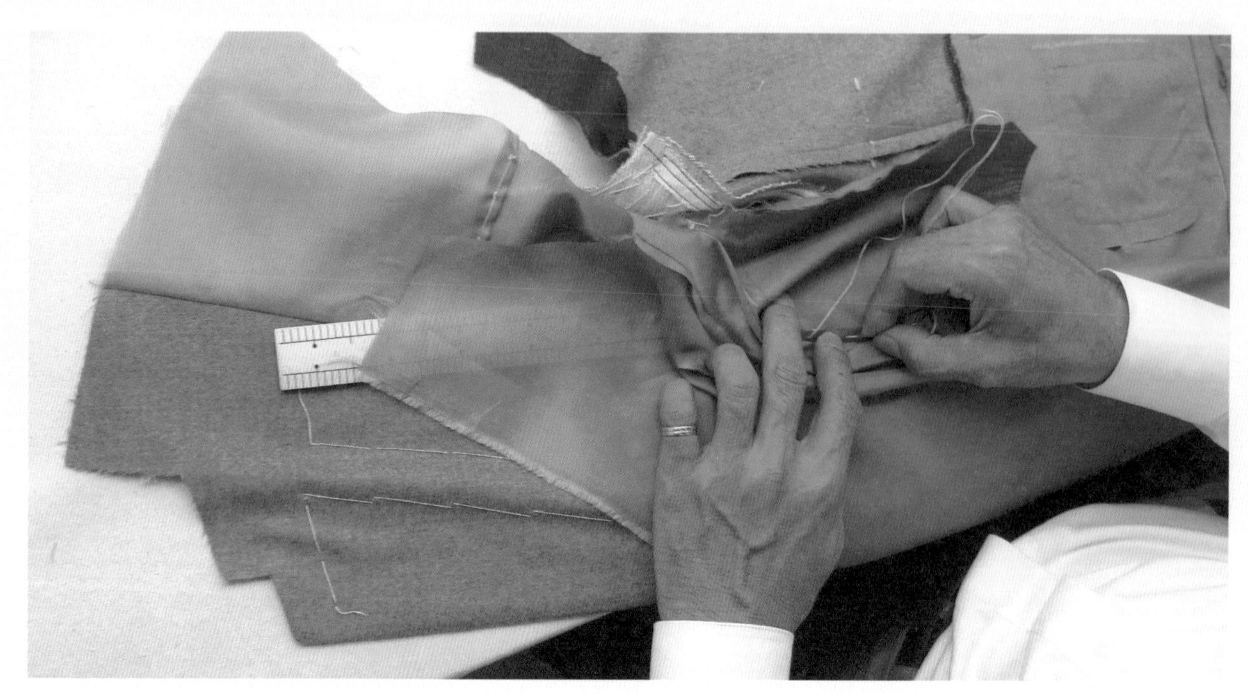

內口袋與毛襯疏縫固定

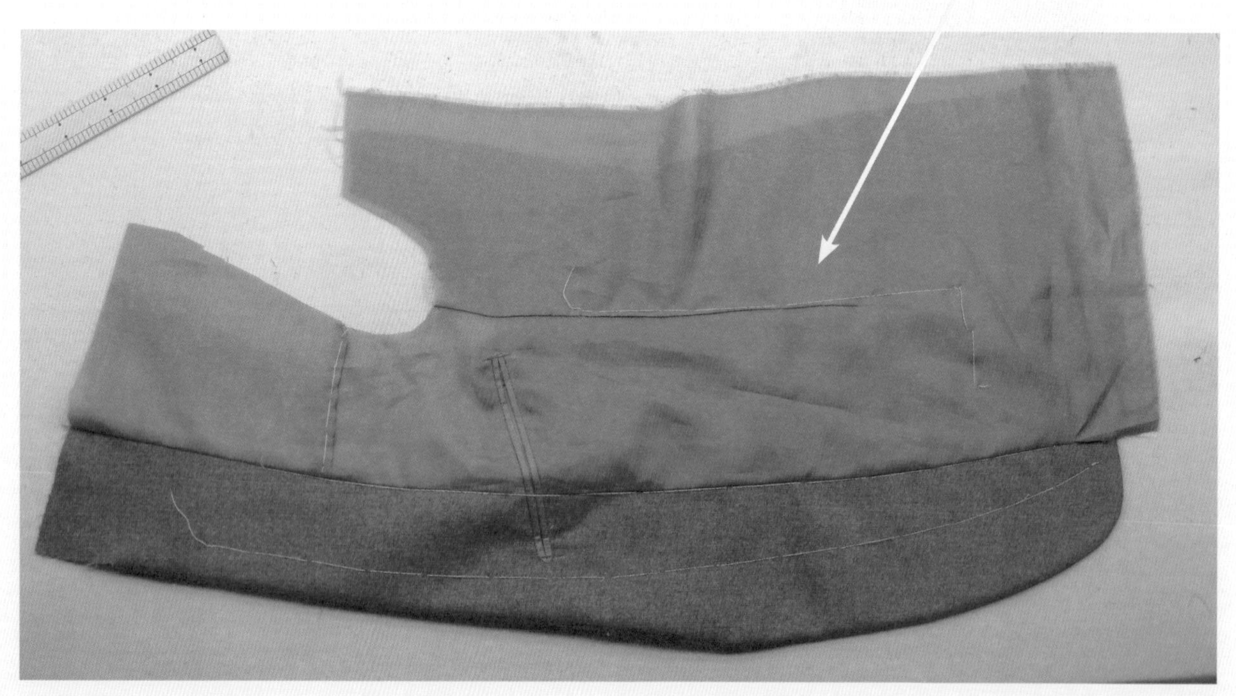

疏縫前身片 + 內裡

疏縫前身片固定後，修剪領折、肩、袖圈、脇邊多餘裡布
裡布下襬留長 2cm

縫合脇邊腰線

- 疏縫脇邊
- 車縫內裡脇邊
- 表衣身脇邊車縫、整燙
- 疏縫後身片
- 整燙下襬
- 後叉下襬
- 後叉內裡
- 疏縫內裡下襬

| 疏縫脇邊 |

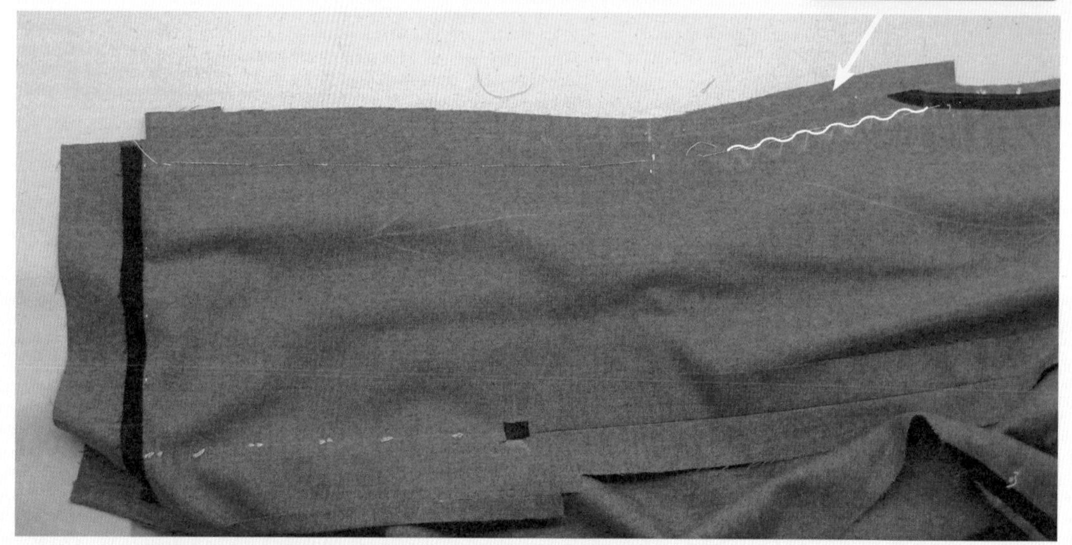

前後身片脇邊對合疏縫固定，後身片上段脇邊略縮吃針 0.3cm

前後身片脇邊對合線釘，往內 1 cm 疏縫

｜車縫內裡脇邊｜

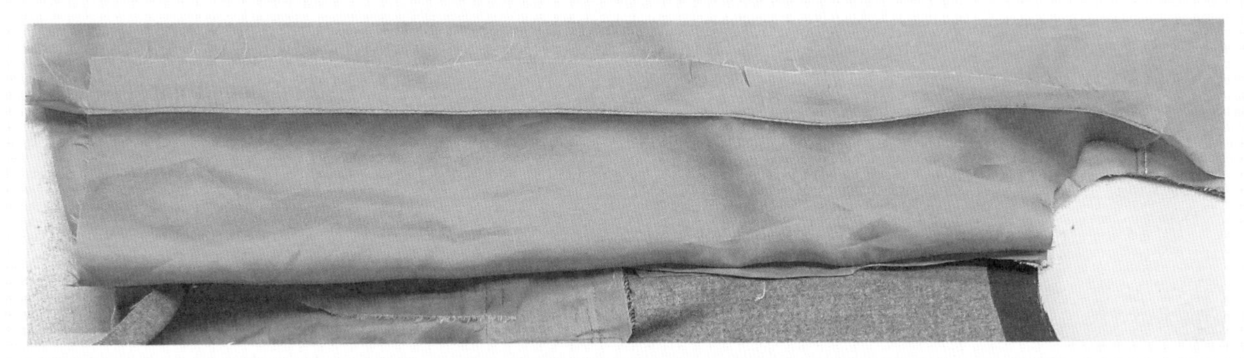

整燙縫份倒向後片

｜表衣身脇邊車縫、整燙｜

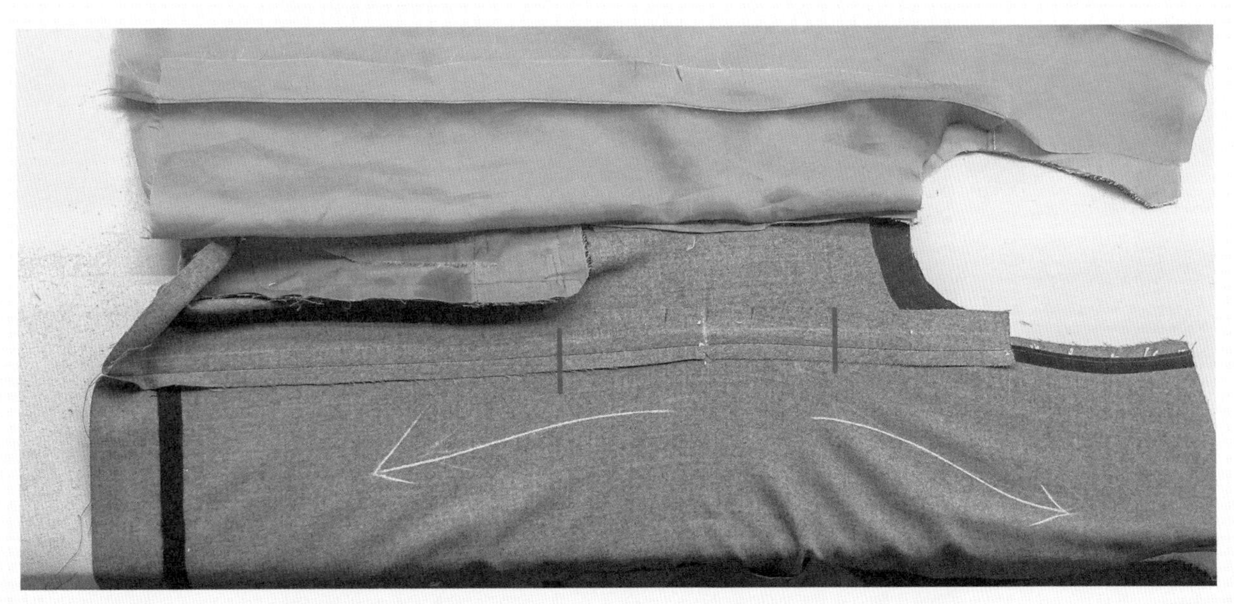

縫份燙分開

表、裡脇邊縫份疏縫固定

| 疏縫後身片 |

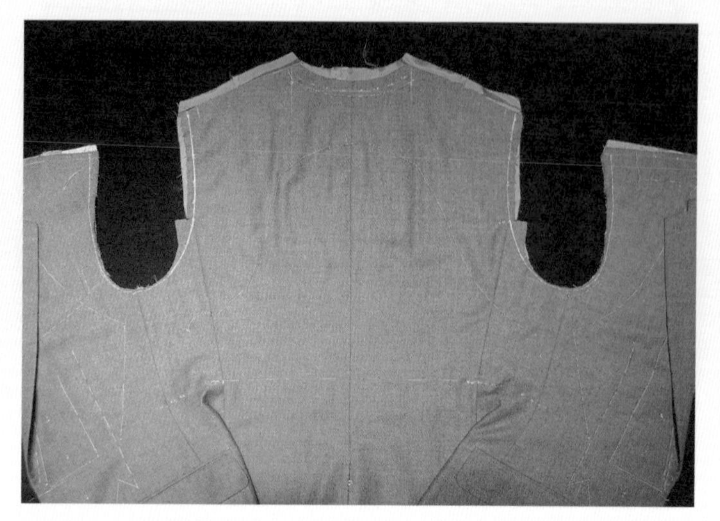

疏縫後身片正面

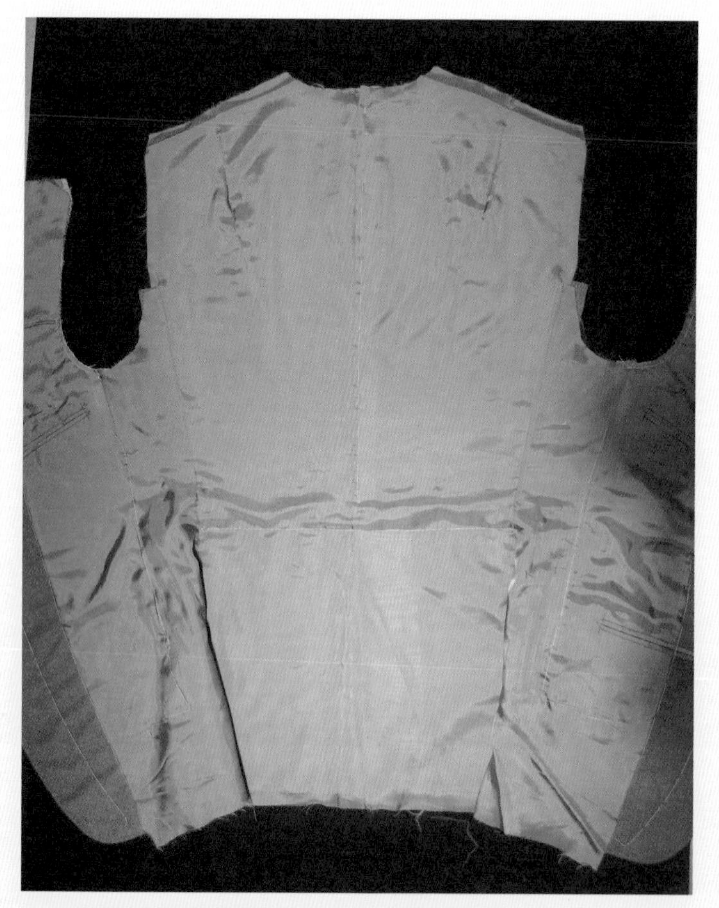

後身片背面內裡腰際比表布長度鬆 0.5cm

｜整燙下襬｜

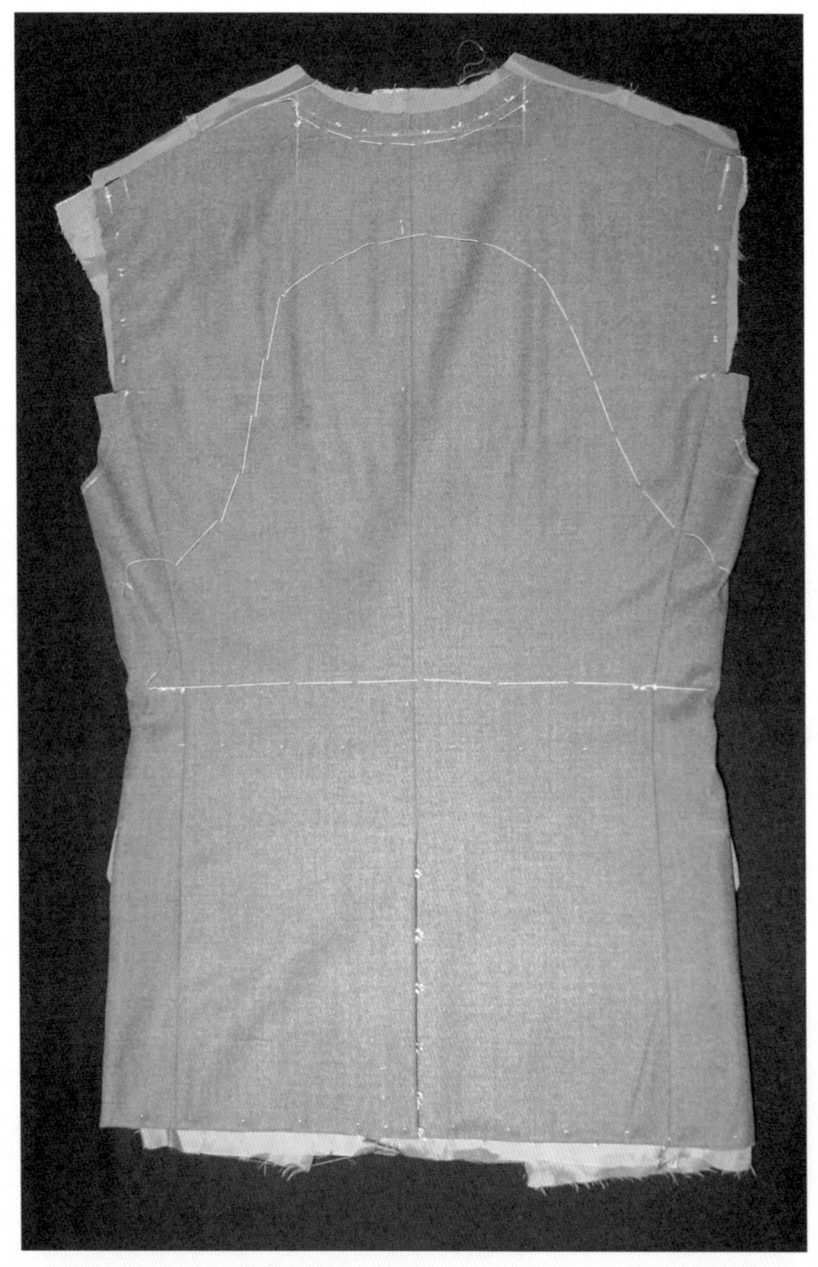

疏縫後身片裡布，固定下襬

| 後叉下襬 |

疏縫讓下襬呈垂直

整理後叉下襬，左右等長、平順疏縫

｜後叉內裡｜

疏縫右身片後叉內裡

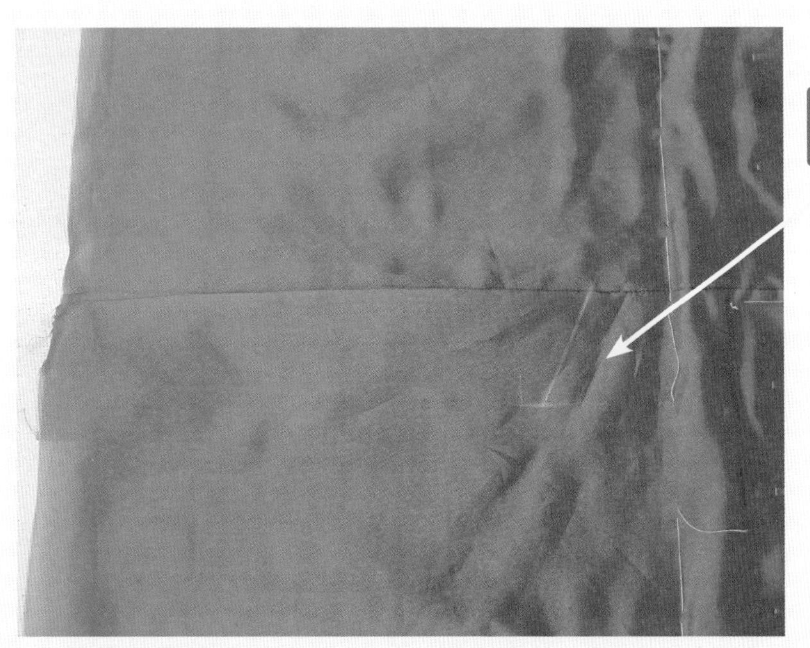

左身片後叉內裡

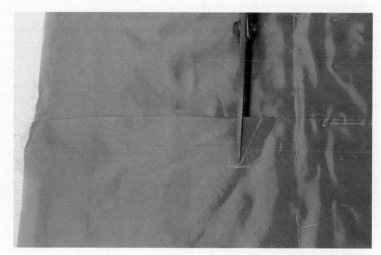
剪牙口

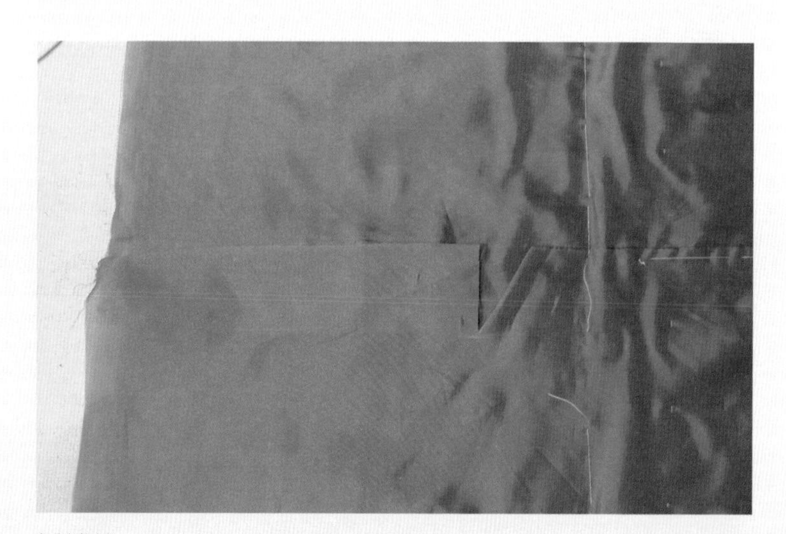
折縫份

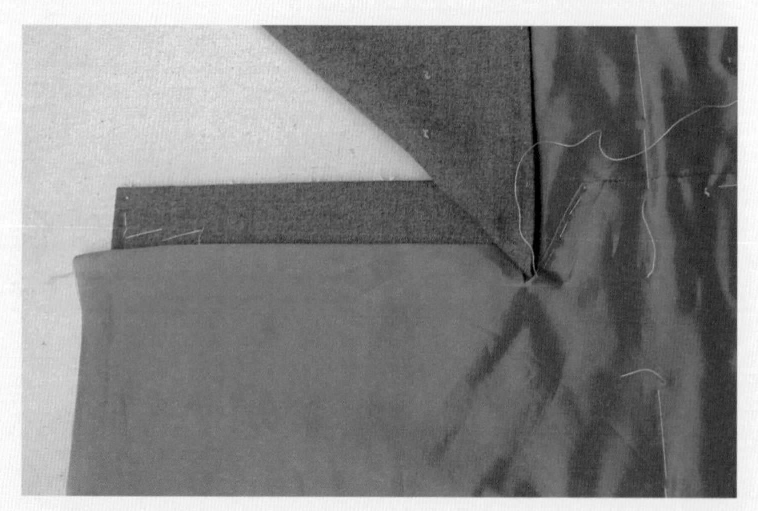
整理縫份、疏縫

｜疏縫內裡下襬｜

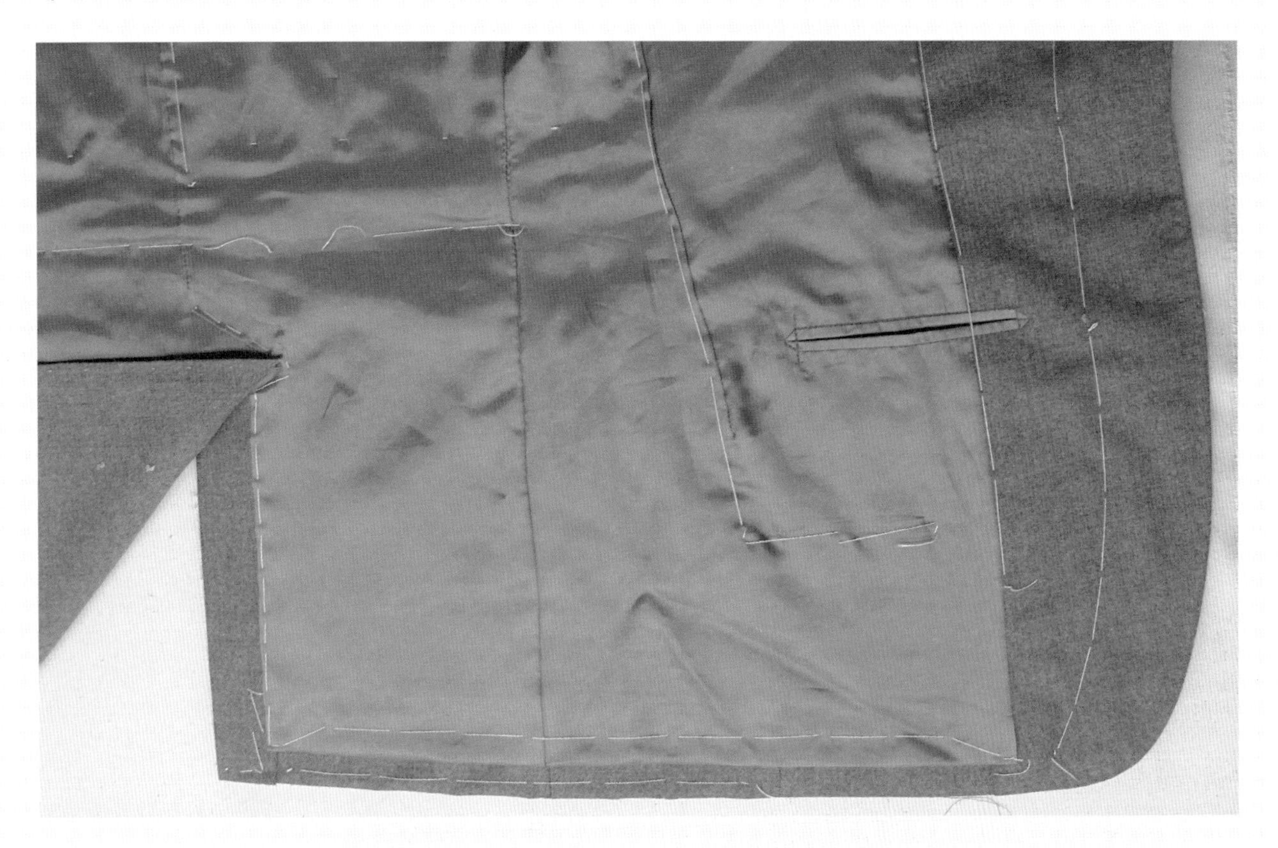

下襬左右等長、平順疏縫，距離 1.5cm

在學習訂製西服過程當中，如有遇到技術上的瓶頸與困難，可上格蘭訂製西服官網，有更多詳細製作過程與學習資源，提供讀者參考

官方網站 : https://www.grand-tailor.com.tw

facebook: 格蘭訂製西服 Grand Custom Tailor

youtube: Grand Tailor 格蘭訂製西服

Chapter.4

領袖篇

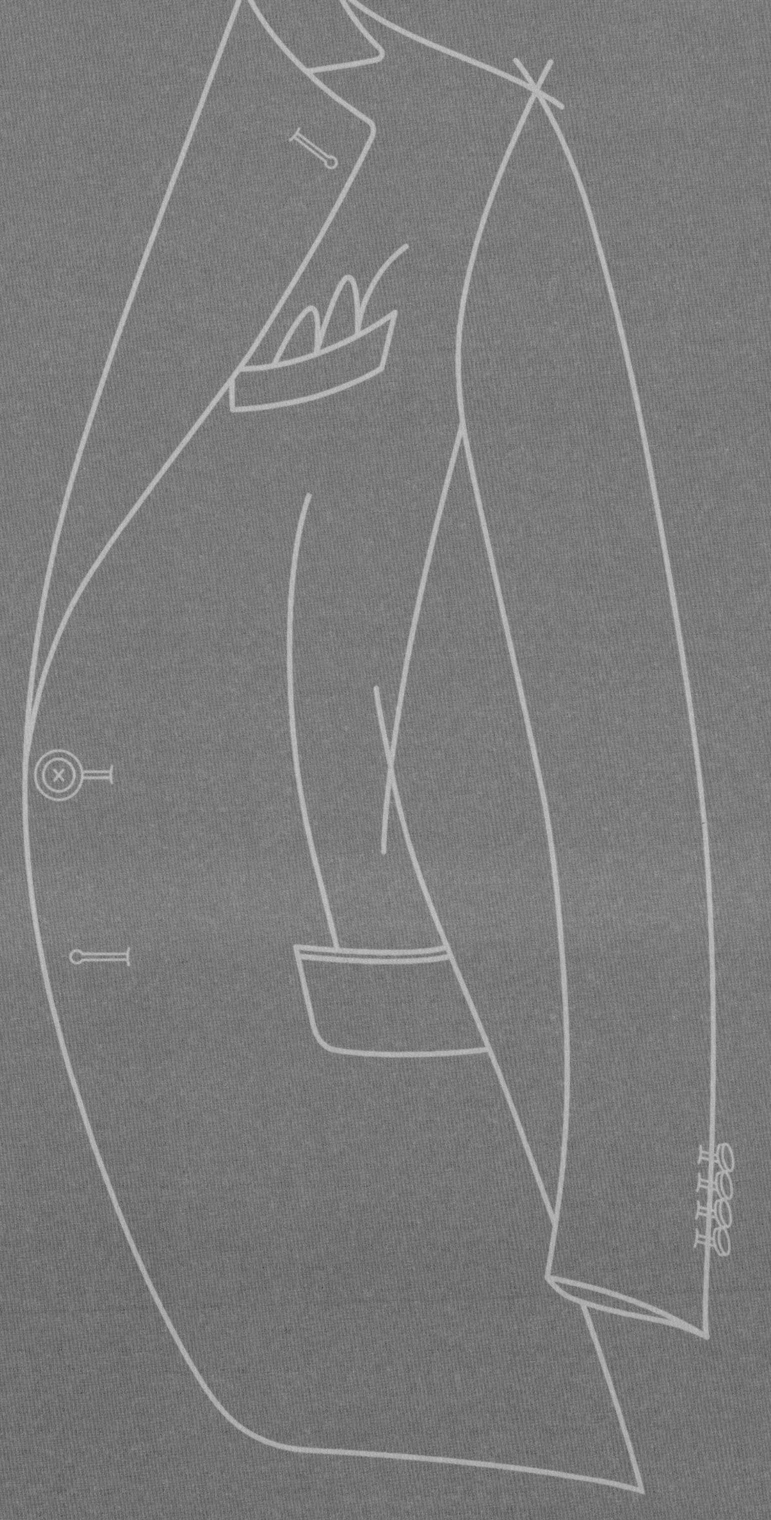

Chapter.4

製作肩膀

| 肩線 |

以 2 cm 正斜布紋內裡，代替襯當牽條使用

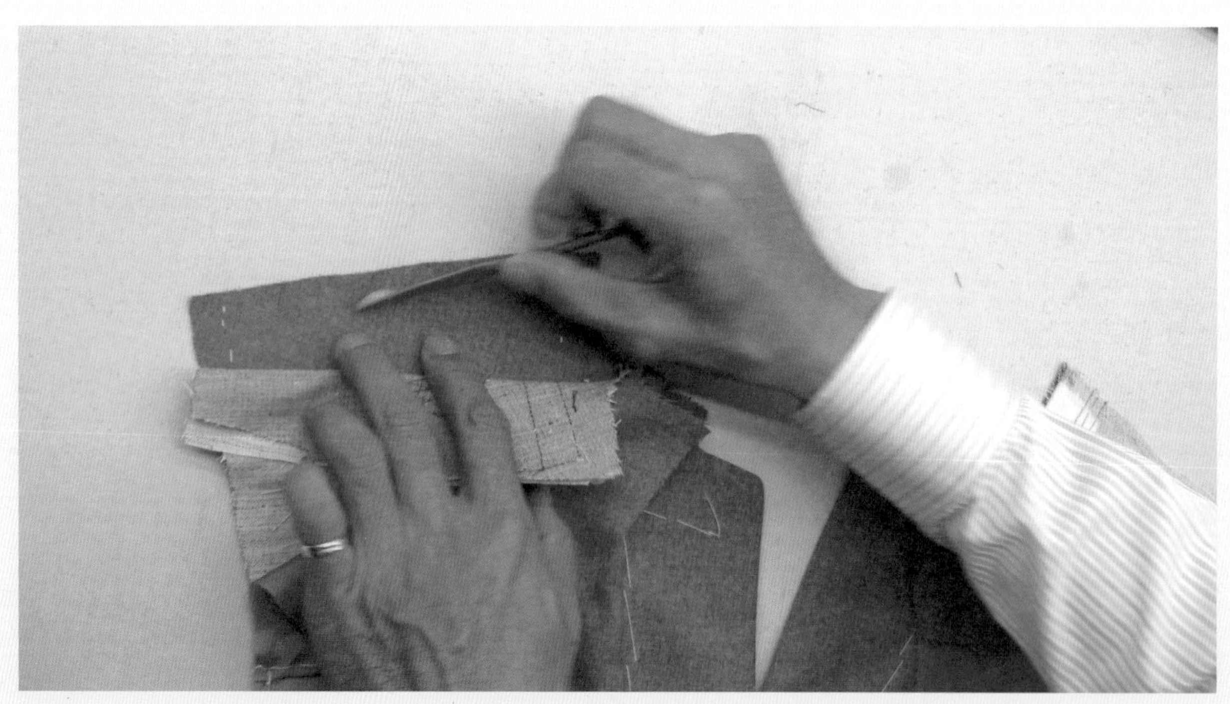

前肩線縫份背面塗漿糊

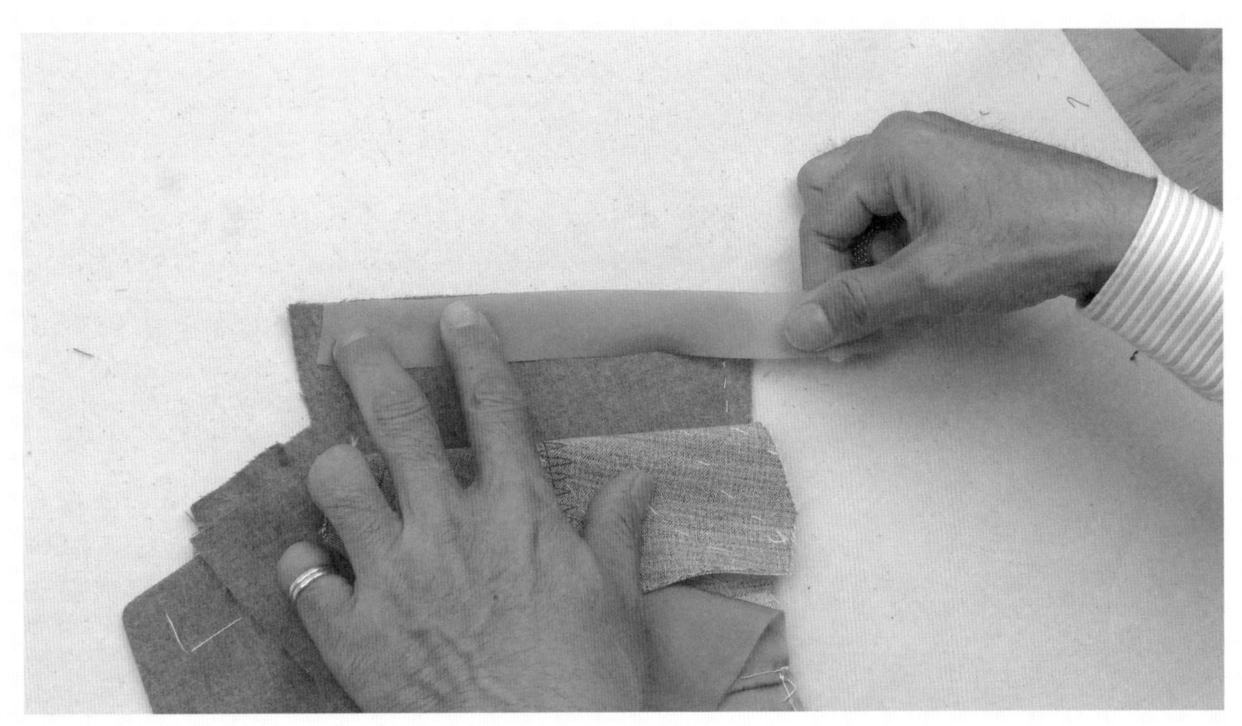

黏貼內裡，牽條平順勿拉長

內裡牽條熨斗乾燙，黏貼兩邊肩膀

| 後身片、內裡 |

後肩內裡折燙

前後片疊放

｜肩線縮縫｜

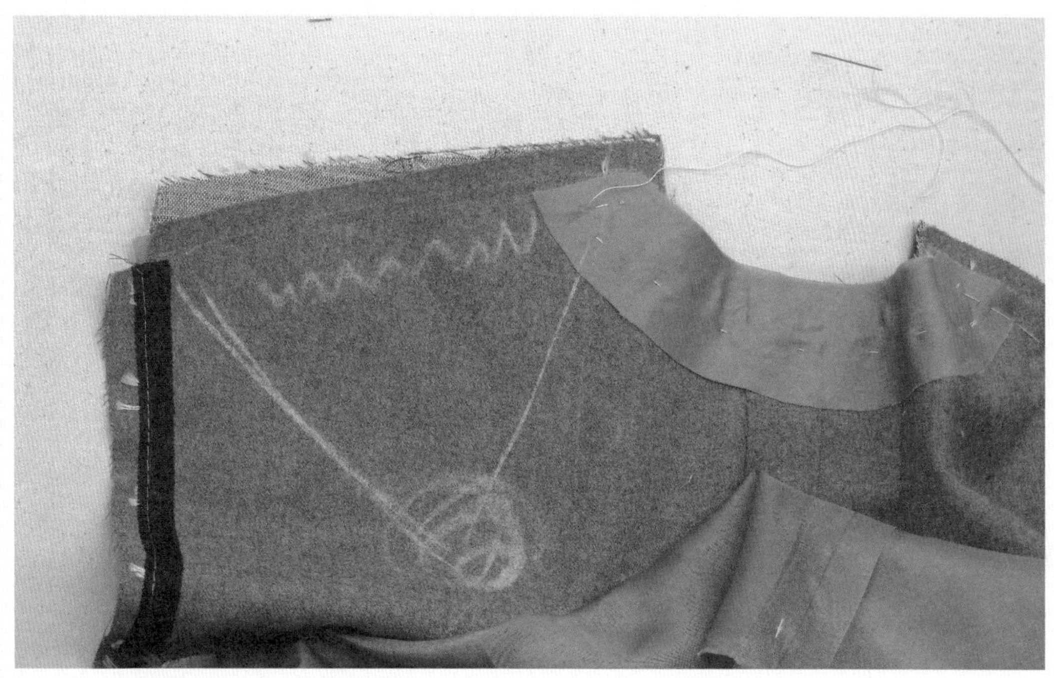

後肩線分五等份
中間段三等份縮縫吃針約 1-2 cm

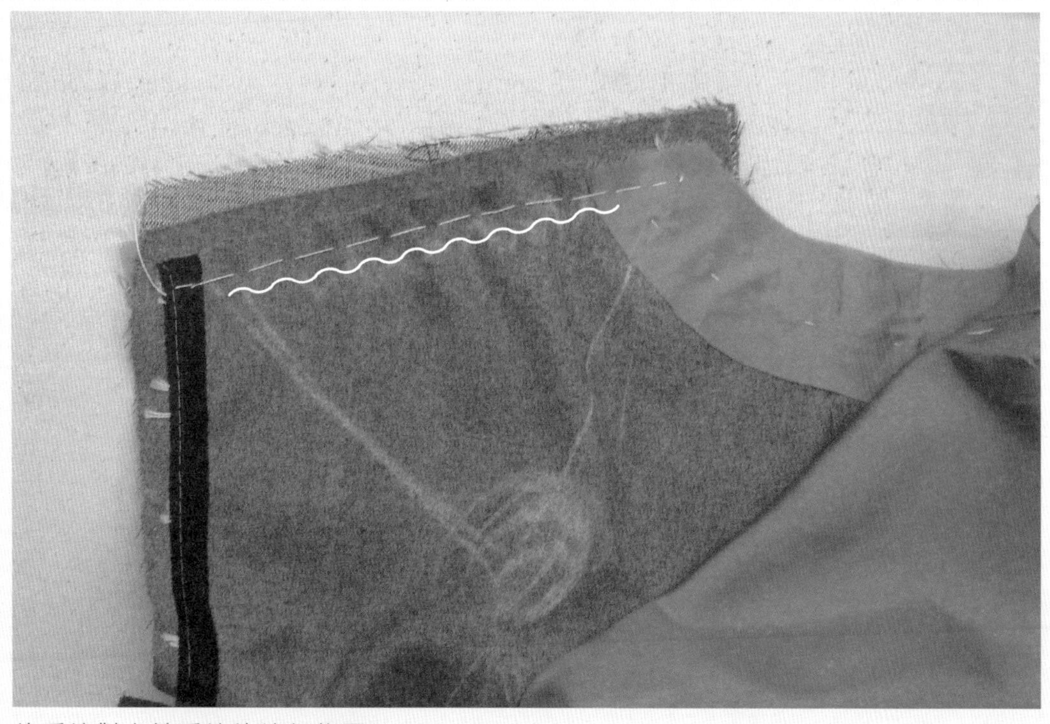

後肩線對合前肩線的線釘位置
前、後肩線疏縫

|疏縫後縮燙|

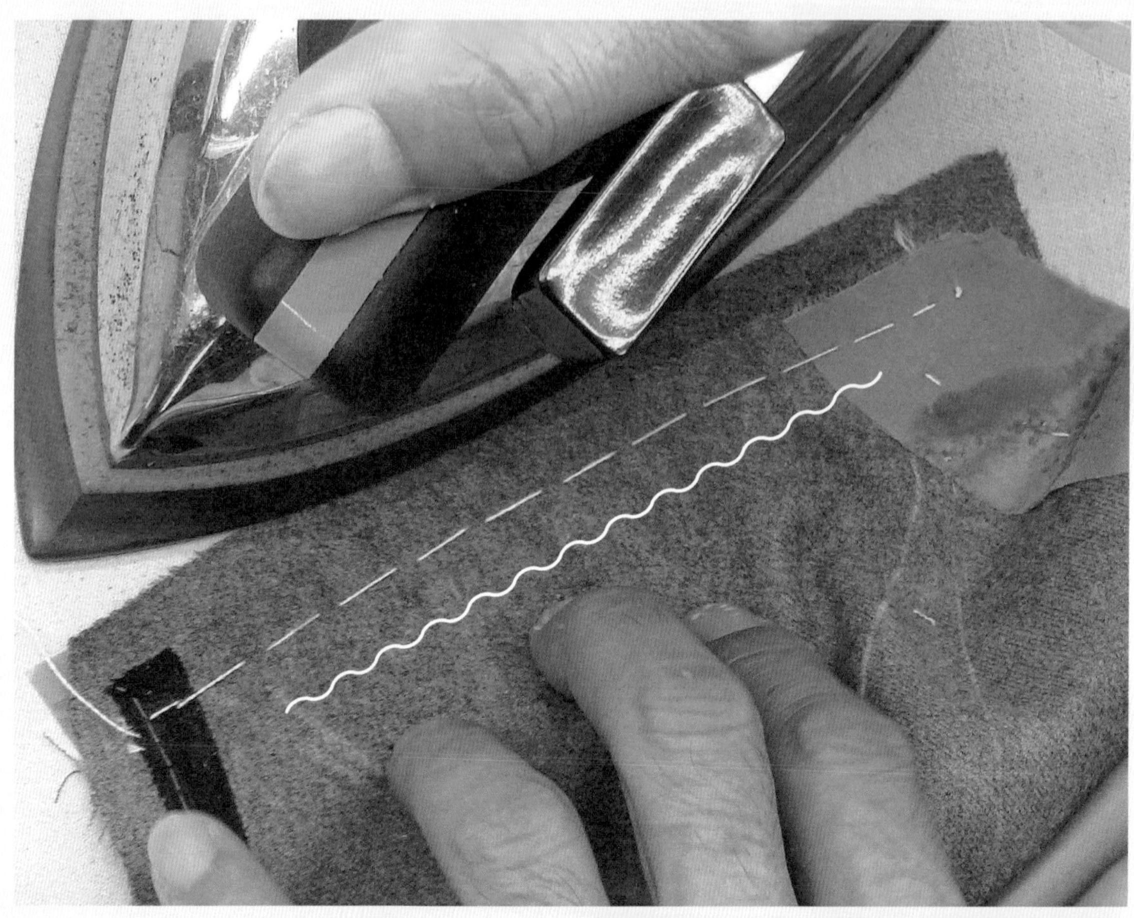

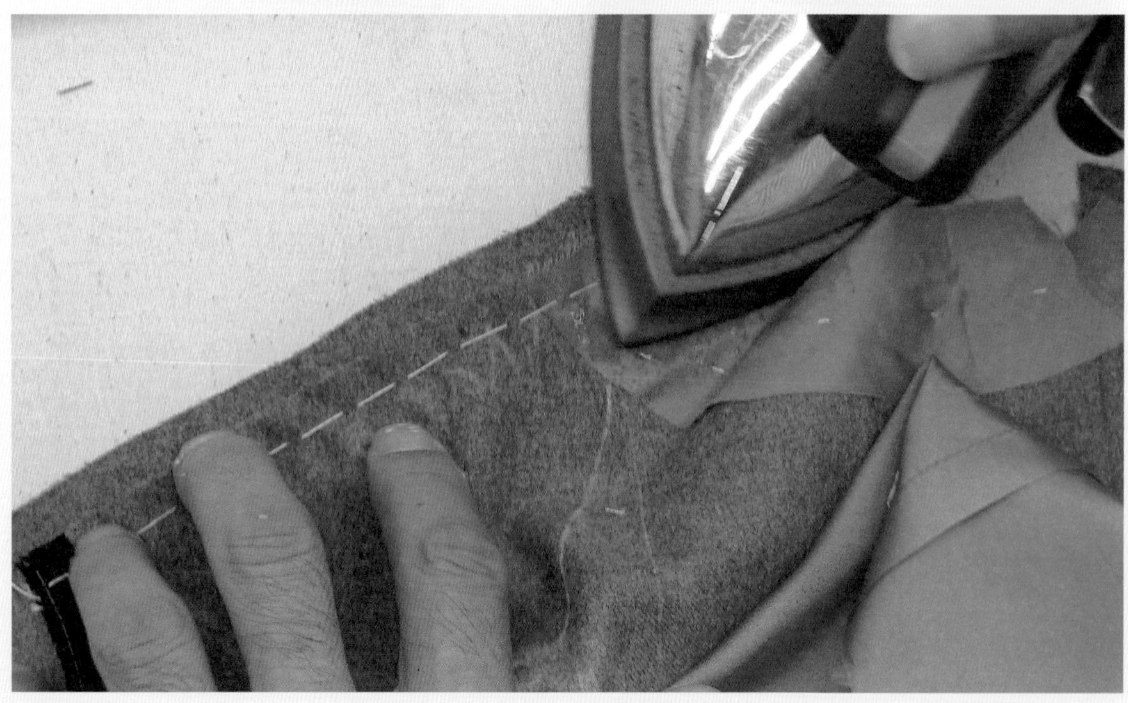

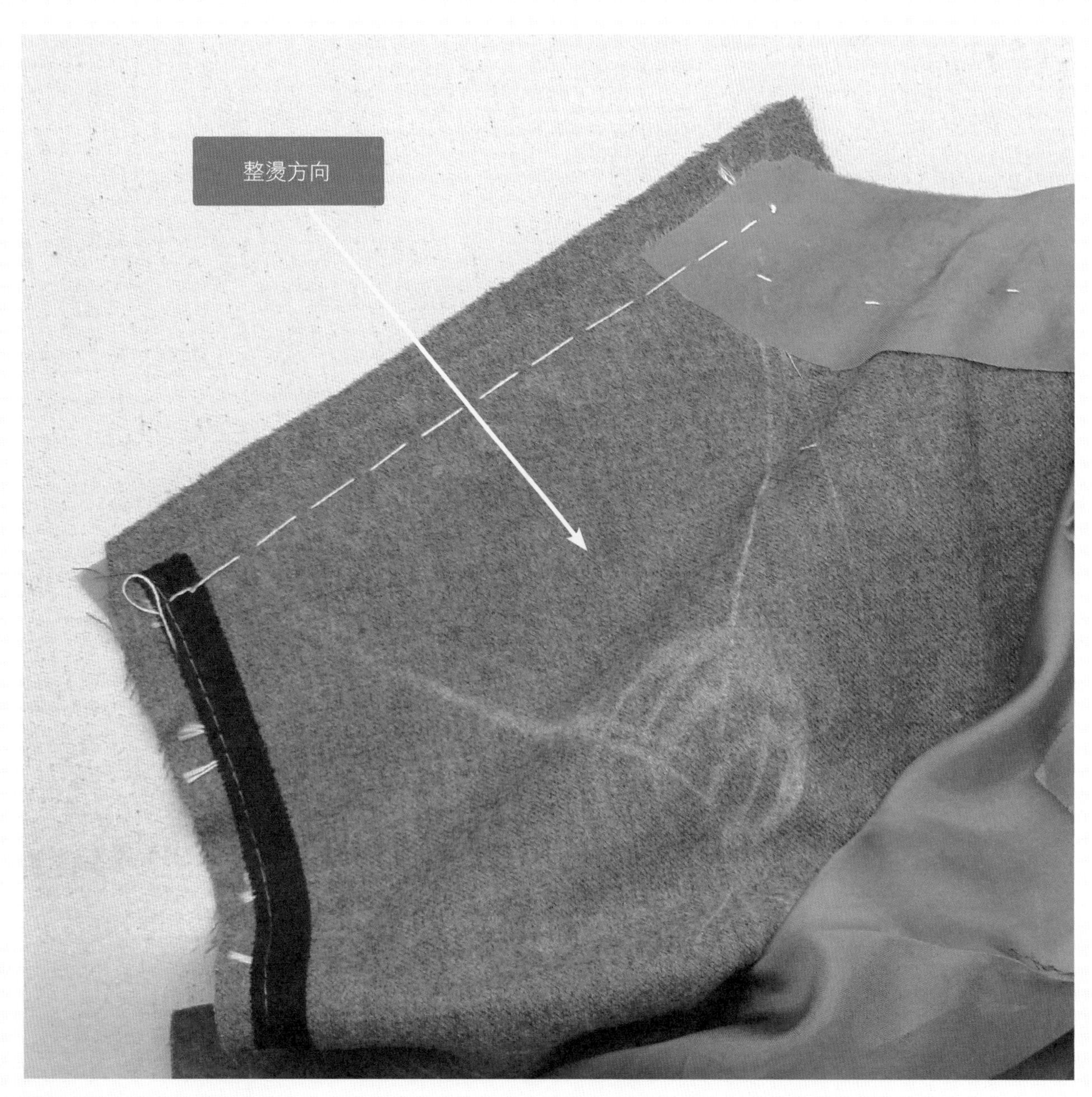

謹記縮燙肩膀勿推拉長

| 縮燙後車縫 |

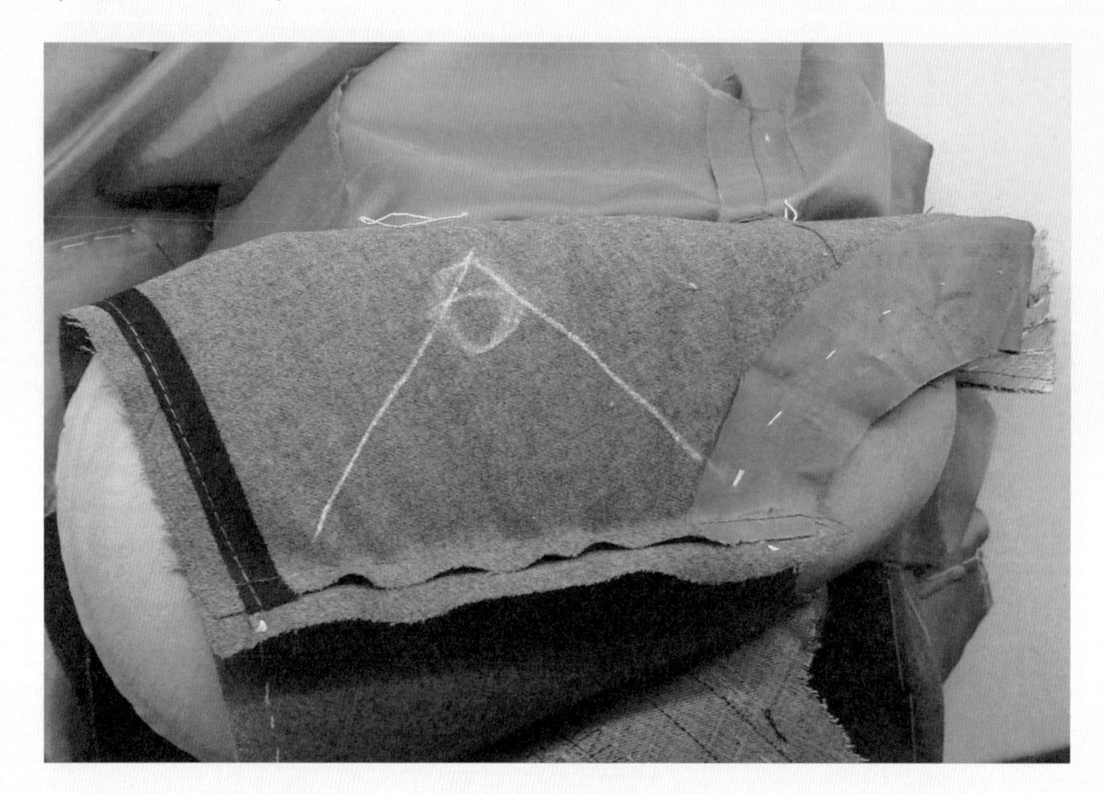

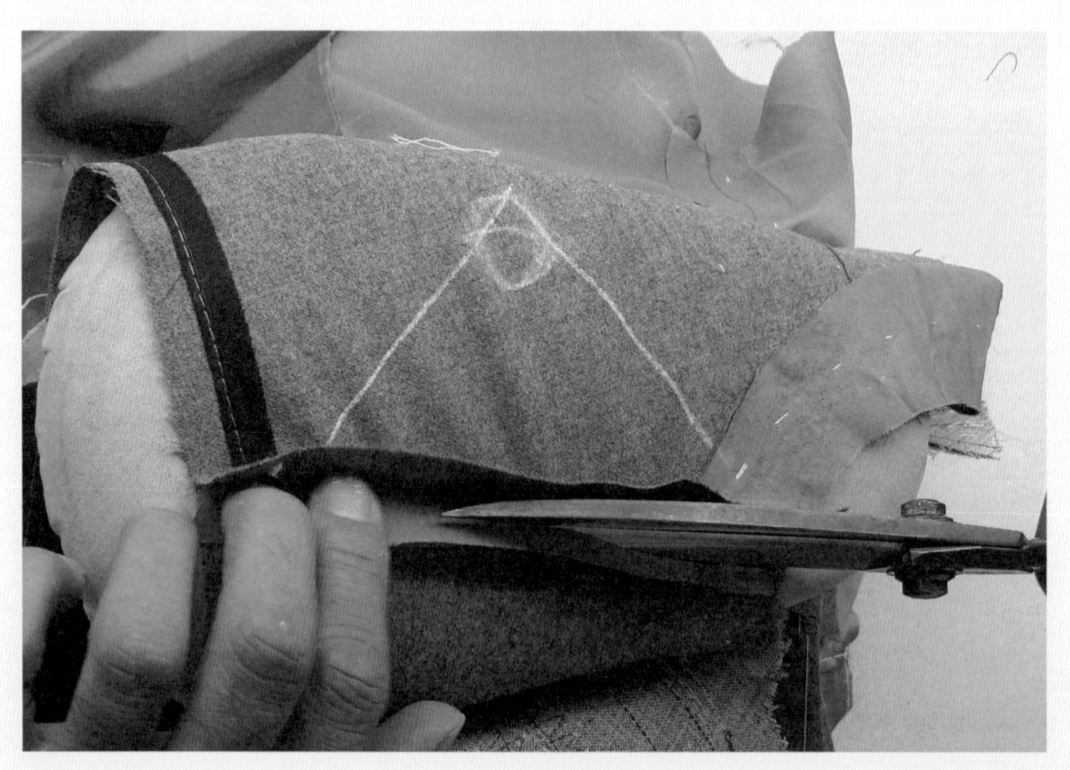

修剪內裡剩 1 cm

｜燙開縫份肩線｜

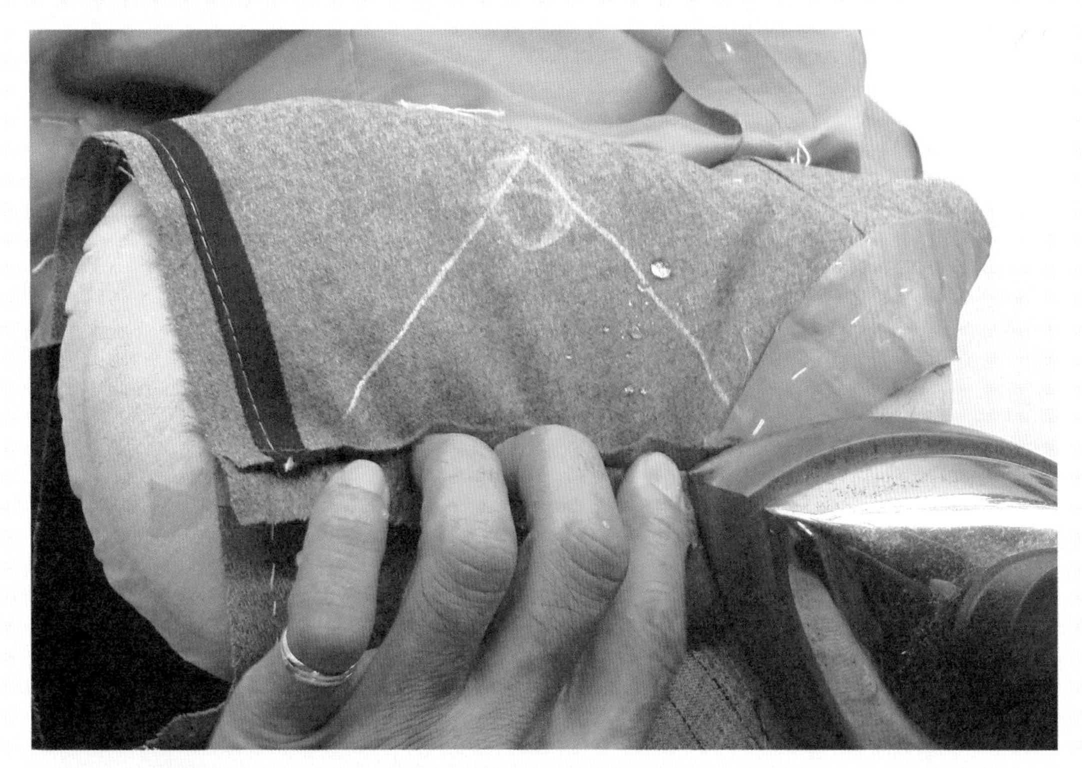

於燙馬上壓燙開縫份，肩膀勿推拉長

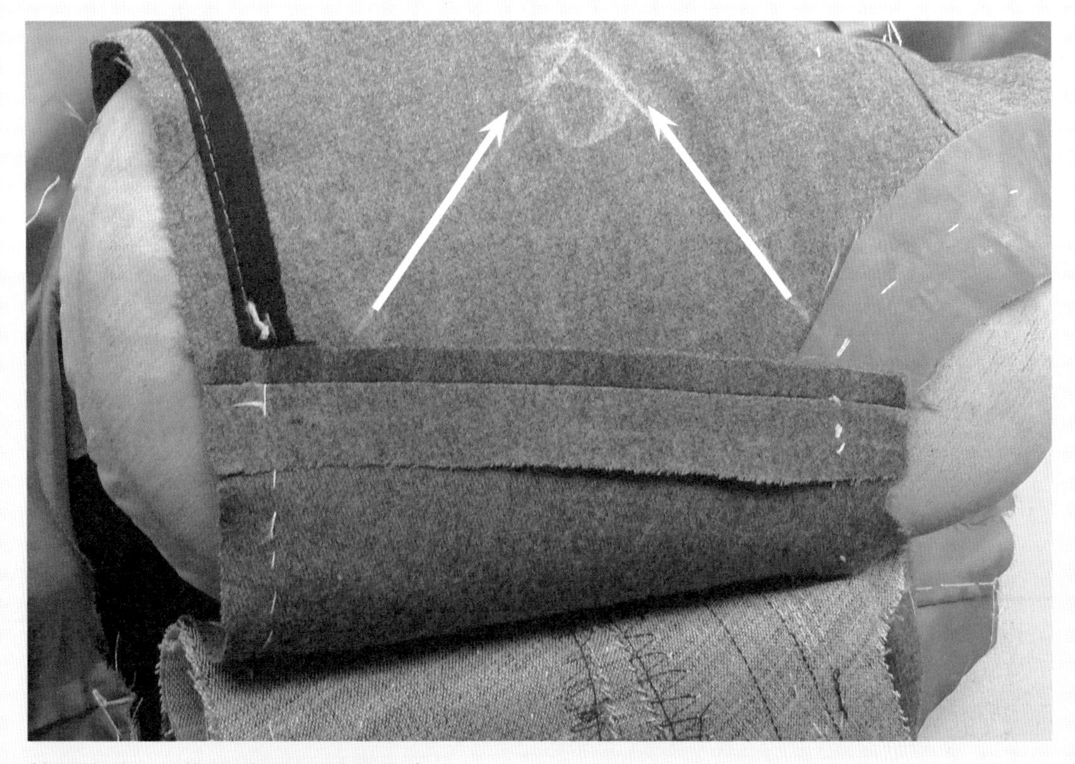

箭頭方向 → 推燙縮量至肩胛骨處

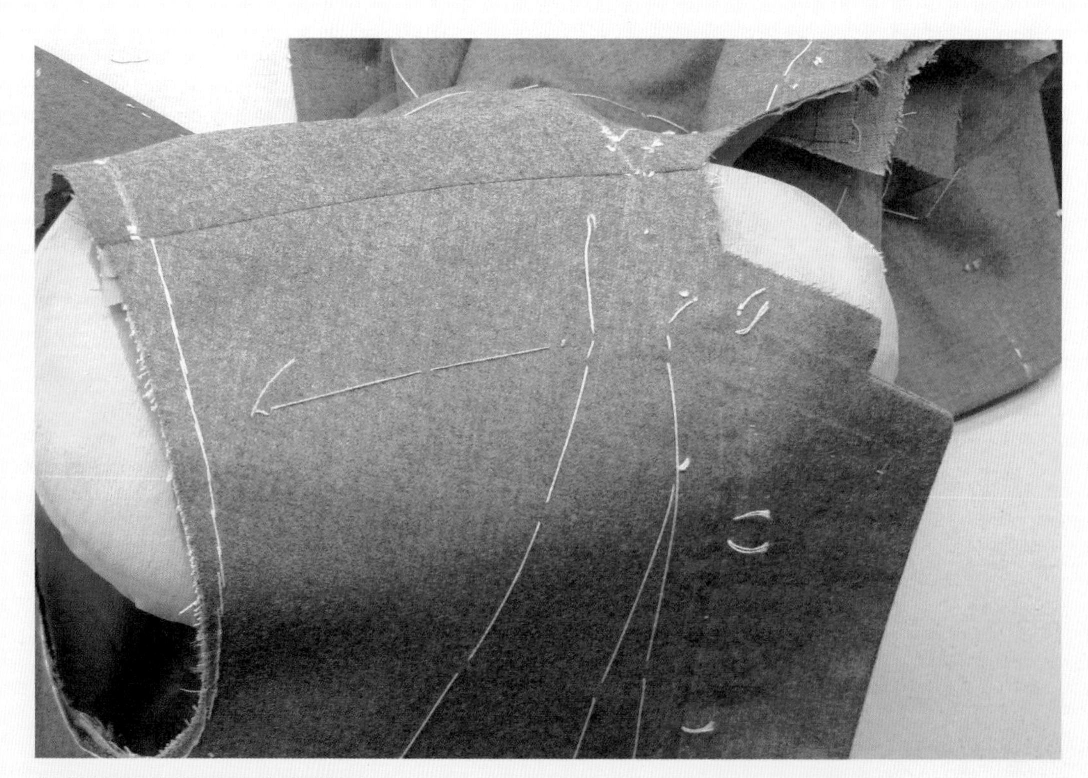

縫份燙開後肩線略向前彎弧

｜疏縫固定肩線｜

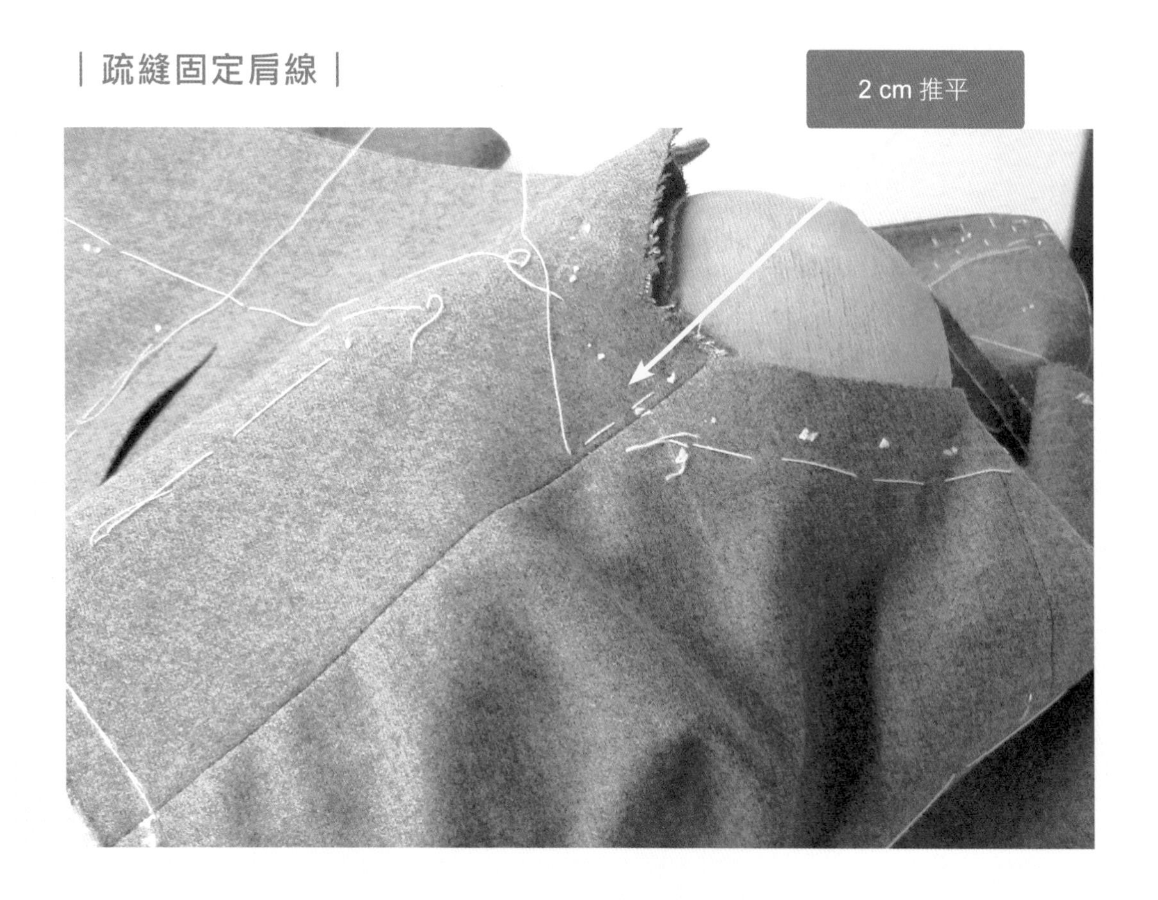

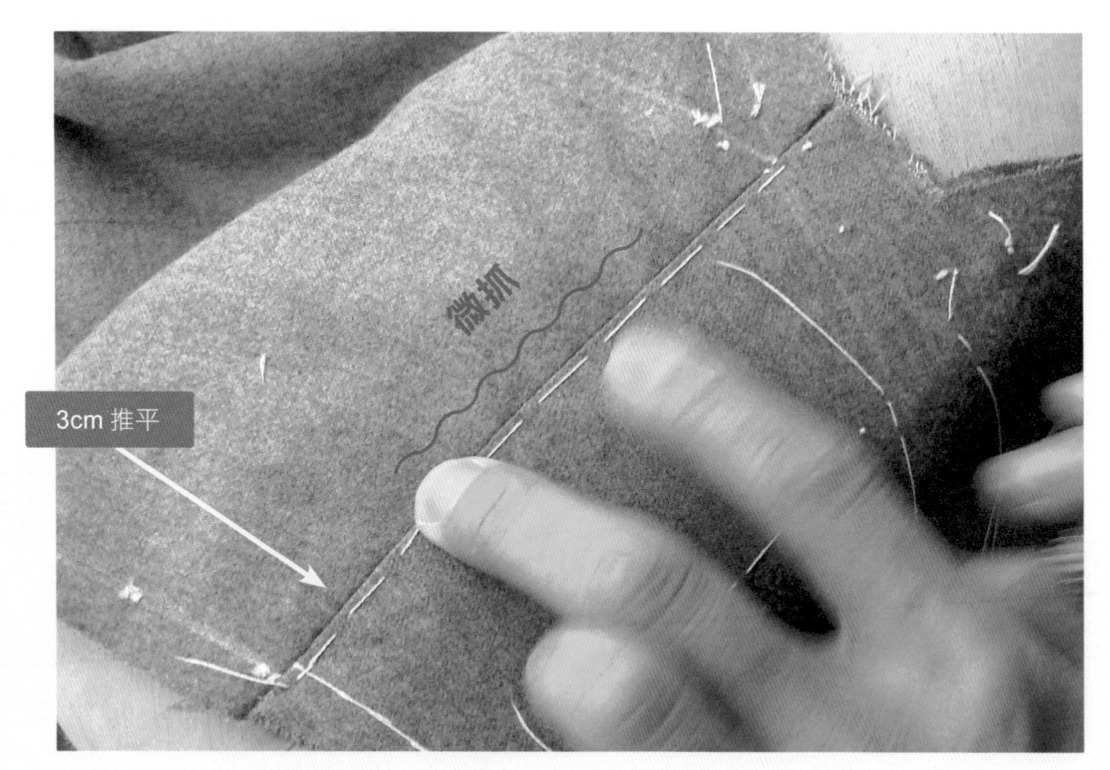

疏縫前肩線、固定縫份倒向，勿拉長

| 後肩線縮縫後效果 |

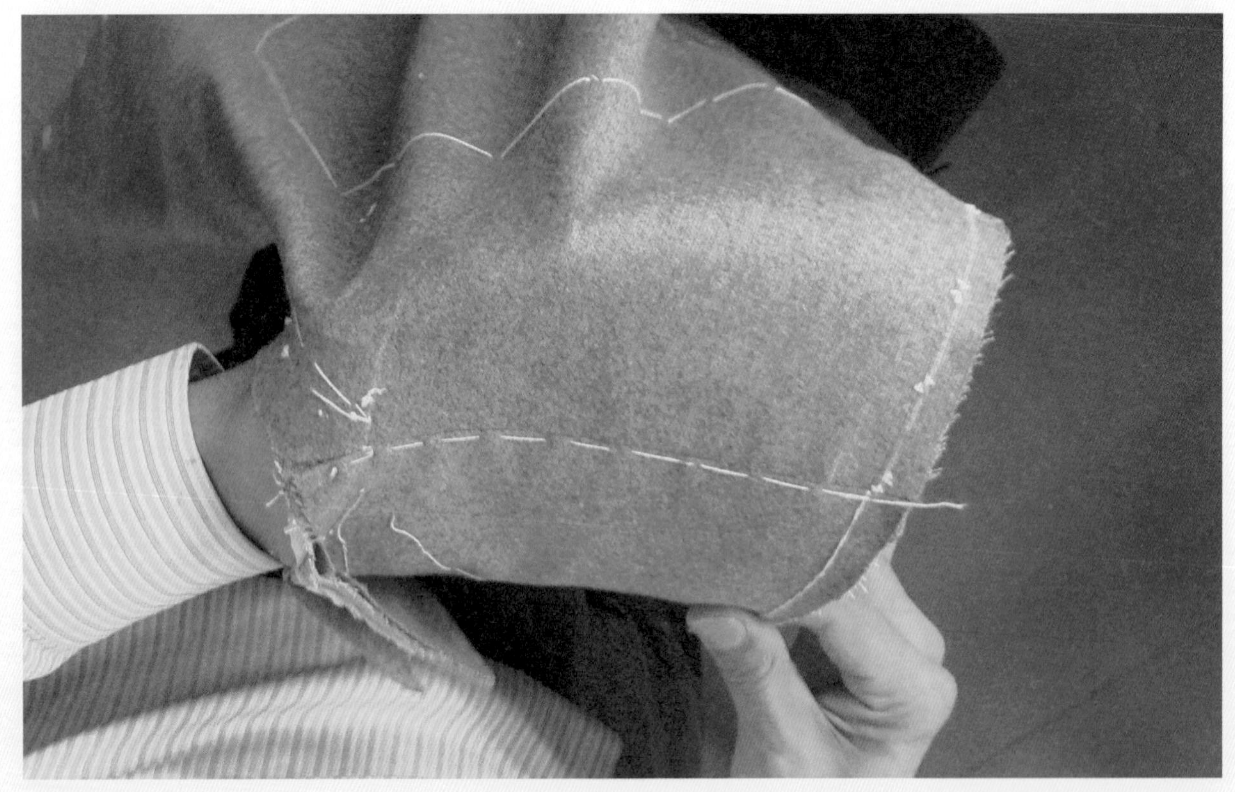

確認肩膀彎弧是否平順，後背量是否足夠

｜確認肩墊位置｜

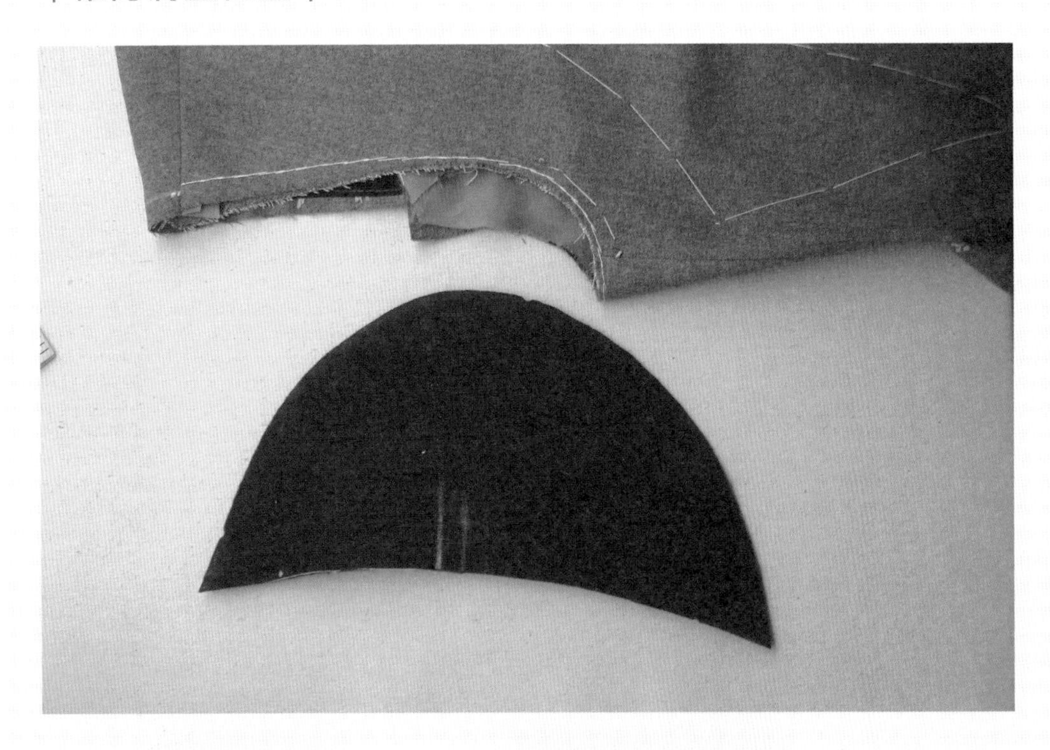

$^{1}/_{2}$ 位置

再往前 1 cm 處

$^{1}/_{2}$ 墊肩再往前 1cm 處放置於肩線

肩墊須於肩端點處
外移 1.5 公分

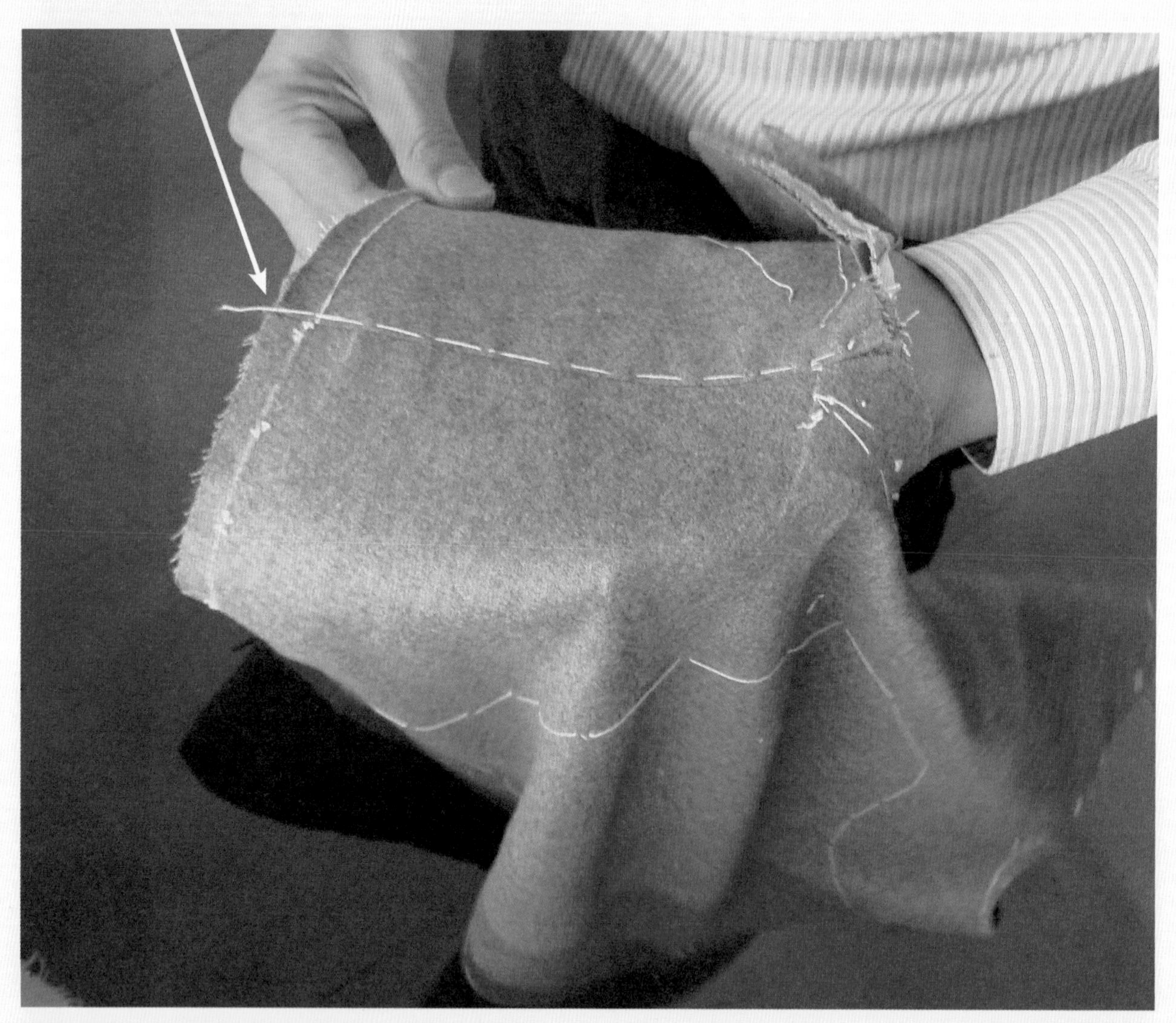

試放肩墊 - - - 毛襯和內裡之間，保持肩線弧度

| 毛襯、肩墊及內裡處理 |

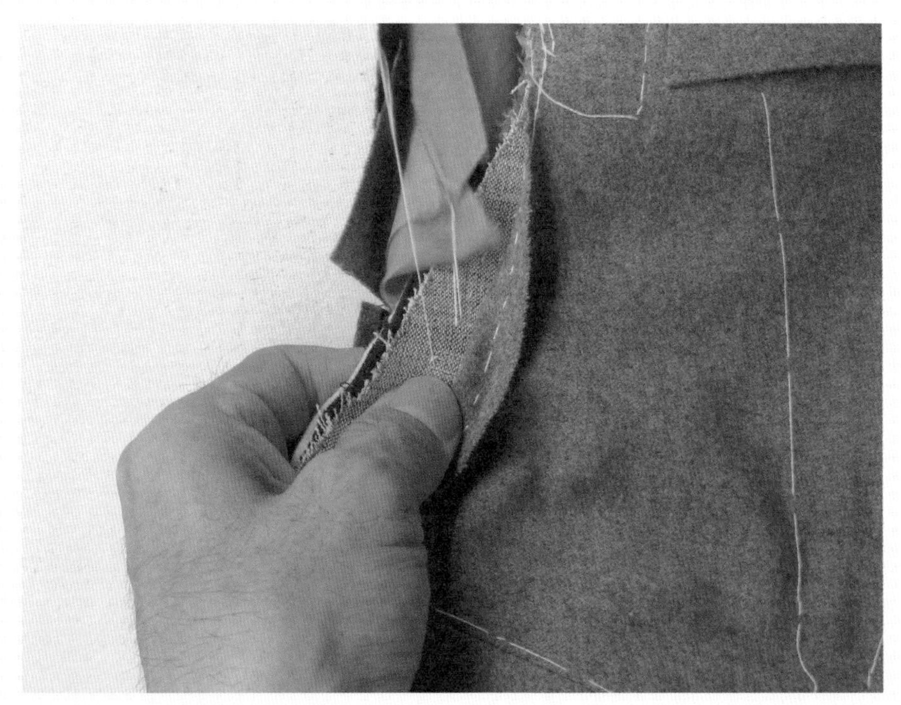

疏縫袖圍 - - - 毛襯 + 肩墊

毛襯和前肩墊角固定

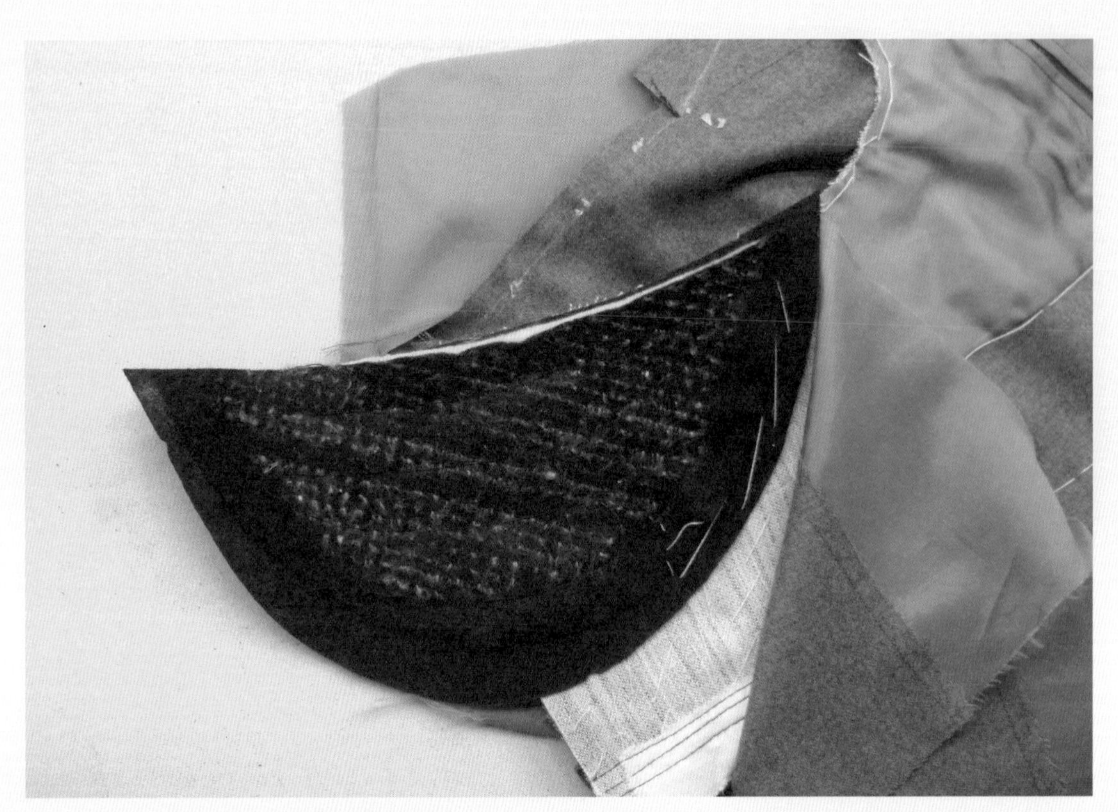

肩墊與加強襯固定，疏縫於肩墊邊緣

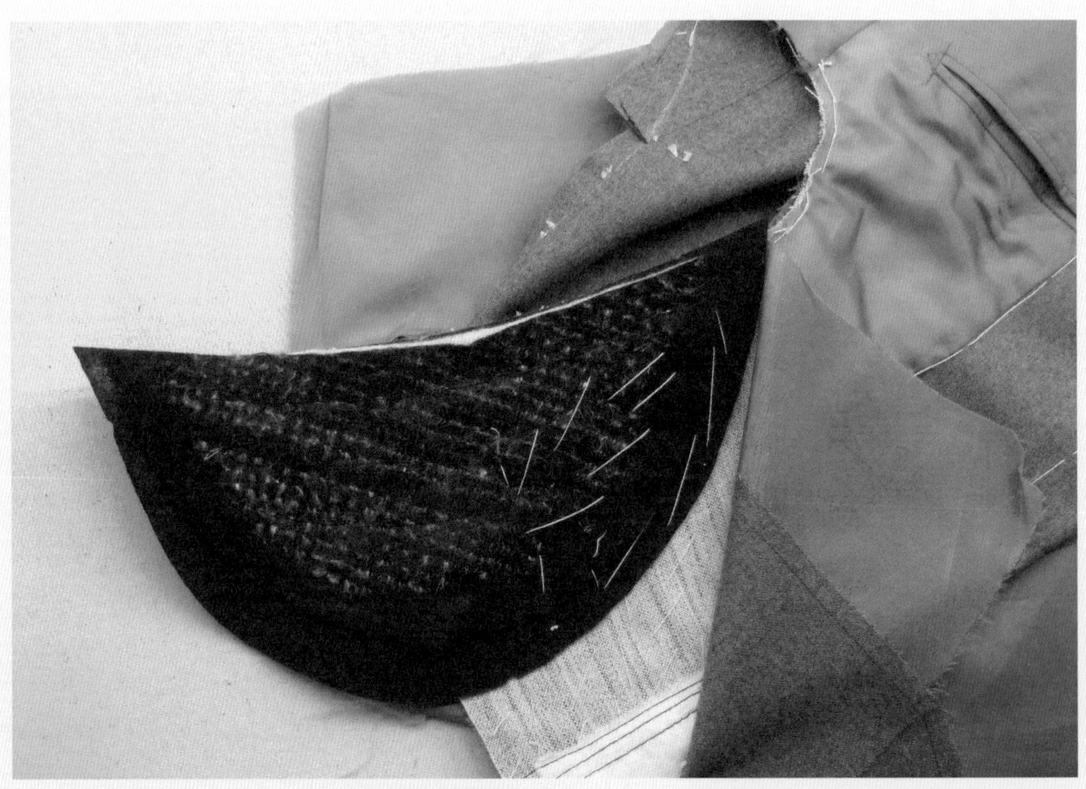

八字縫固定於中心

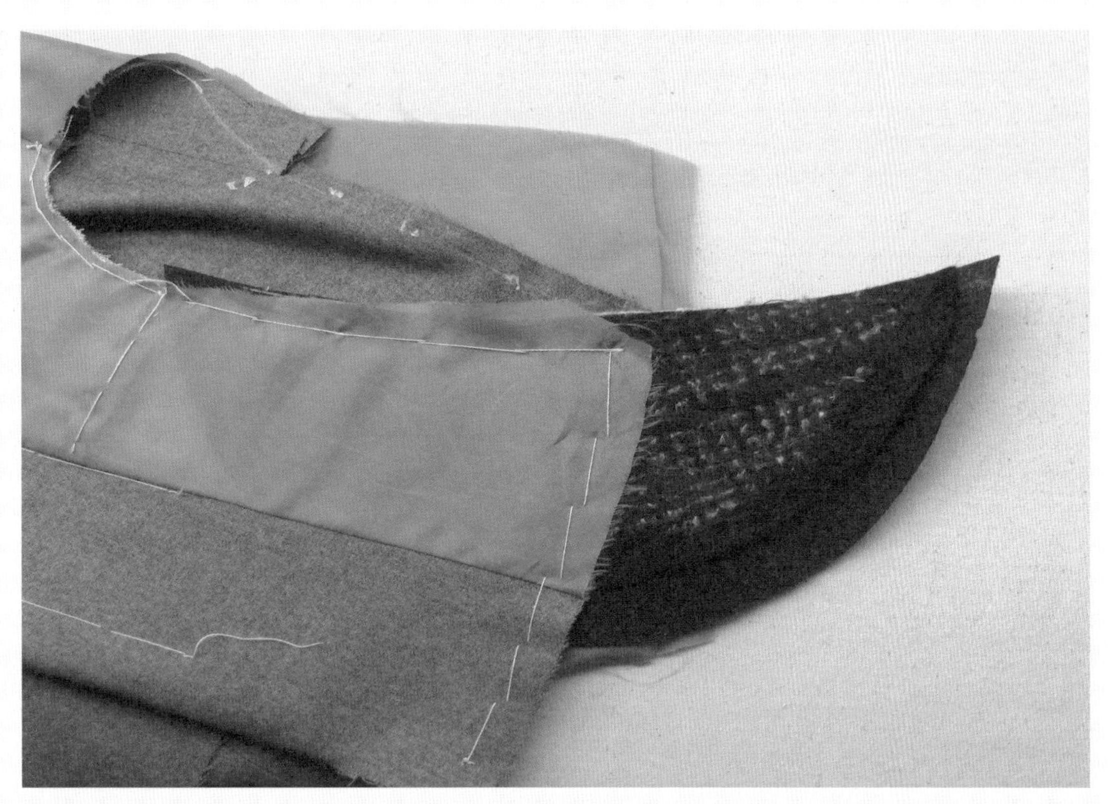

肩墊與內裡疏縫固定，疏縫內裡肩線、袖圍邊緣

疏縫固定內部肩線，毛襯蓋肩線（燙開縫份）

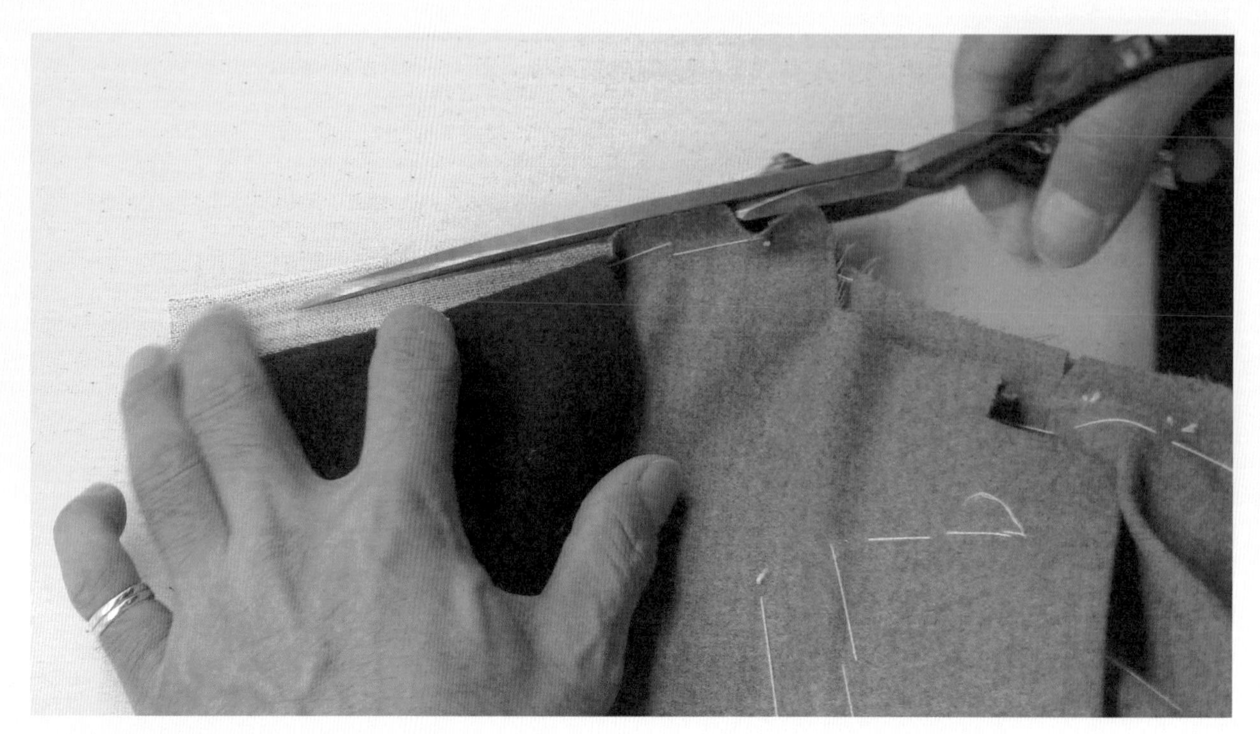

修剪肩線多餘的加強襯

| 整理肩線弧度 |

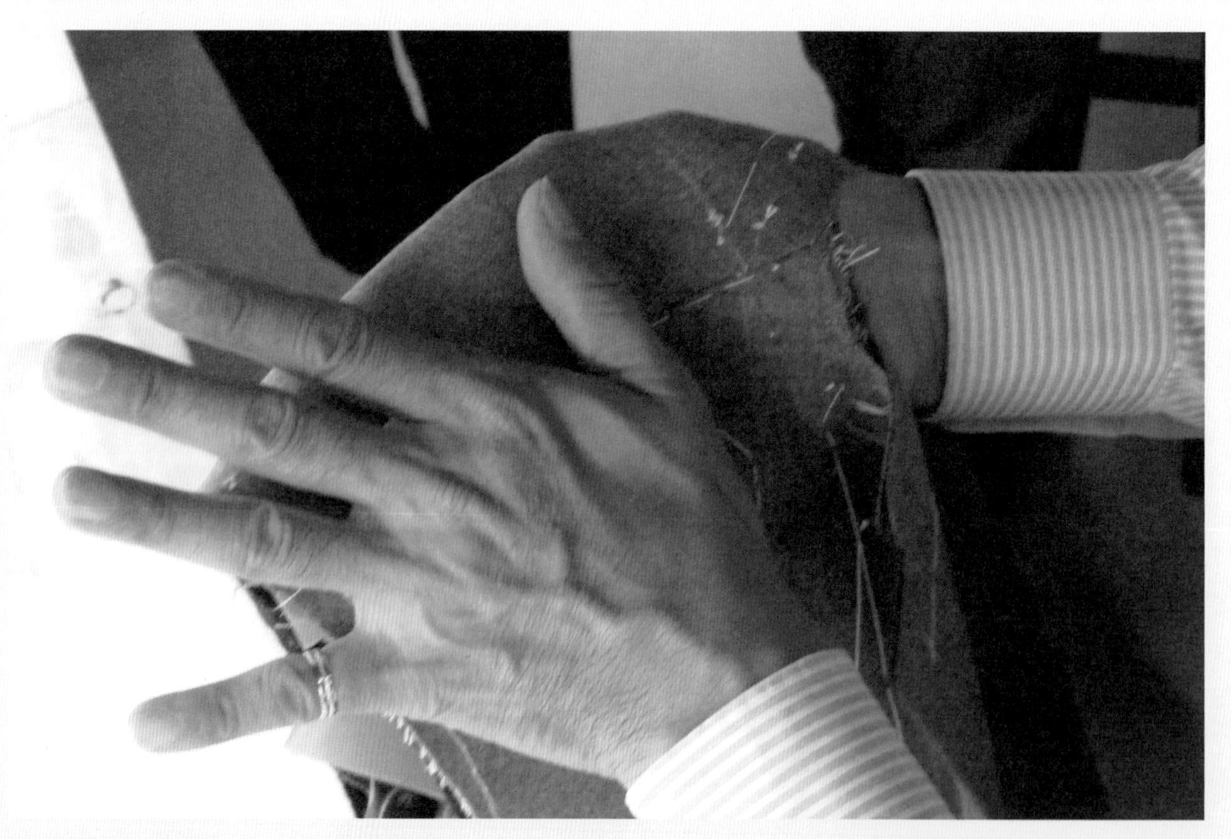

按中間往外撫順

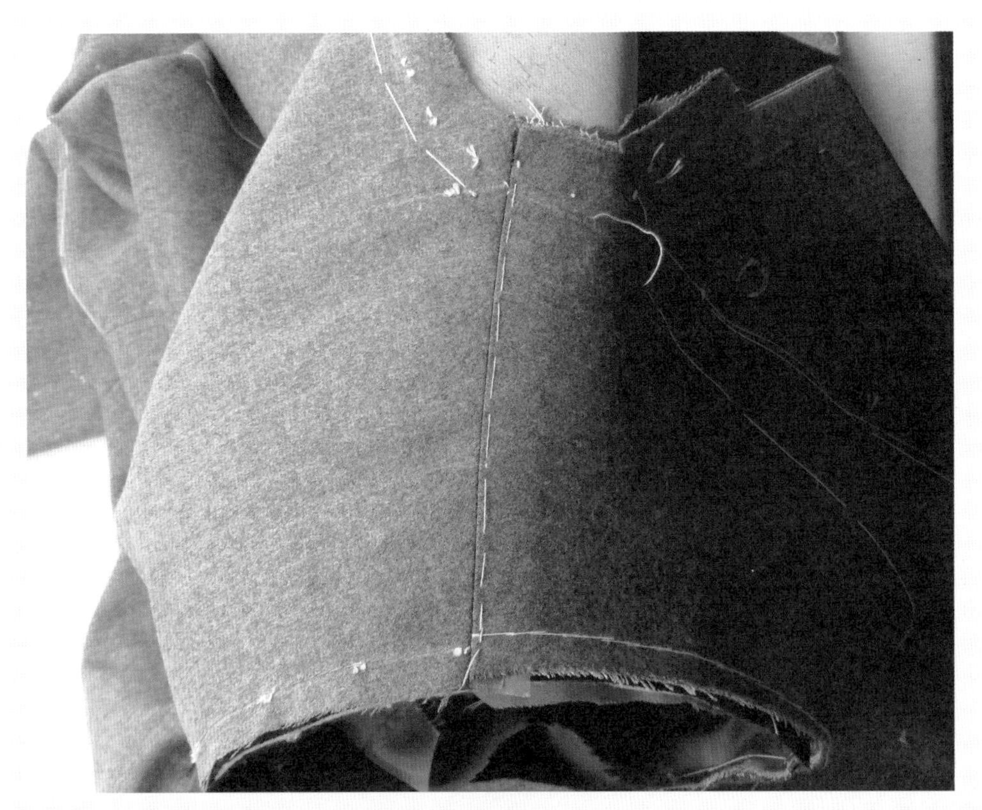

上肩墊後放置於燙馬上鋪平呈現立體效果

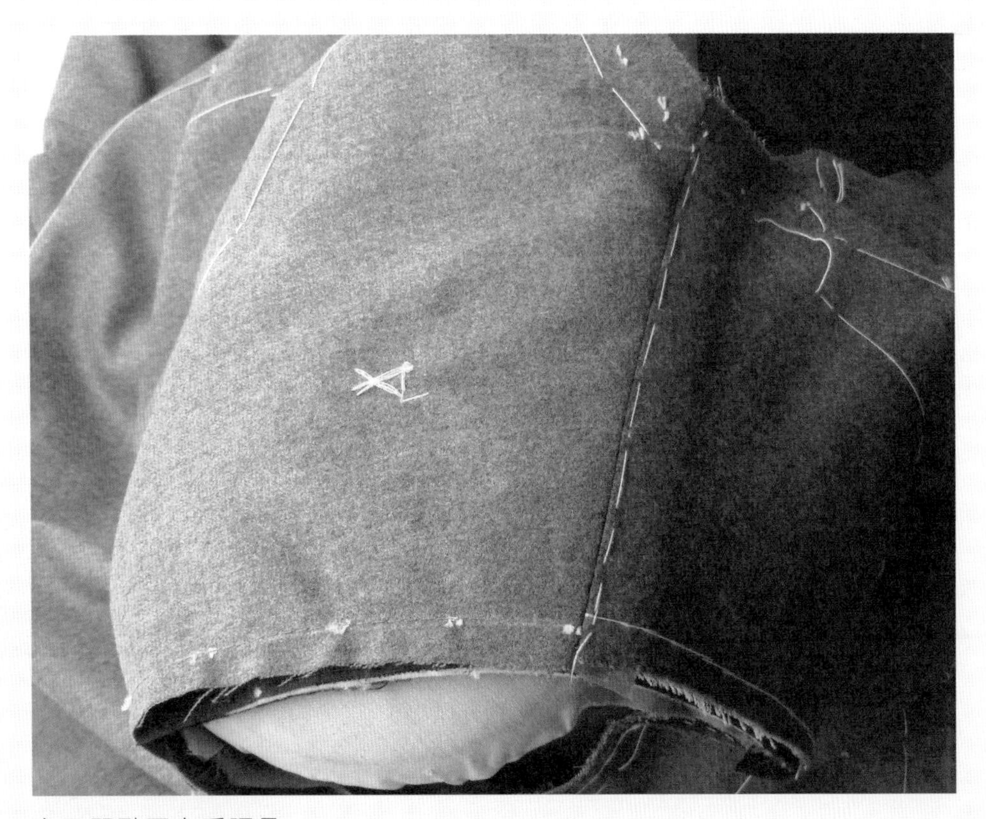

交叉單點固定肩胛骨

| 確認背寬內裡之鬆份 |

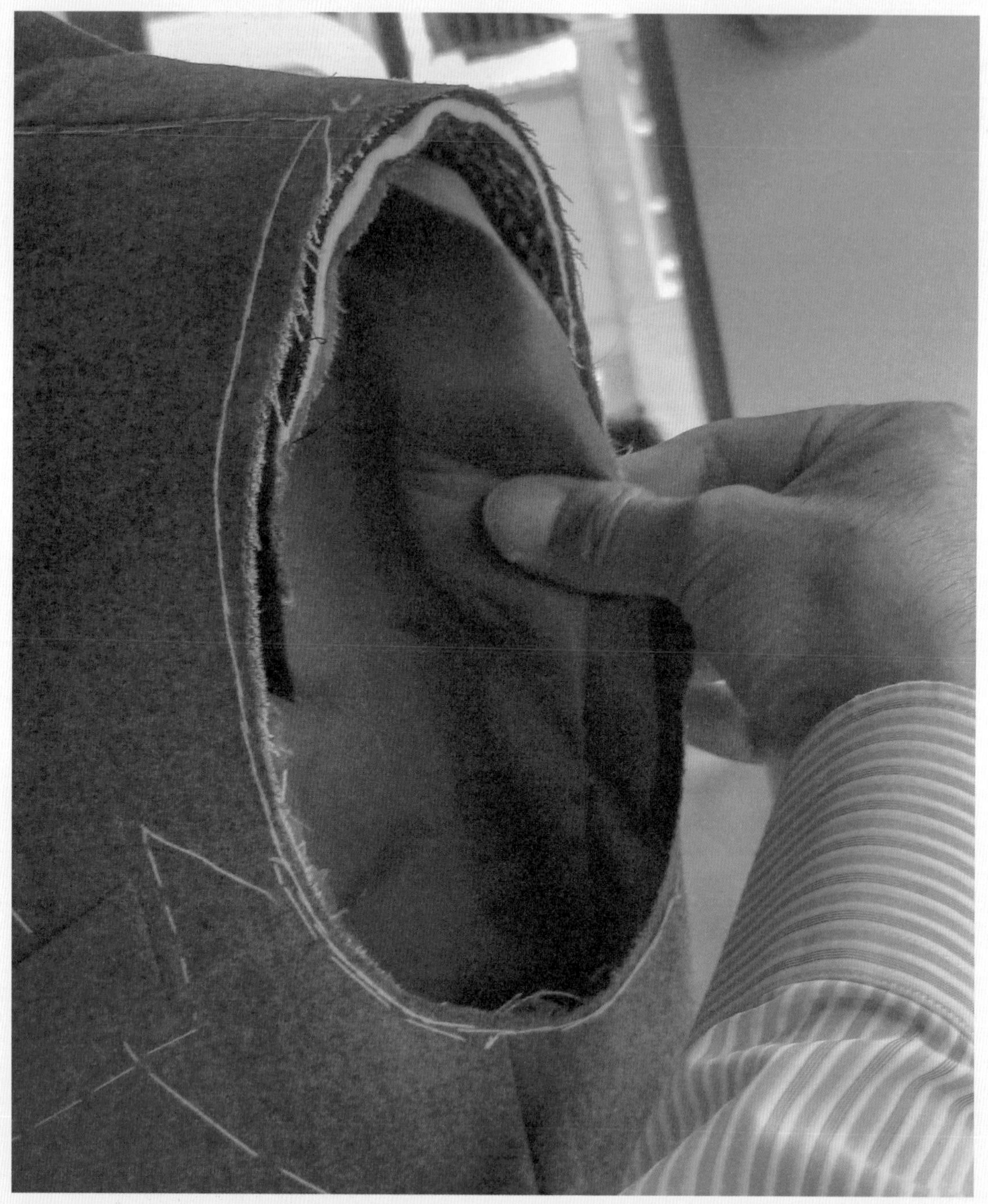

袖圍脇邊腰部至後背寬處等長
再往下推移內裡 0.3cm、往內 0.8cm 當鬆份

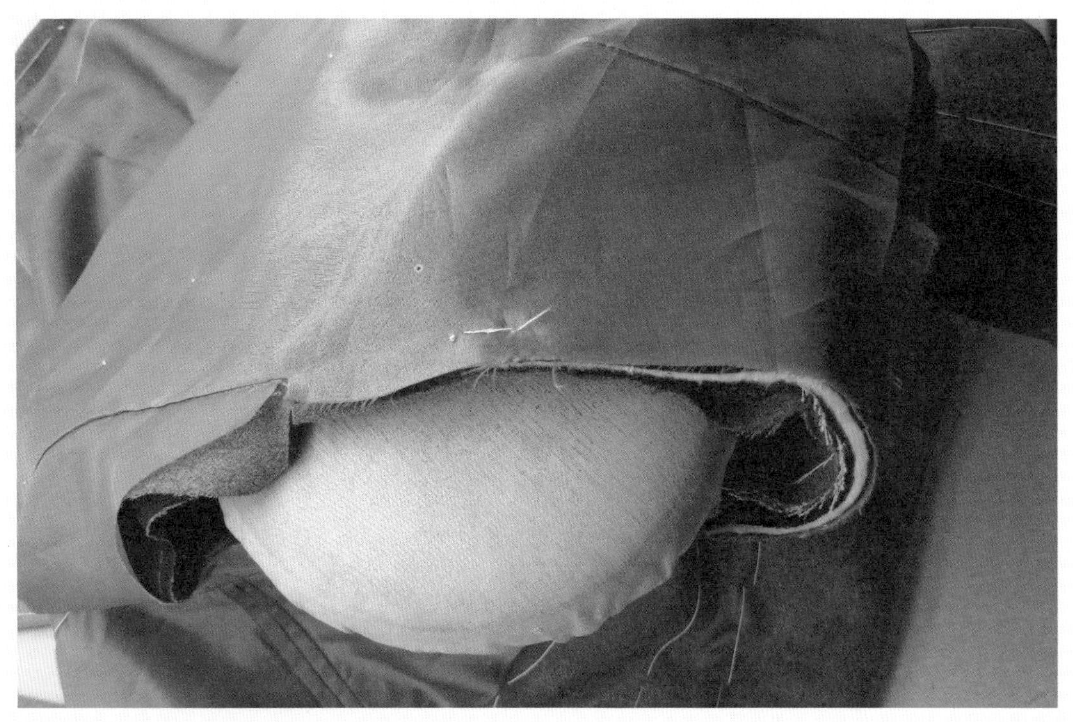

單點固定背寬內裡鬆份

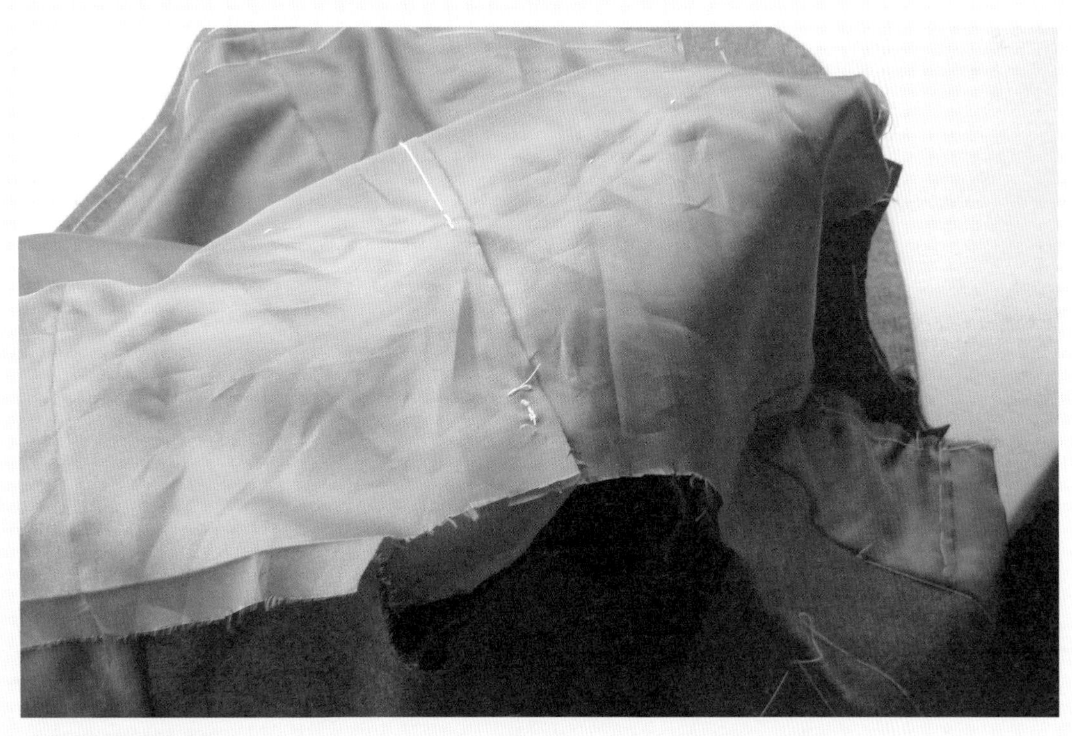

確認後領圍內裡
單點固定後領圍中心點

| 確認肩線內裡之鬆份 |

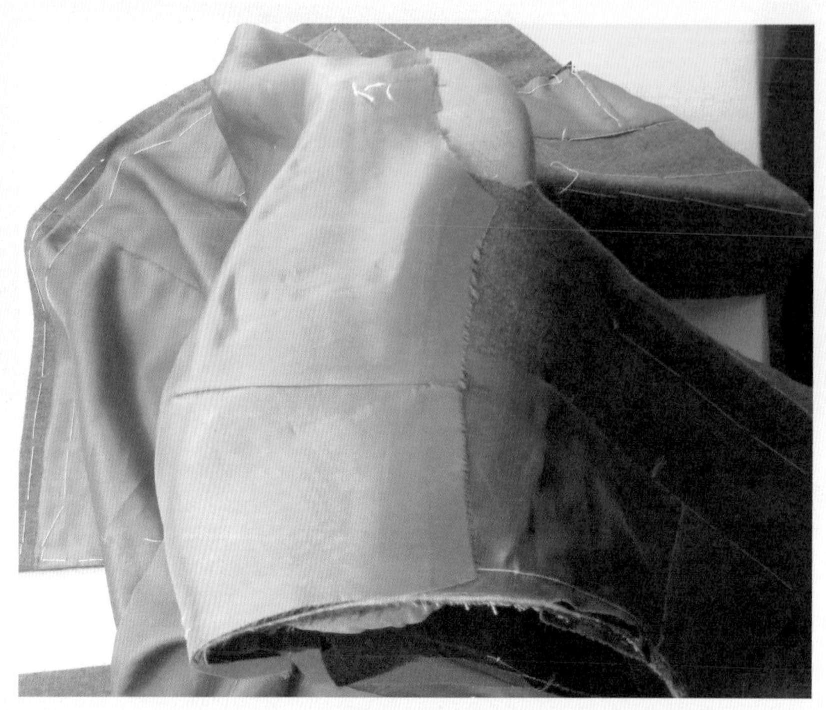

確認後片內裡肩線位置，內裡縮燙 2~2.5cm 增加活動量

後肩線內裡縫份折入並微縮疏縫固定

疏縫固定前肩襯

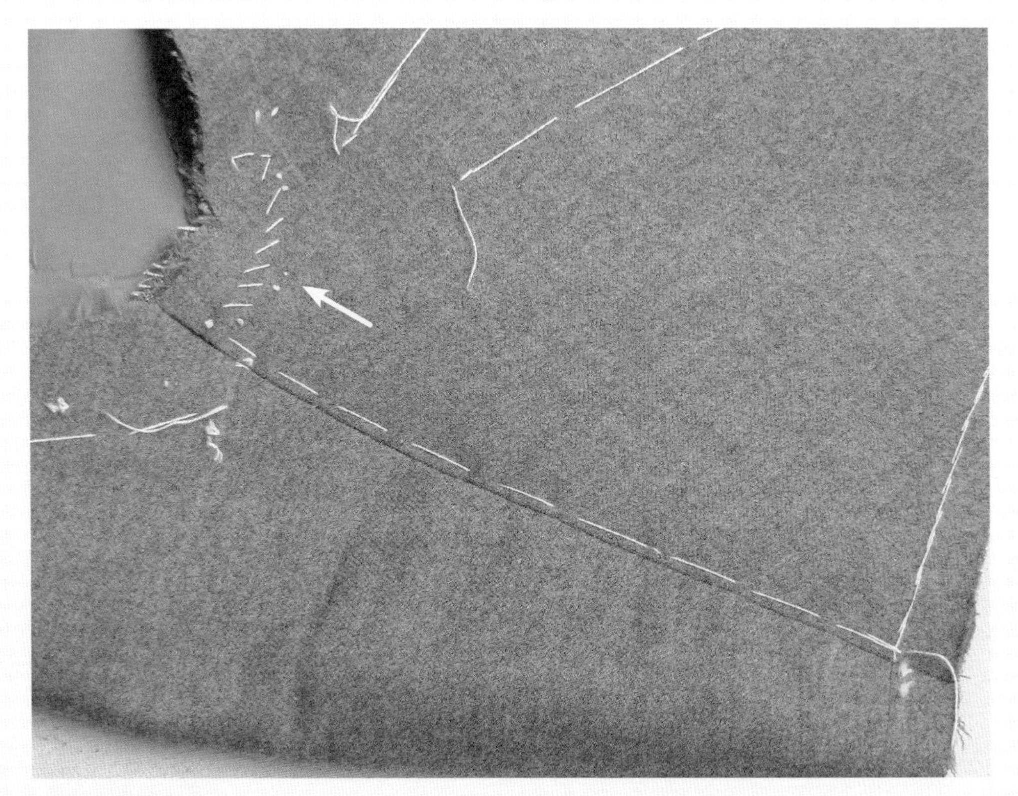

弧形疏縫固定

Chapter.4

製作領子

- 確認領圍
- 西裝領製圖
- 裁剪領襯
- 核對領子
- 裡領
- 八字縫
- 折燙領折線
- 各種角度的裡領
- 綹縮領台
- 疏縫固定
- 確認上裡領後效果
- 縫合裡領後效果
- 確認尺寸
- 修剪領外圍線
- 表領
- 繪製表領
- 裁剪表領
- 車縫表領和領台
- 疏縫表領
- 魚口縫份處理
- 疏縫領外圍
- 大捲縫固定領折線
- 整理領圍
- 整理魚口
- 領片背面效果

| 確認領圍 |

疏縫固定後背肩表裡布

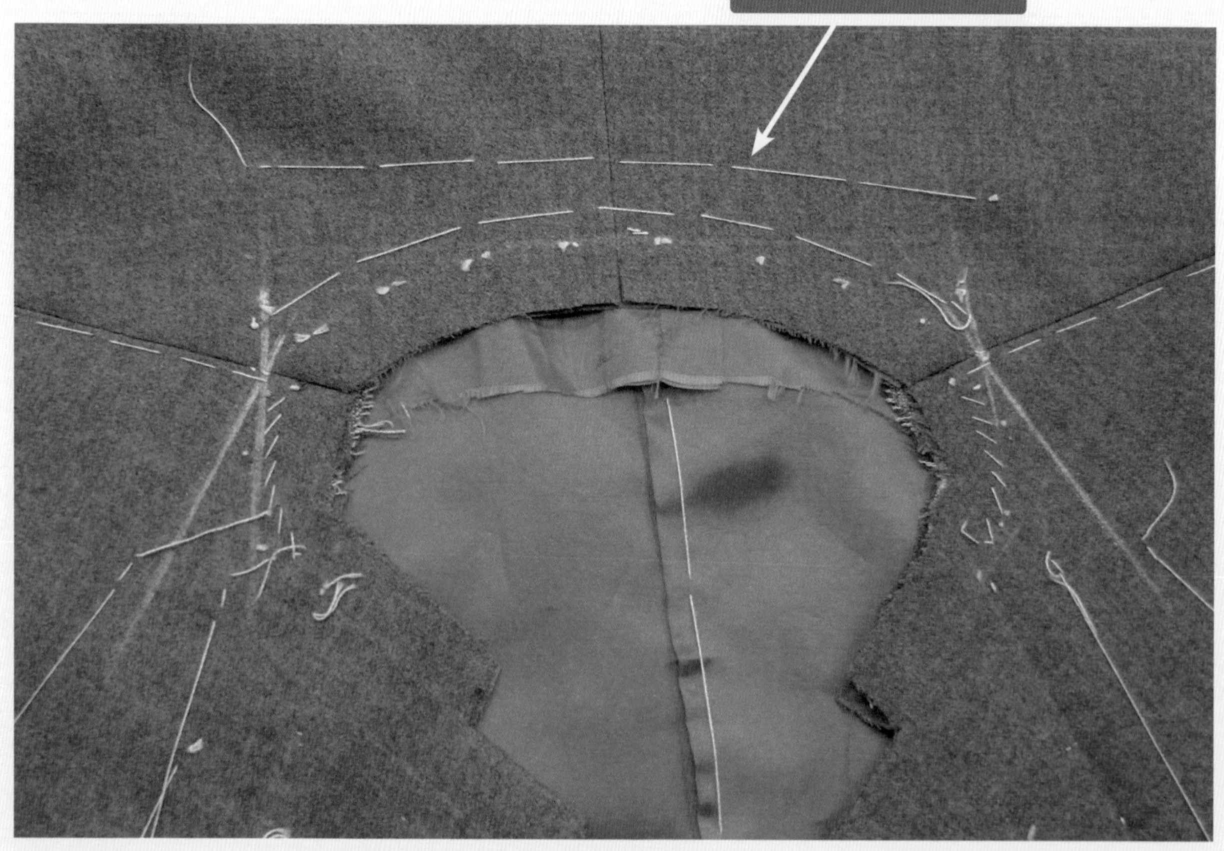

固定領圍布紋、不可拉長，重新描繪領圍線並確認尺寸

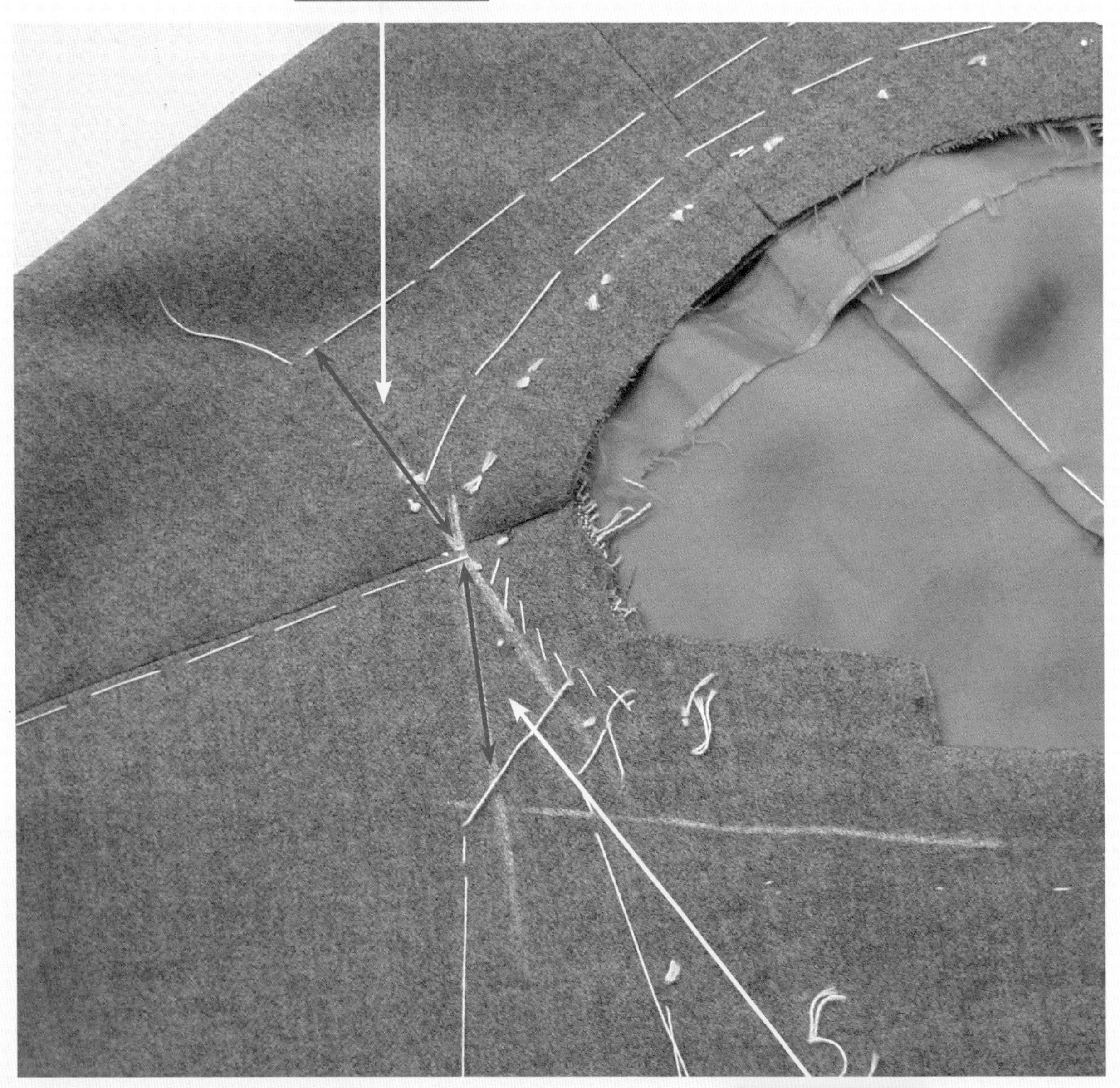

確認領圍、上下領片接領線位置

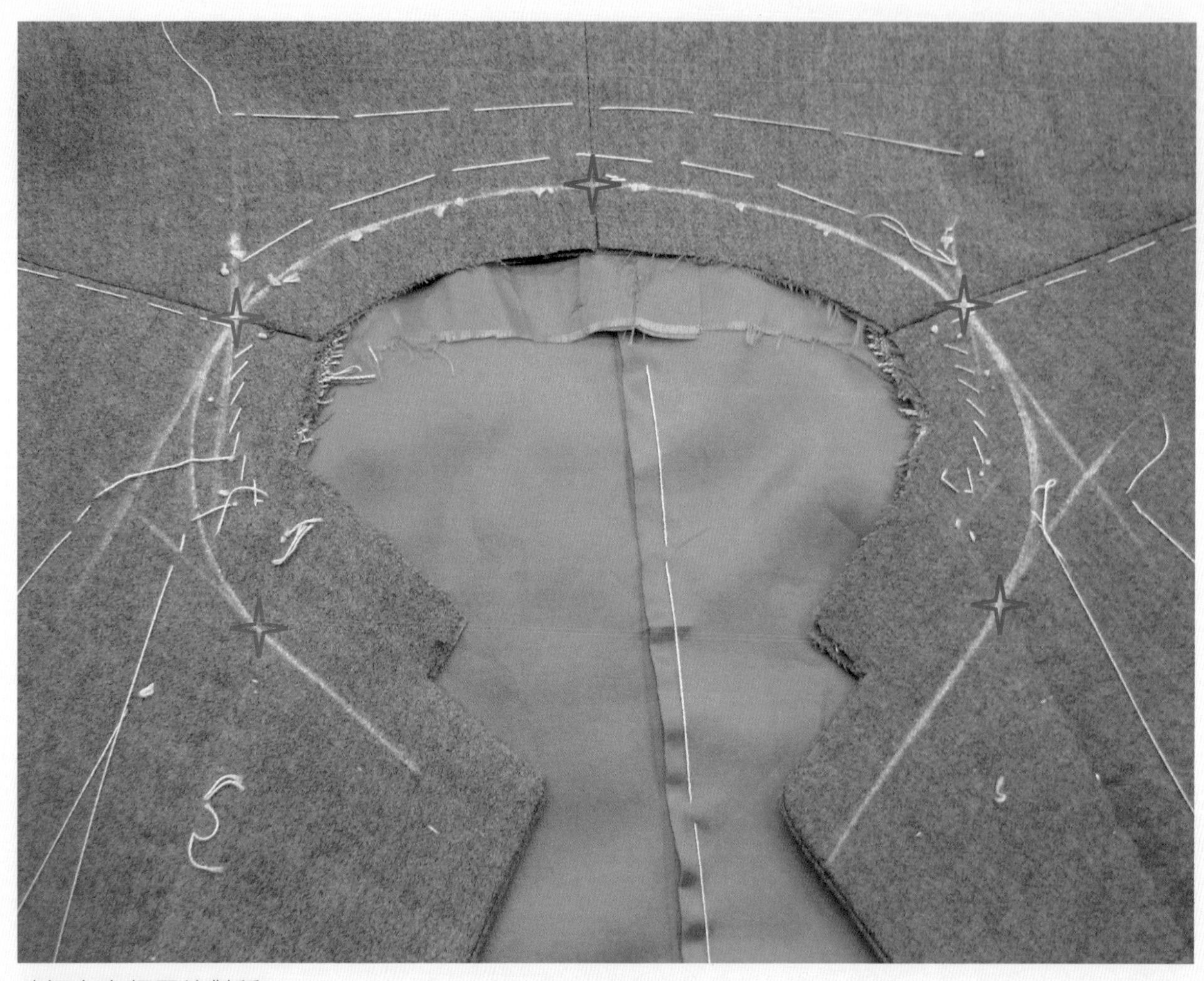

確認左右領圍線對稱
確認三點（BNP、SNP、領折點）、布紋並修順線條

| 西裝領製圖 |

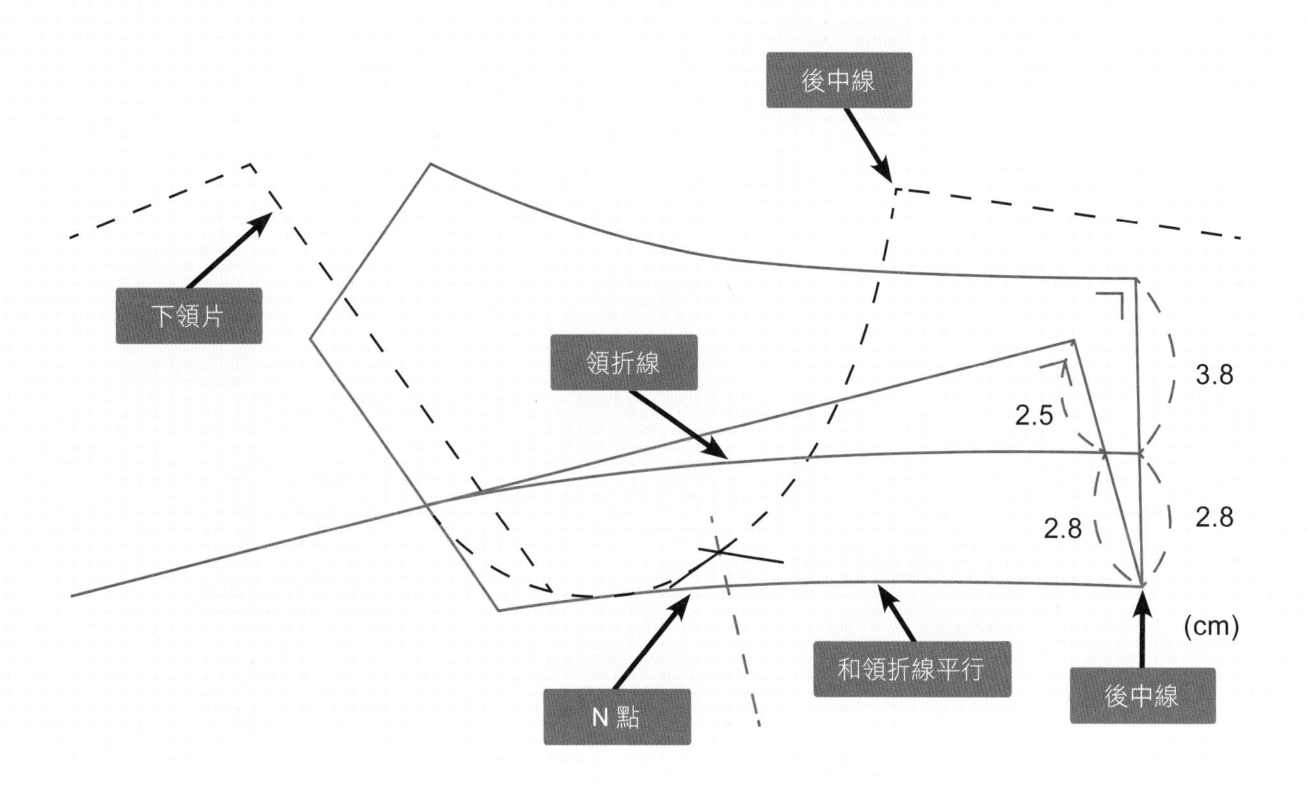
後中線
下領片
領折線
3.8
2.5
2.8
2.8
(cm)
N點
和領折線平行
後中線

| 裁剪領襯 |

麻襯對角弧線裁剪成 2 片

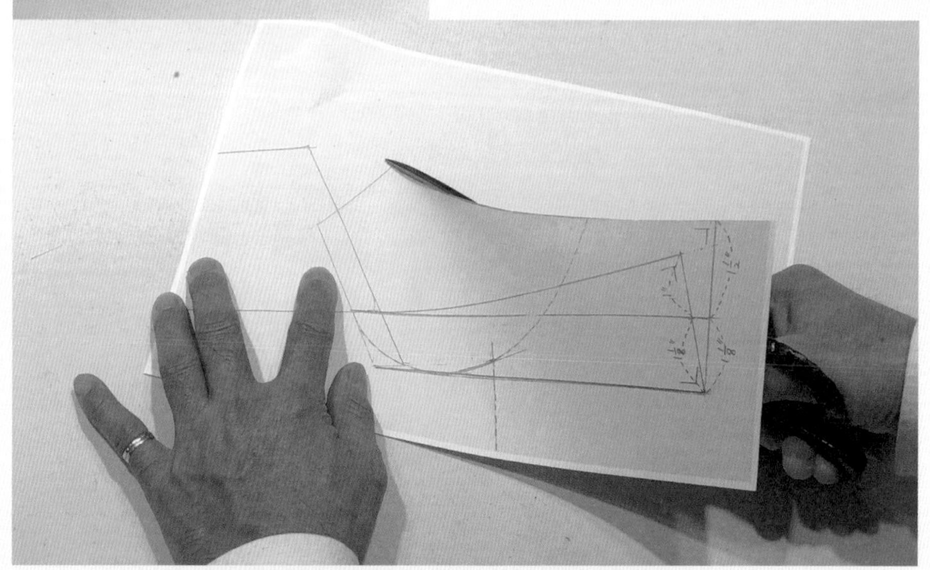

麻襯折雙，修剪領樣

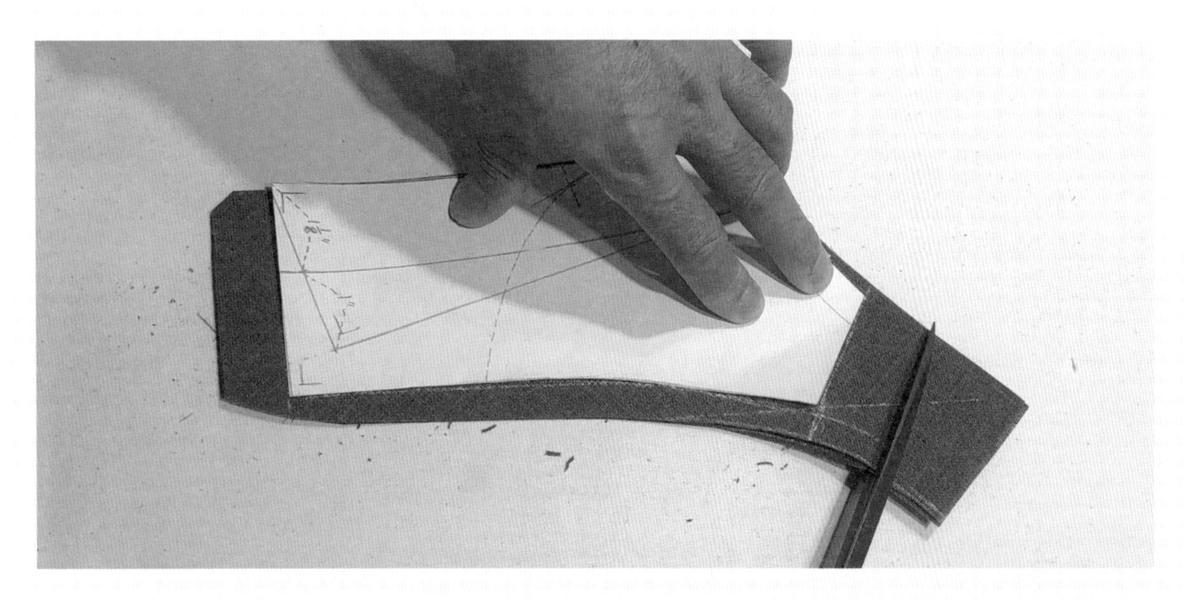

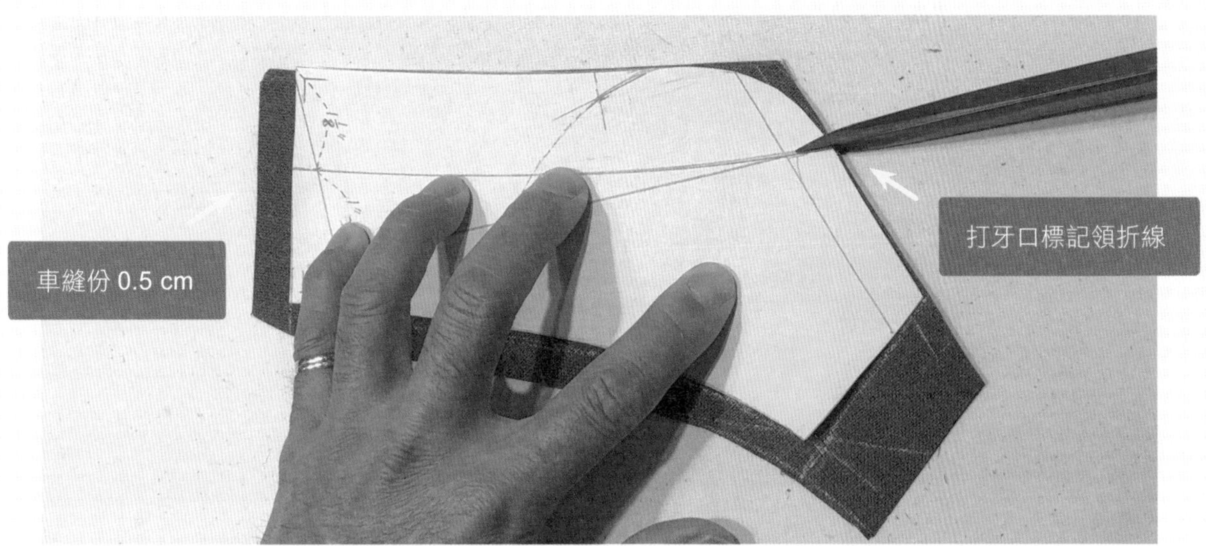

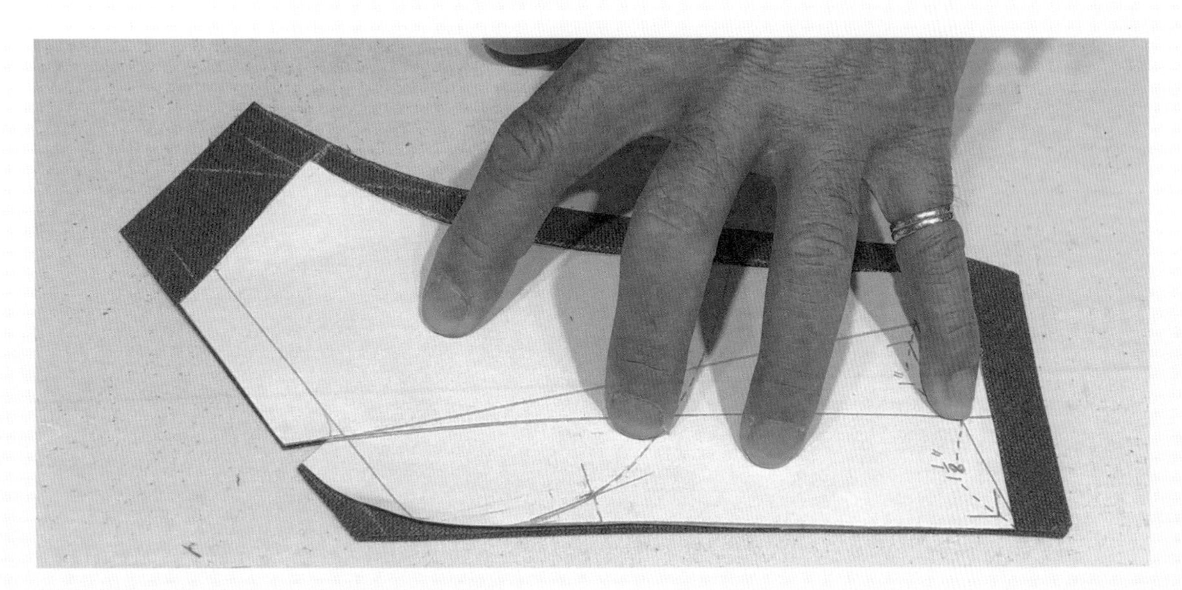

領樣版下緣為實寸，上外緣預留修剪量

| 核對領子 |

| 裡領 |

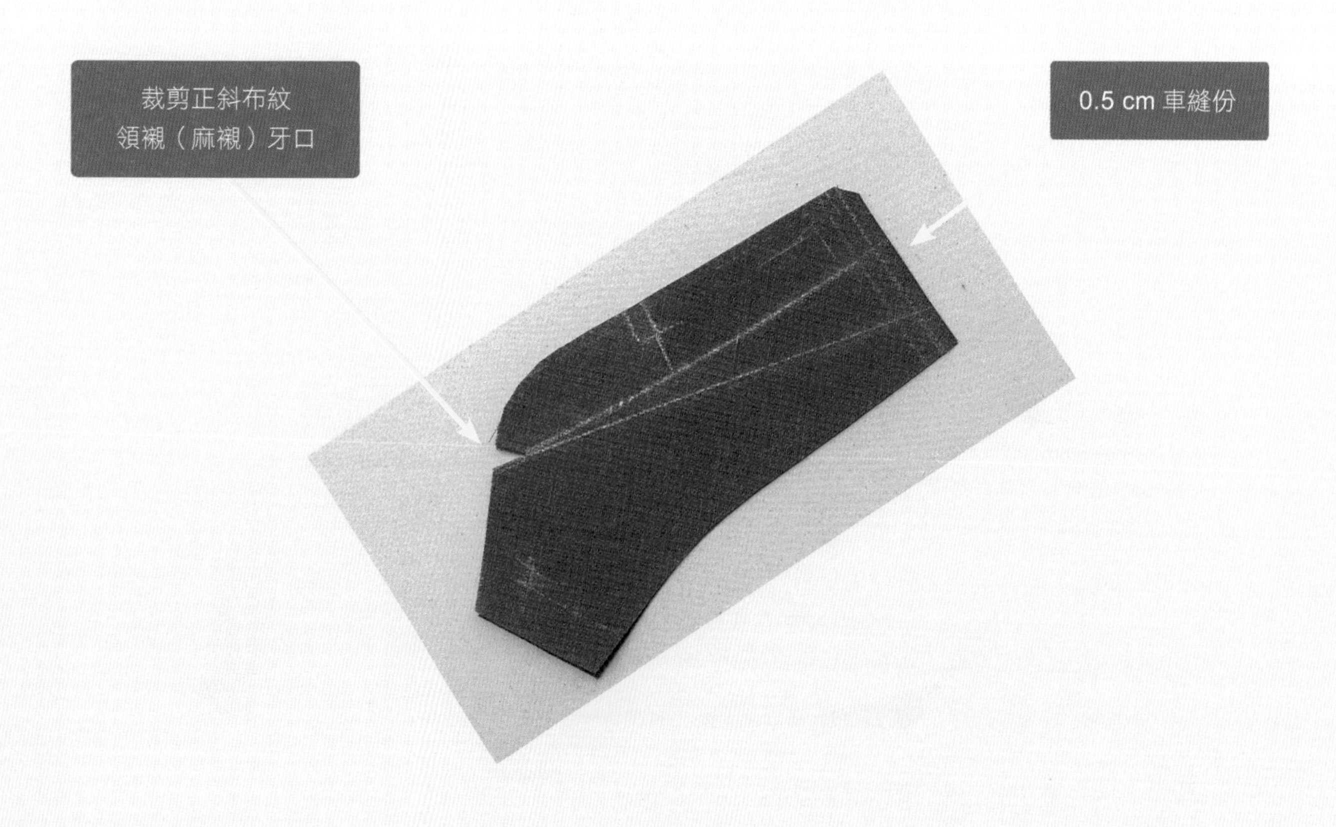

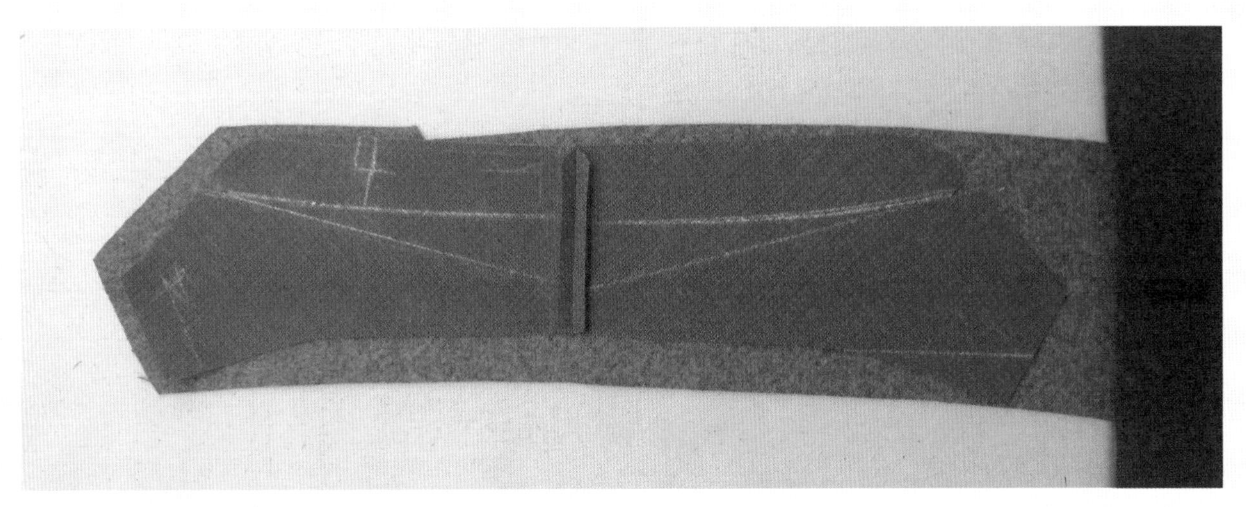

車縫領襯後中心

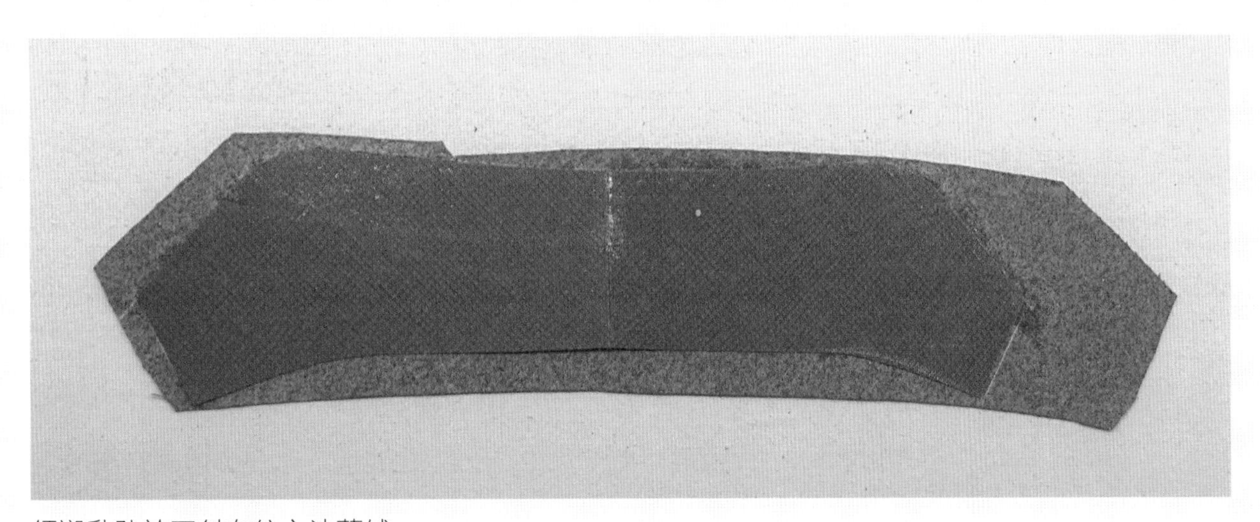

領襯黏貼於正斜布紋之法蘭絨

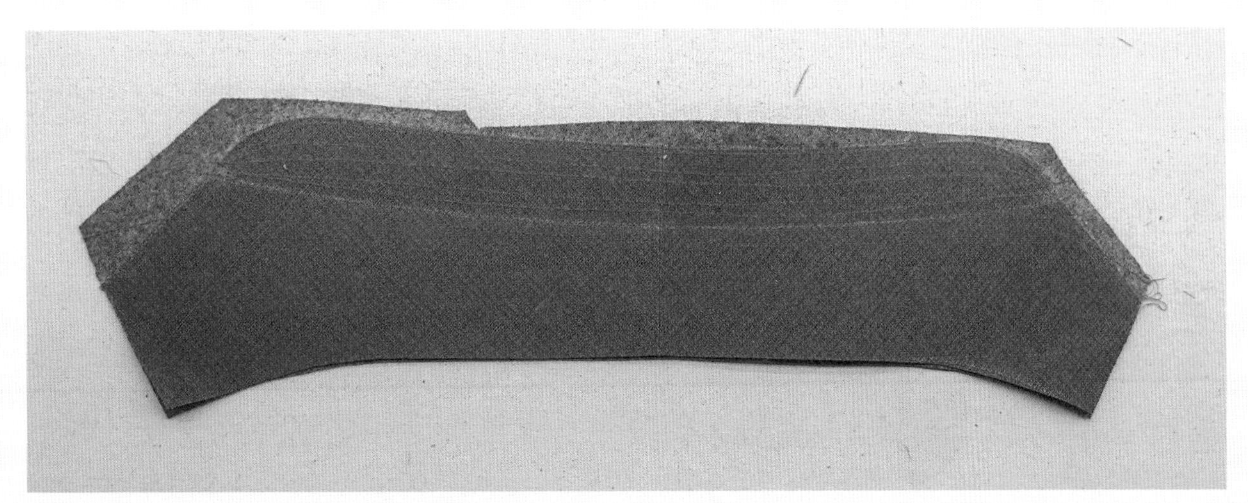

車縫下領座（每隔 0.5 cm、邊緣 0.1 cm）
修剪裡領外圍與領襯一致（裡領外圍無縫份）

| 八字縫 |

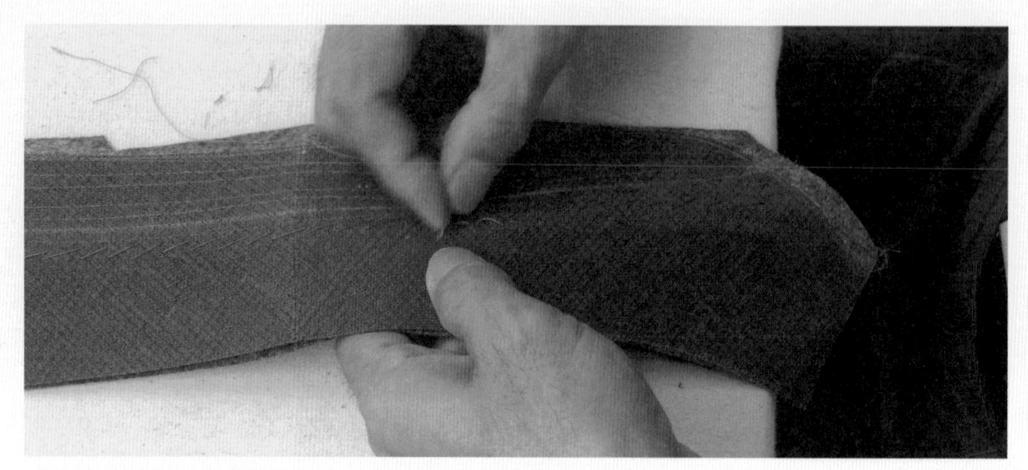

領折線部分翻折手縫八字縫（縫法見口袋篇下領片）

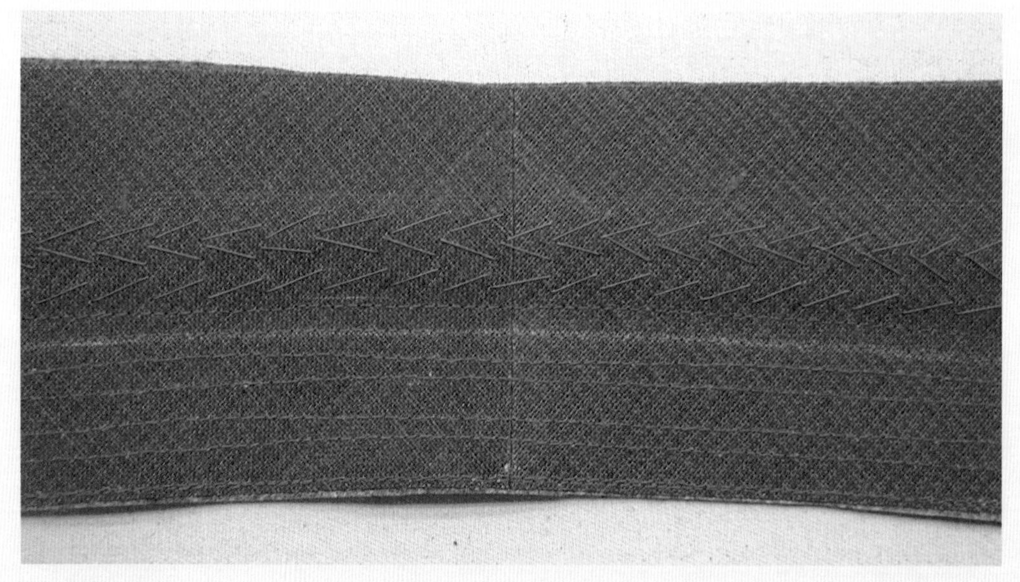

八字縫完成

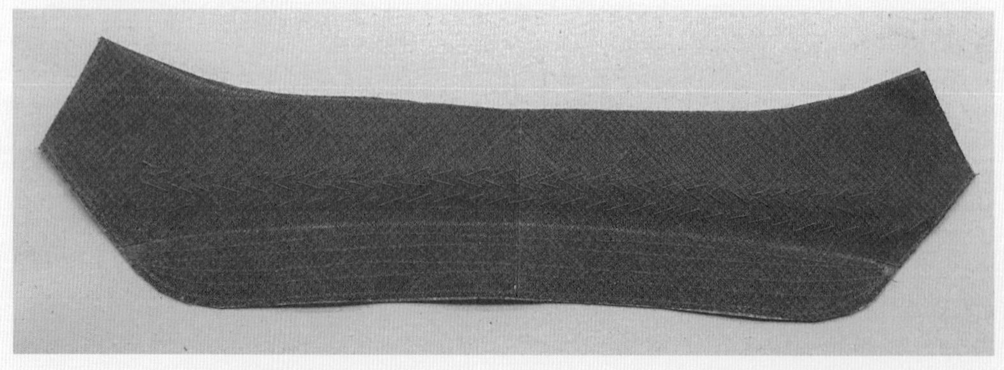

修剪領底布，多出麻襯 0.1cm

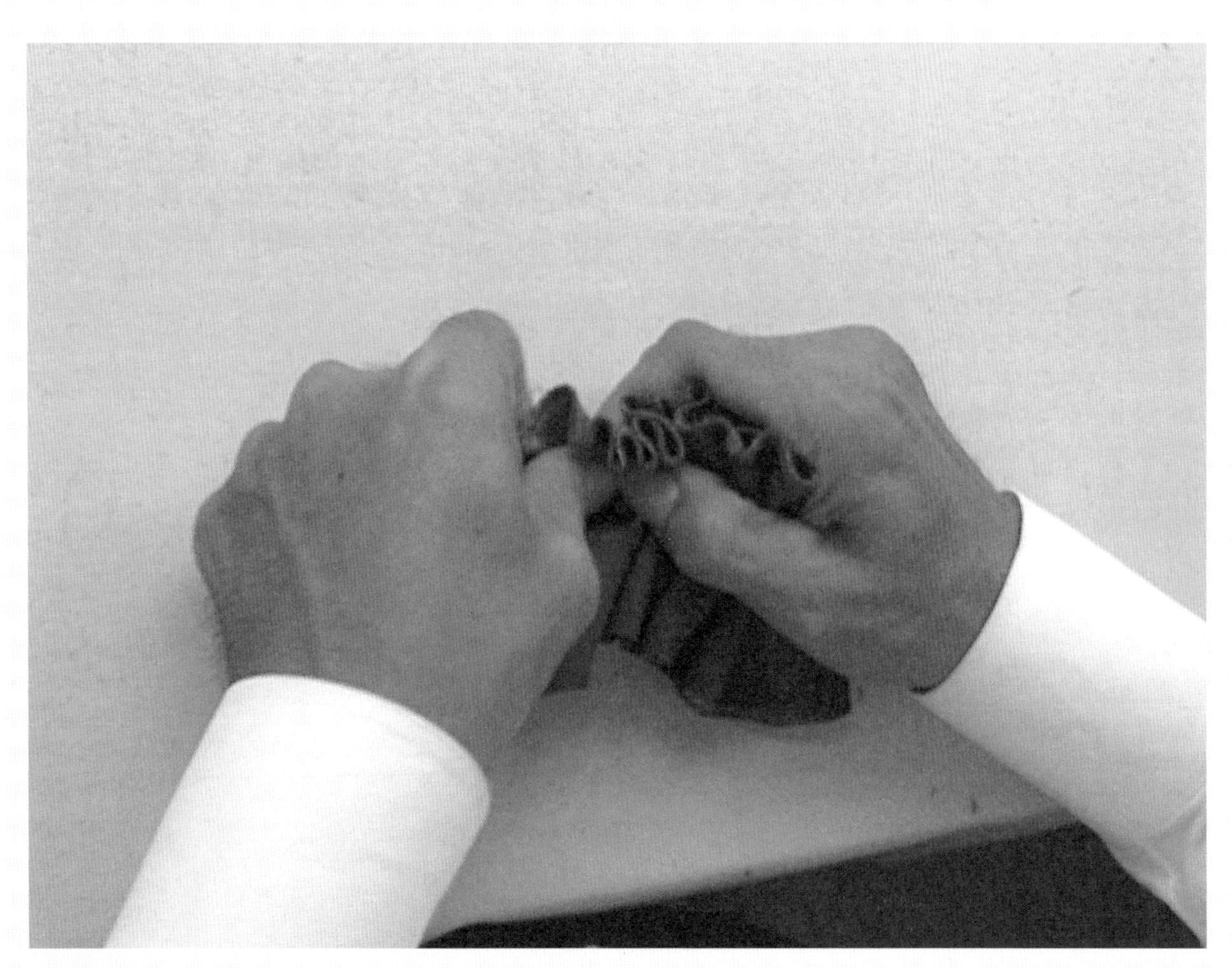

以手擠壓縐縮領折線

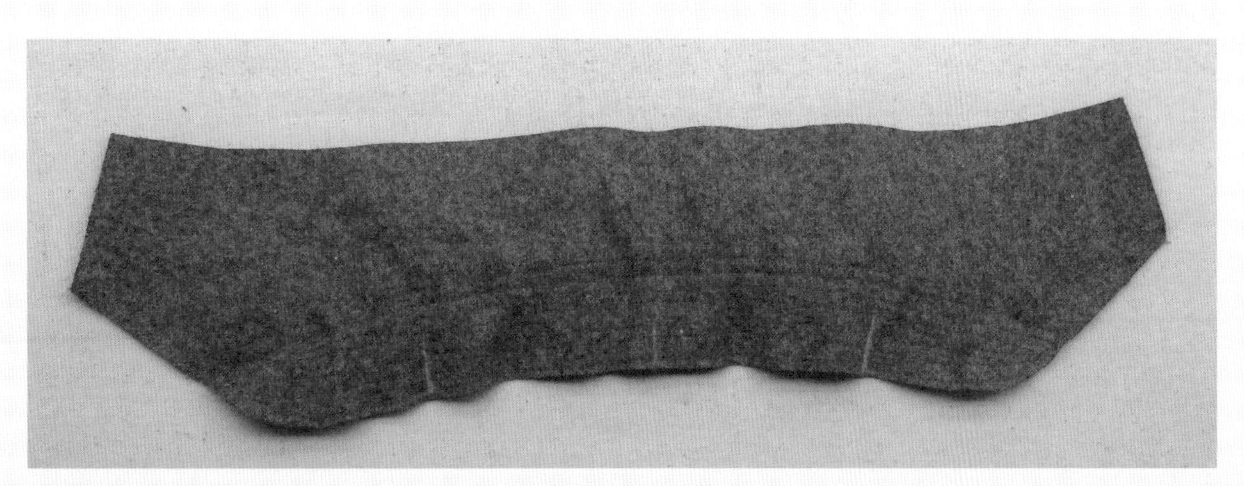

領折線呈縐褶狀

| 折燙領折線 |

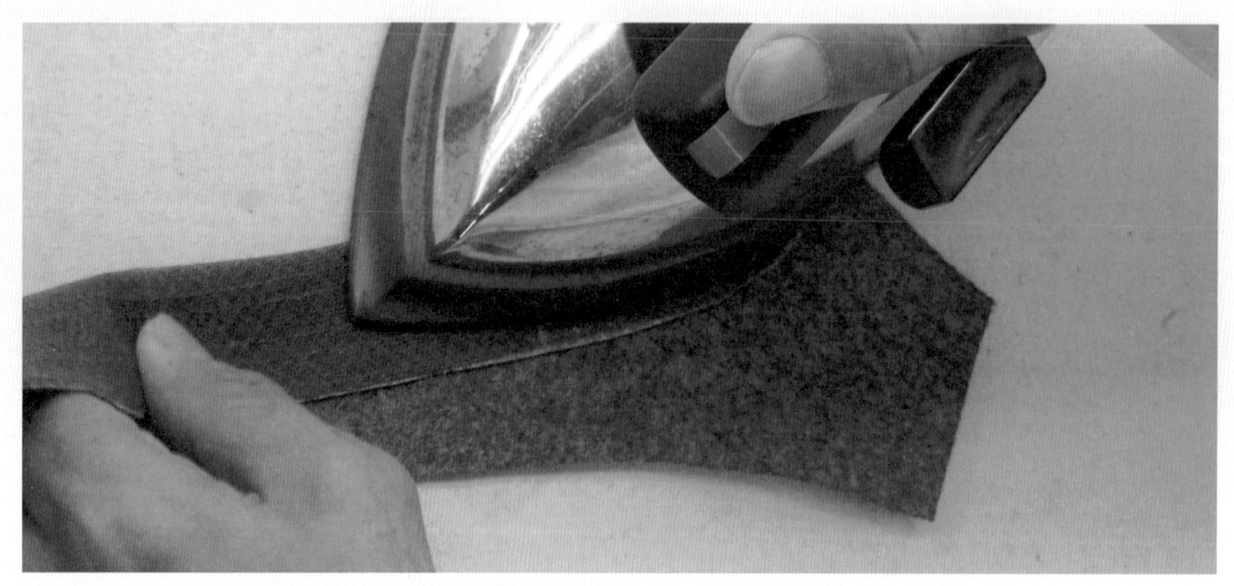

裡領折歸燙

裡領折歸燙後效果

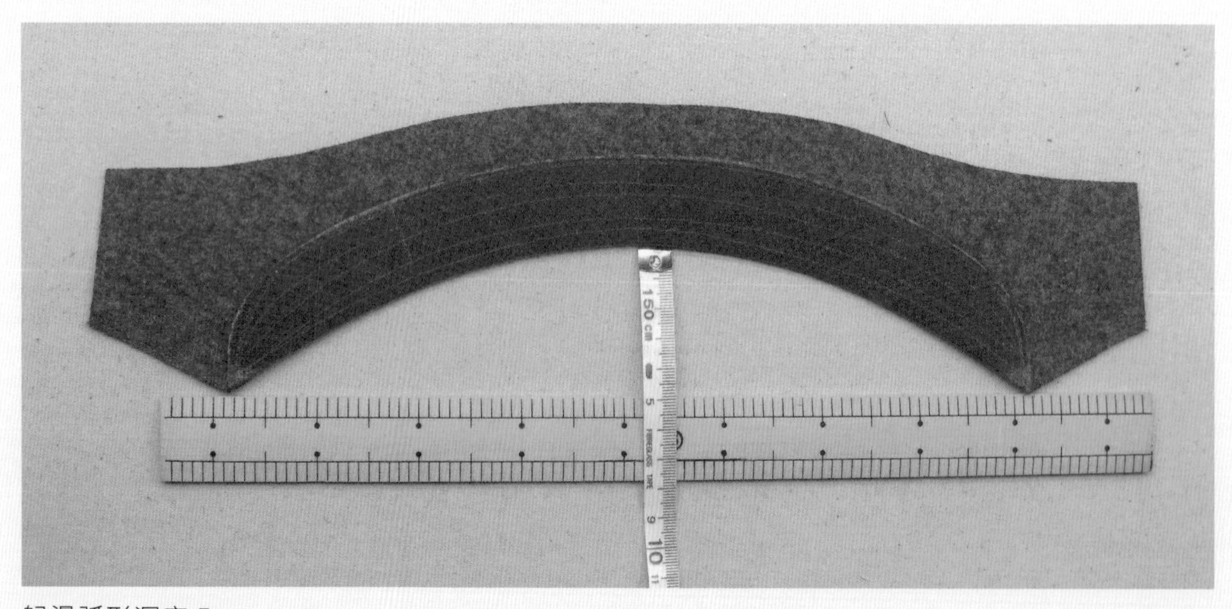

歸燙弧形深度 5 cm

｜各種角度的裡領｜

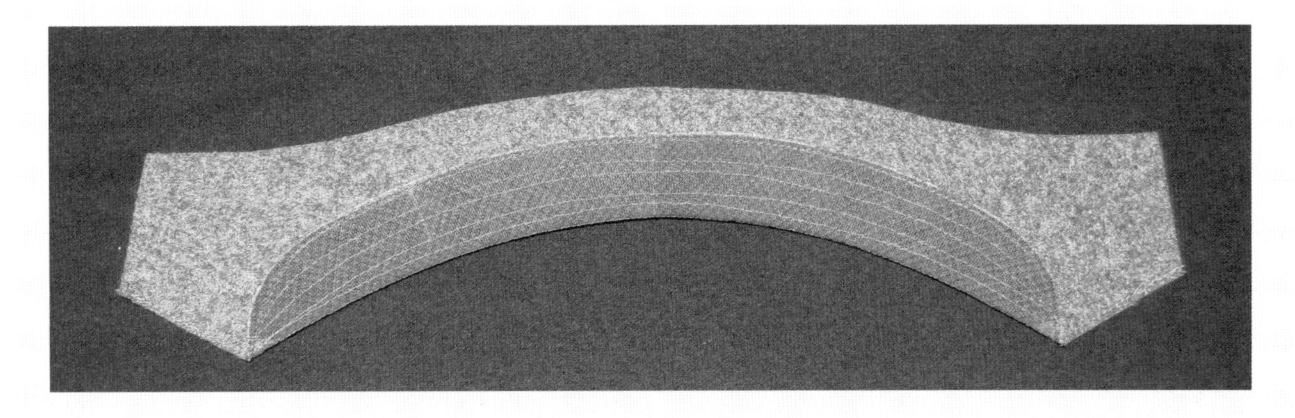

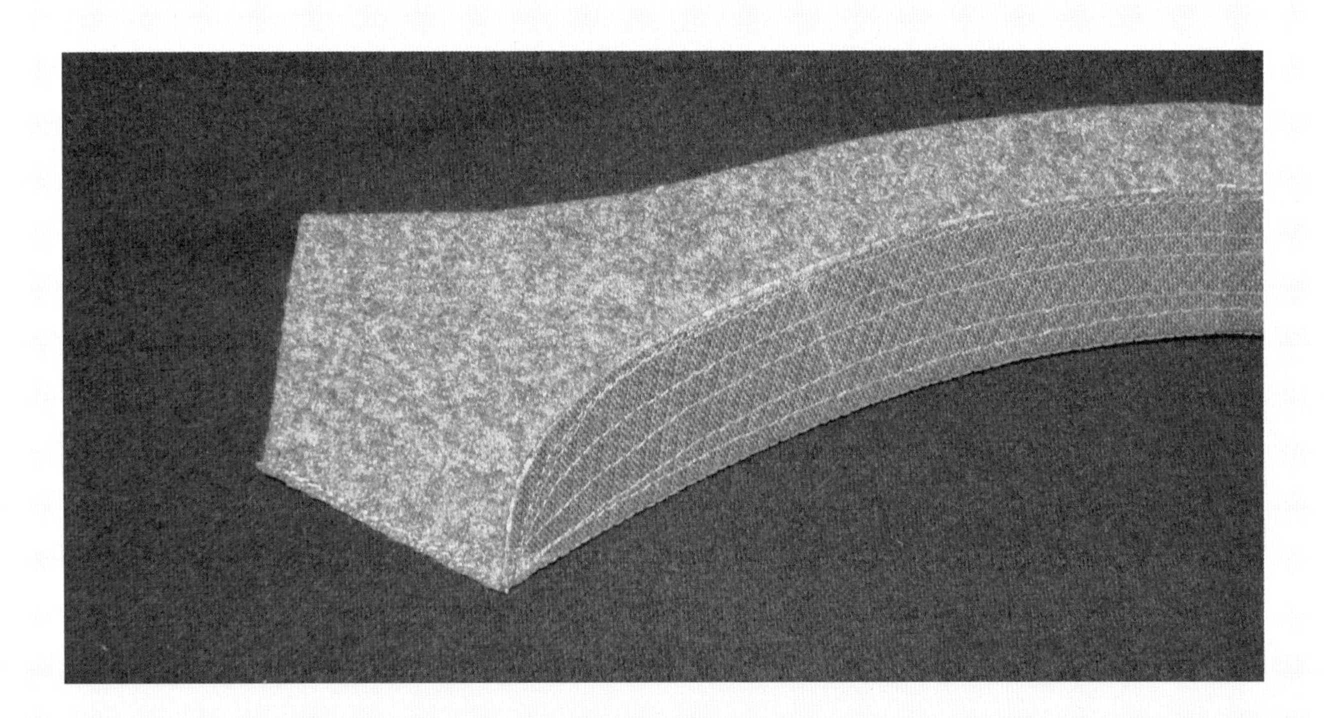

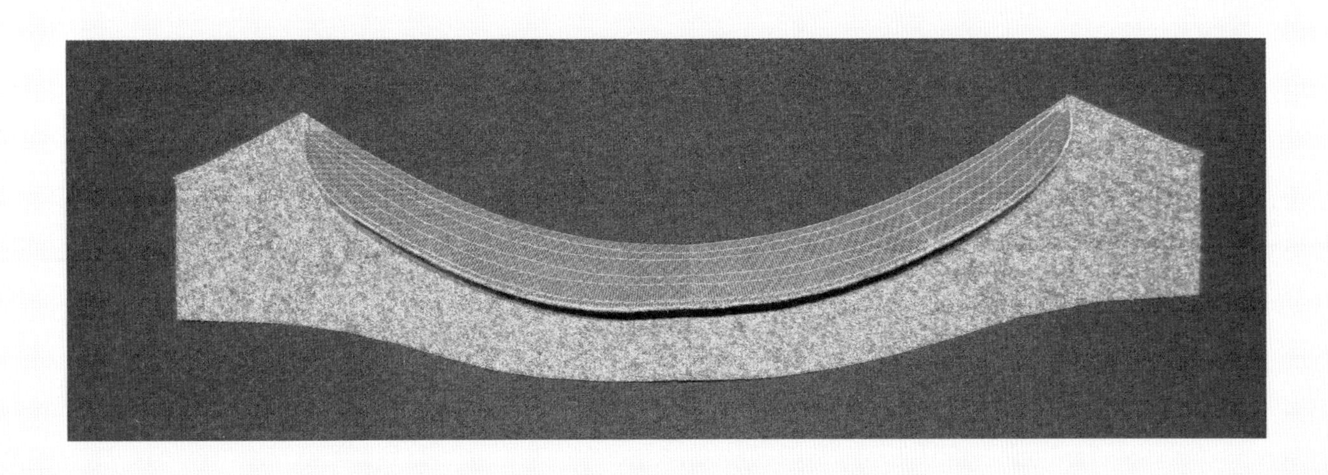

| 縐縮領台 |

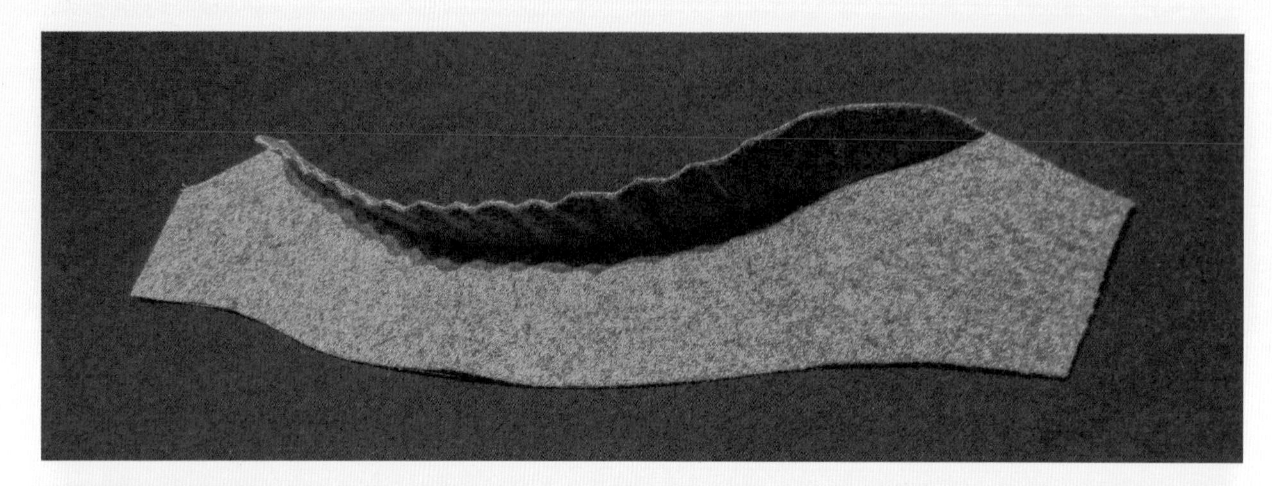

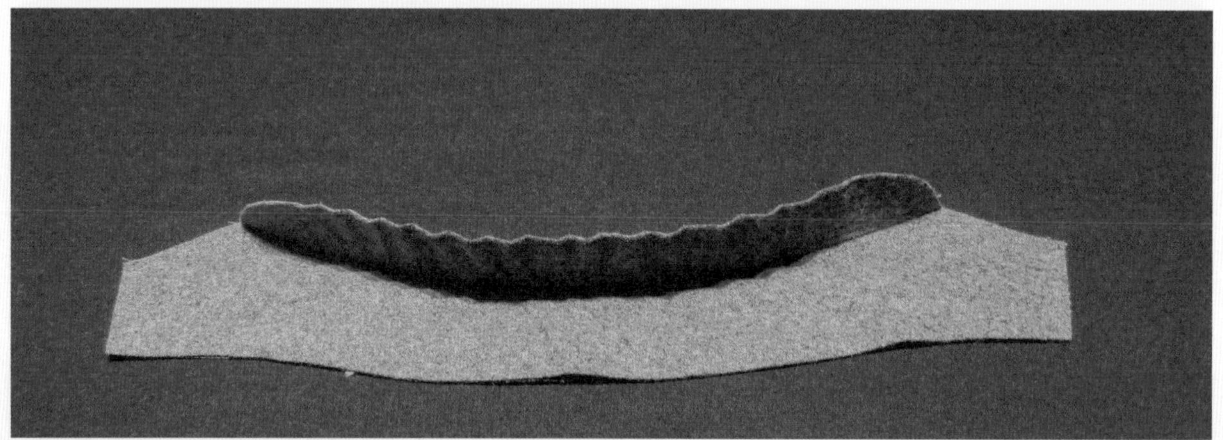

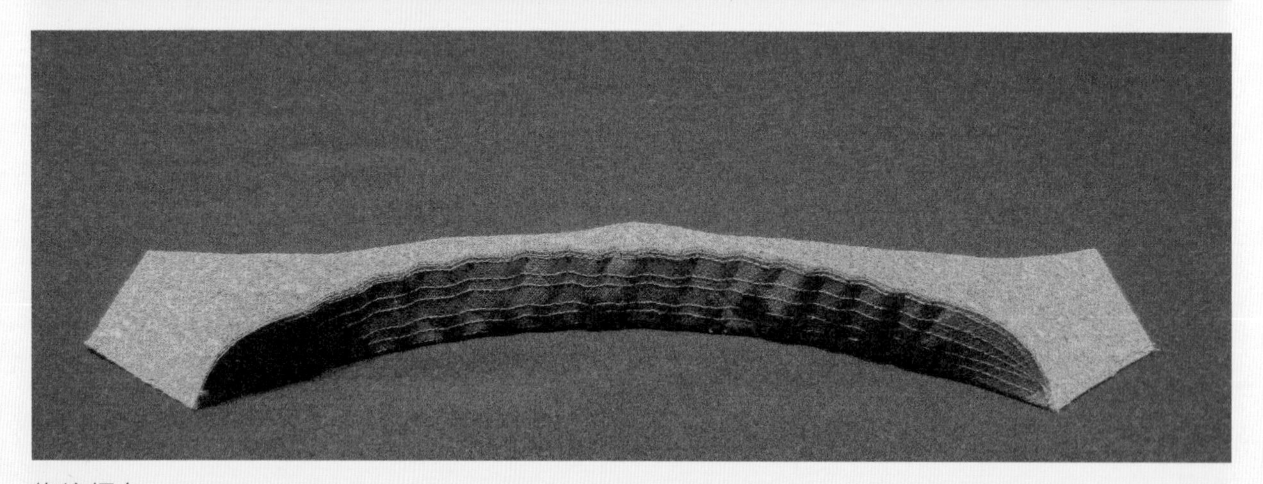

縐縮領台

| 疏縫固定 |

對合 BNP、SNP、領折點

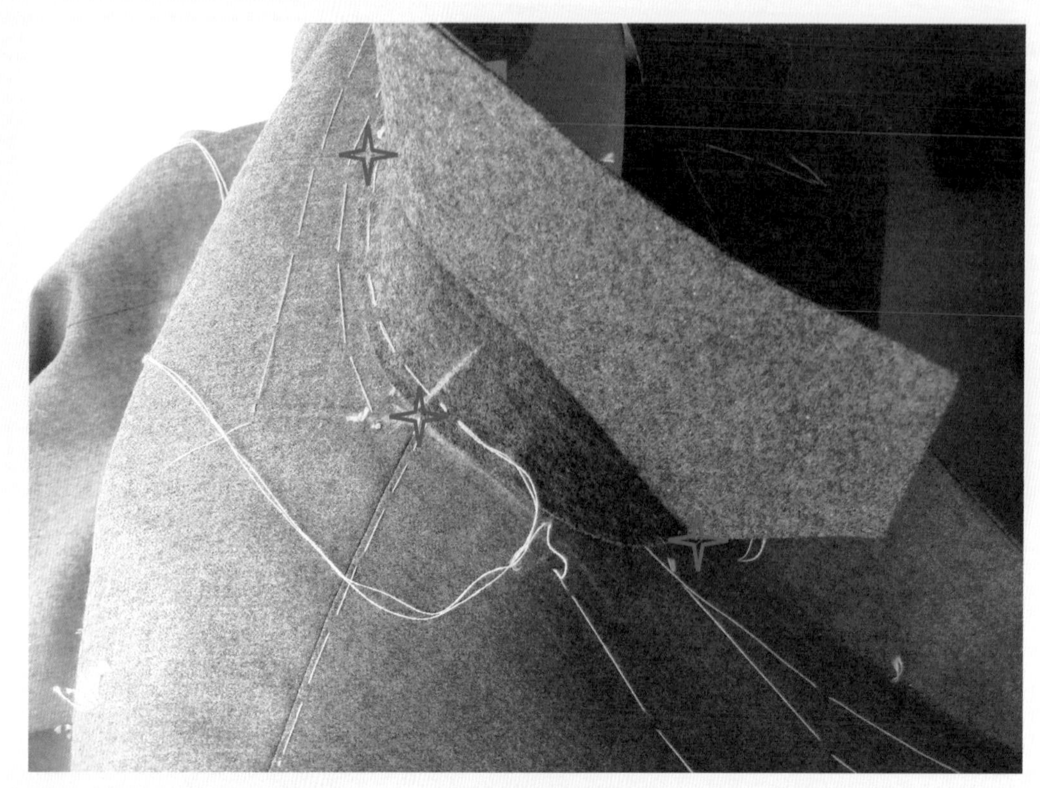

對合 BNP、SNP、領折點

領襯疏縫固定完成

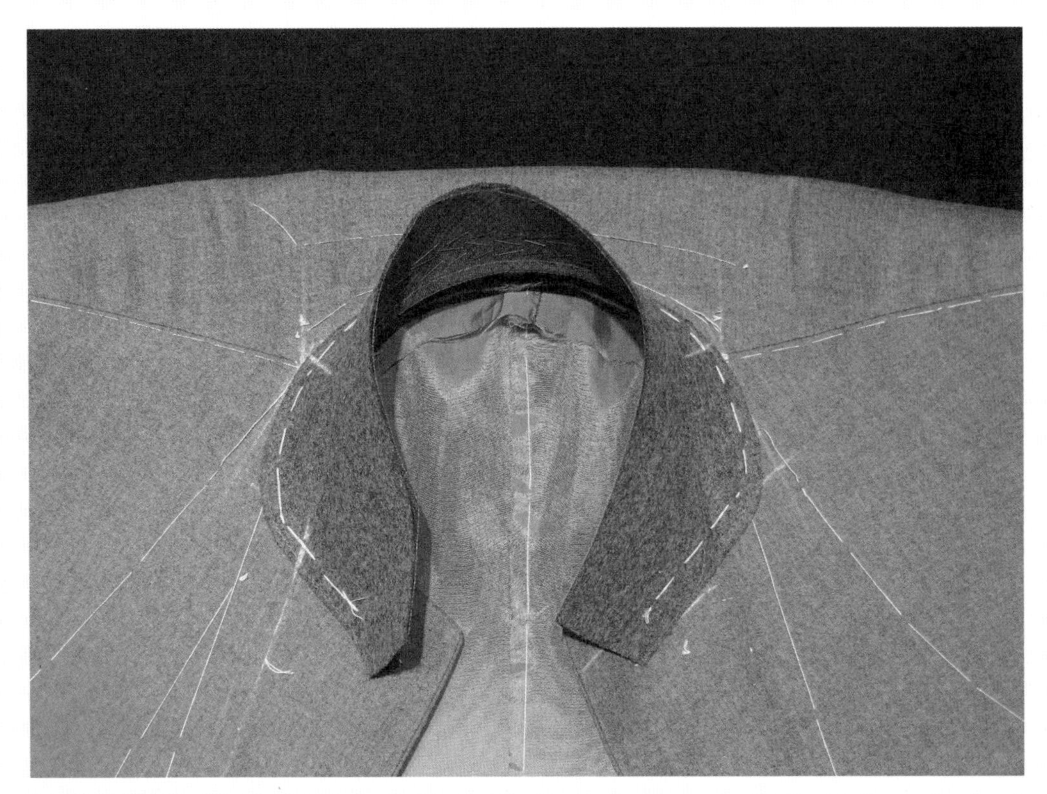

疏縫後效果

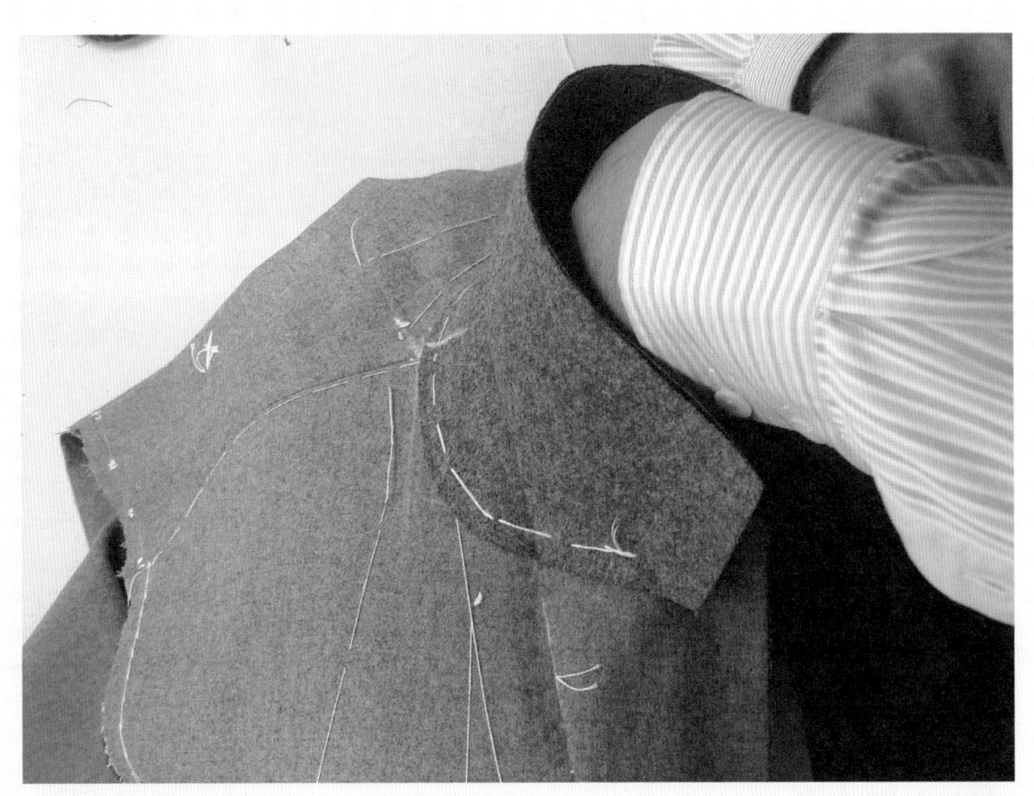

自然貼合脖子立起

| 確認上裡領後效果 |

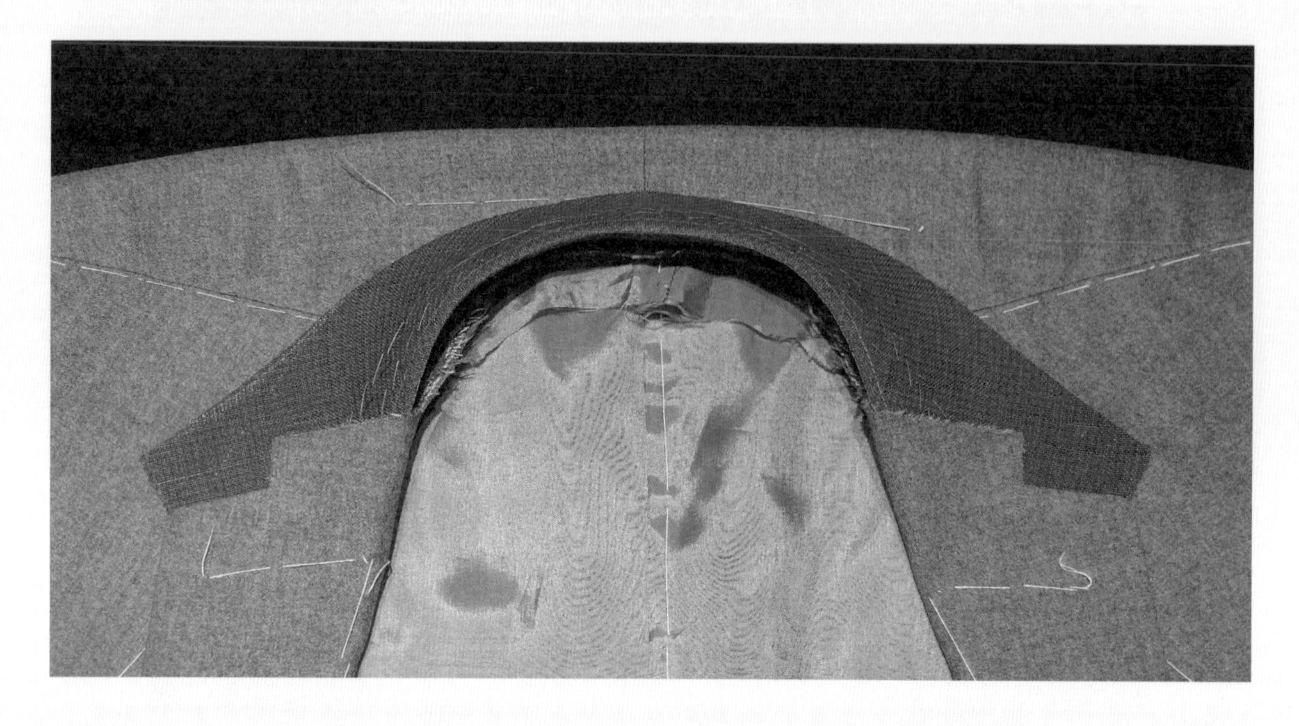

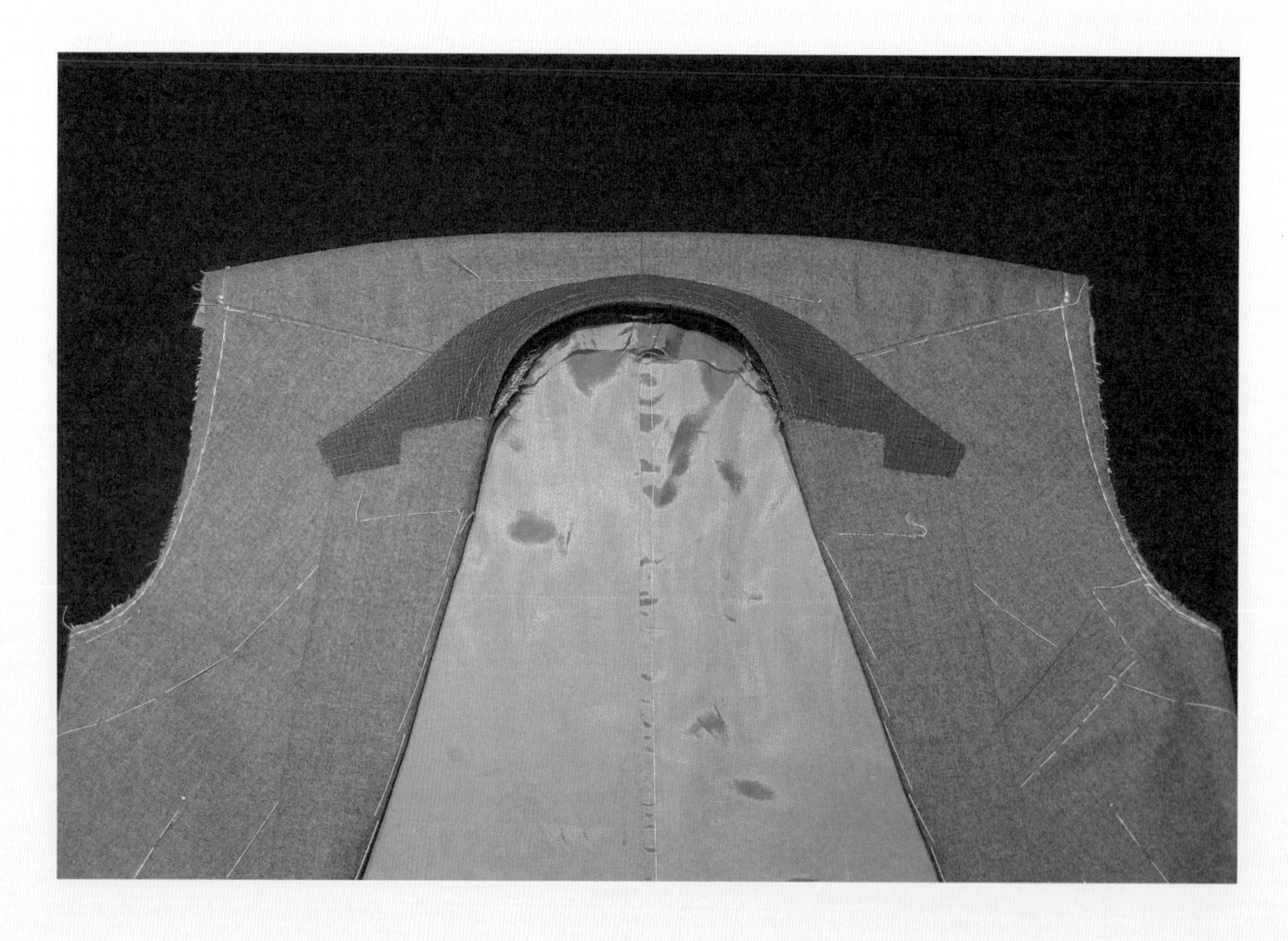

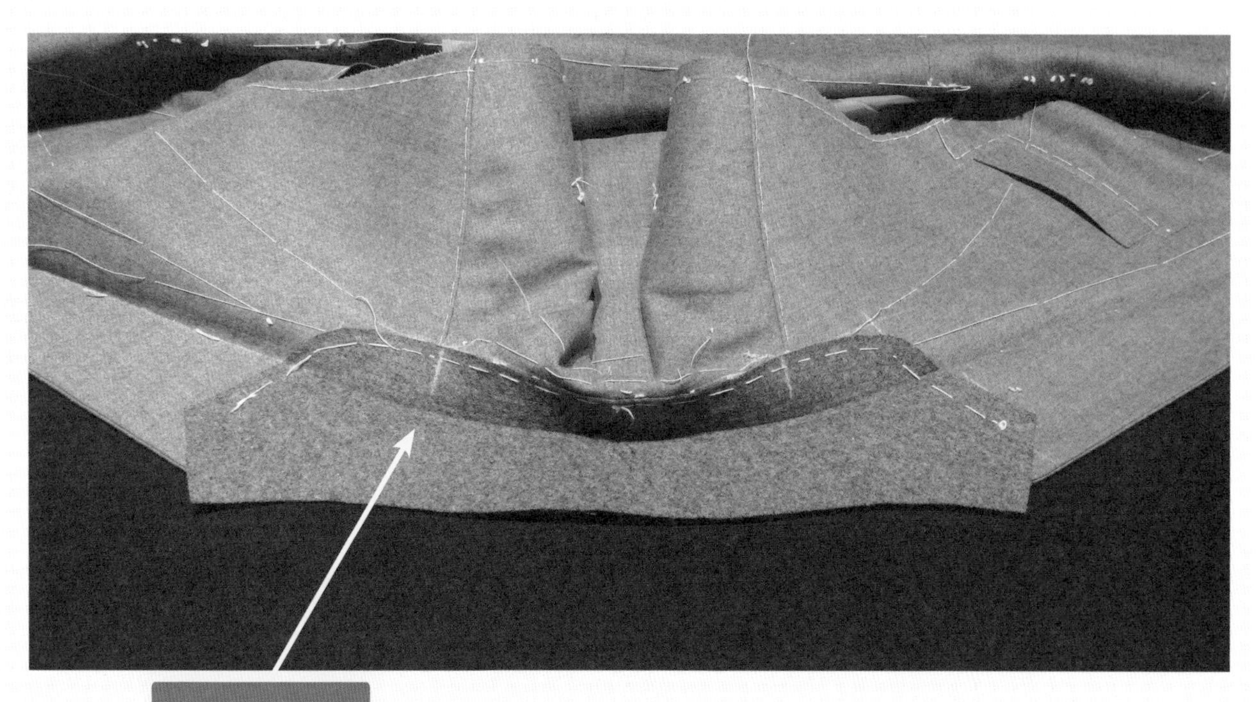

領折線平順

後領折線呈直線

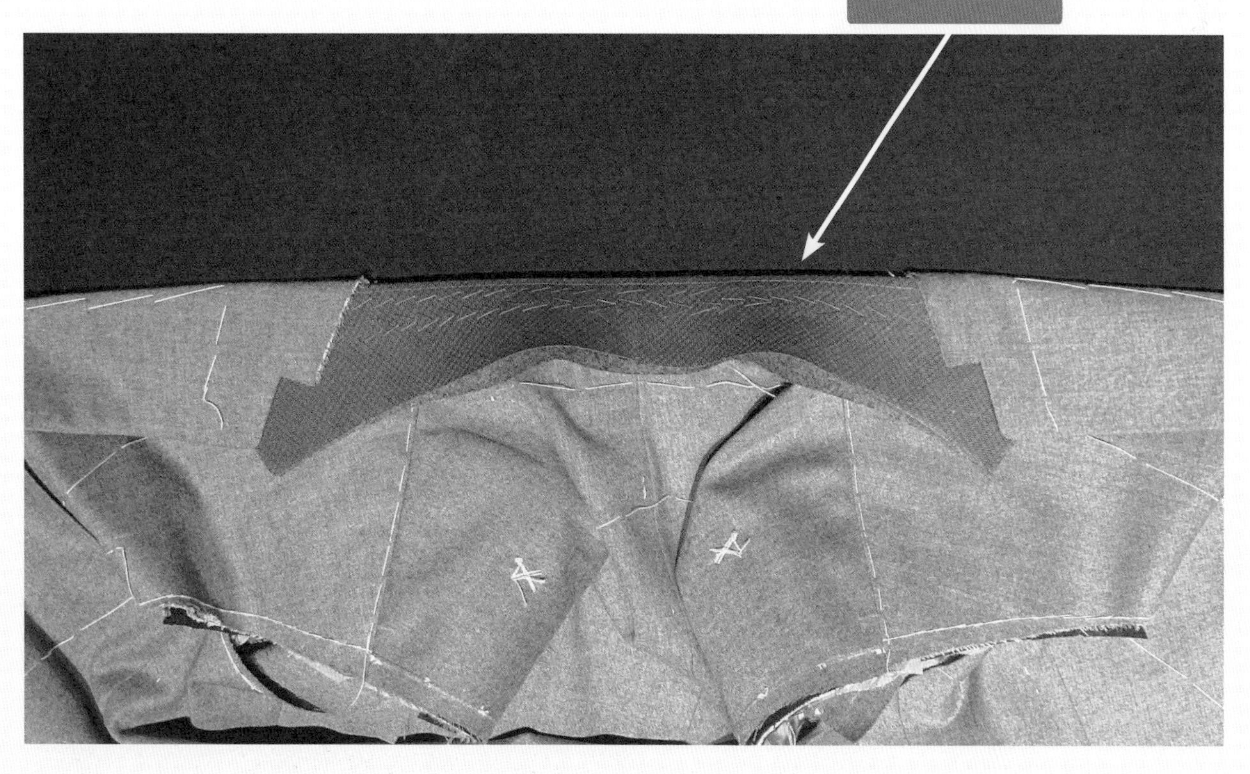

捲縫或小千鳥縫固定裡領

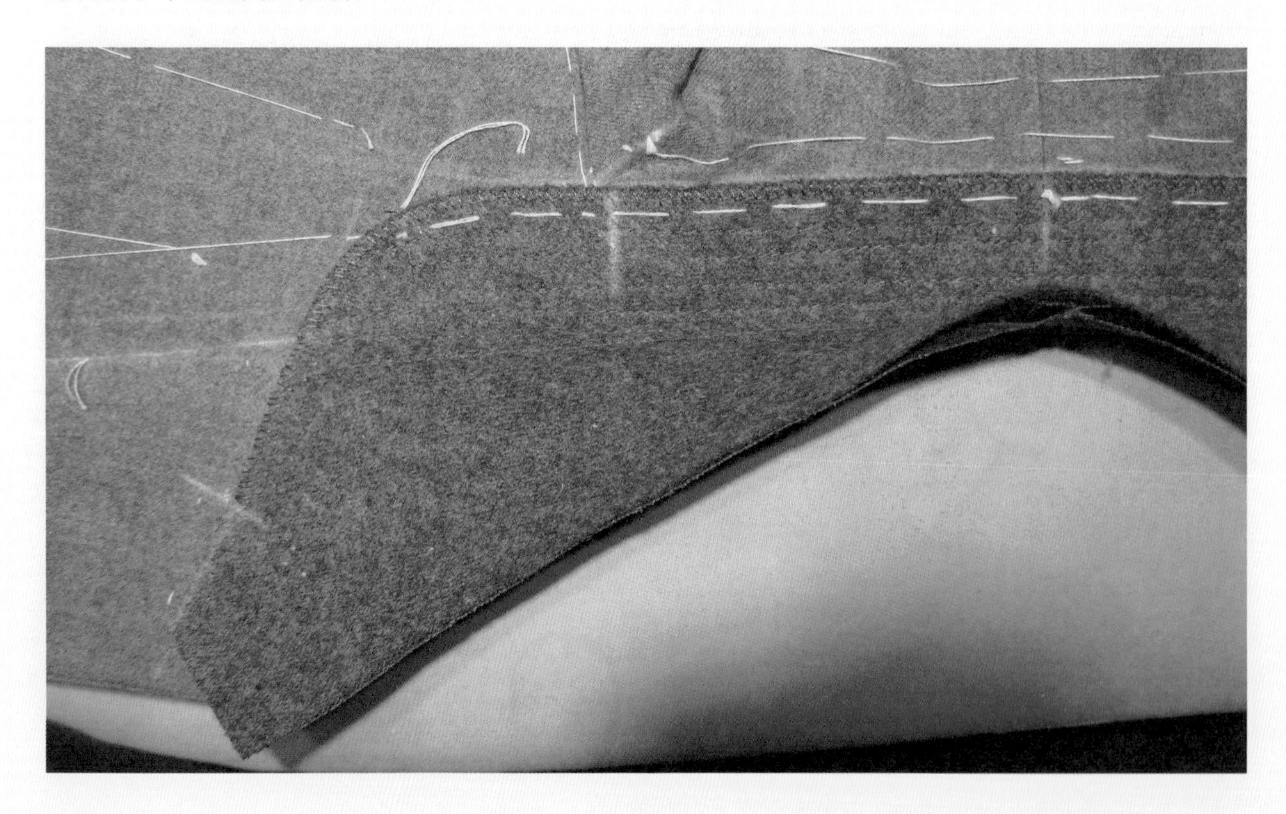

｜縫合裡領後效果｜

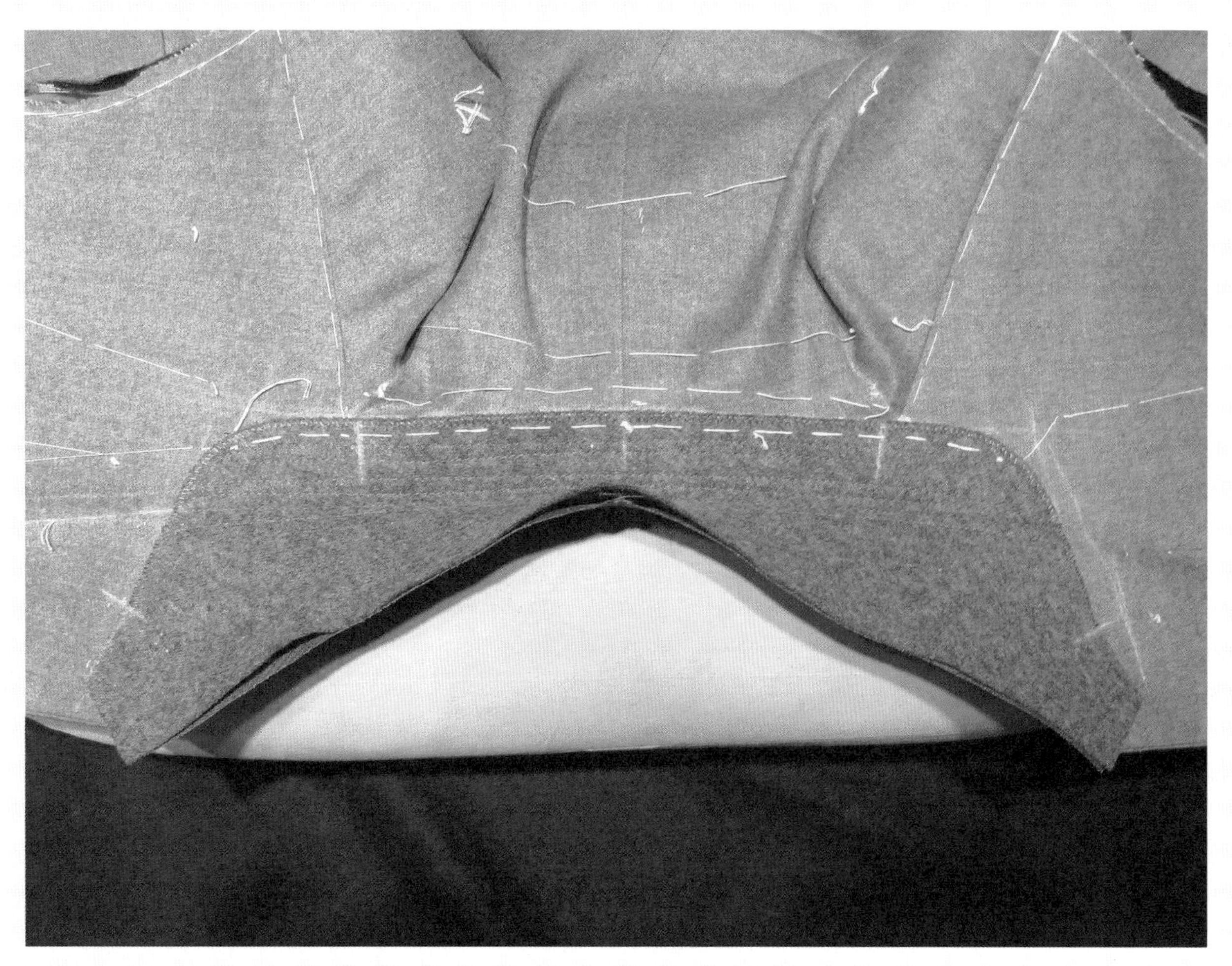

確認領子鬆緊縫合是否平順

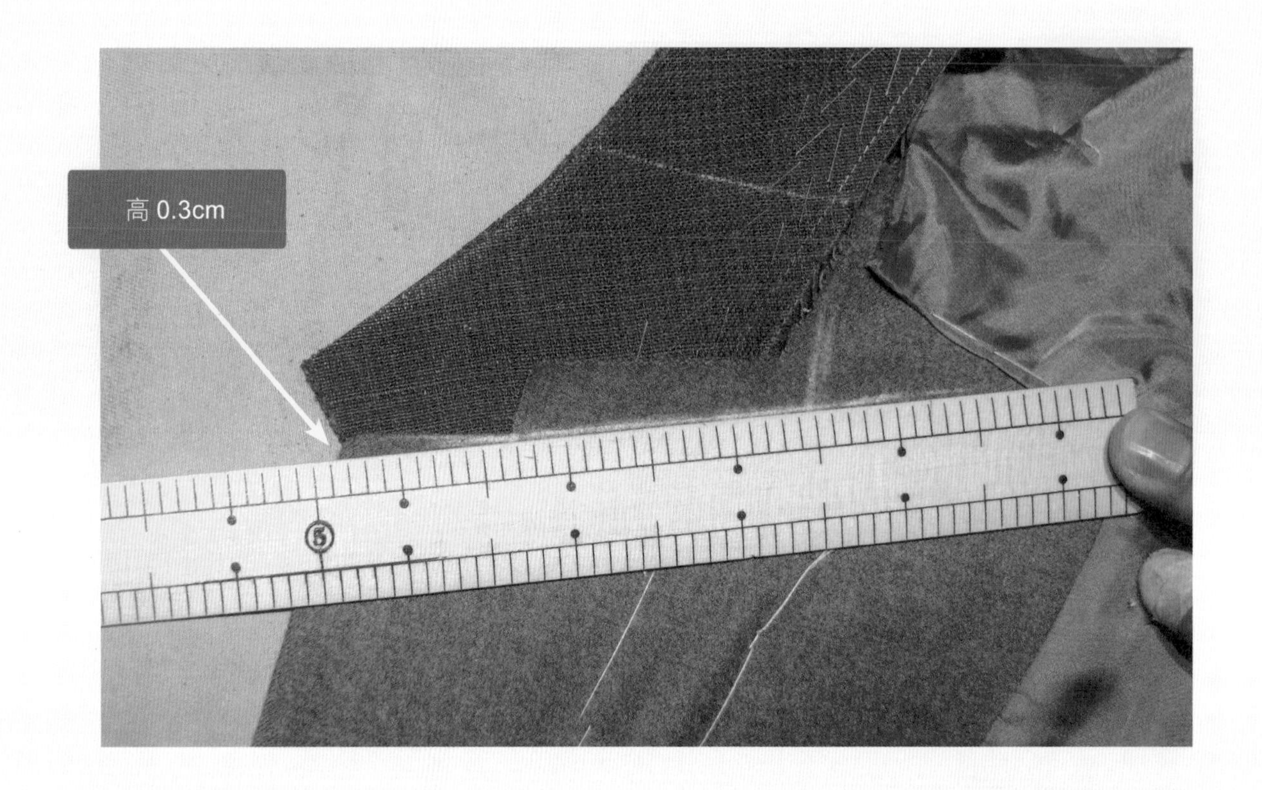

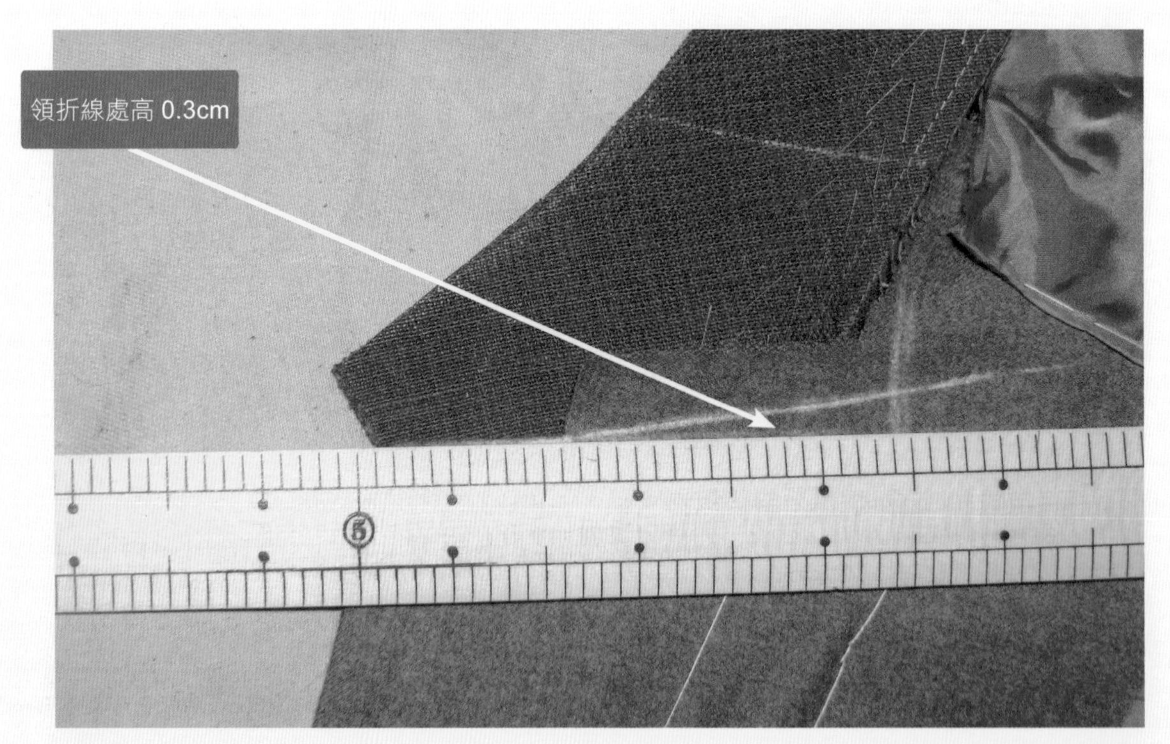

確認上下領折線位置

｜確認尺寸｜

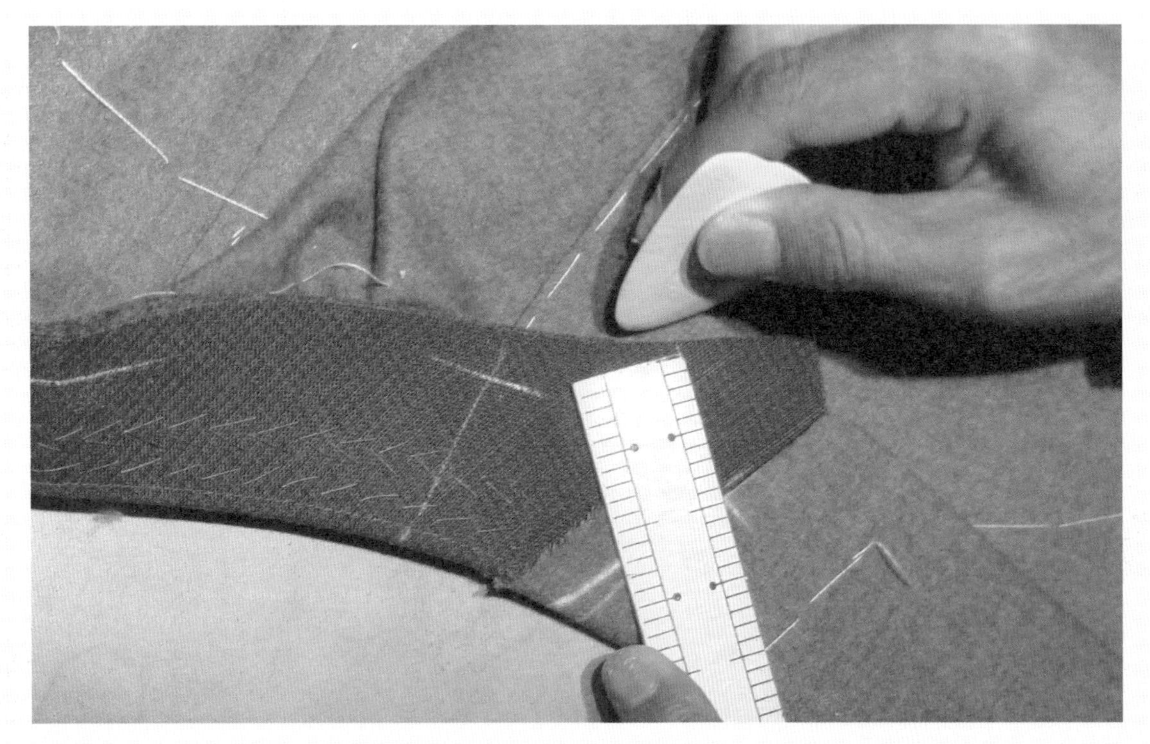

確認魚口尺寸

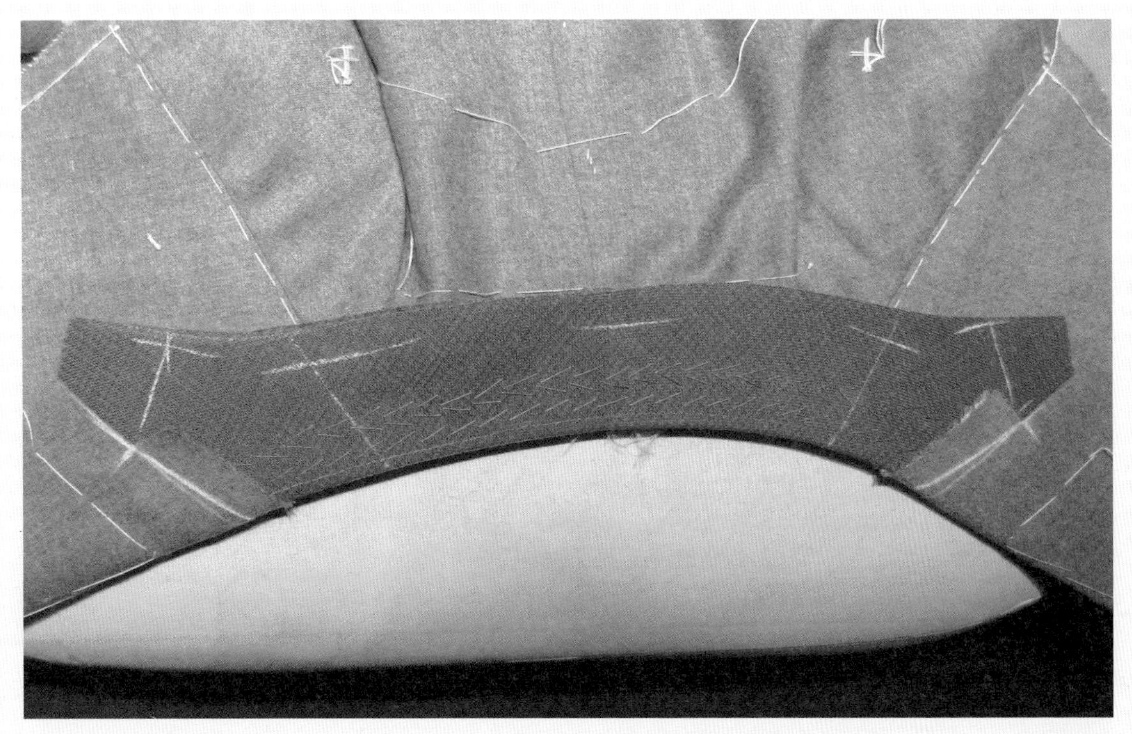

確認領外圍尺寸

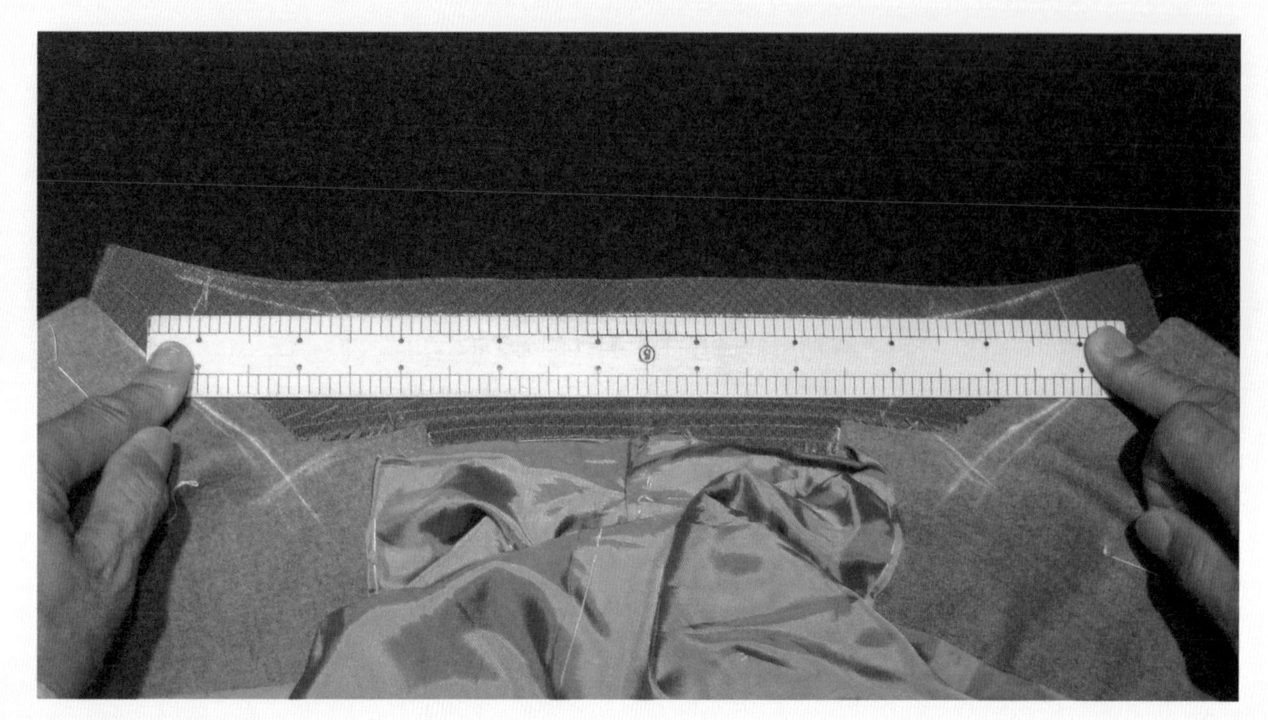

領外圍線雙邊角度，後中左右呈直線

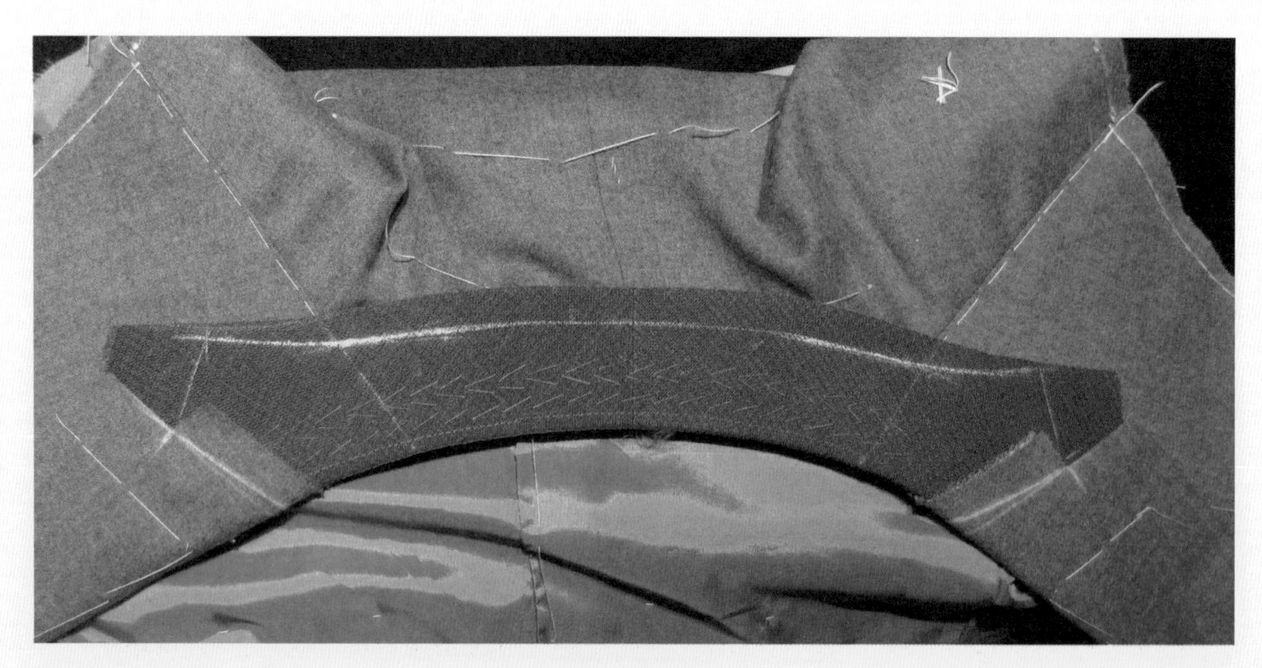

確認上領外圍線，依照上下領比例確認領外圍線條弧順

｜修剪領外圍線｜

無縫份

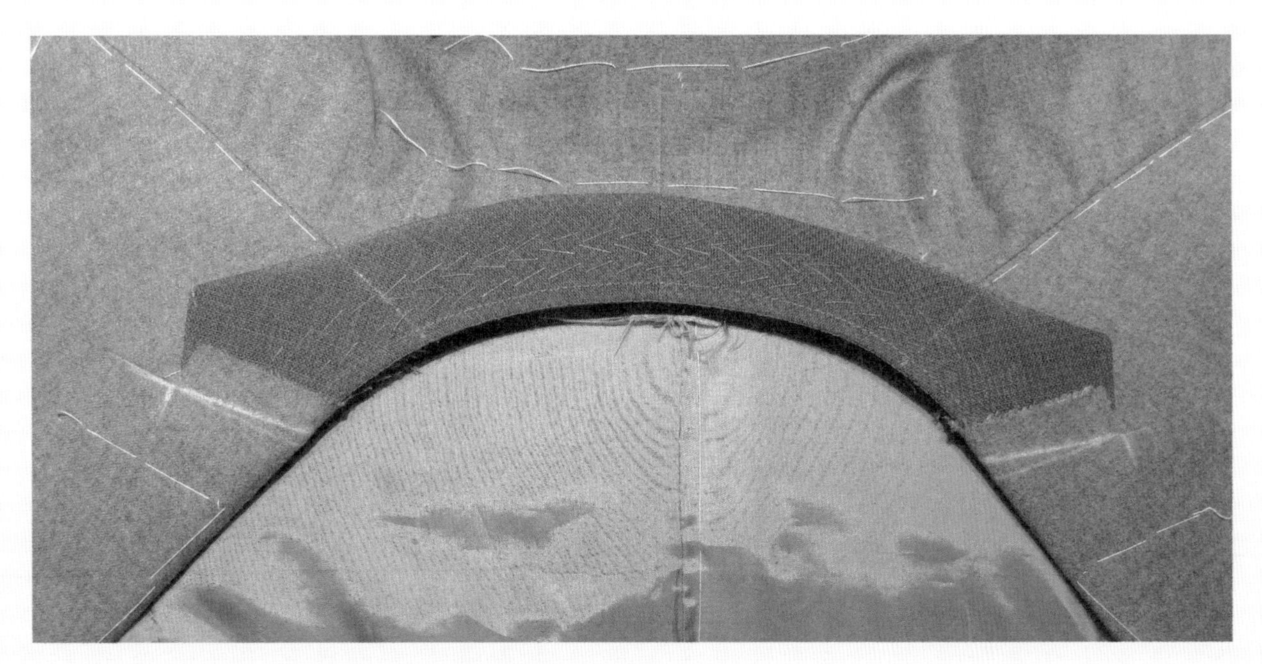

上下領接合線效果，確認左右領片弧度是否一致

| 表領 |

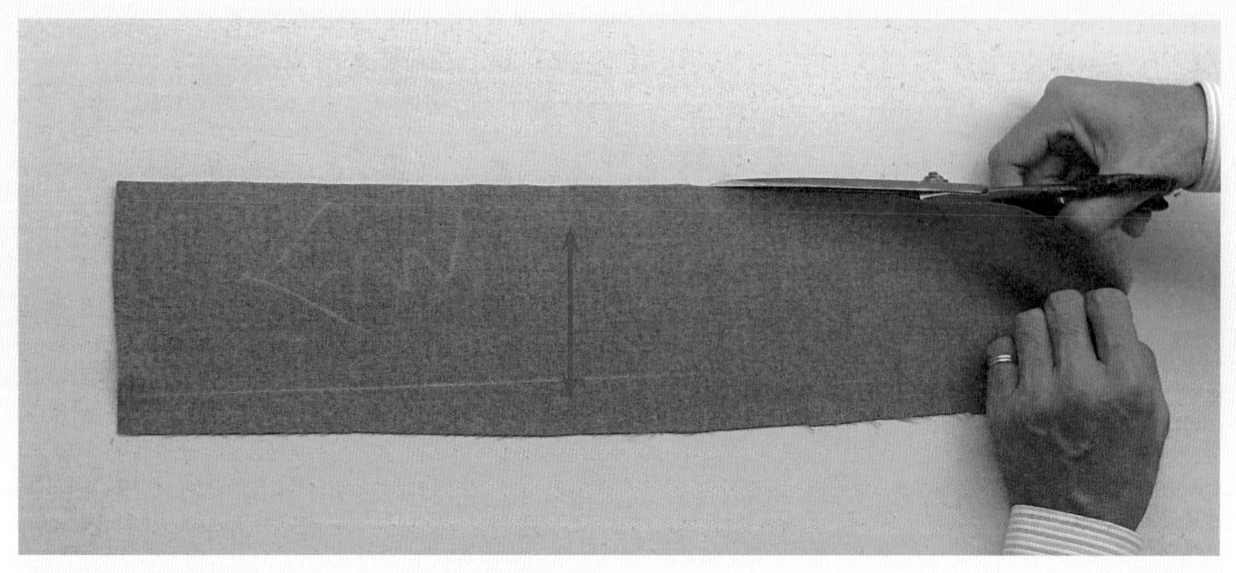

確認修剪經緯紗布紋

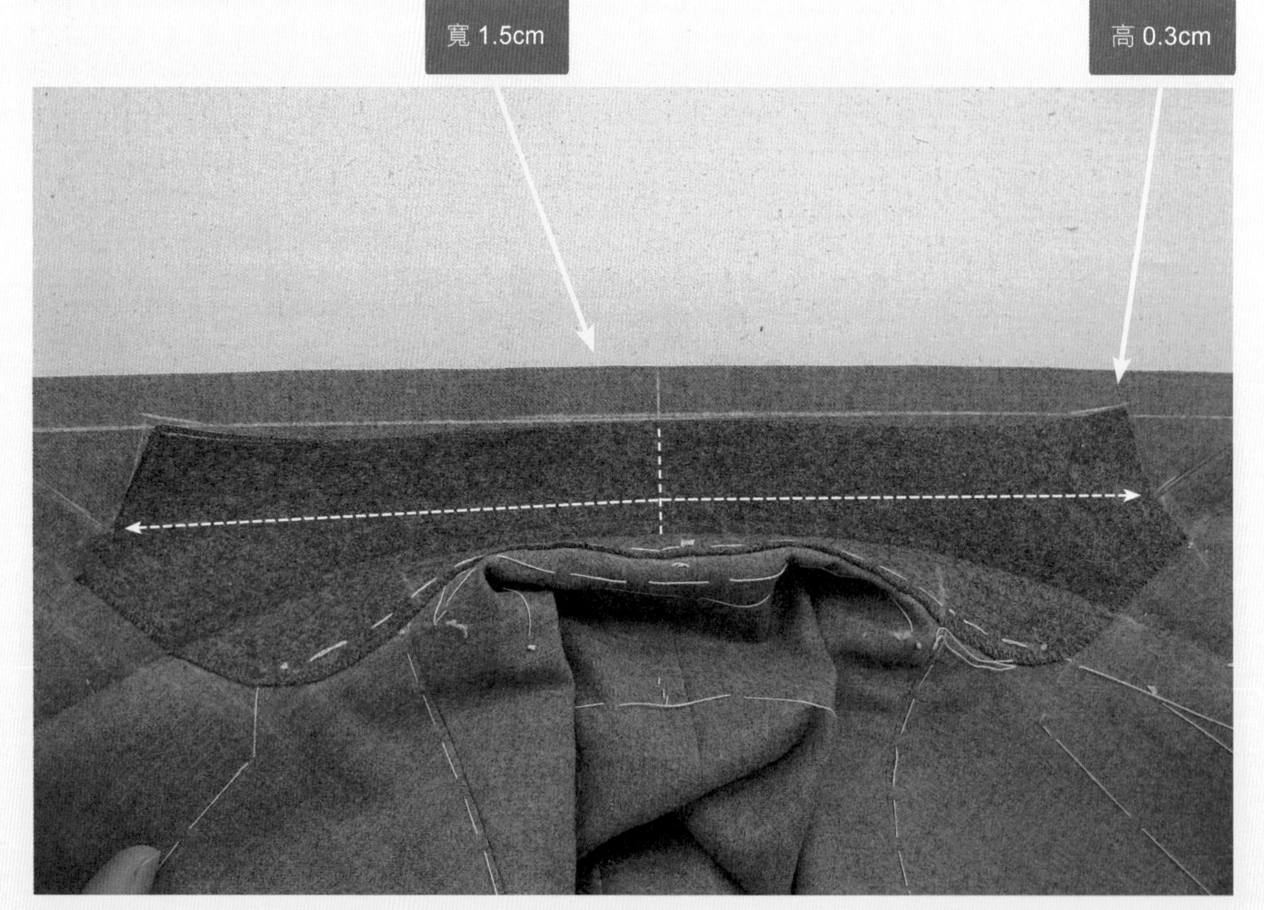

表領裡領對合（攤平），確認表領，複製裡領，鬆緊適中

｜繪製表領｜

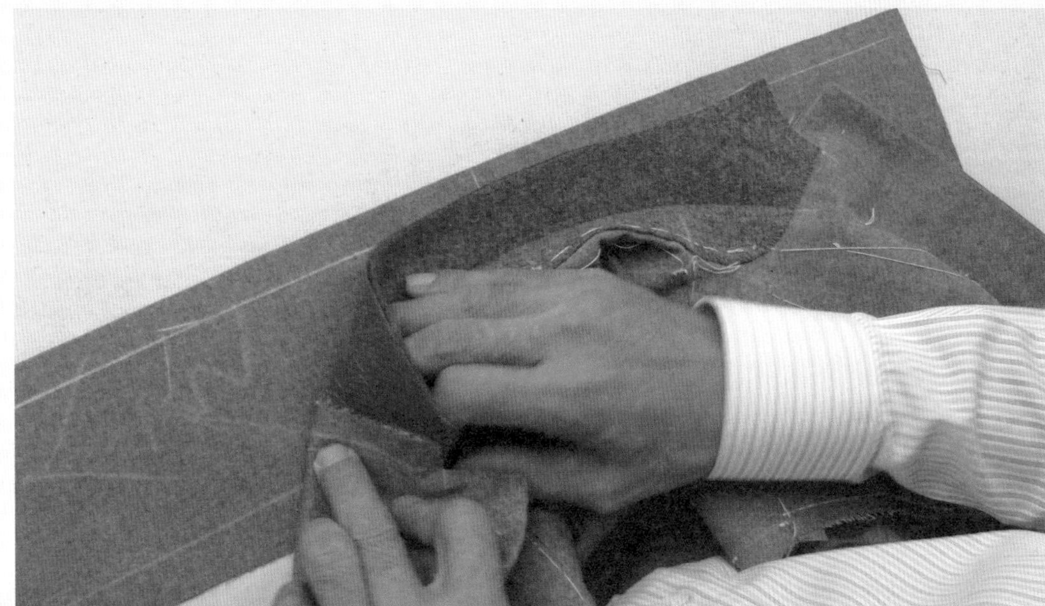

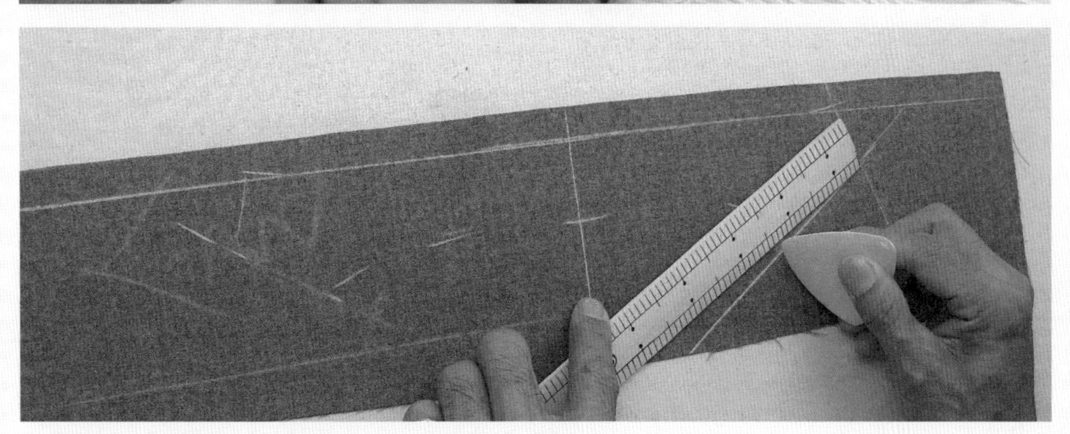

複製表領鬆緊適中，兩邊尺寸大小是否一致

| 裁剪表領 |

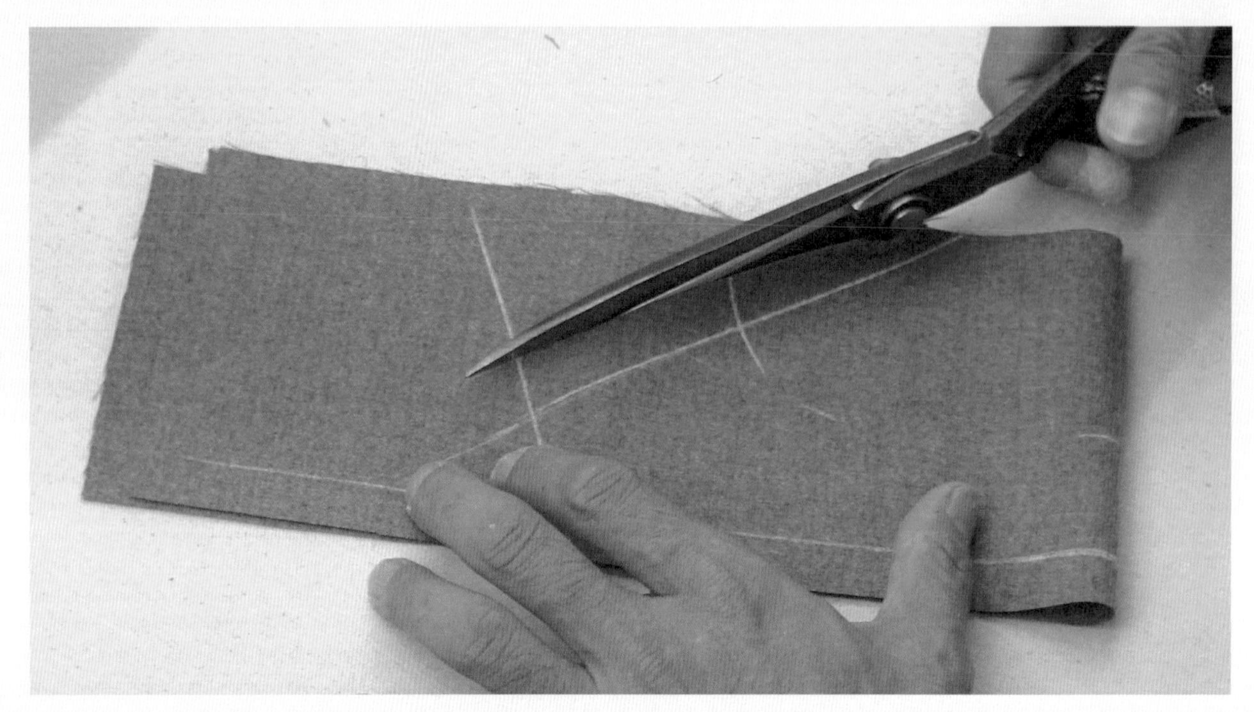

修剪表領，留縫份 1.5cm

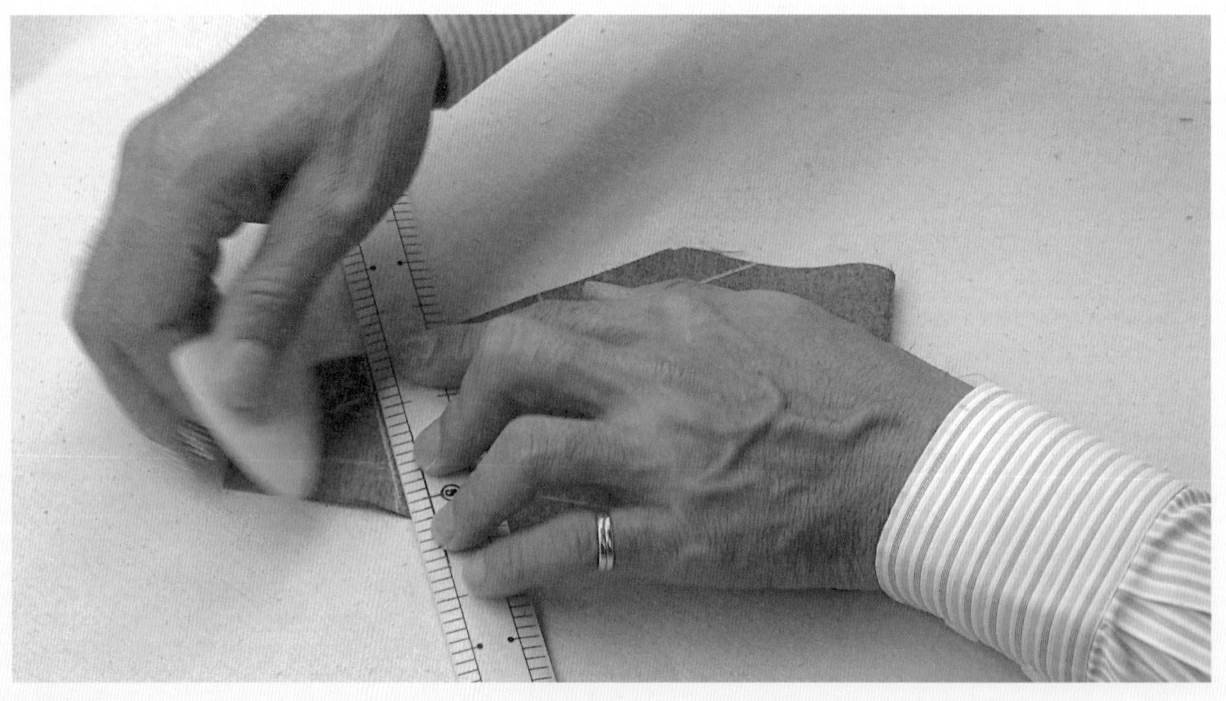

複製左右

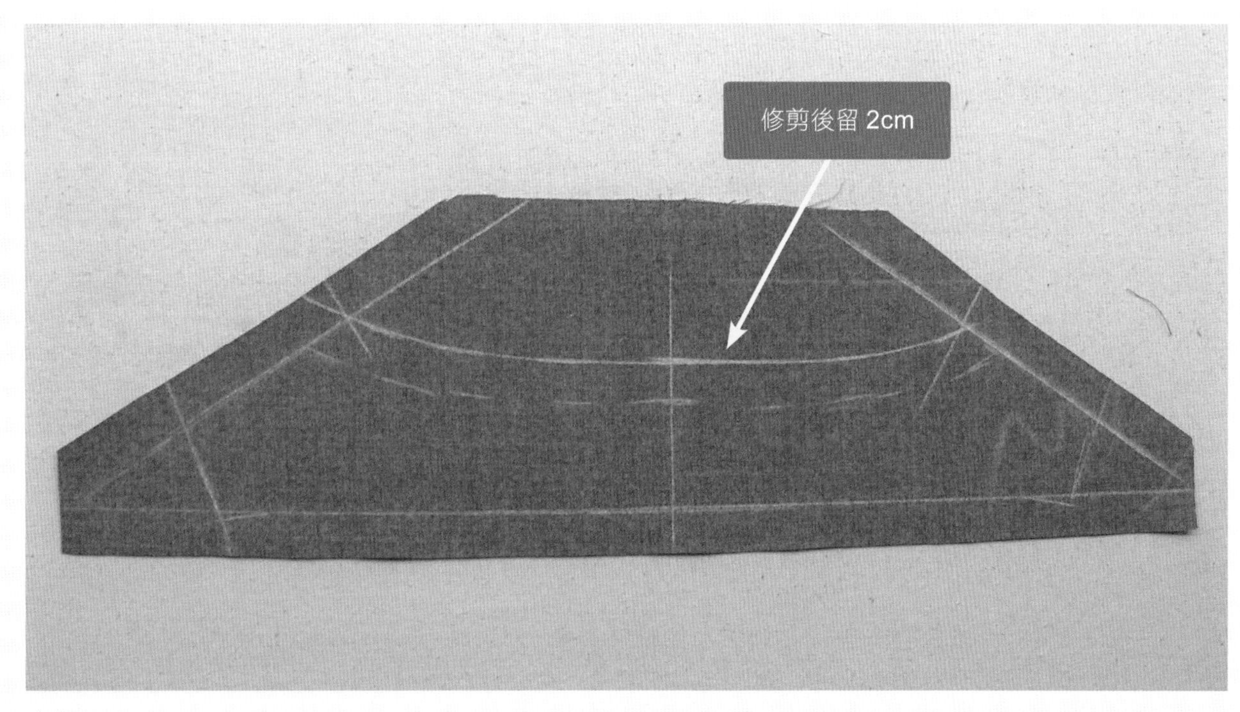

表領

｜車縫表領和領台｜

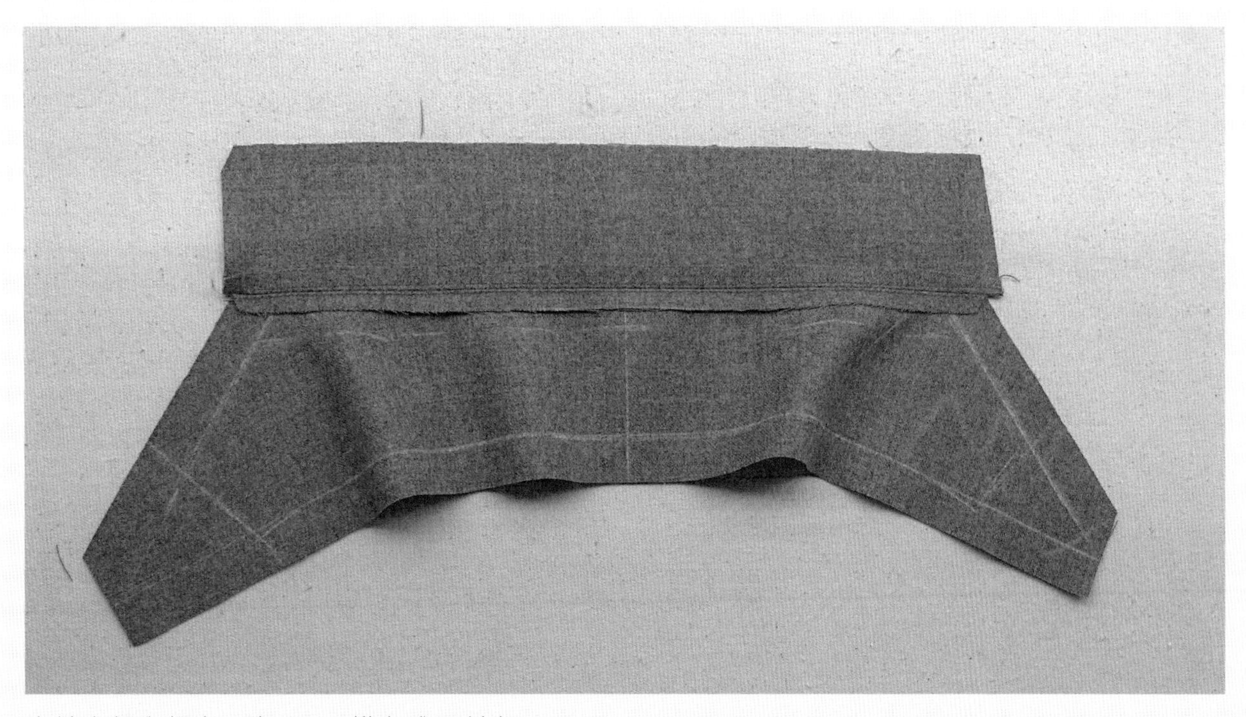

車縫表領和領台，寬 5 cm 橫布或正斜布

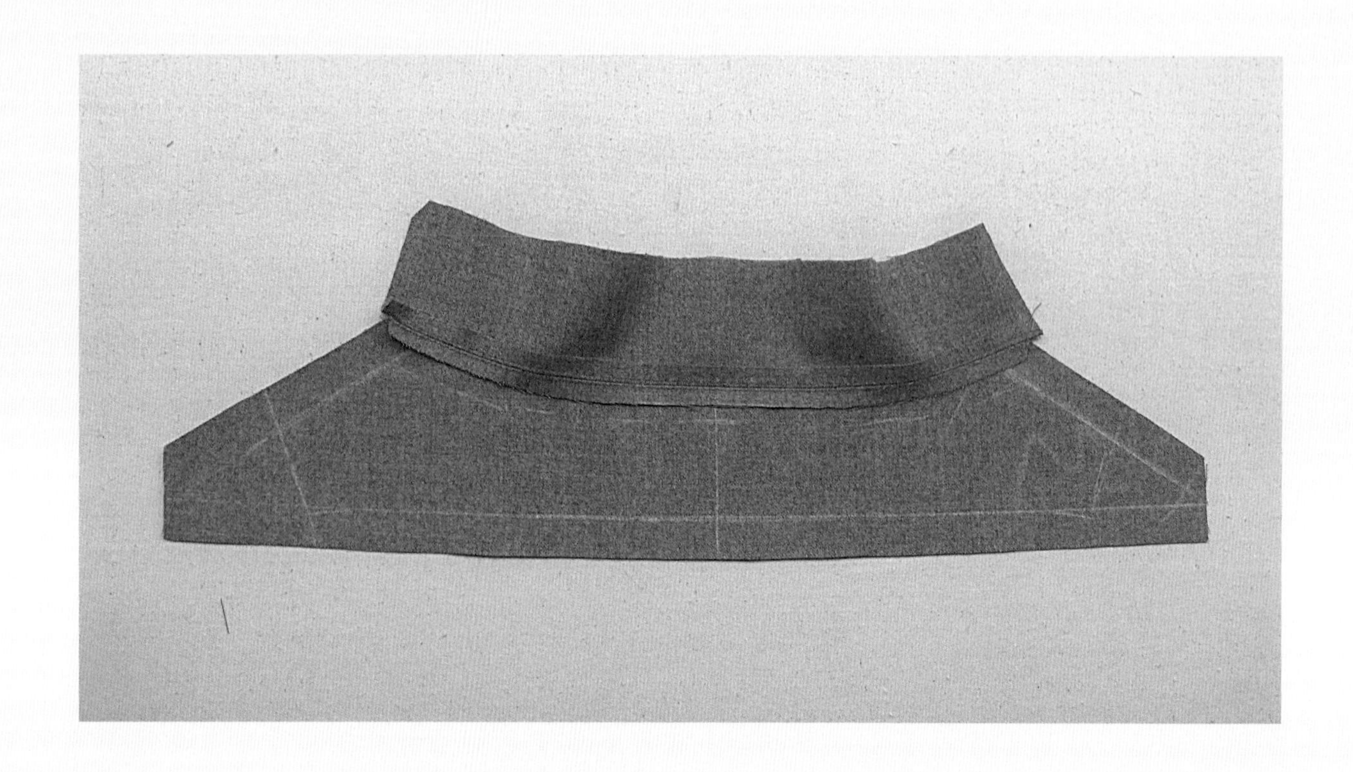

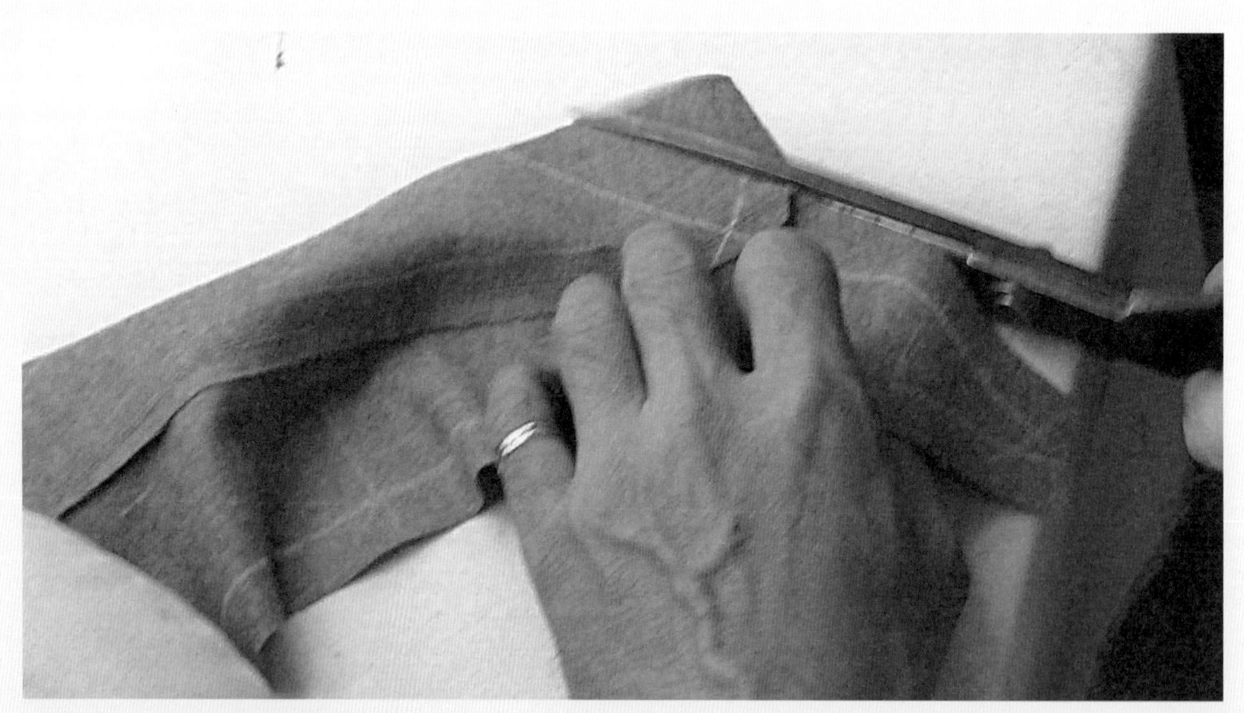

修剪多餘布料，魚口處留 2~2.5cm

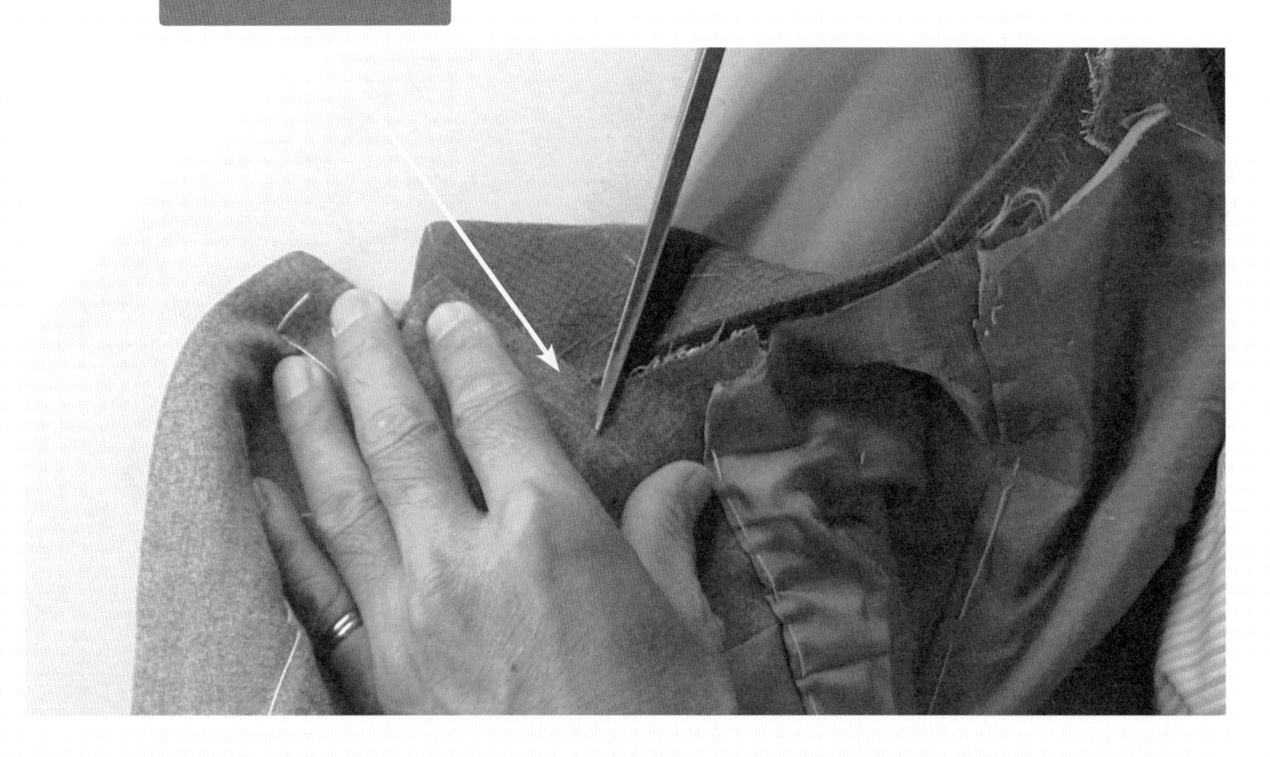

｜疏縫表領｜

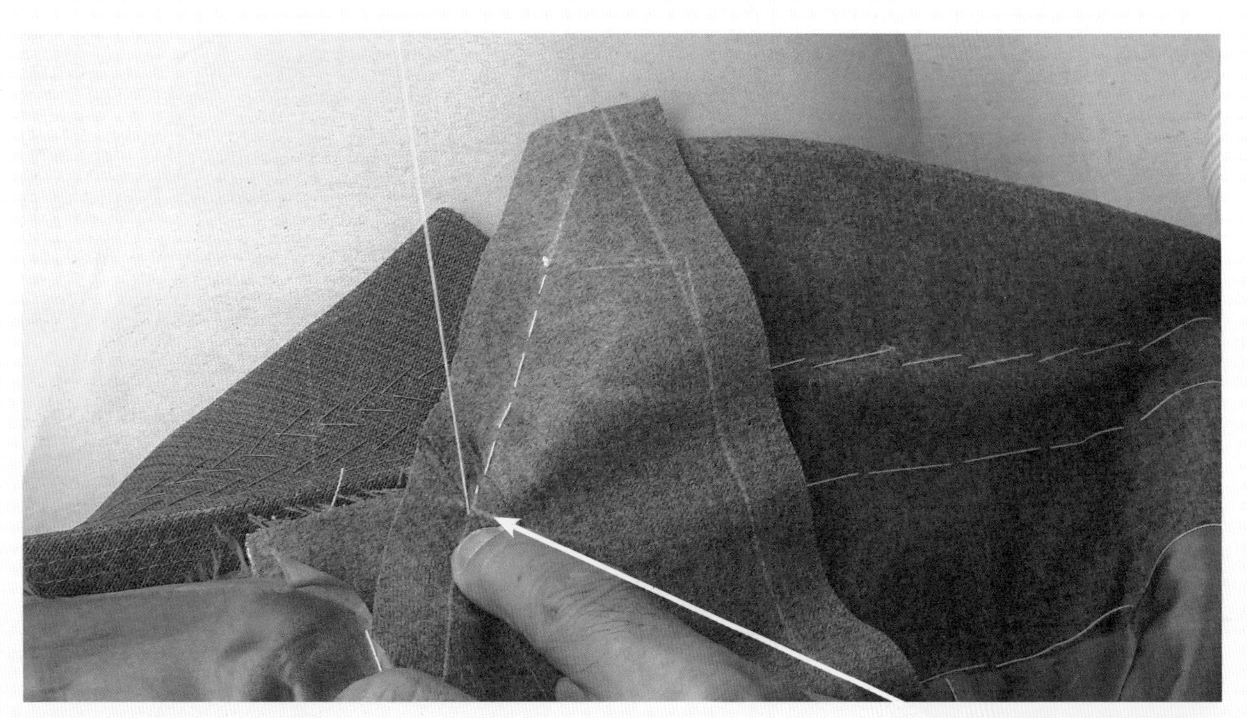

疏縫表領 + 衣身魚口位置

背面疏縫效果

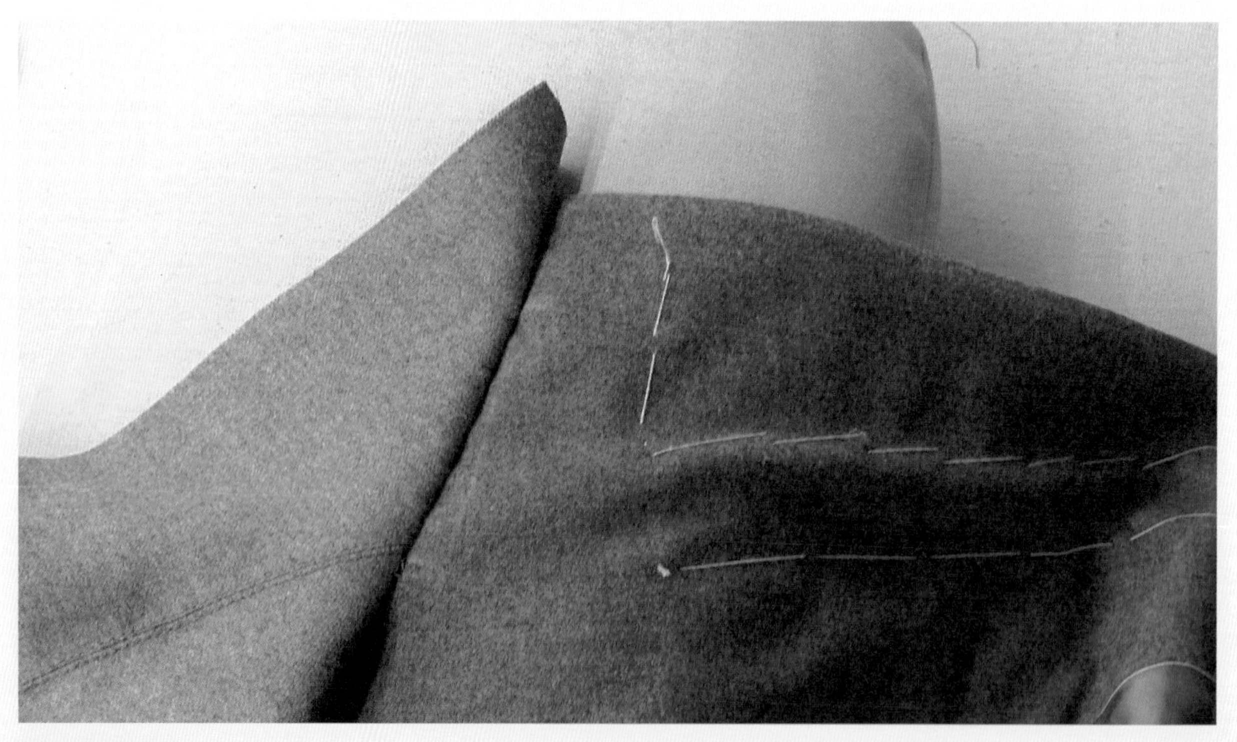

正面疏縫效果

｜魚口縫份處理｜

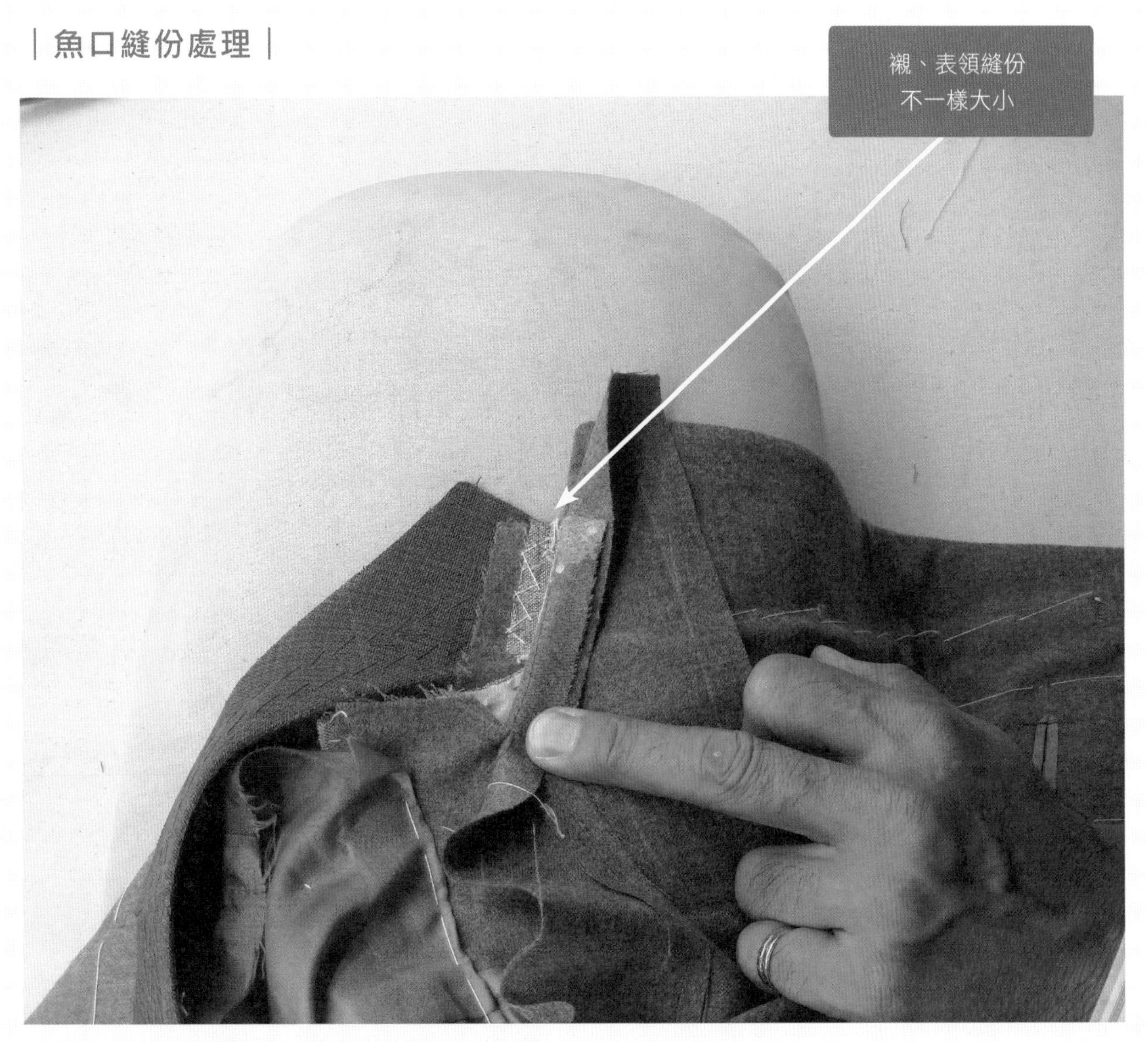

車縫表領，縫份燙開，毛襯千鳥縫固定於裡領

縫份燙開後正面疏縫固定

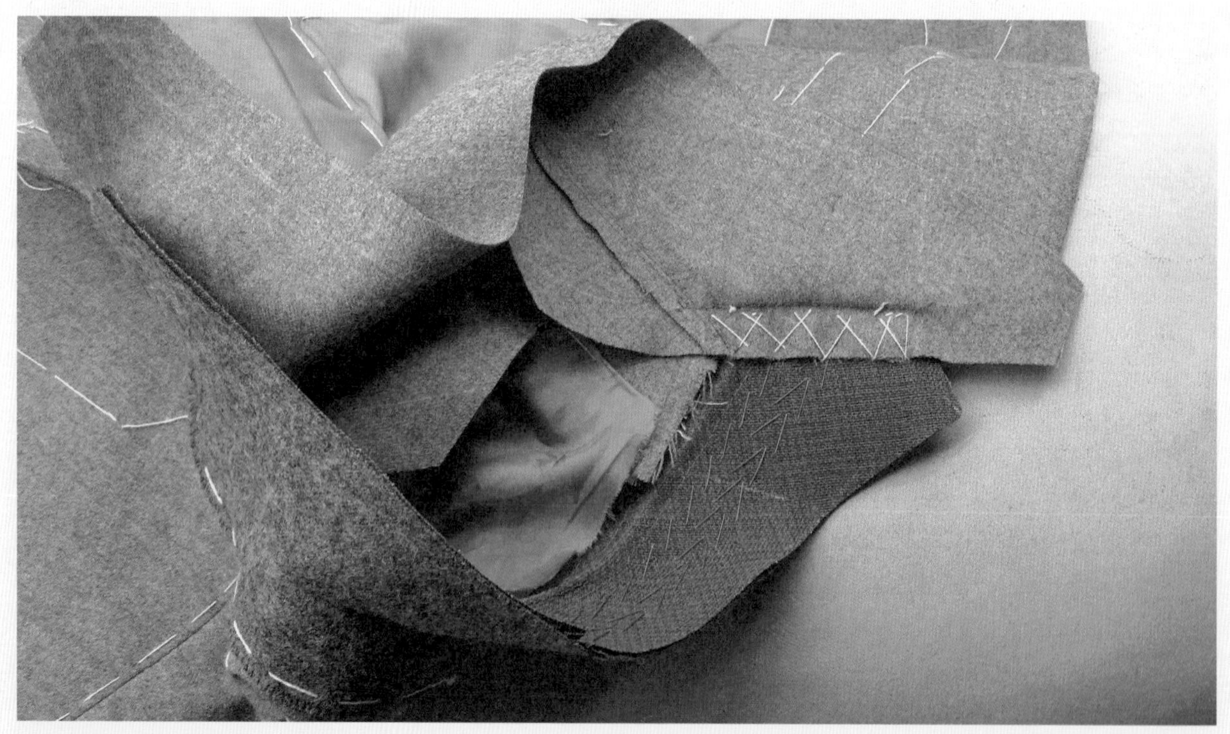

表領縫份千鳥縫固定於裡領

對合後中、後領圍兩邊

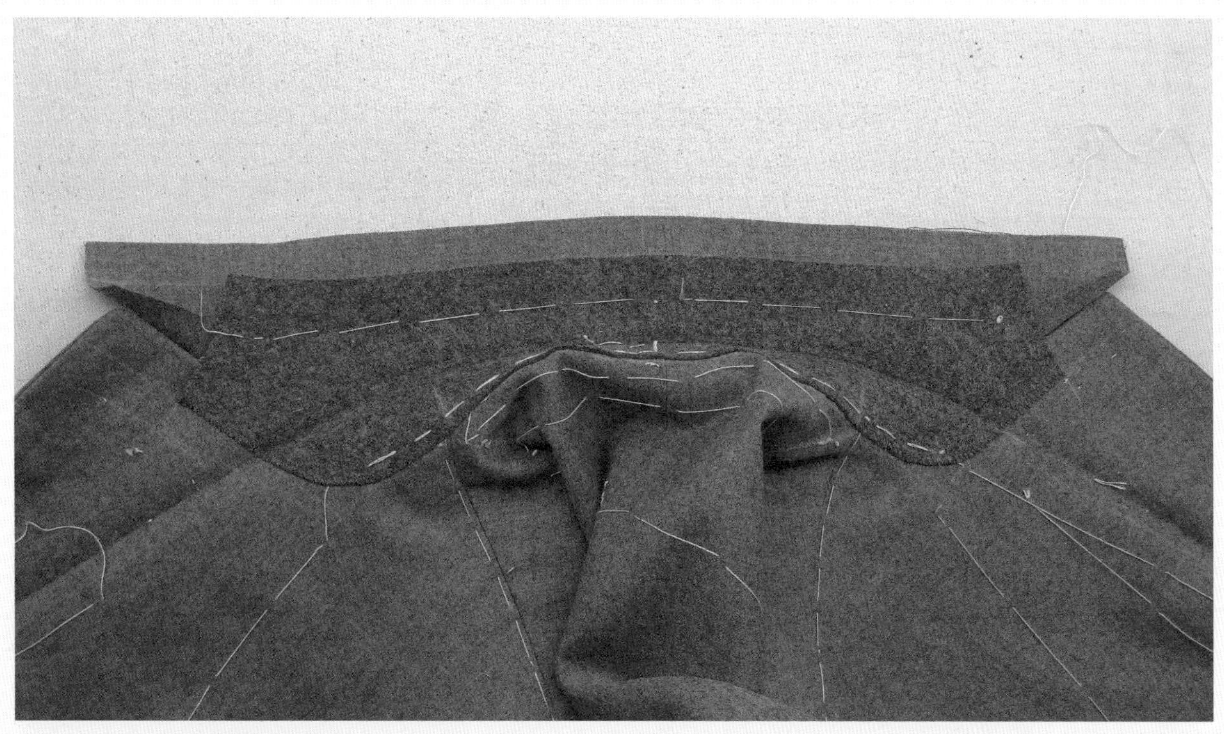

確認表領、裡領鬆緊適中

| 疏縫領外圍 |

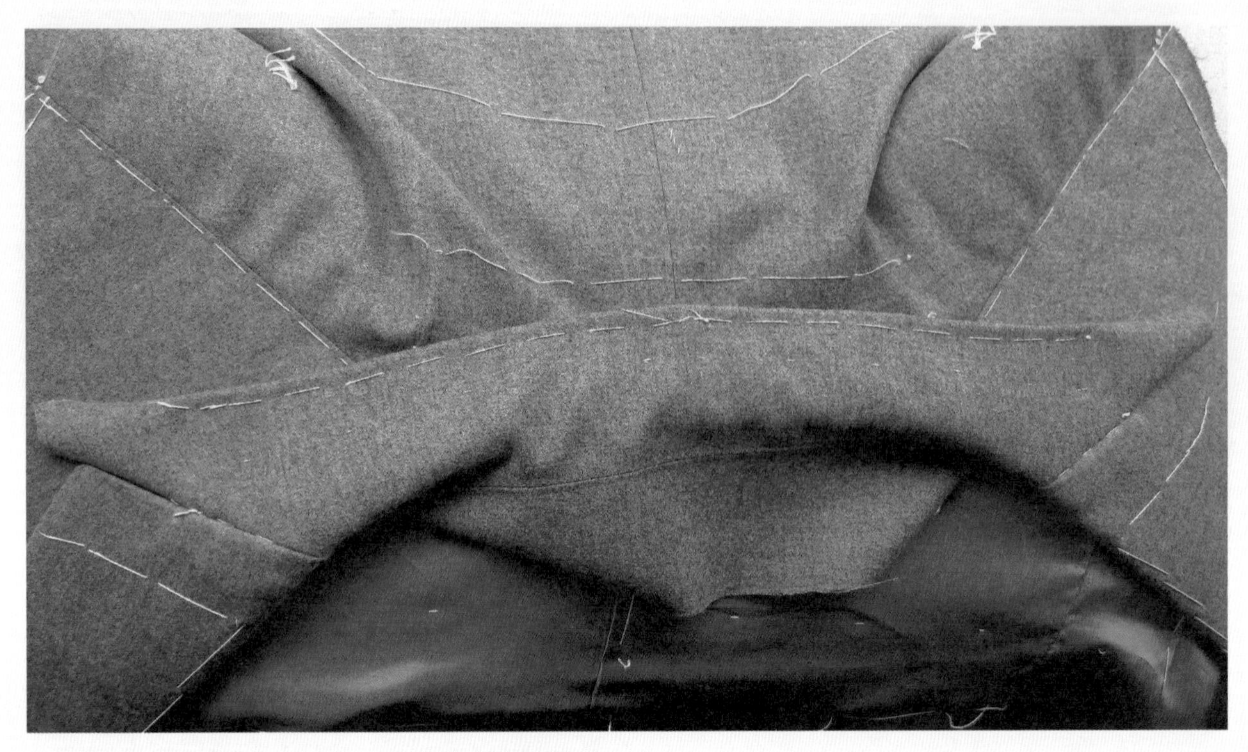

翻折領面包襯疏縫固定縫份，留意曲捲度翻轉量

| 大捲縫固定領折線 |

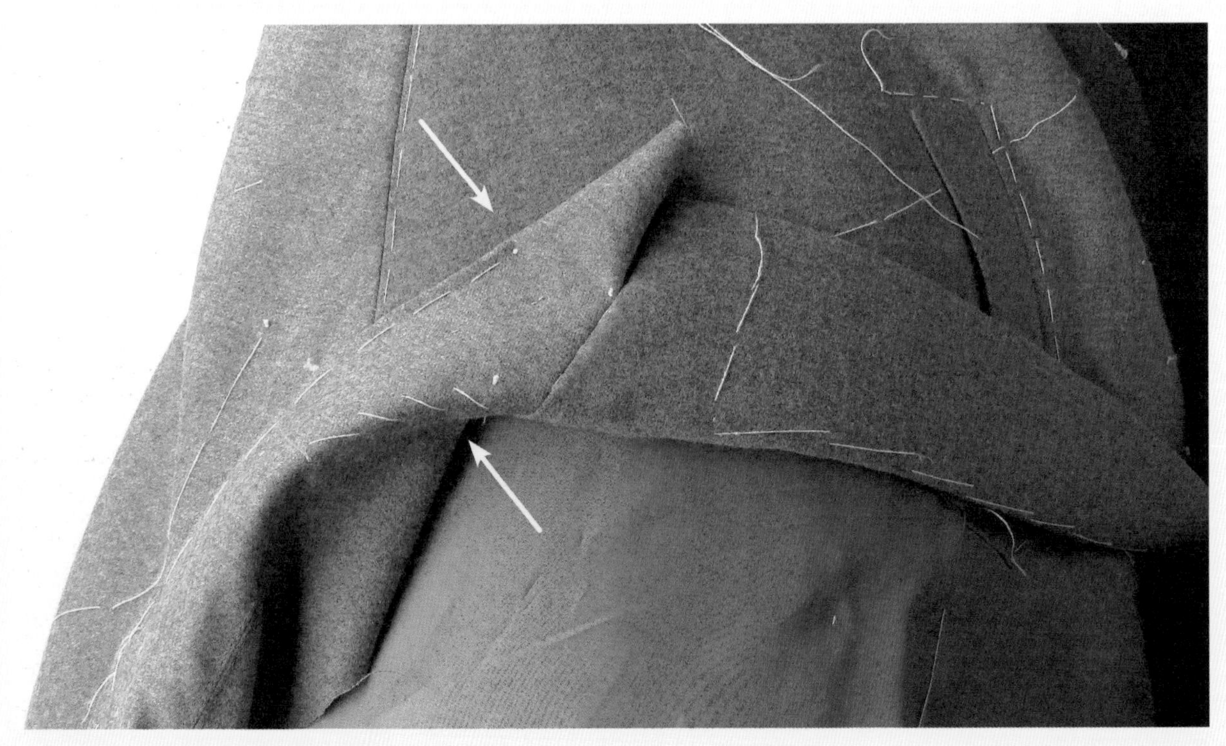

需注意領面曲捲、平整服貼度

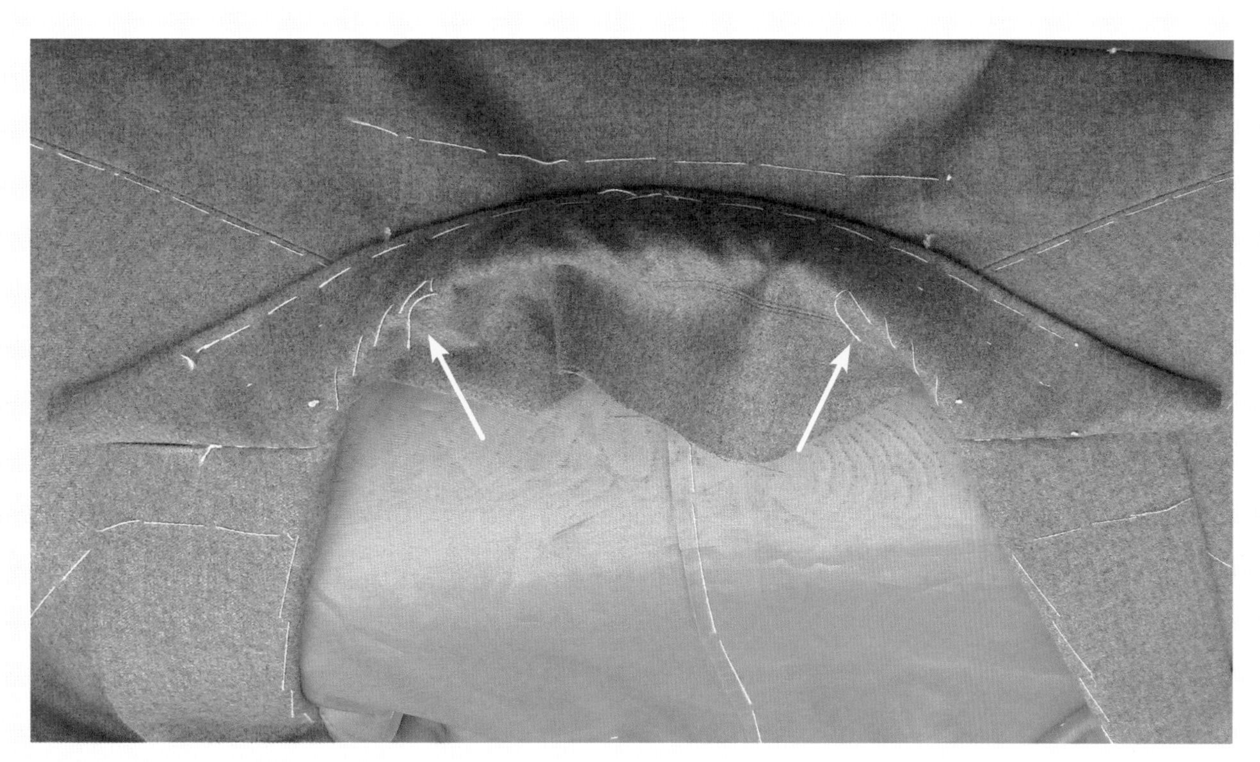

捲縫固定領折線，留意鬆緊度，雙邊固定約 6 cm

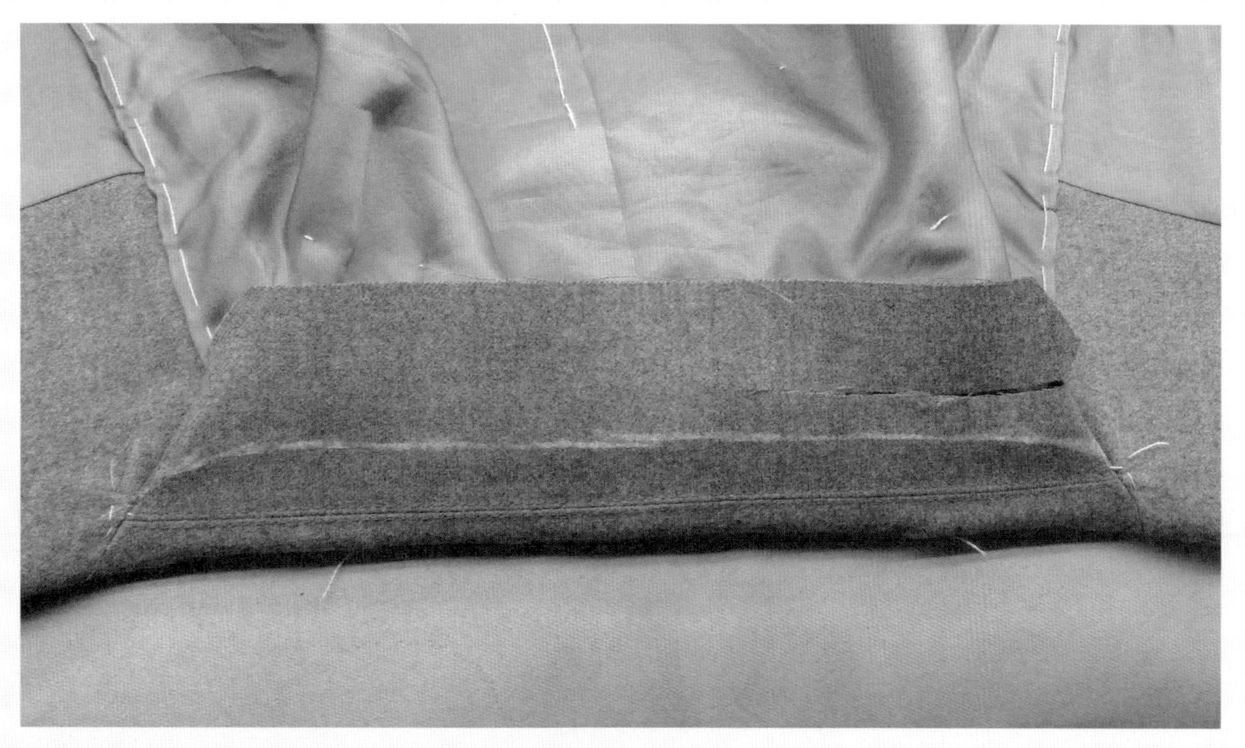

以裡領領台為主，確認表領領台位置，修剪縫份

| 整理領圍 |

以裡領領台為主，確認表領領台位置，修剪縫份

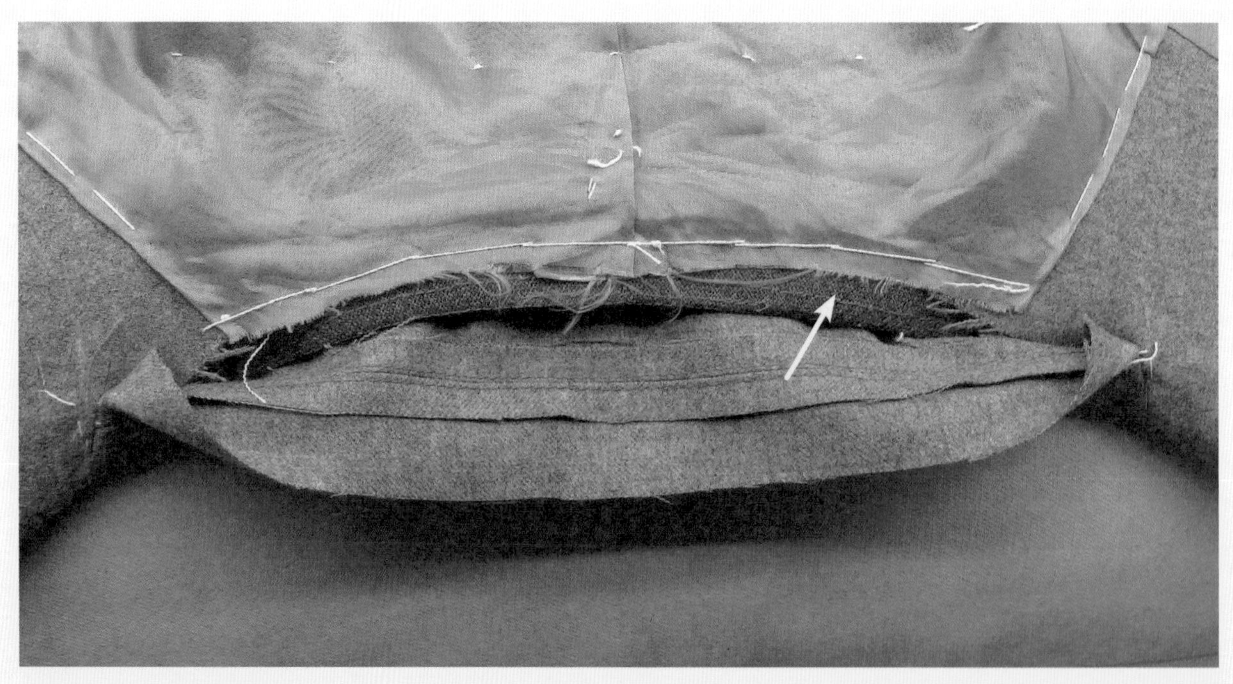

疏縫固定內裡領圍線

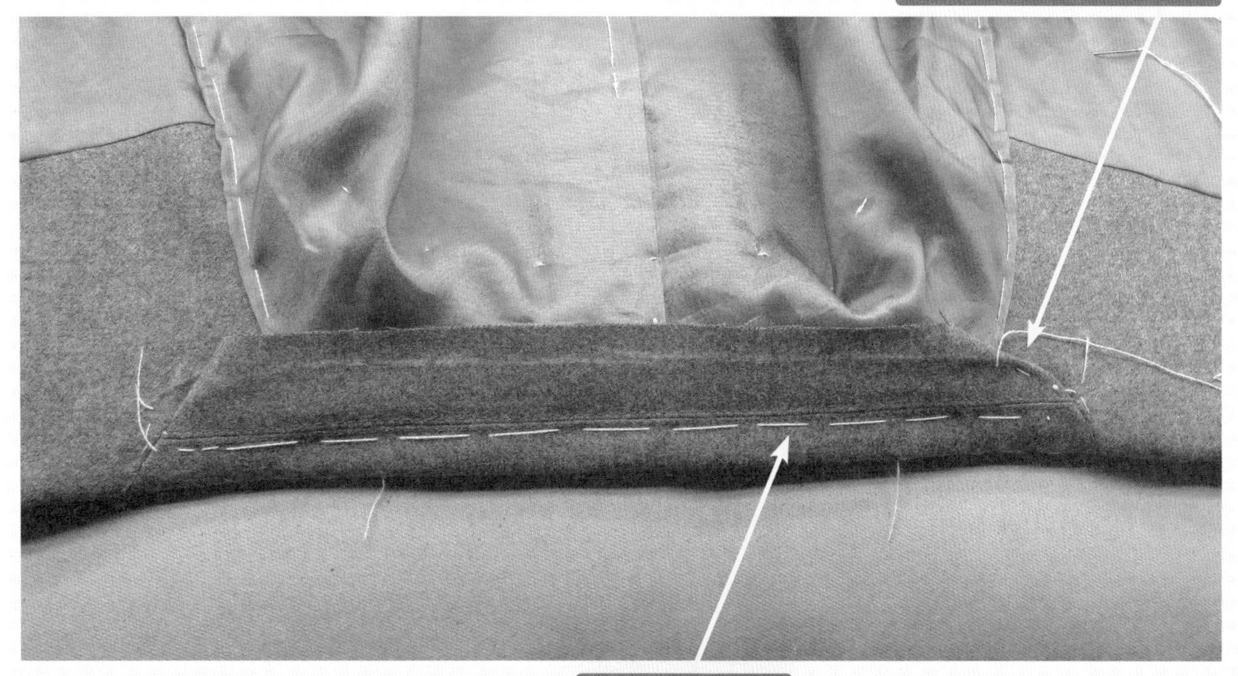

疏縫領台，服貼領折，注意鬆緊適中

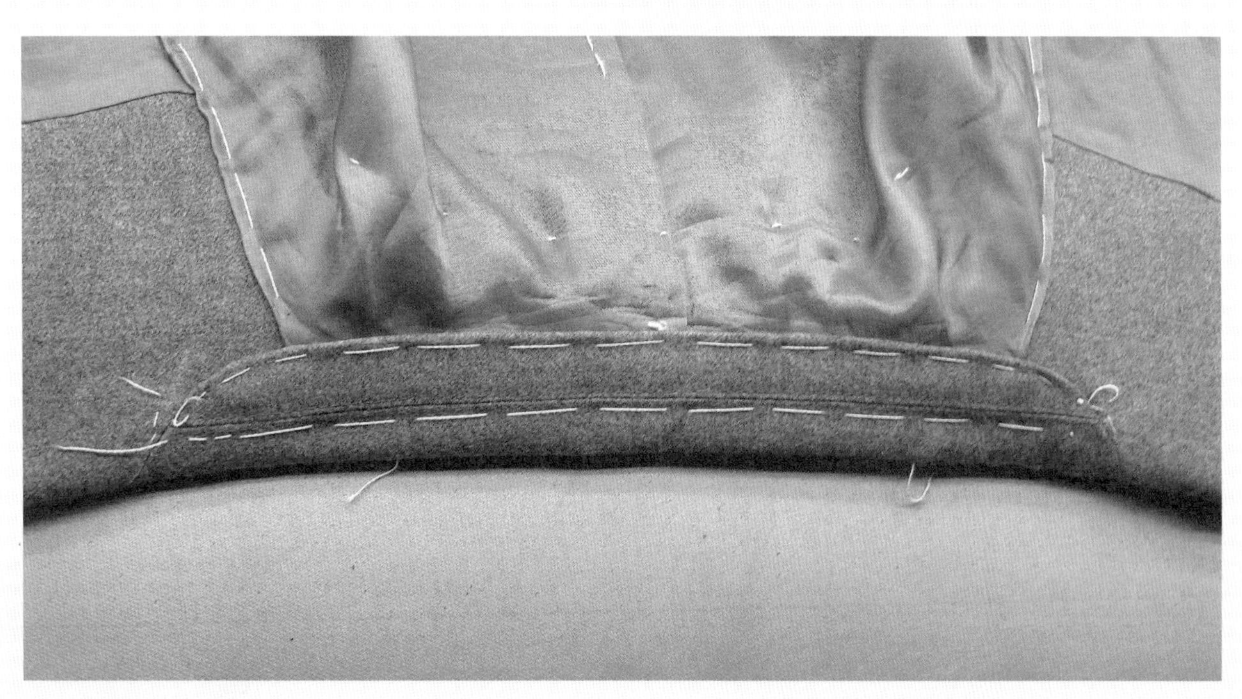

領台疏縫固定後效果

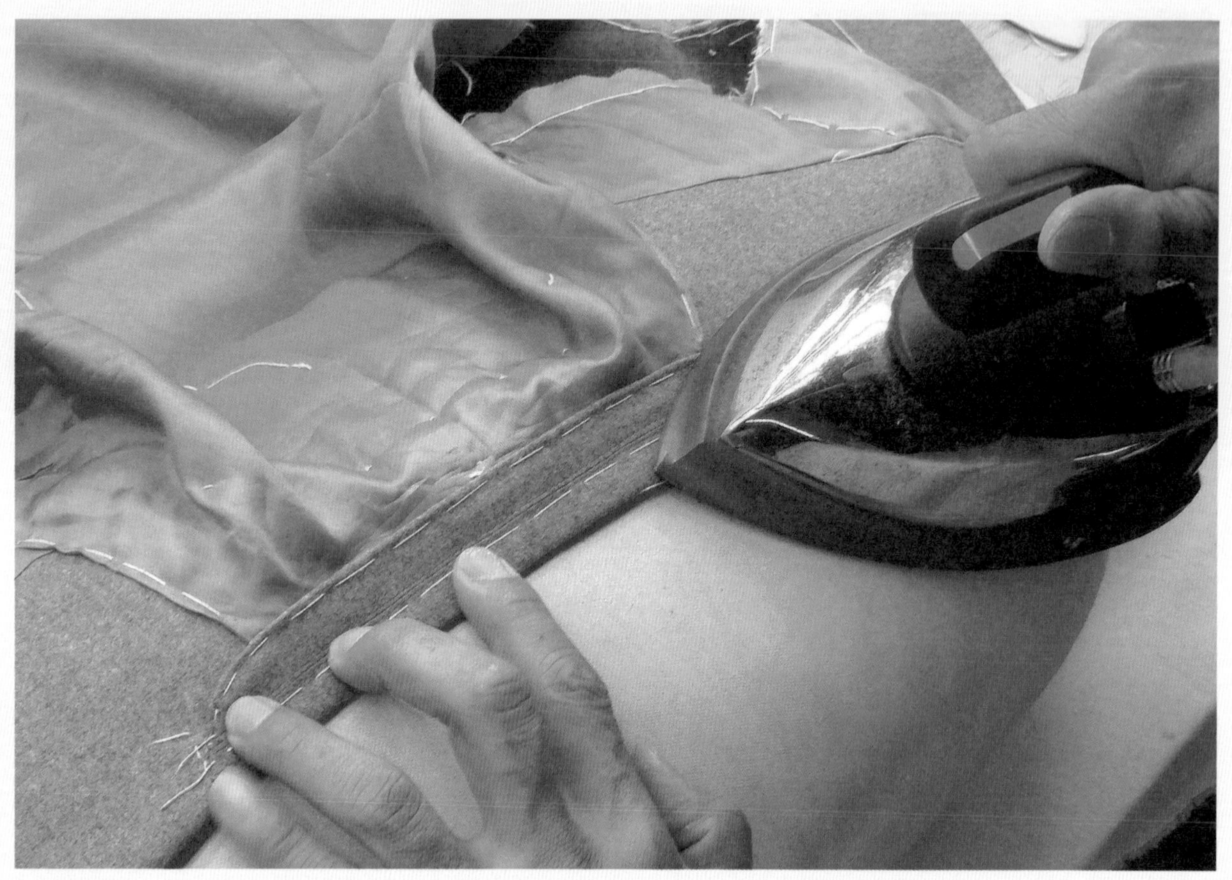

整燙領折線

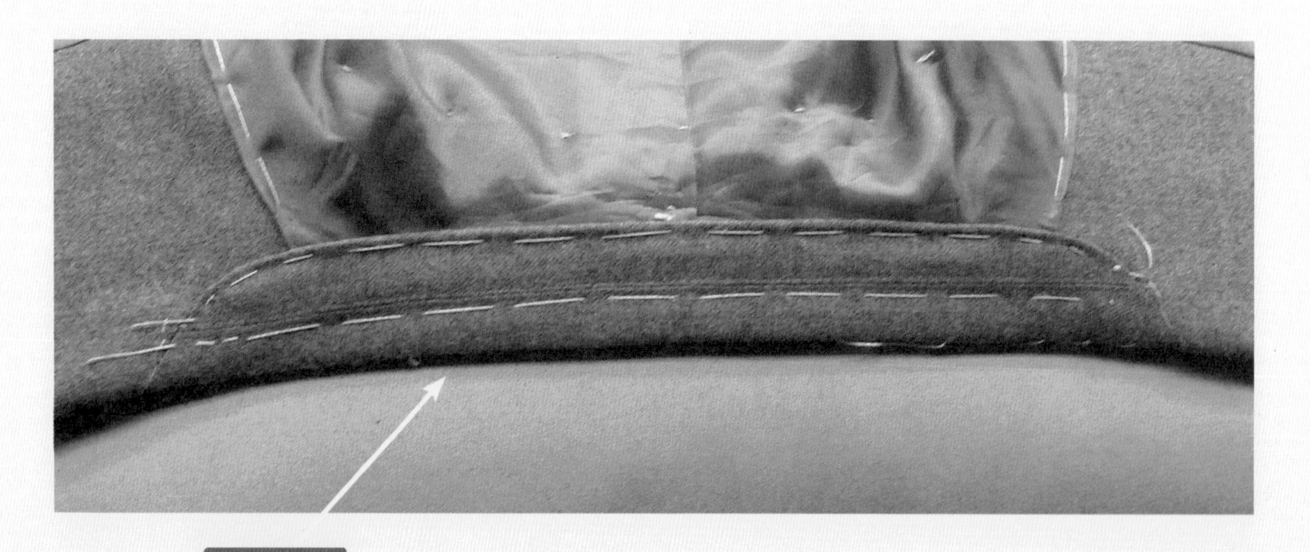

呈直線

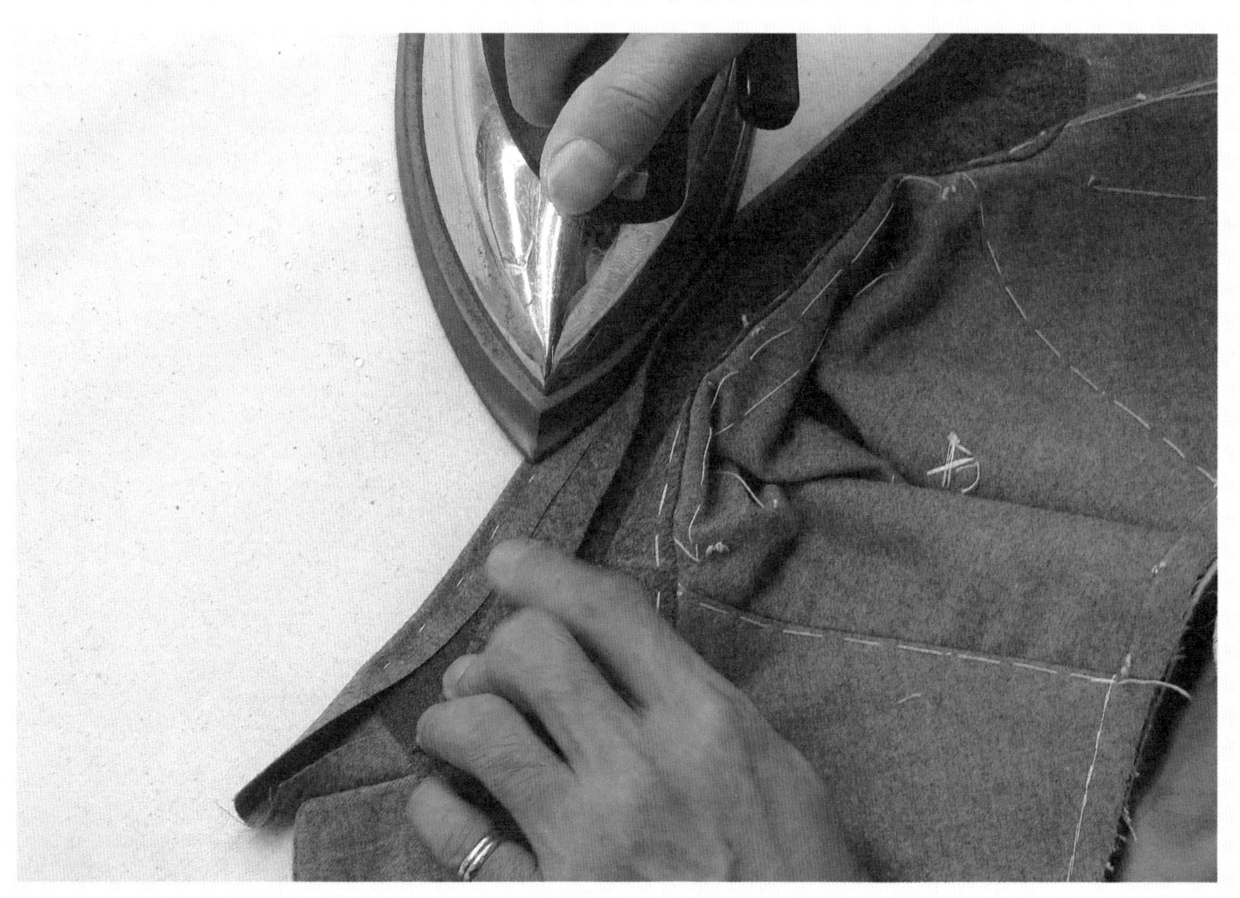

整燙領外圍線

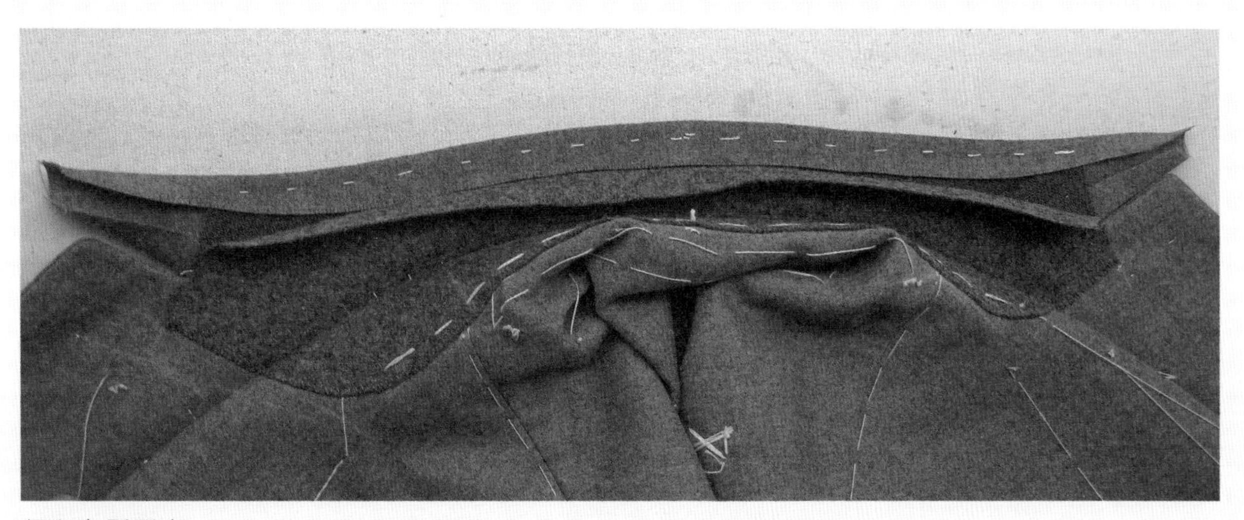

須留意鬆緊度

| 整理魚口 |

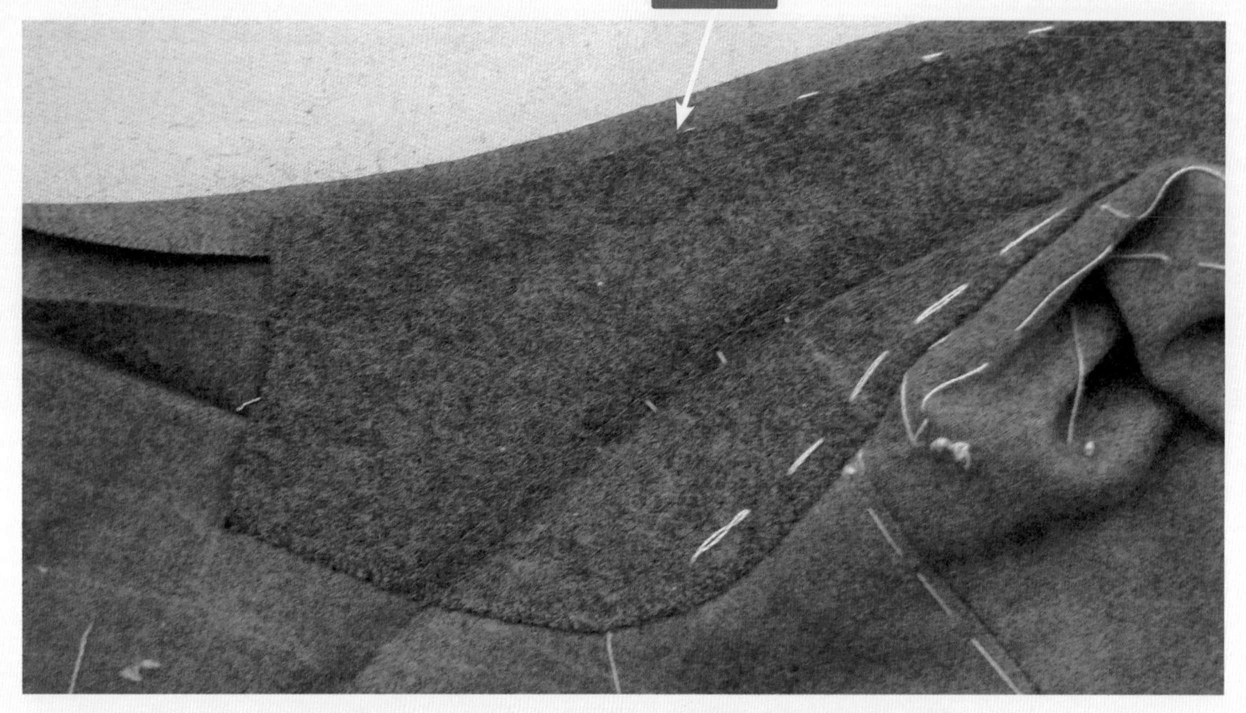

法蘭絨裡領蓋縫份，離邊緣修剪 0.3cm

折燙魚口縫份 2~2.5cm

表領魚口縫份包襯折入疏縫、八字縫固定

表領魚口縫份包襯折入疏縫、八字縫固定

裡領法蘭絨遮蓋縫份

正面整理疏縫

｜領片背面效果｜

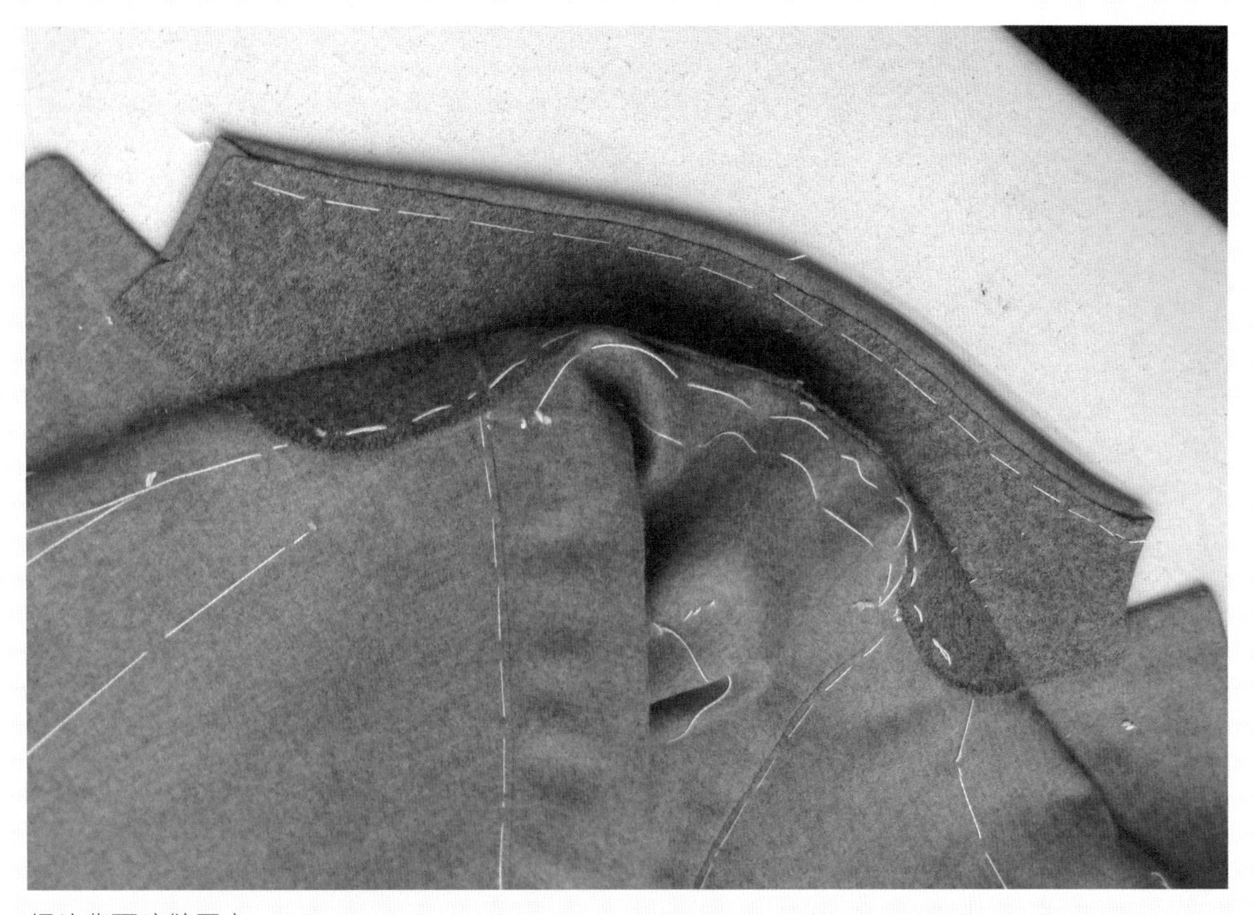

領片背面疏縫固定

捲縫、千鳥縫

Chapter.4

製作袖子

- 西裝袖（二片袖）
- 上袖前確認袖圍
- 袖子內裡
- 複製袖口線、袖叉、縫份
- 符合記號
- 伸縮燙拔
- 袖口襯
- 折燙外袖袖叉、袖口
- 對合內外袖處理
- 整燙袖叉
- 黏合內外袖內裡
- 內外袖組合
- 二片袖表裡組合效果

| 西裝袖（二片袖）|

由內袖、外袖組合而成
外袖大於內袖
呈向前傾筒狀袖形

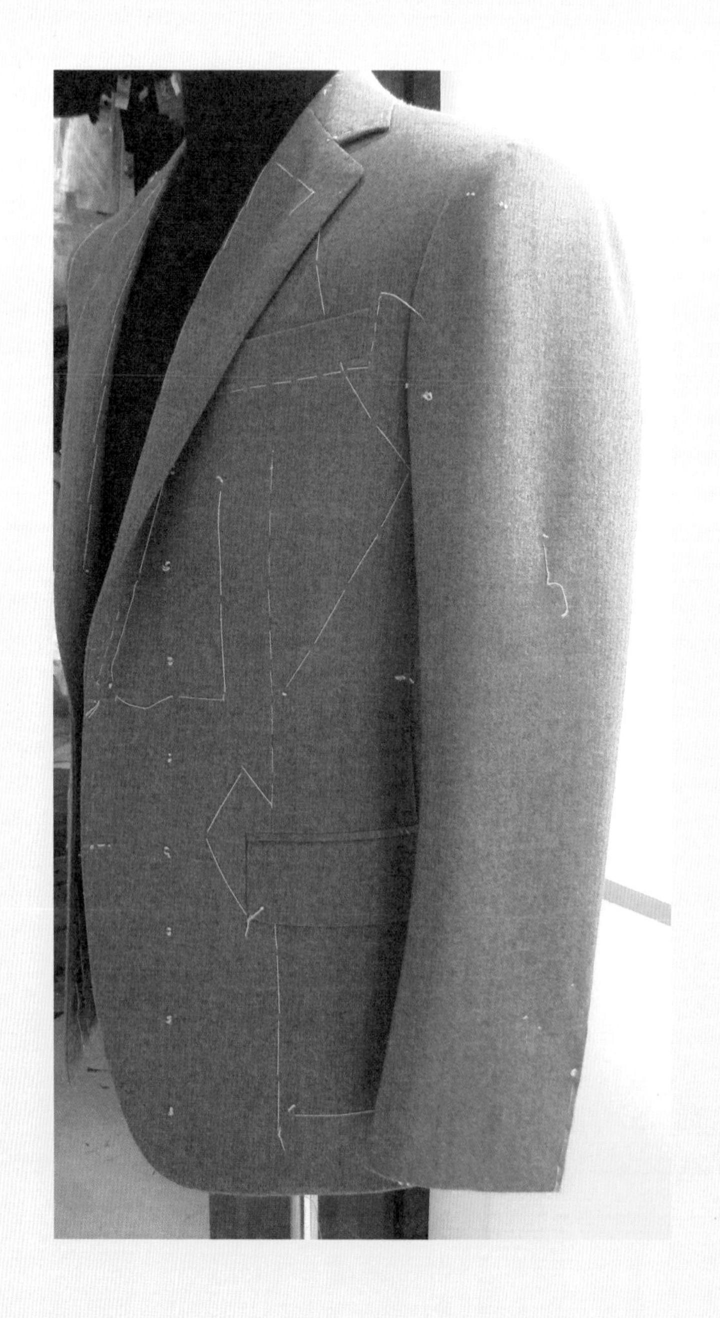

｜上袖前確認袖圍｜

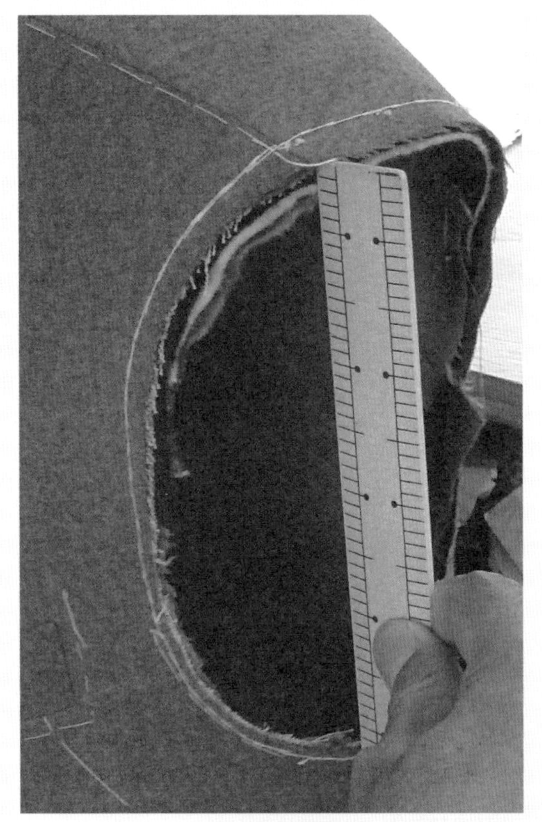

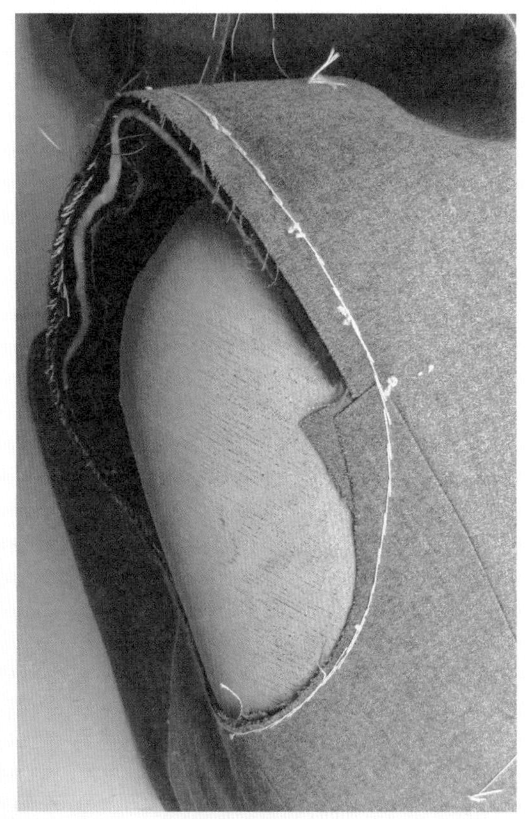

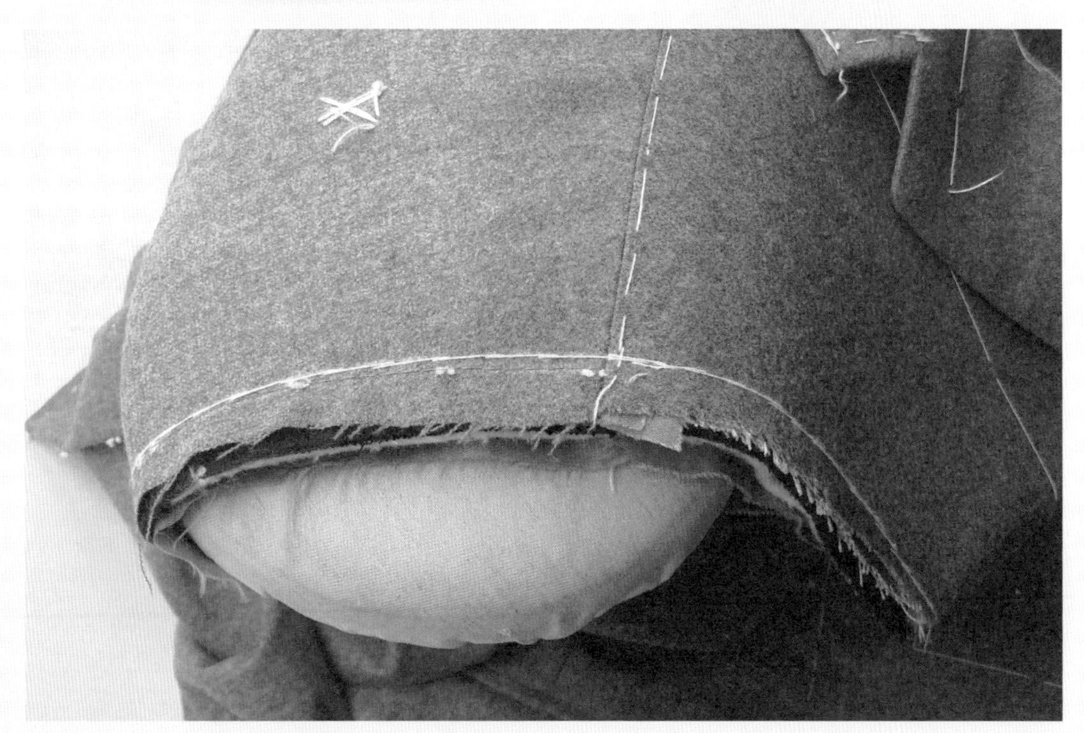

半回針縫於確認的袖圍線
測量袖圍尺寸、確認二片袖袖圍尺寸

｜袖子內裡｜

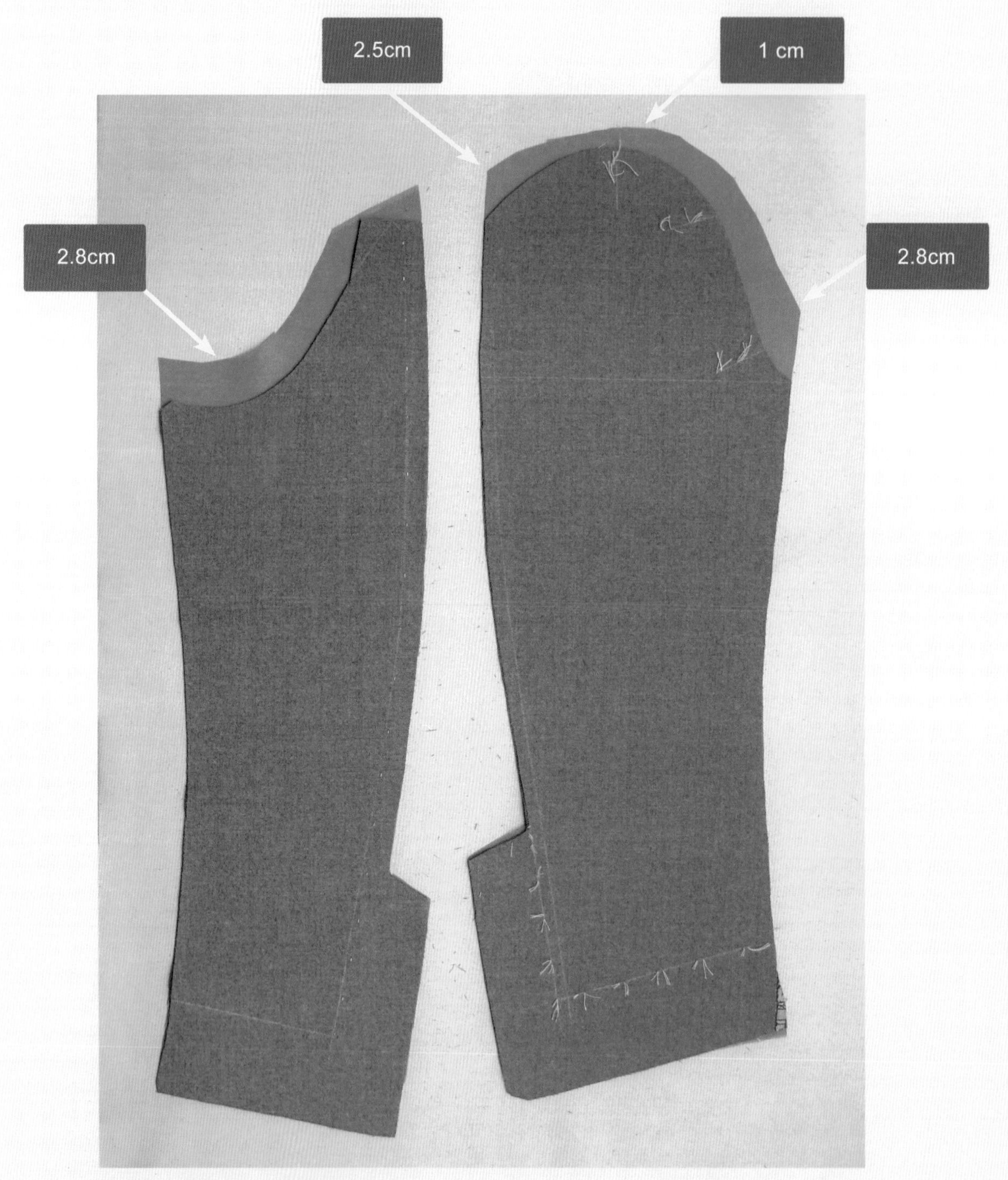

以表袖複製內、外袖內裡

｜複製袖口線、袖叉、縫份｜

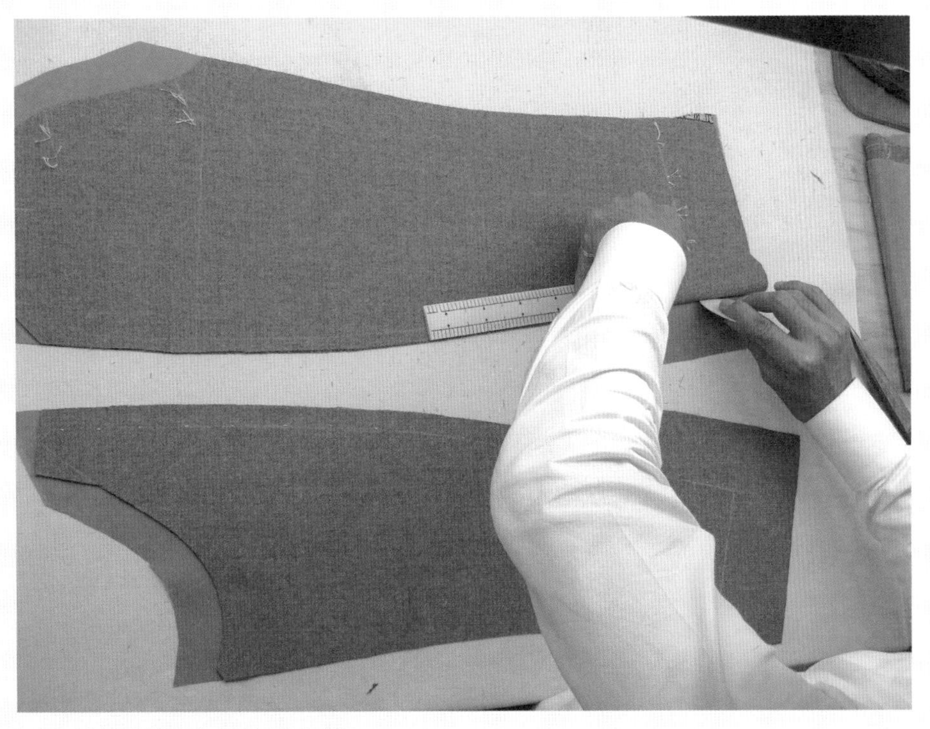

以表袖複製記號至外袖內裡

以表袖複製記號至內袖內裡

| 符合記號 |

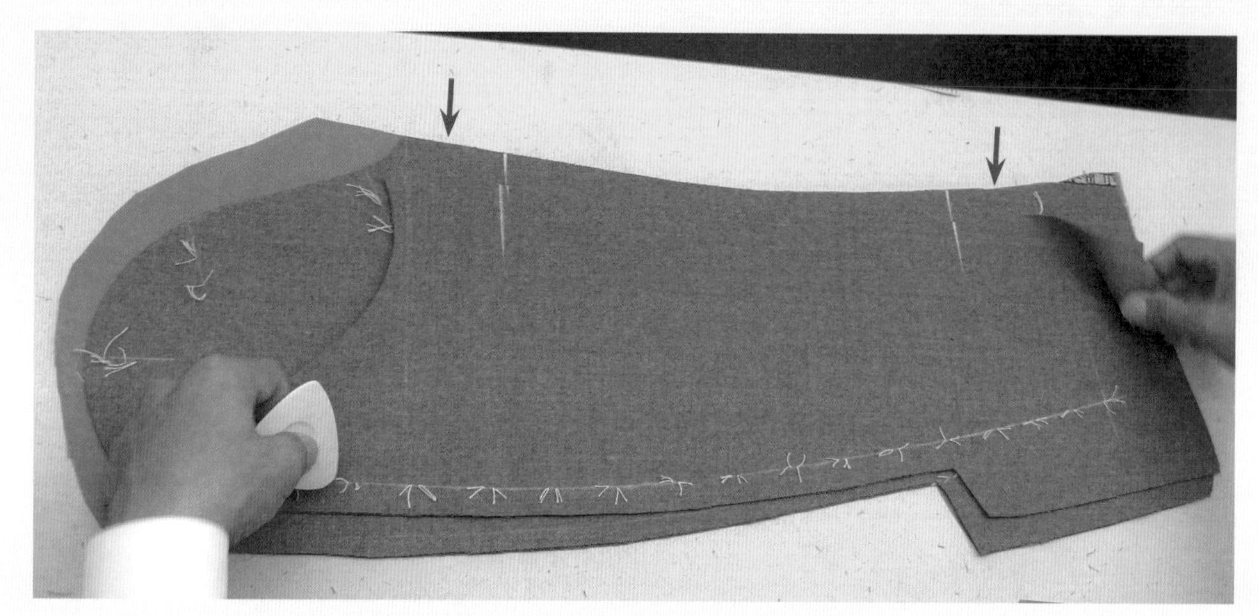

確認位置，上下約 5cm 不須伸縮燙拔

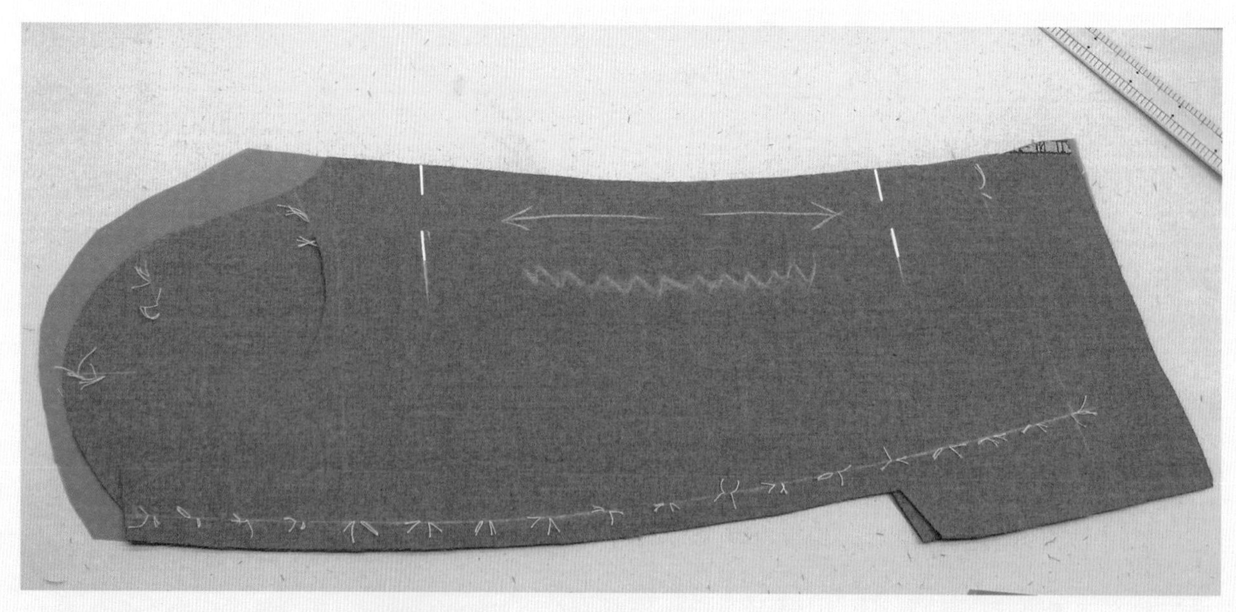

外袖伸燙時拉長 0.3cm、內袖車縫吃針

| 伸縮燙拔 |

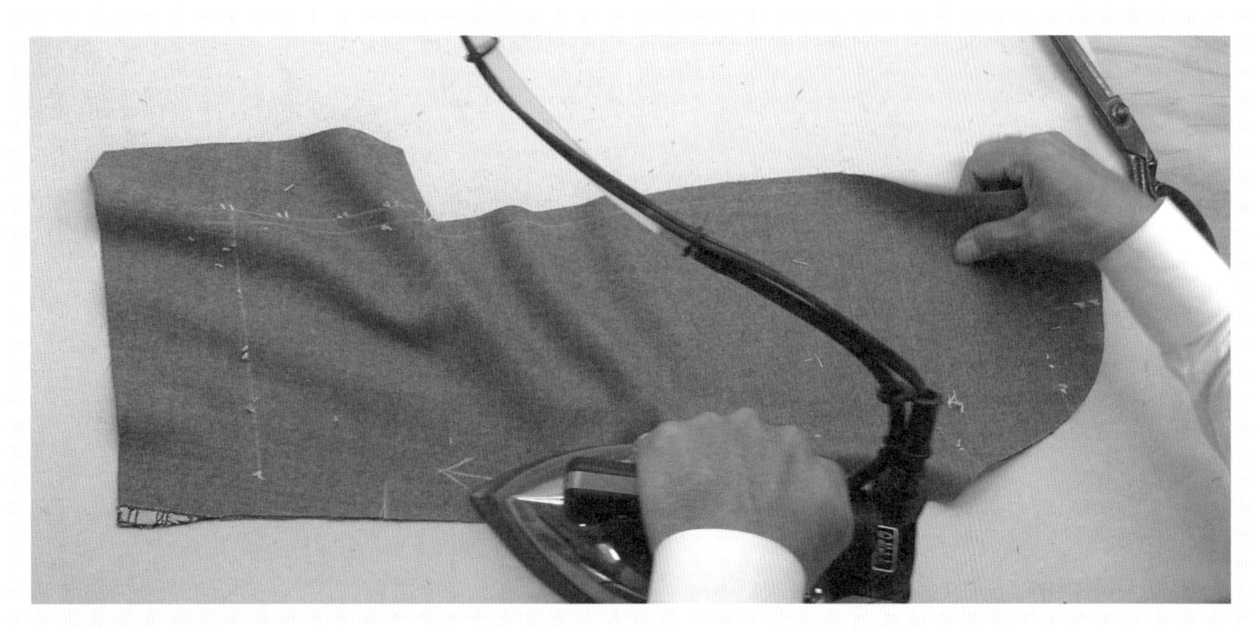

外袖燙拔位置

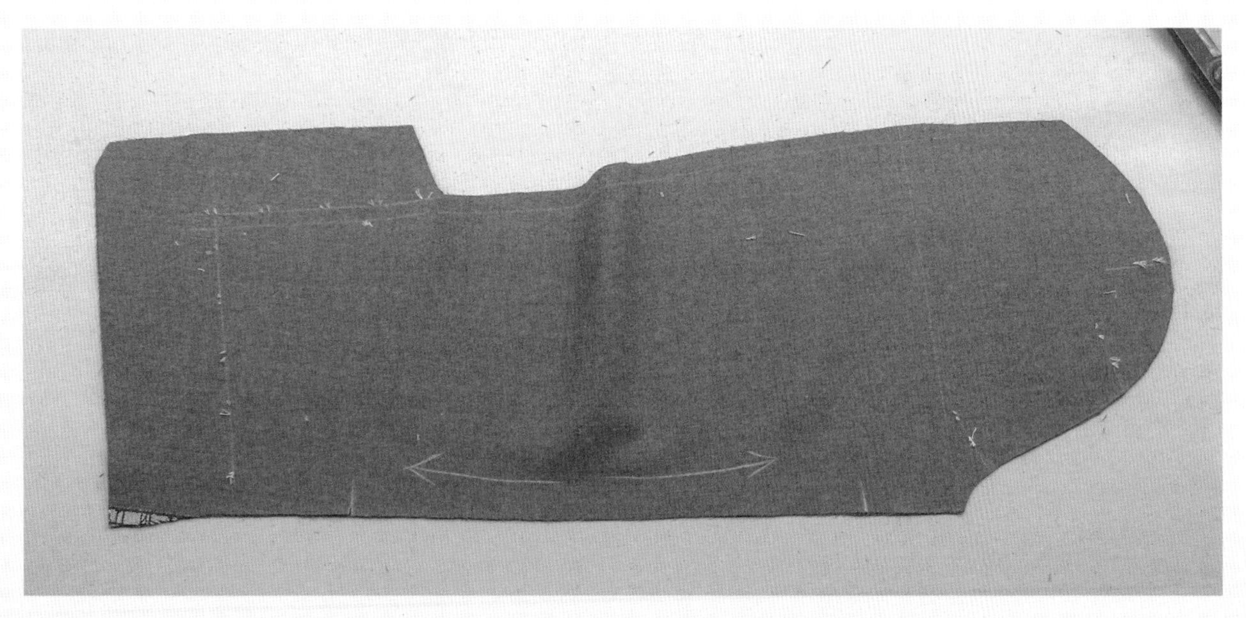

伸燙外袖之內袖下線，伸燙後呈直線

| 袖口襯 |

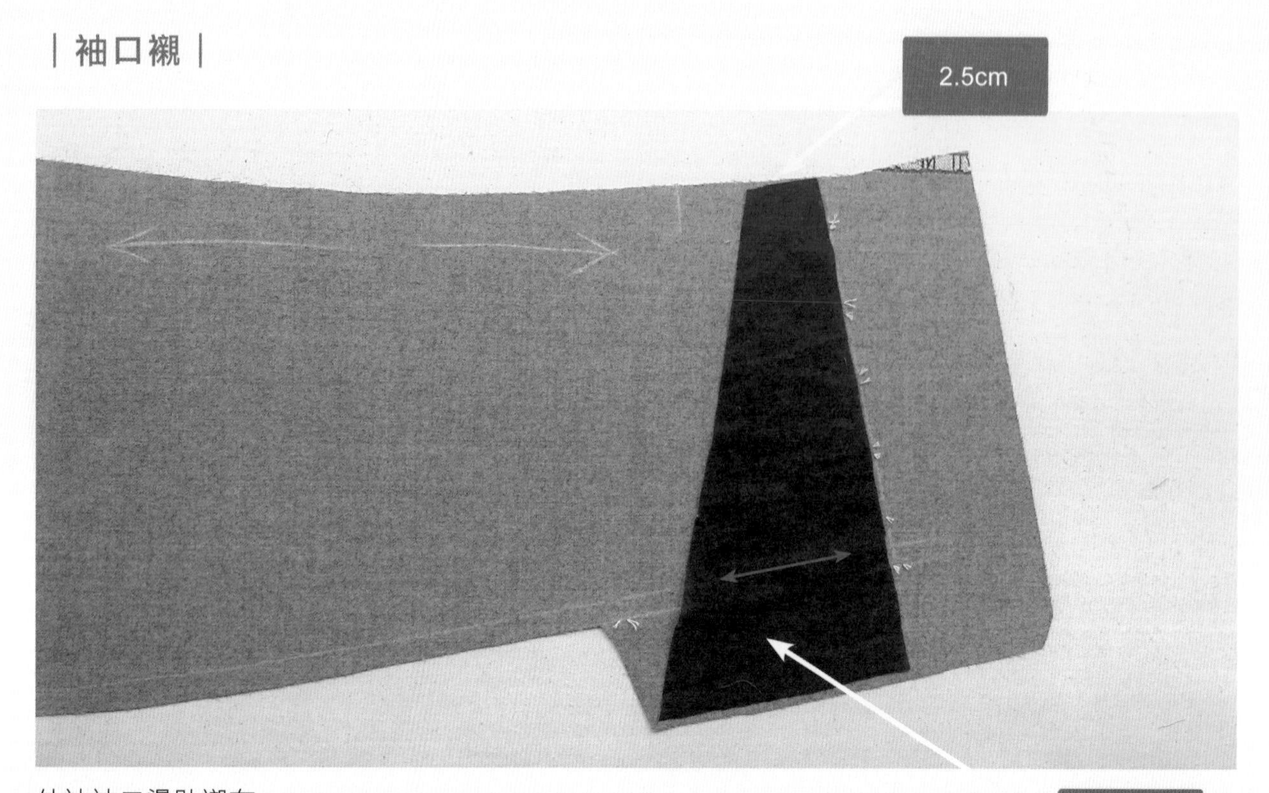

外袖袖口燙貼襯布

| 折燙外袖袖叉、袖口 |

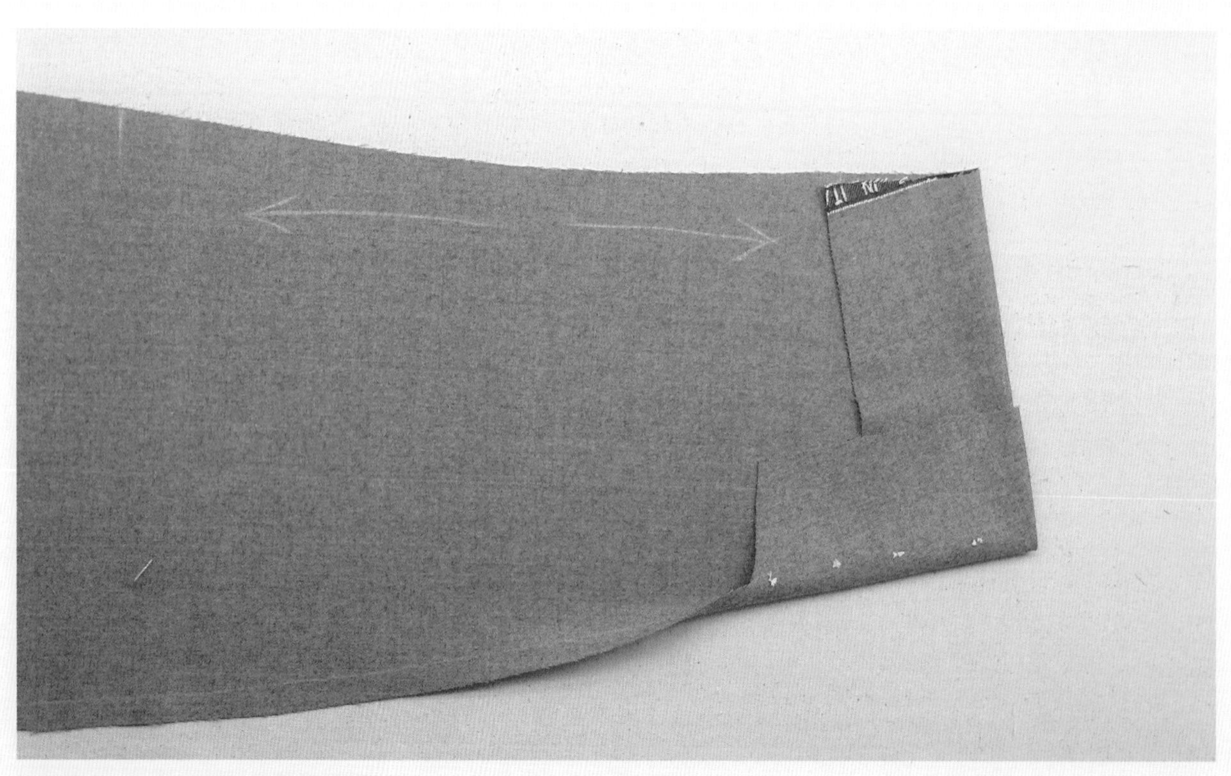

折燙外袖袖叉、袖口呈直角

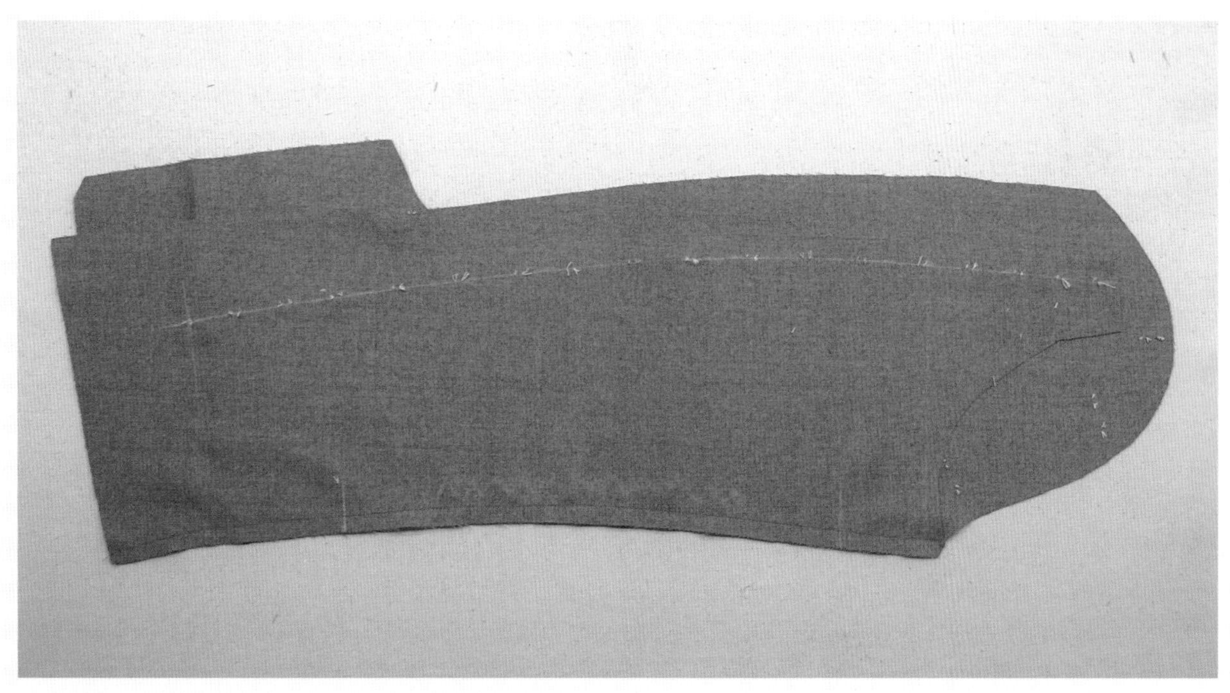

內袖縮燙部份，先以吃針方式與外袖車合

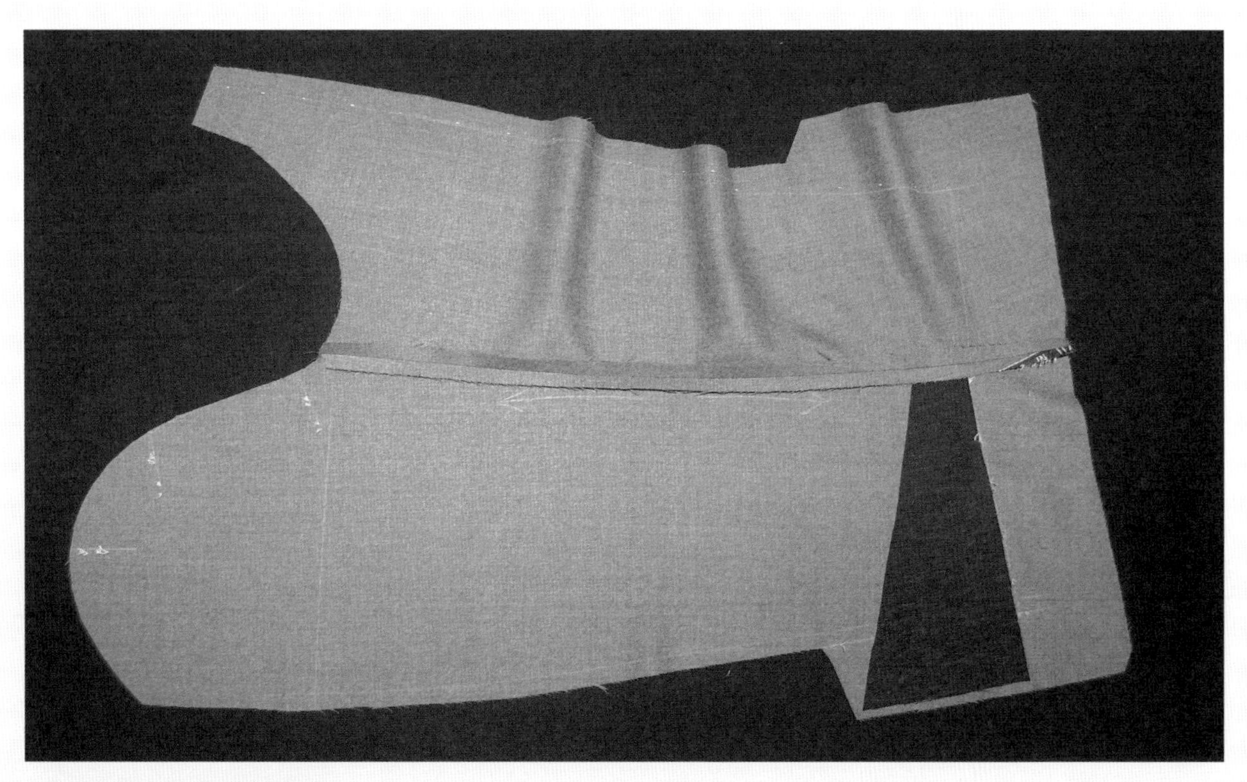

內袖下線車縫後縫份燙開

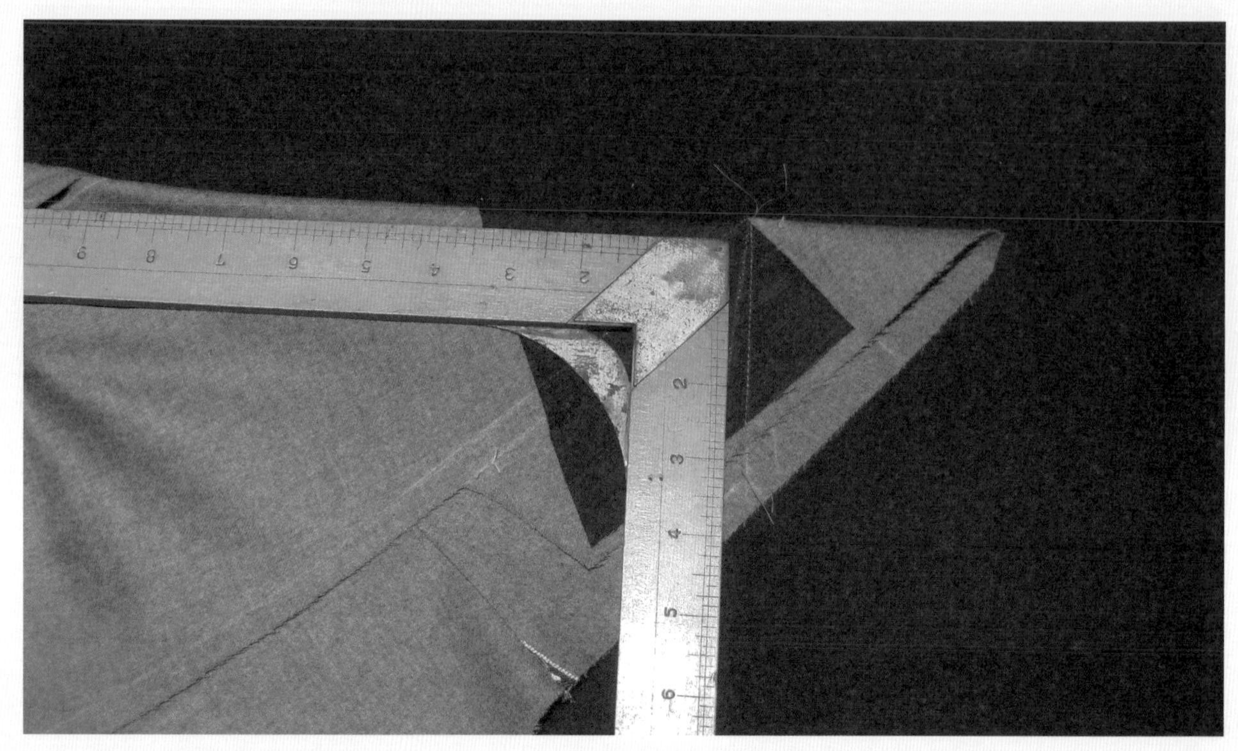

外袖袖叉作 45° 記號並車縫

折燙背面袖叉

折燙背面袖叉

翻出正面完成狀態

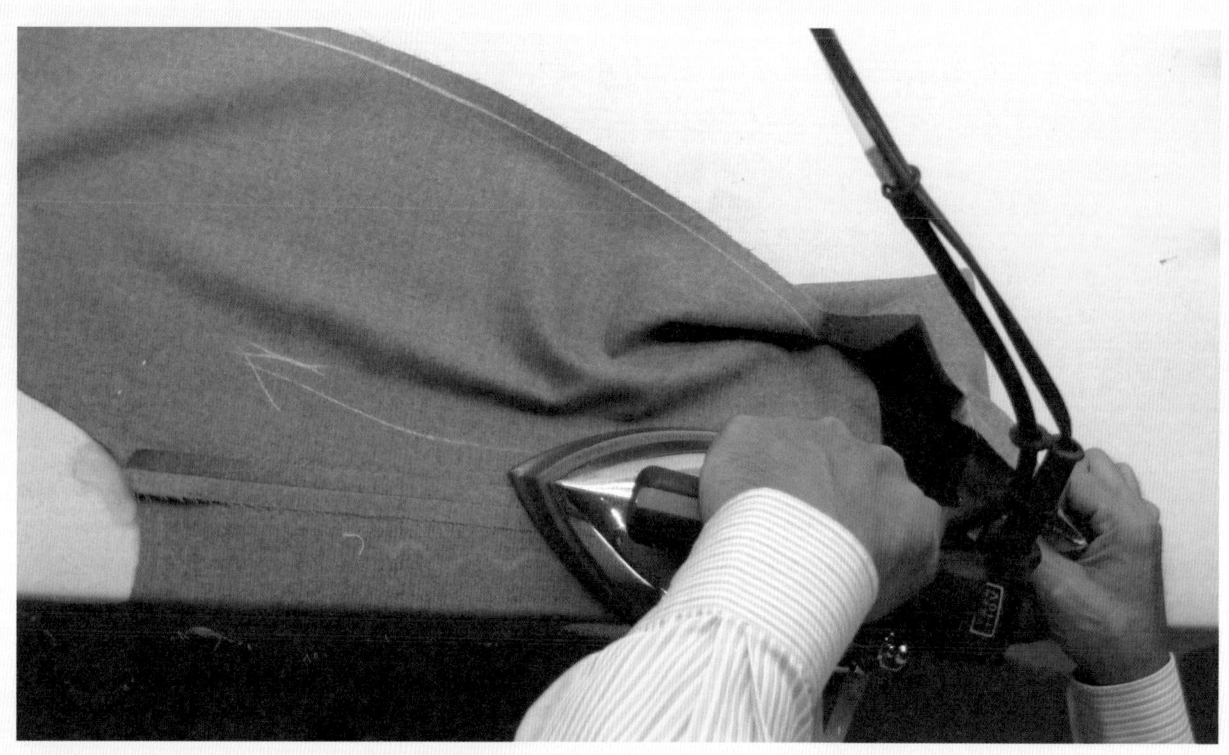

伸燙拉拔外袖與內袖，使袖管曲線弧順

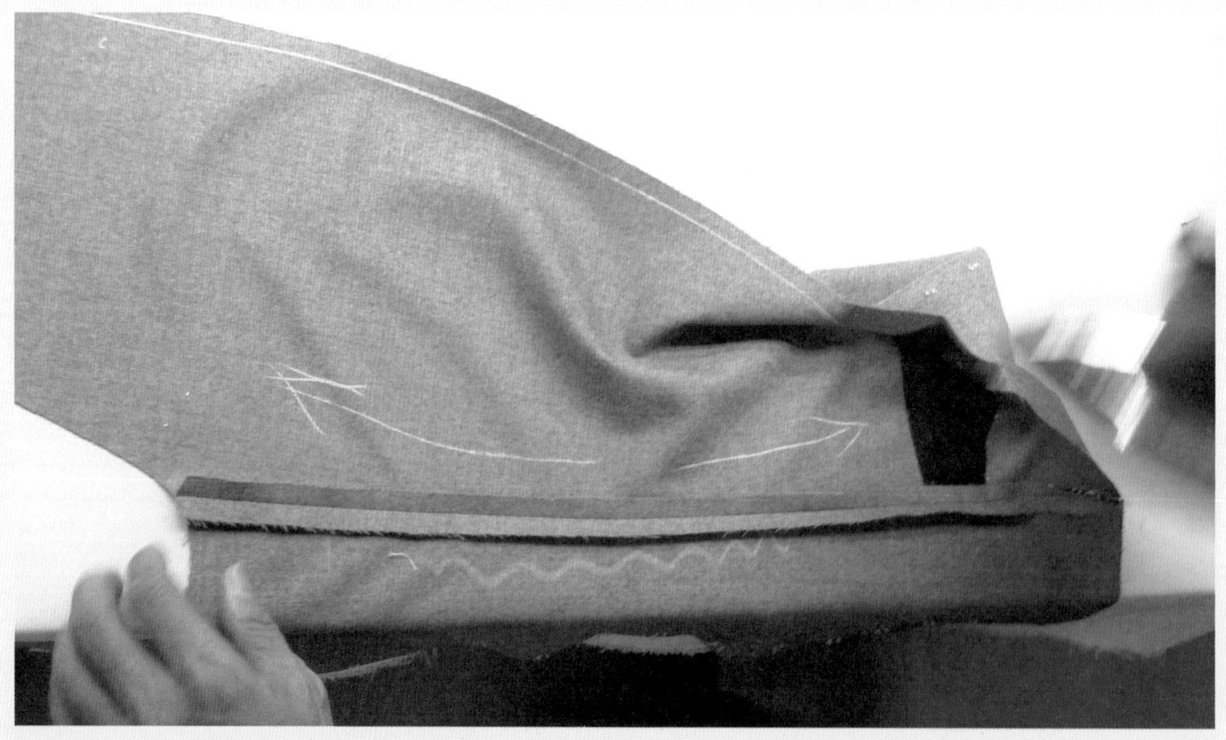

伸燙拉拔外袖，使袖管曲線弧順

｜對合內外袖處理｜

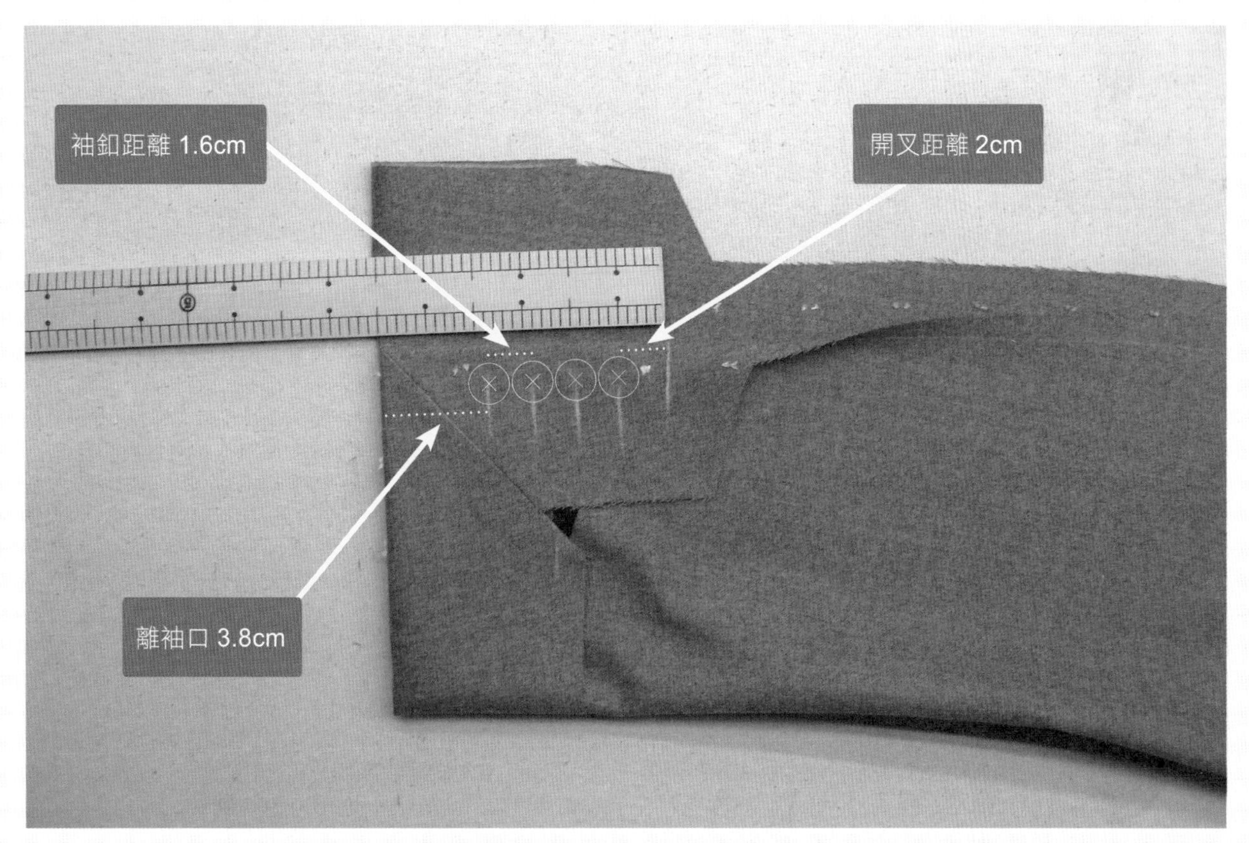

對合內外袖之外袖下線（外袖對內袖線釘），標示袖叉袖釦位置

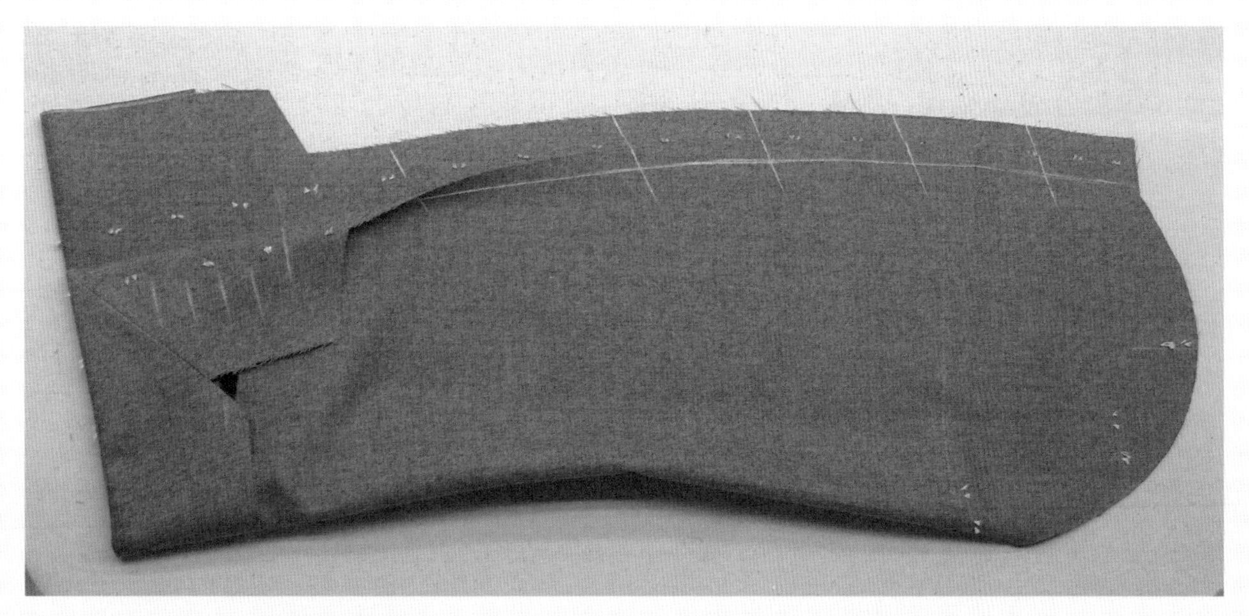

對合外袖下線，作車縫符合記號

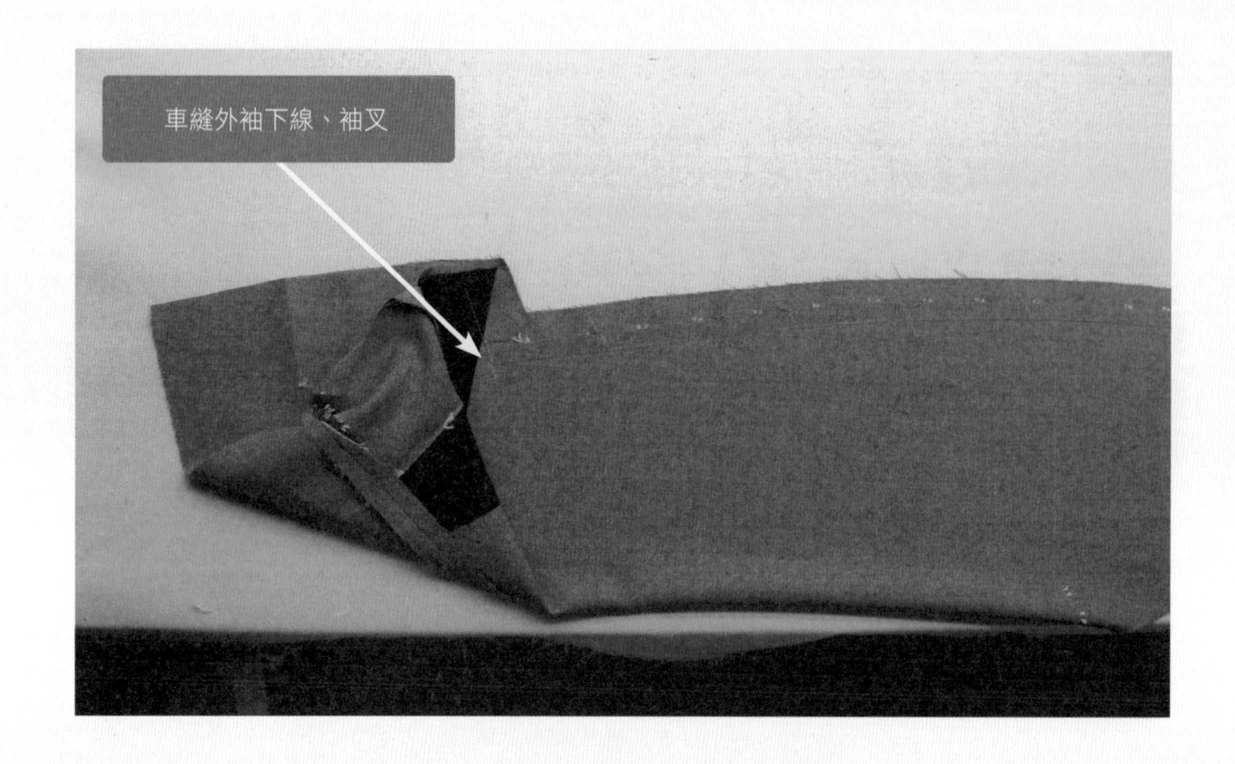

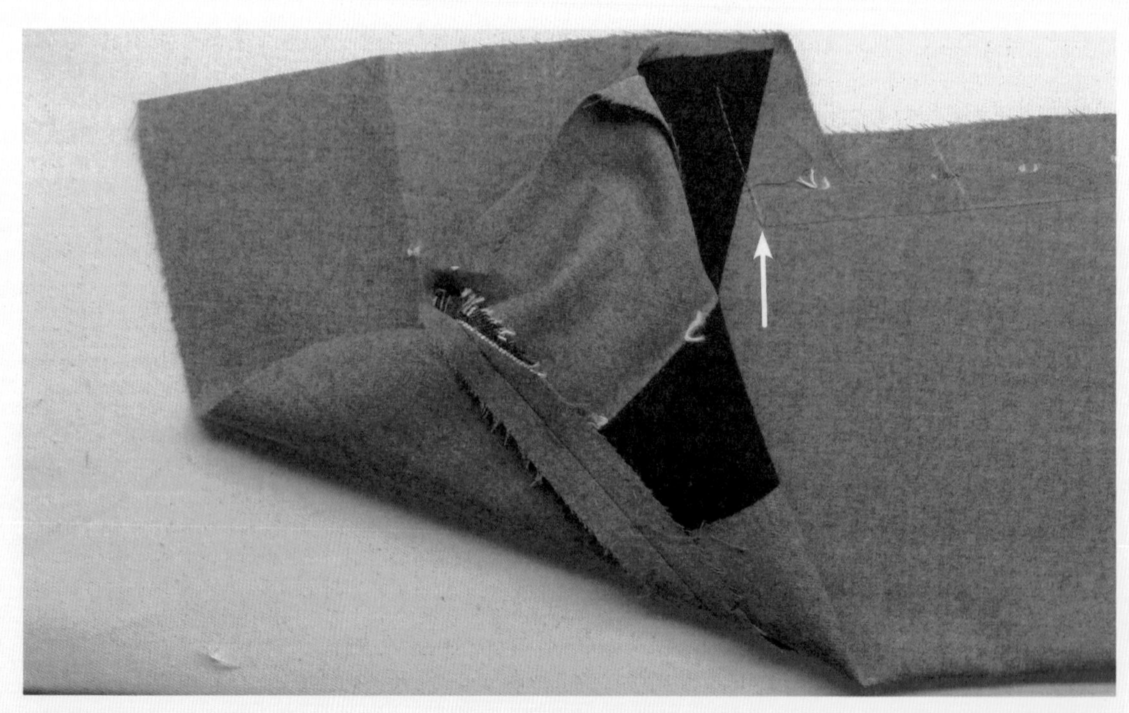

車縫外袖下線、袖叉完成

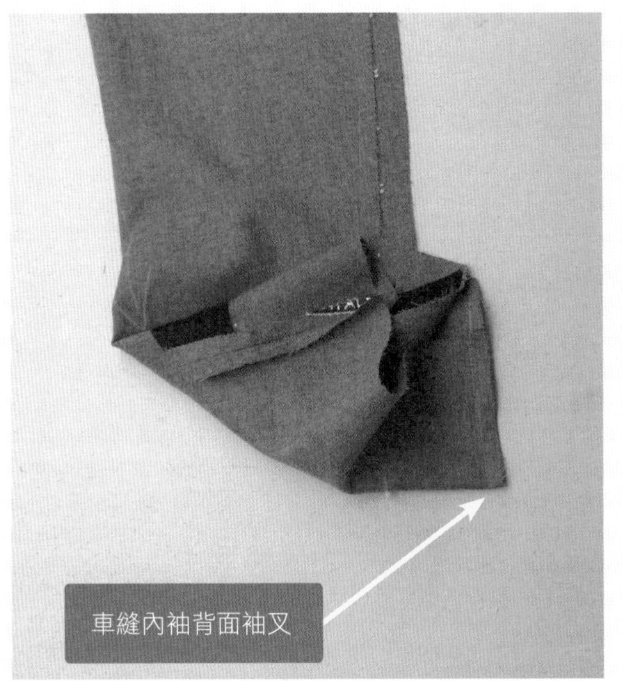

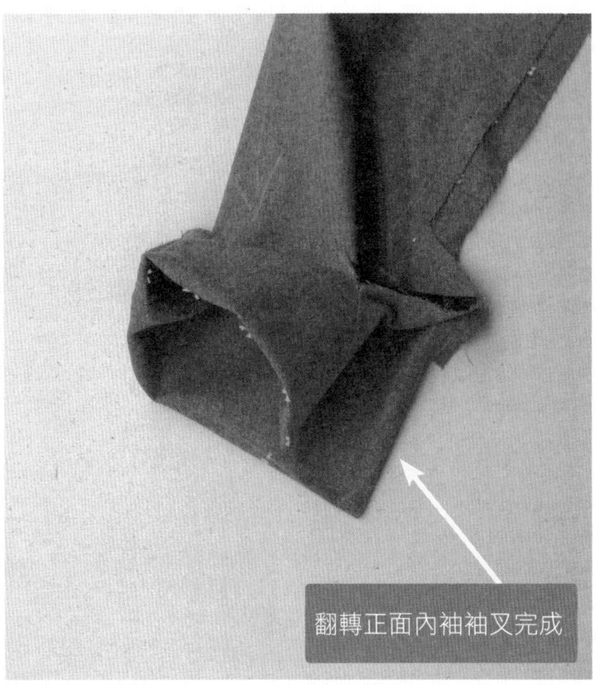

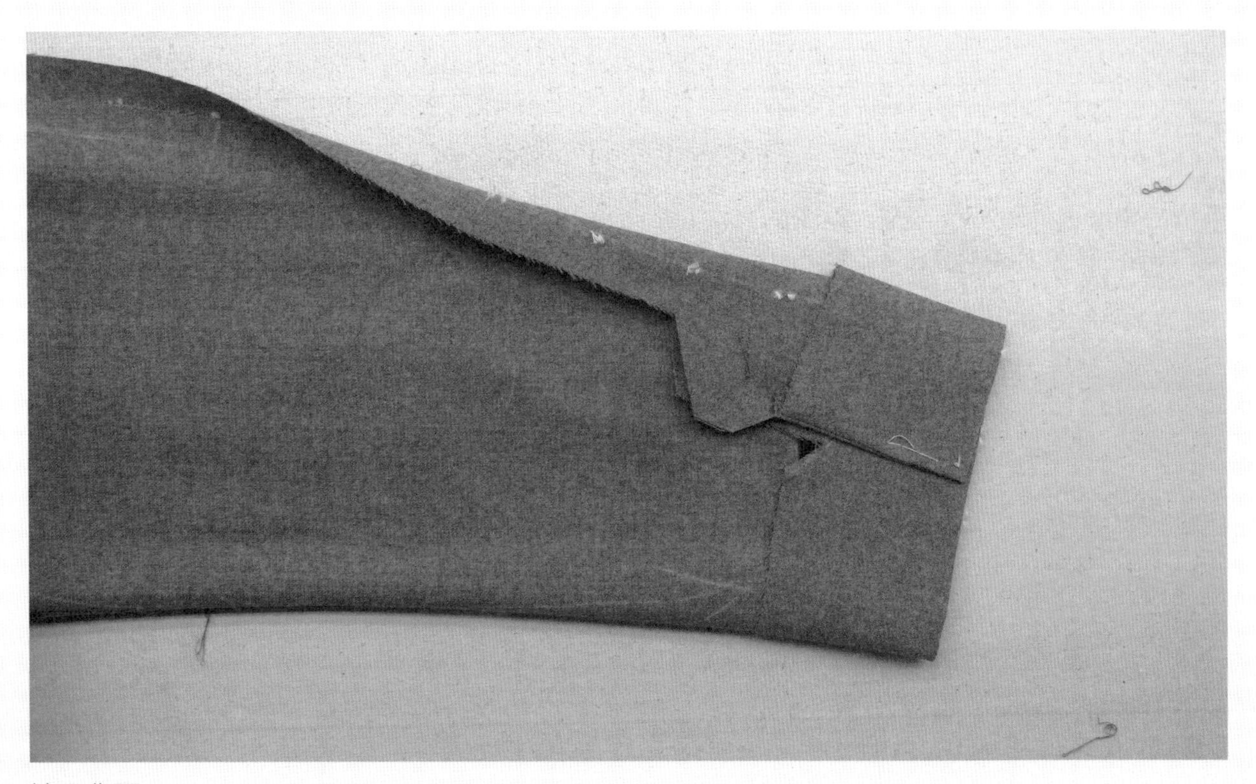

袖叉背面

| 整燙袖叉 |

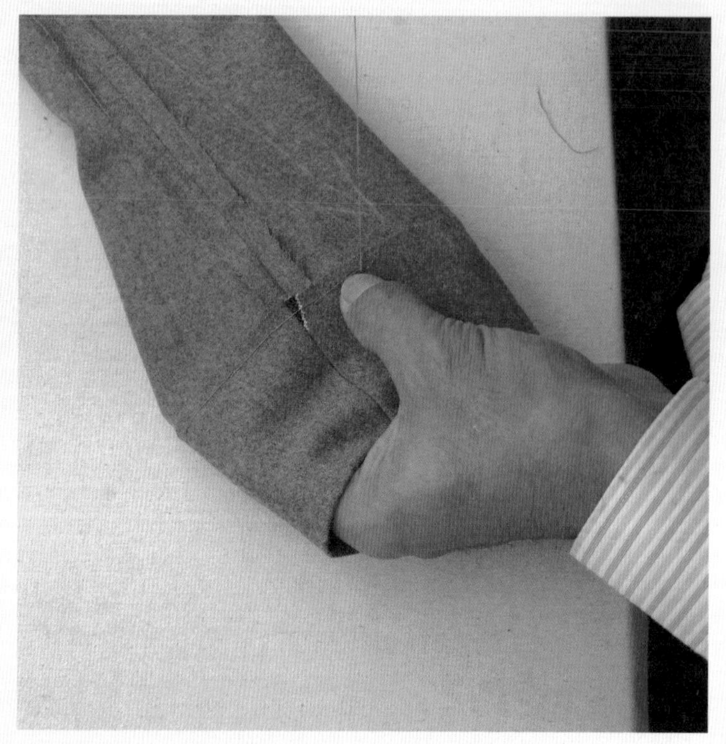

袖口縫份略回針縫固定

整理袖叉

｜黏合內外袖內裡｜

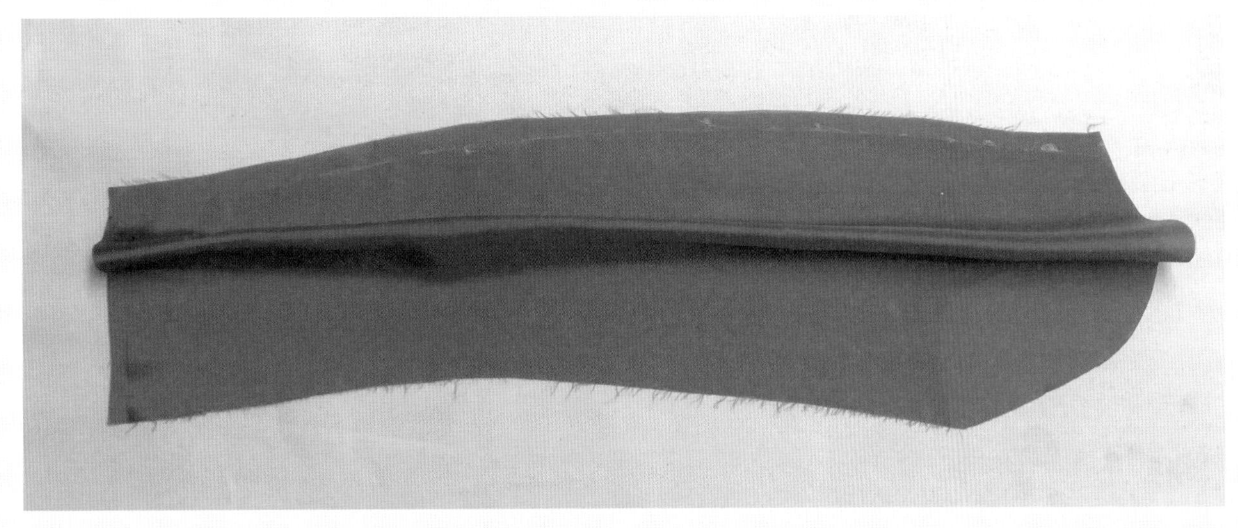

黏合內外袖內裡袖下線，先黏貼乾燙後再車縫

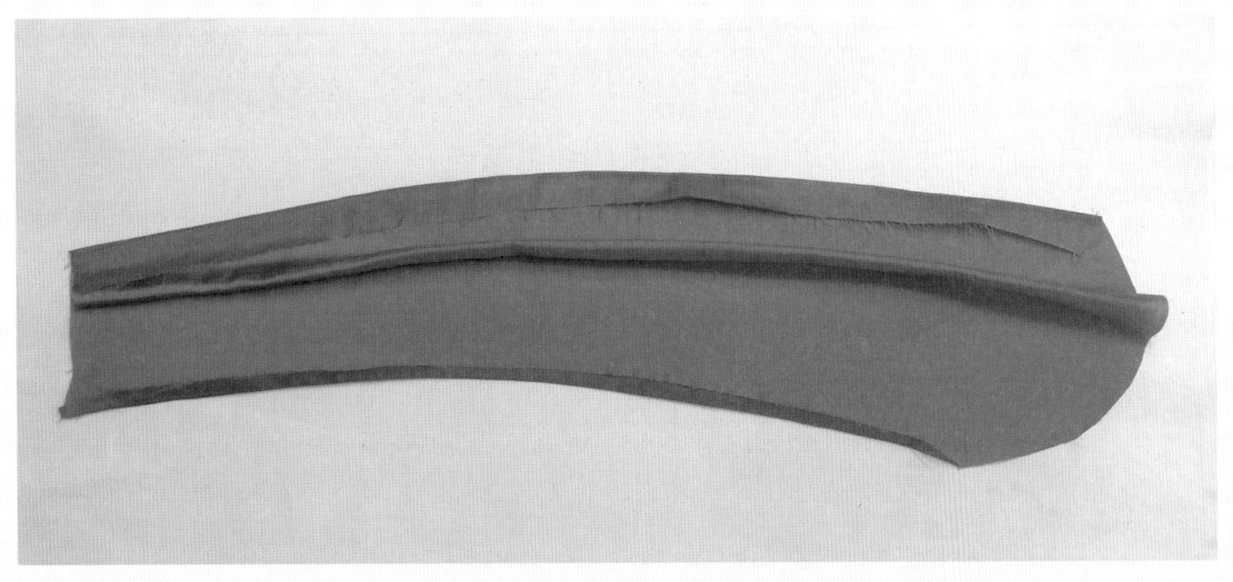

車縫後縫份倒向外袖熨燙

| 內外袖組合 |

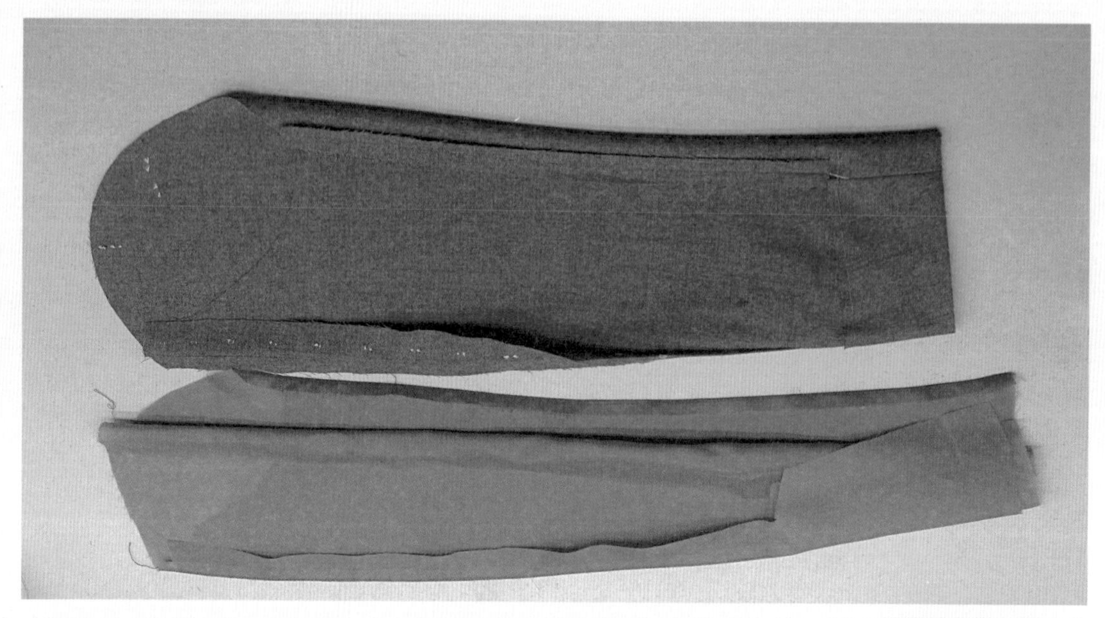

表袖與內裡配對

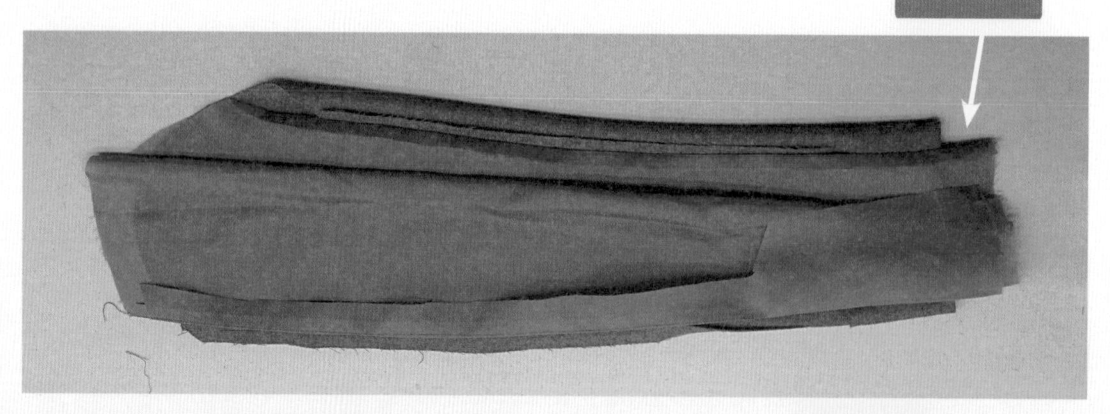

內袖背面對合內裡的內袖背面

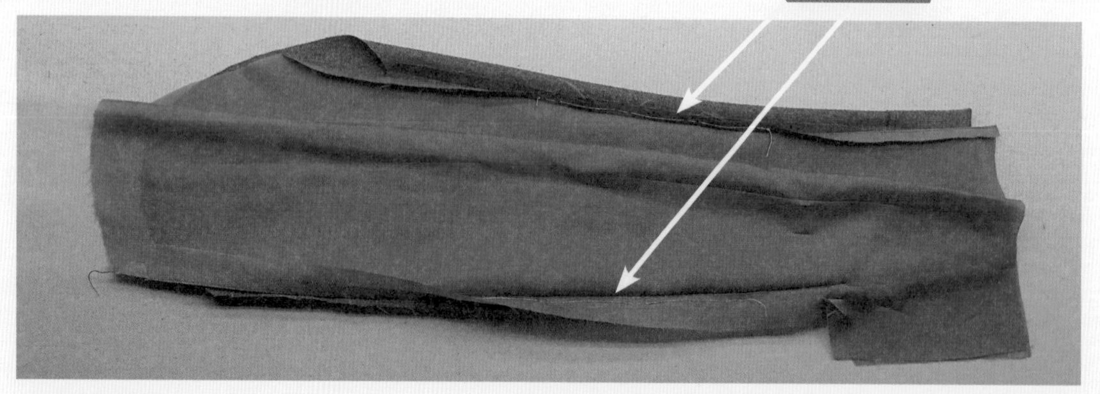

疏縫中間段縫份

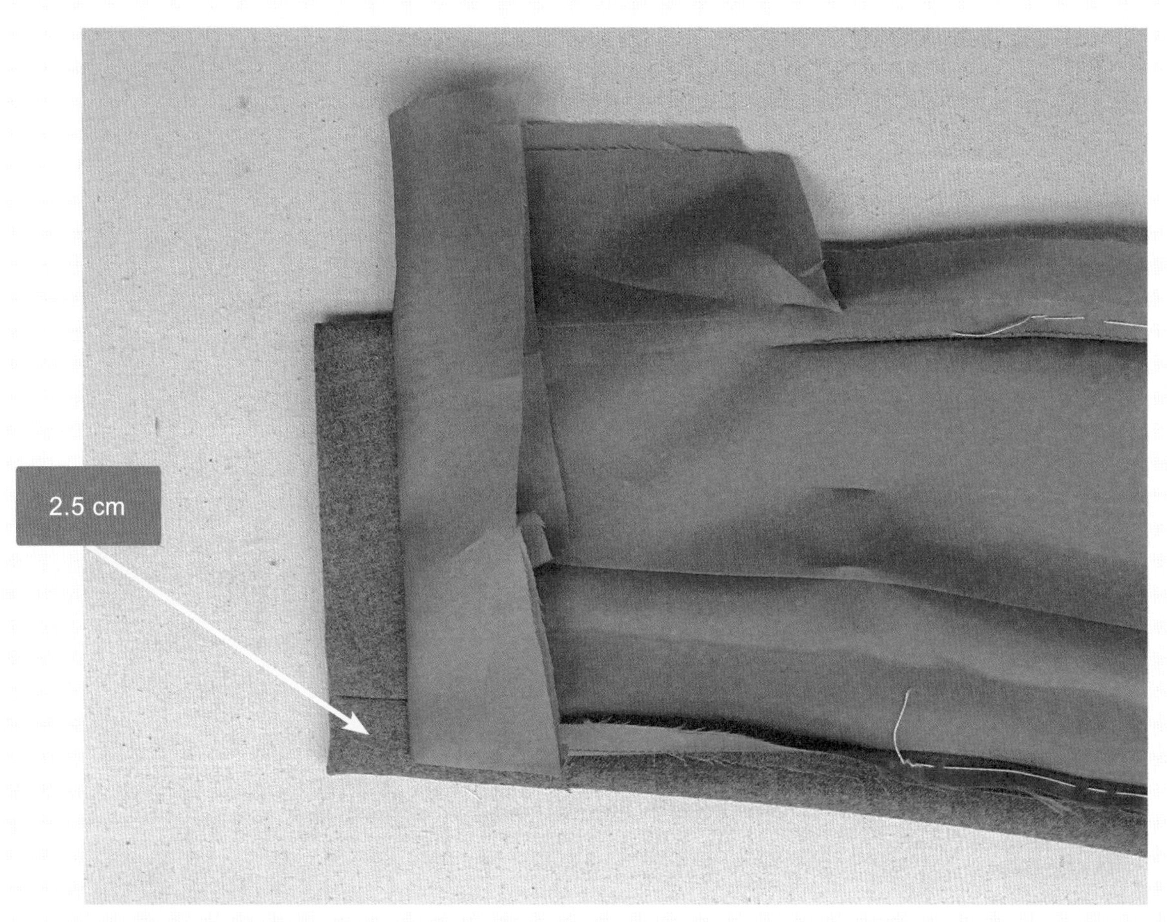

確定內裡袖口位置
折入縫份

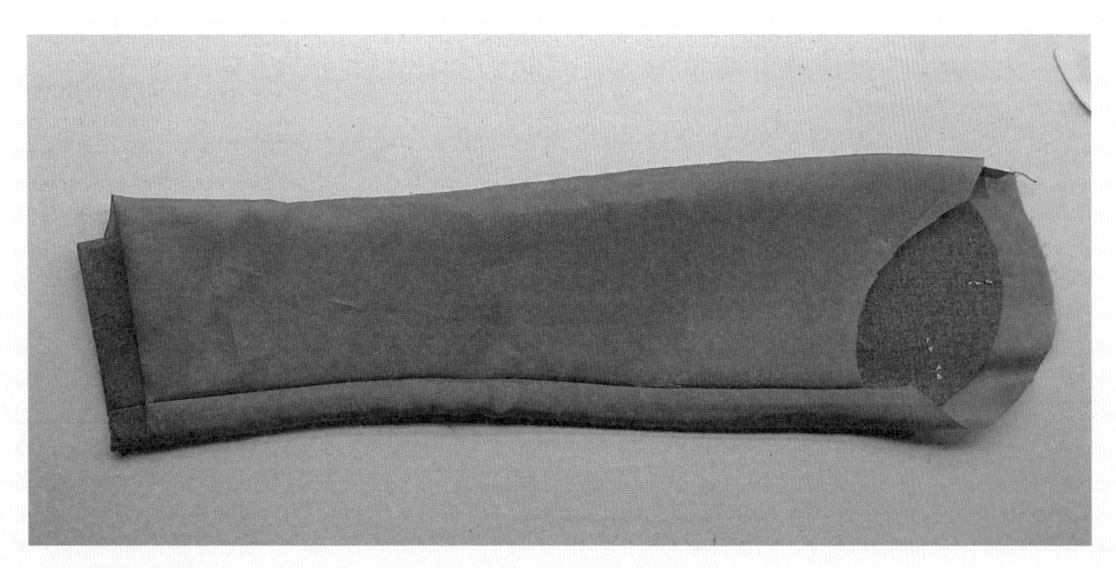

袖口折入 2.5cm

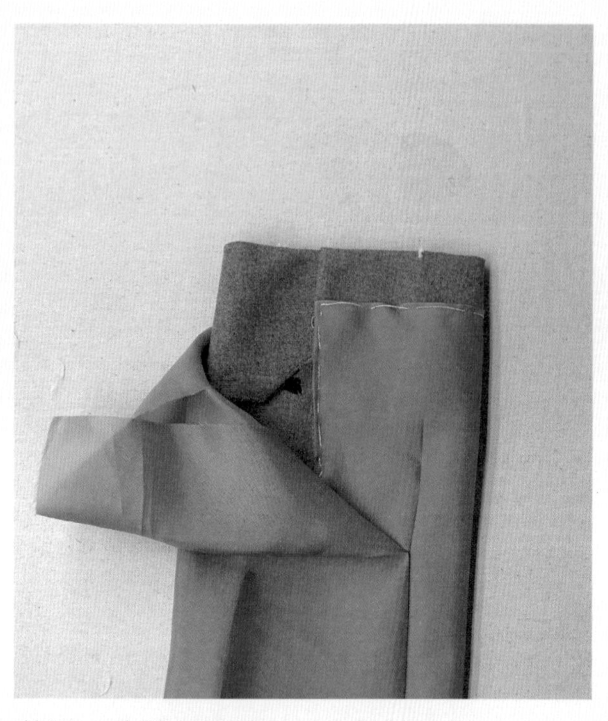
整燙、疏縫內裡袖口（內袖袖叉）

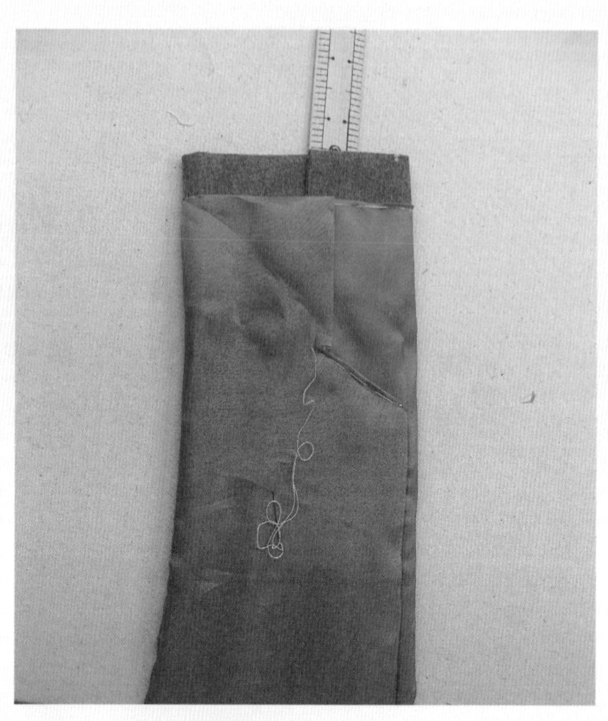
修剪、疏縫內裡袖叉

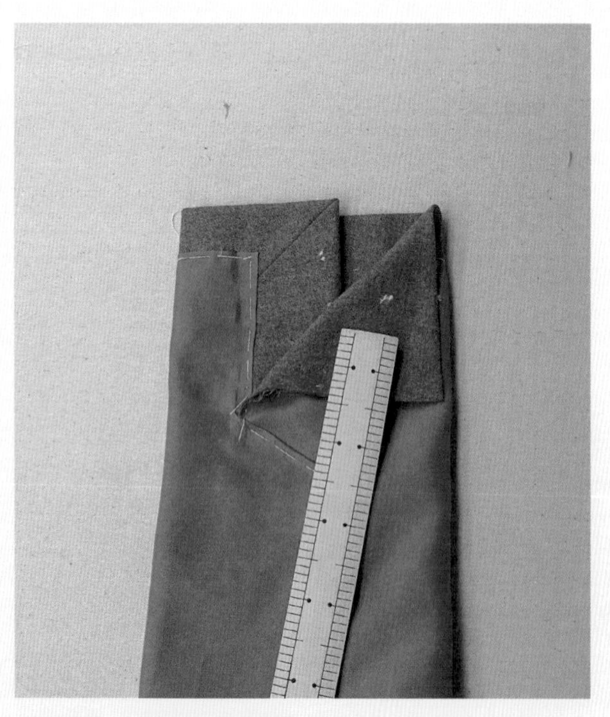
疏縫袖叉內裡完成狀態

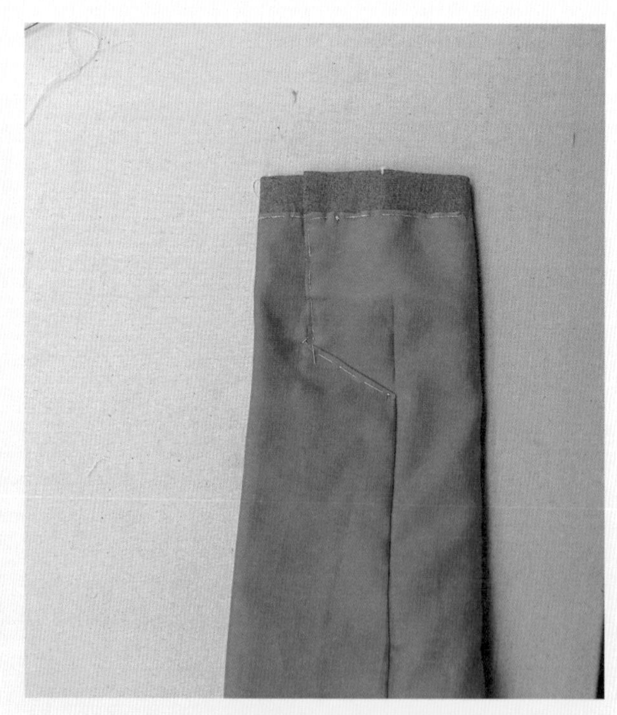
疏縫袖叉內裡完成狀態

｜二片袖表裡組合效果｜

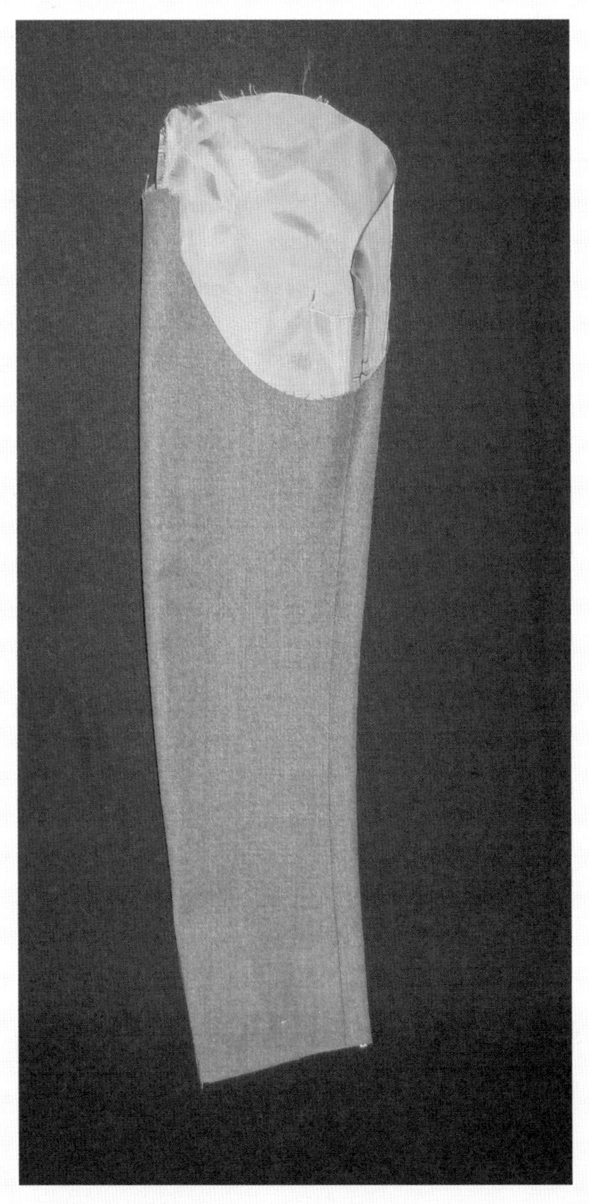

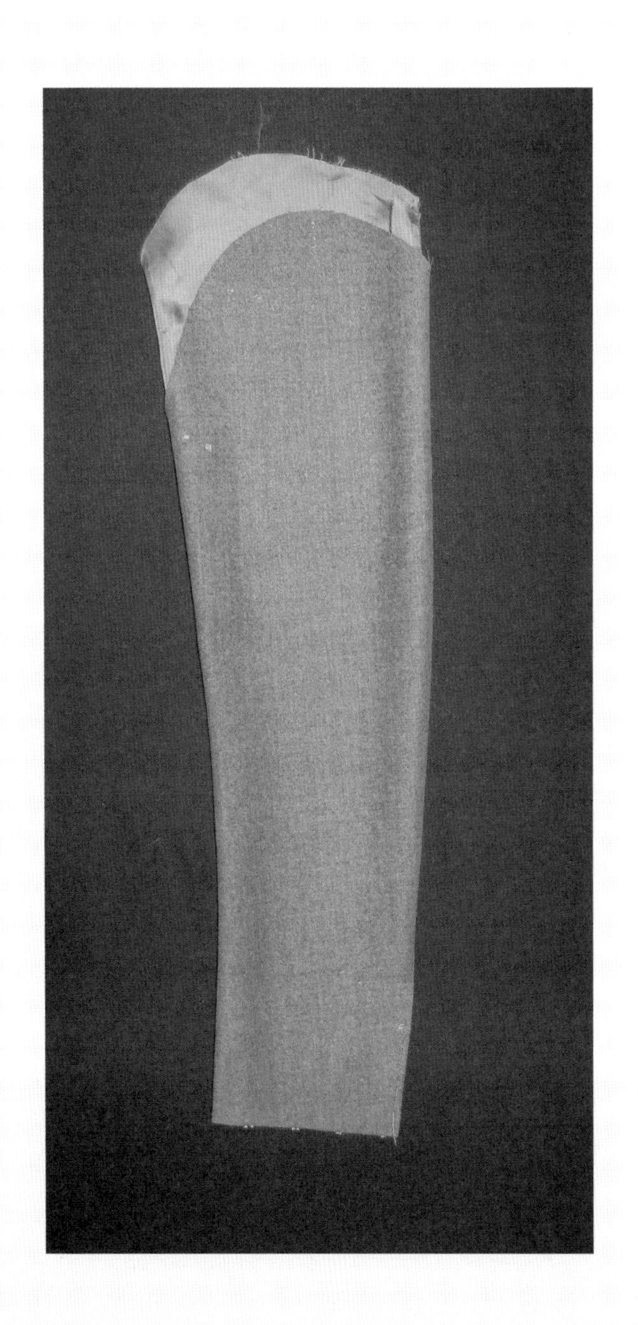

袖管製作整燙完成

Chapter.4

上袖 縫合製作

- 確認袖襱尺寸
- 確認內裡尺寸
- 縮縫袖山線
- 袖山縮燙效果
- 平放效果
- 疏縫上袖
- 上袖效果
- 袖山加強布
- 車縫袖山加強布
- 袖山加強布完成
- 假分布
- 袖圍疏縫固定
- 疏縫內部袖圍縫份
- 綴縮內裡
- 疏縫袖裡

| 確認袖襱尺寸 |

｜確認內裡尺寸｜

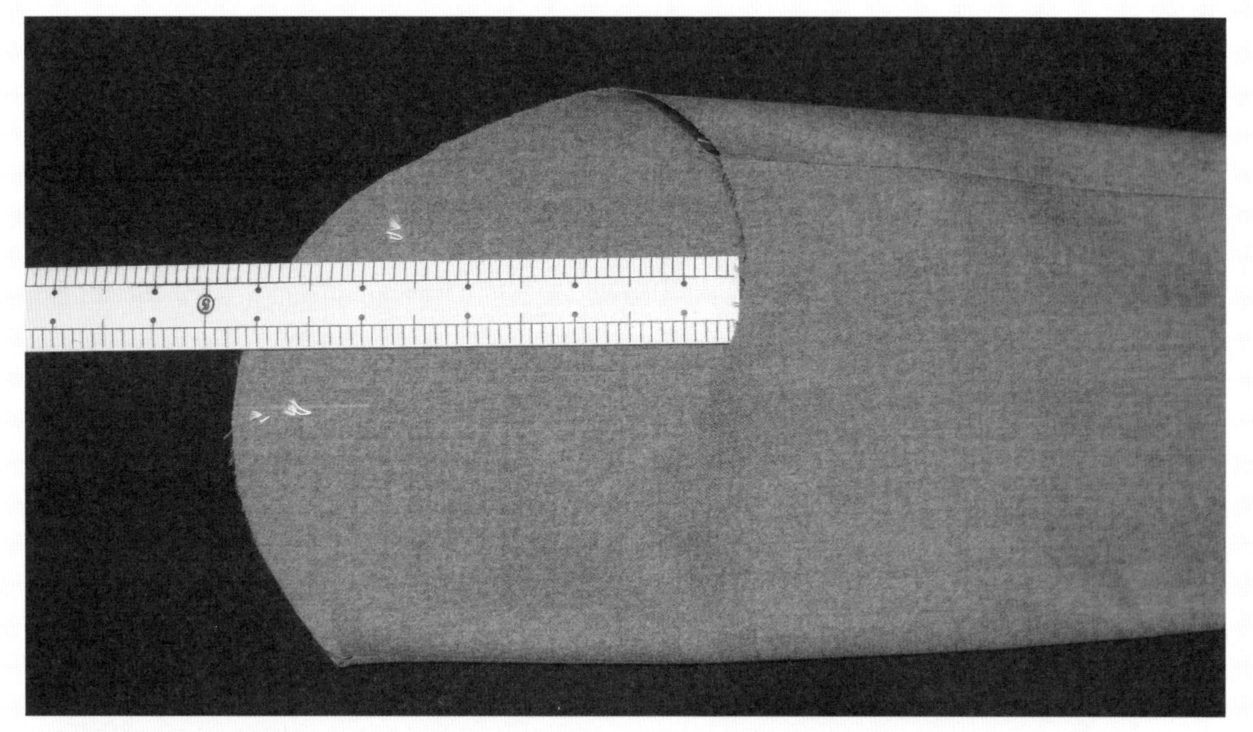

確認袖襱高（袖山高）

袖山處內裡多 1 cm

腋下處內裡多 2.8 cm

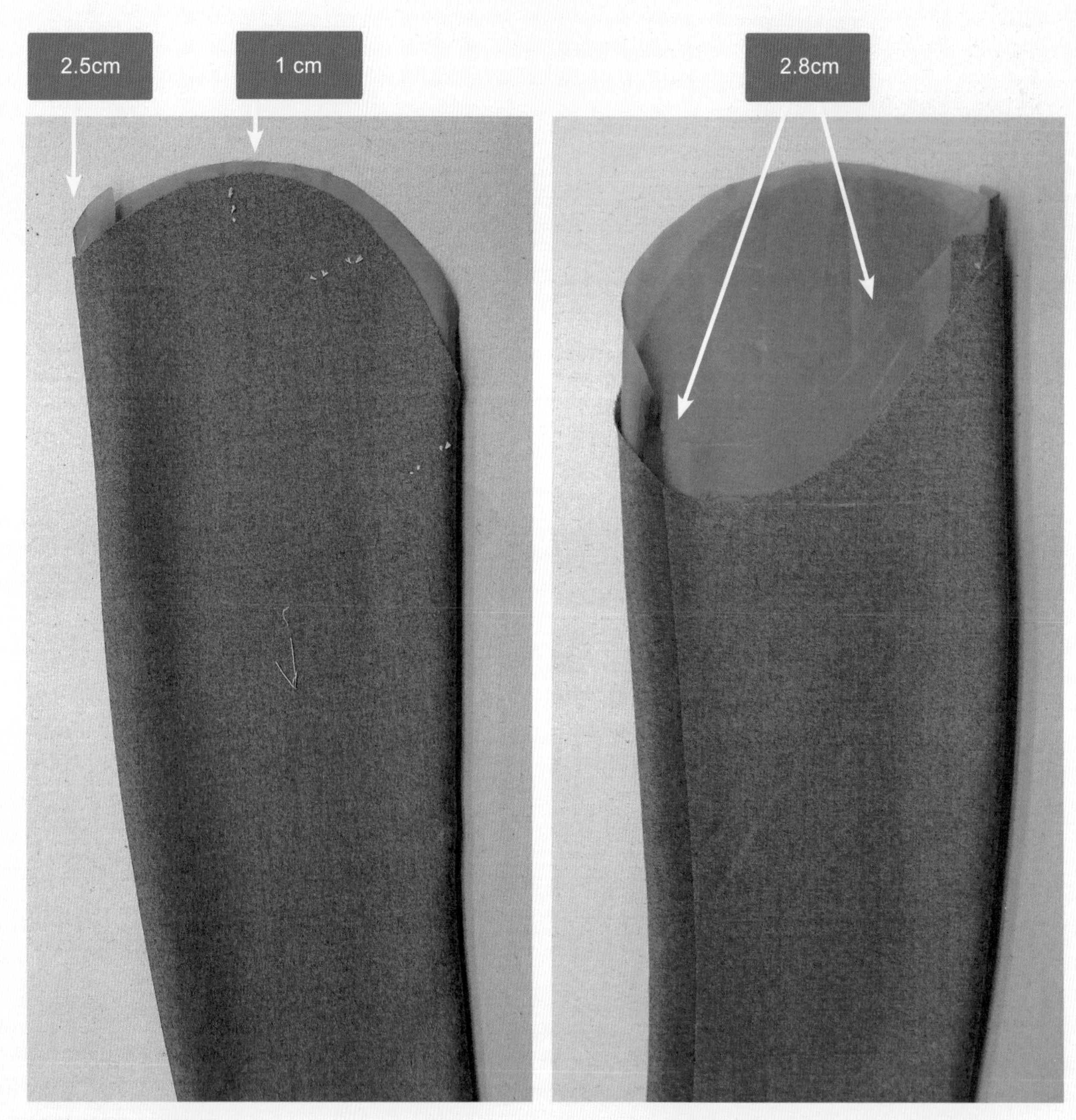

修剪多餘內裡縫份

| 縮縫袖山線 |

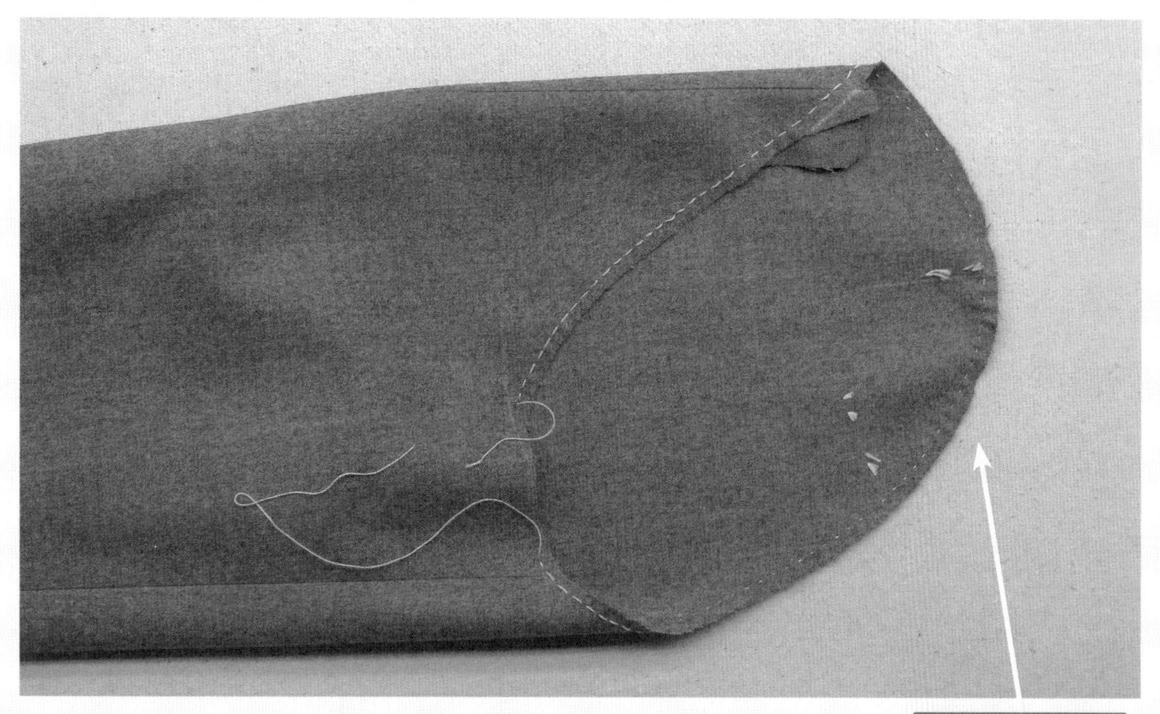

每針 0.2~0.4 cm

縮至呈直線

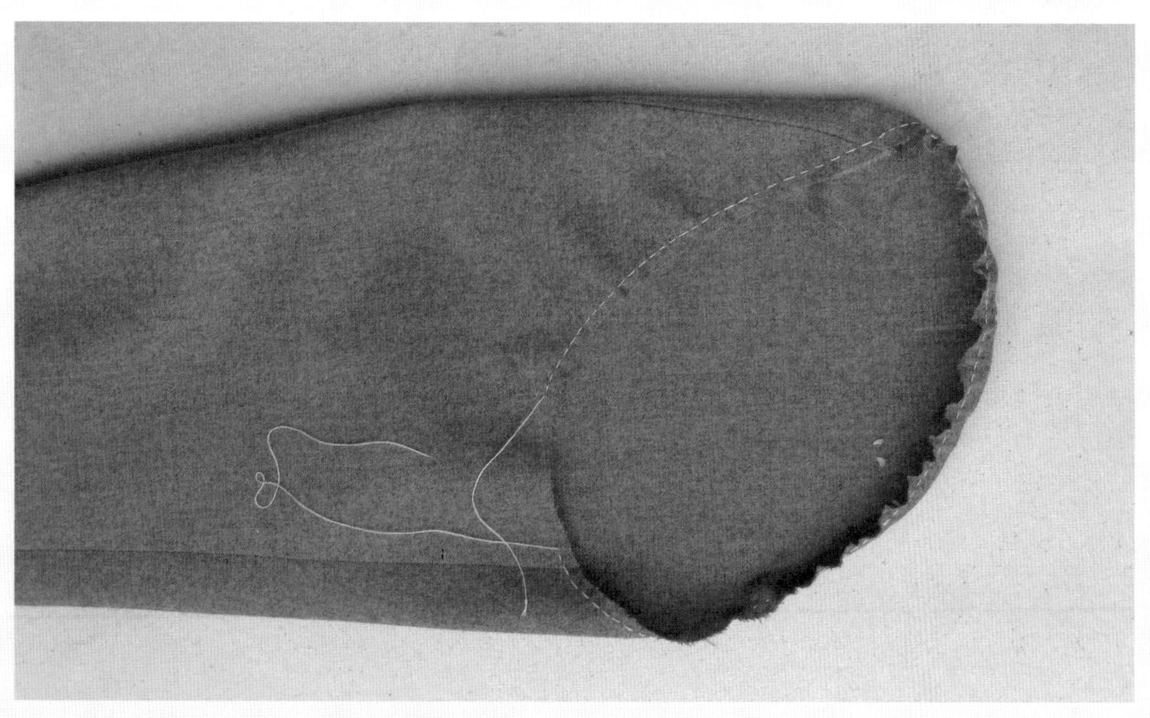

拉縮袖圈線量要足夠，縮縫量約 4~5 cm

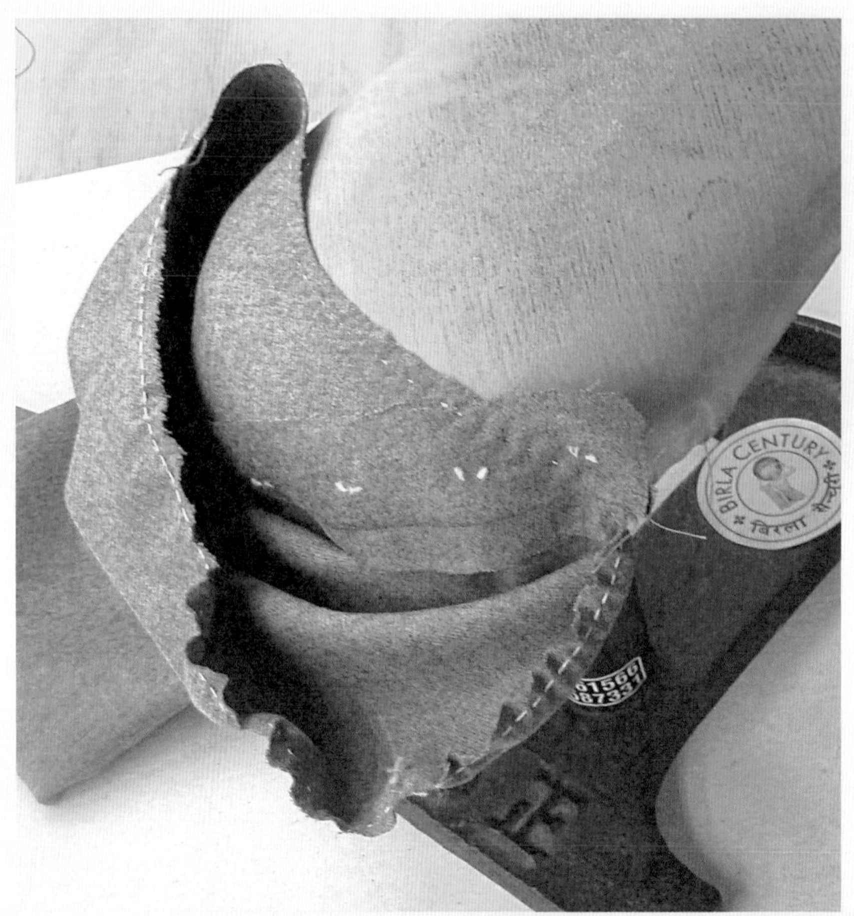

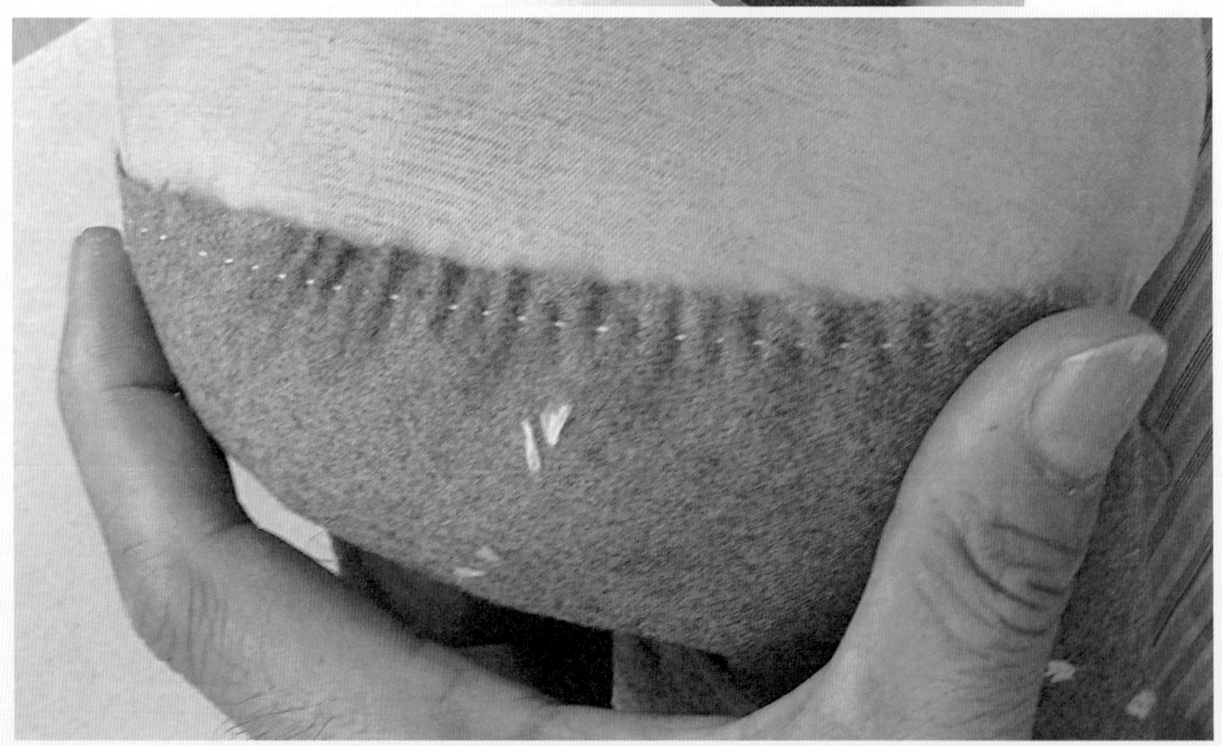

放置燙馬上縮燙背面袖圈，袖山圓弧塑型後呈直線效果

｜袖山縮燙效果｜

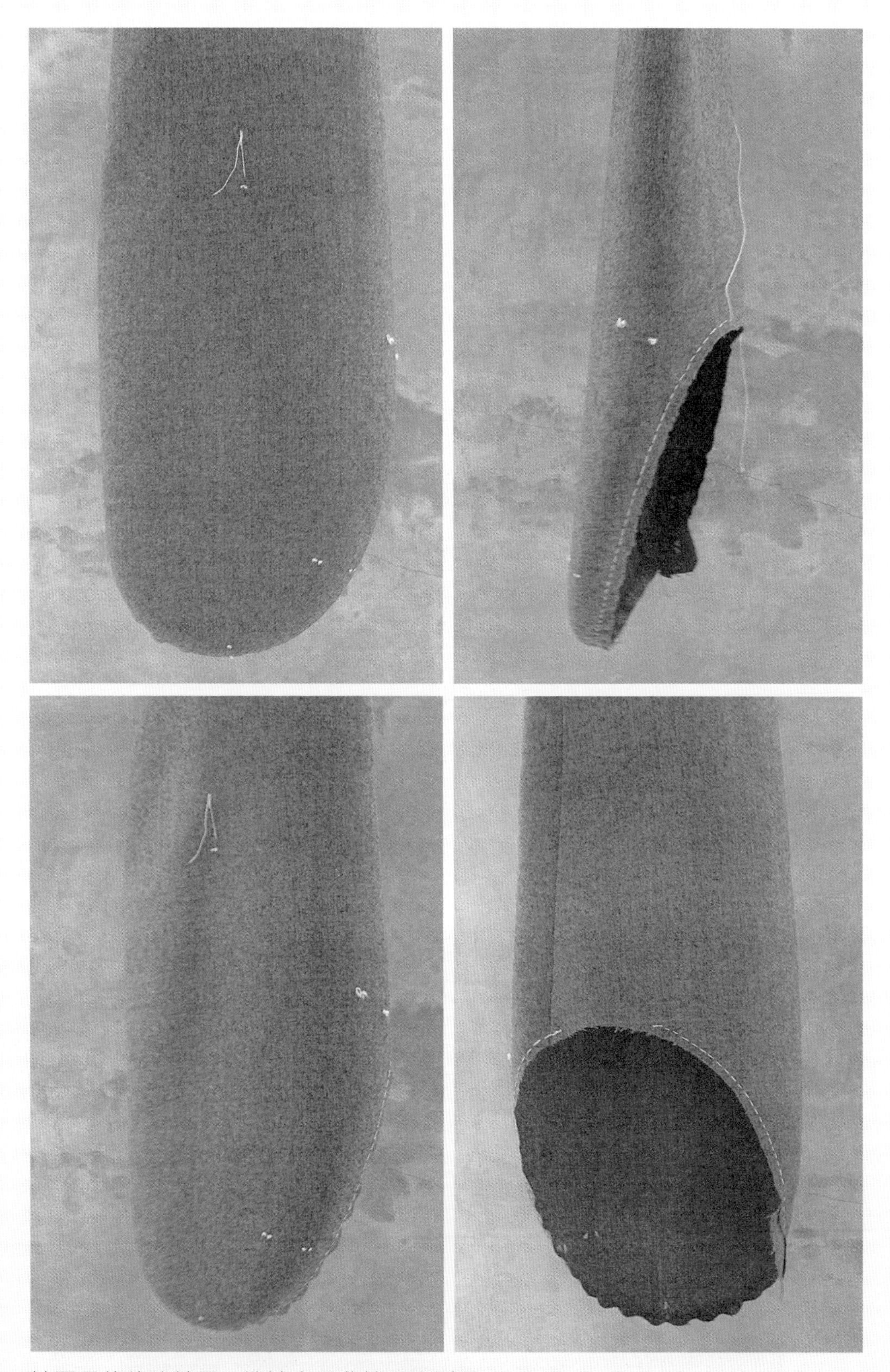

袖圈足夠的縮縫量，讓袖山呈曲捲垂直弧順

| 平放效果 |

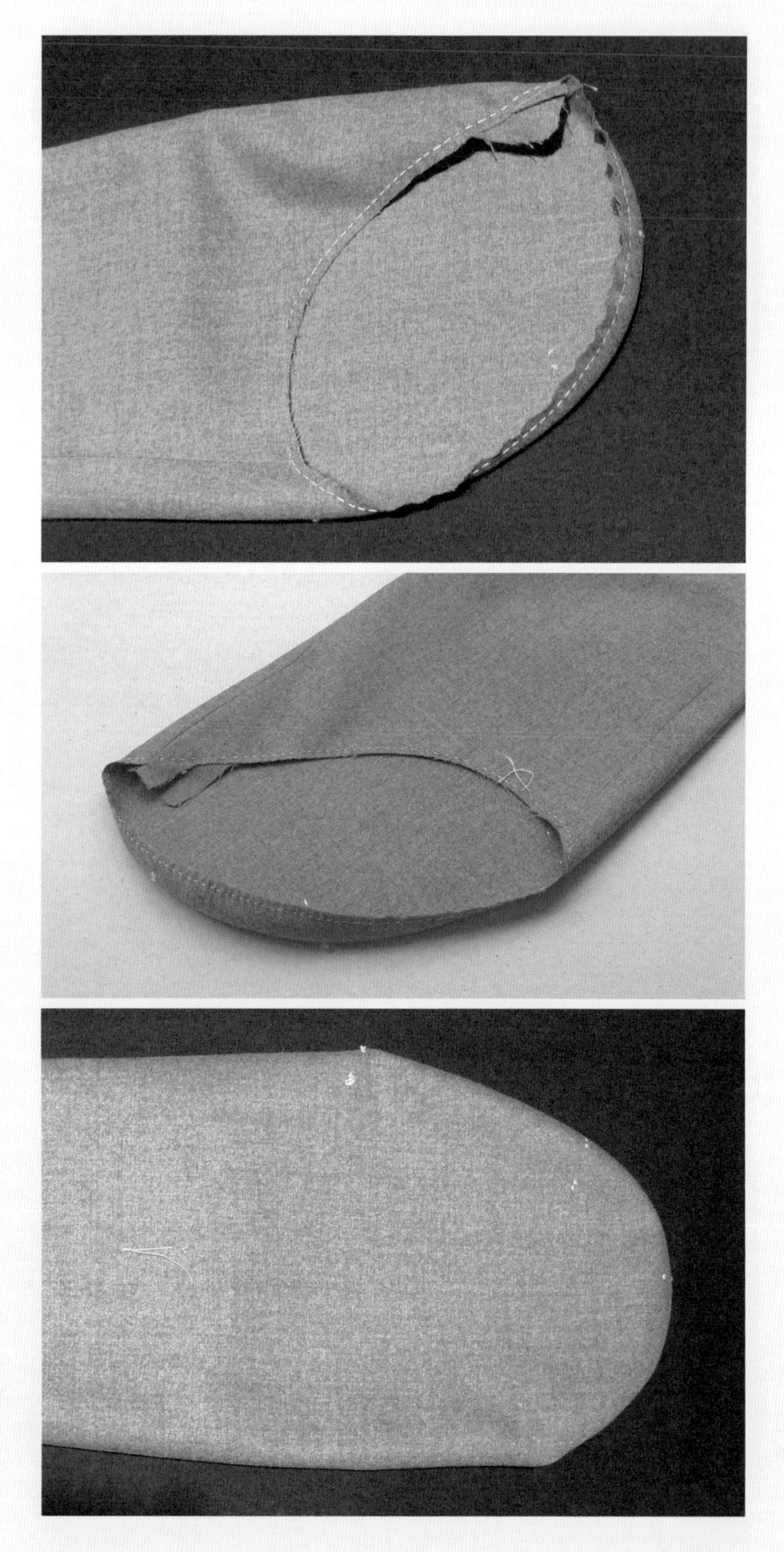

｜疏縫上袖｜

對合上袖符合記號點

要點一：對合上袖符合記號點

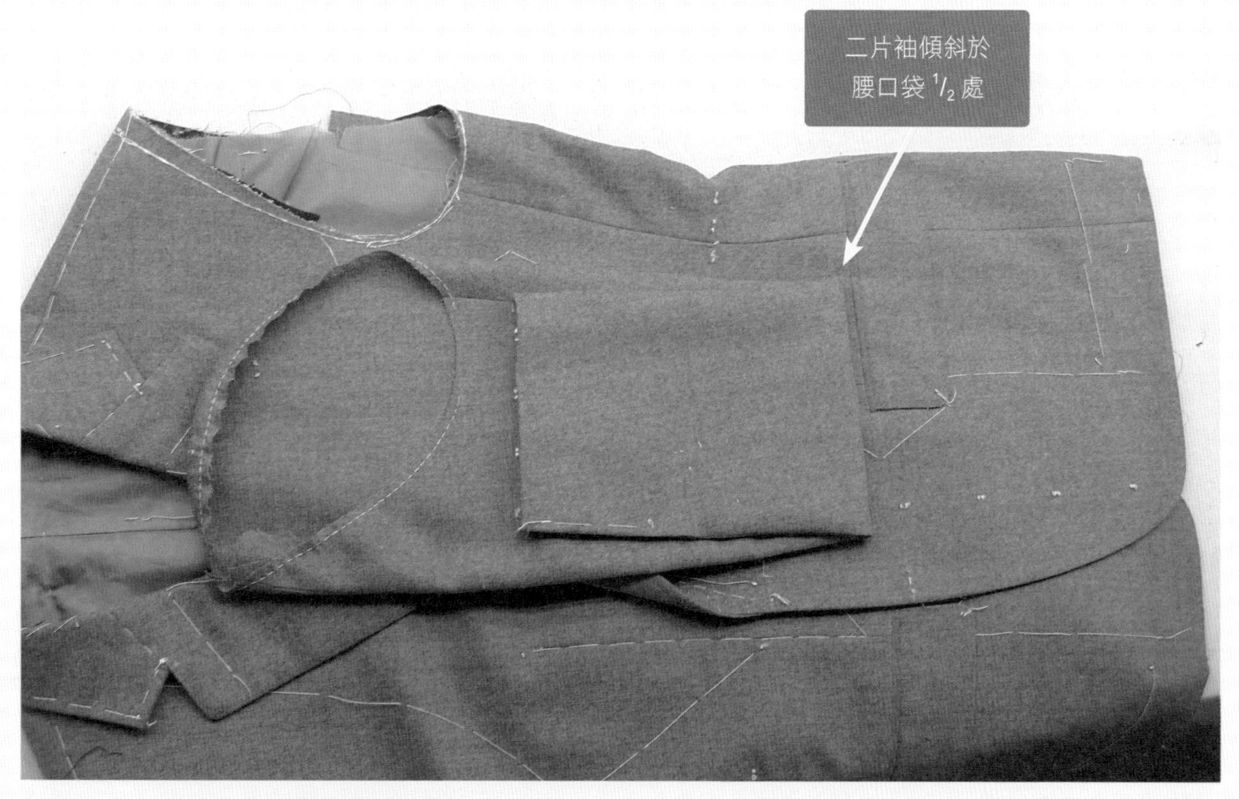
二片袖傾斜於
腰口袋 1/2 處

要點二：二片袖傾斜於腰口袋 1/2 處

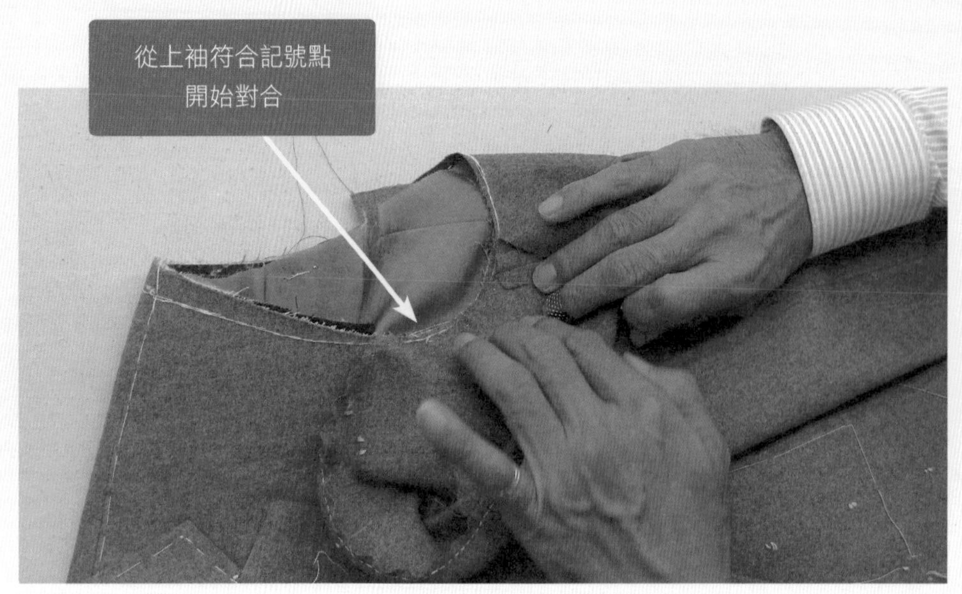
從上袖符合記號點
開始對合

疏縫二片袖於袖圍

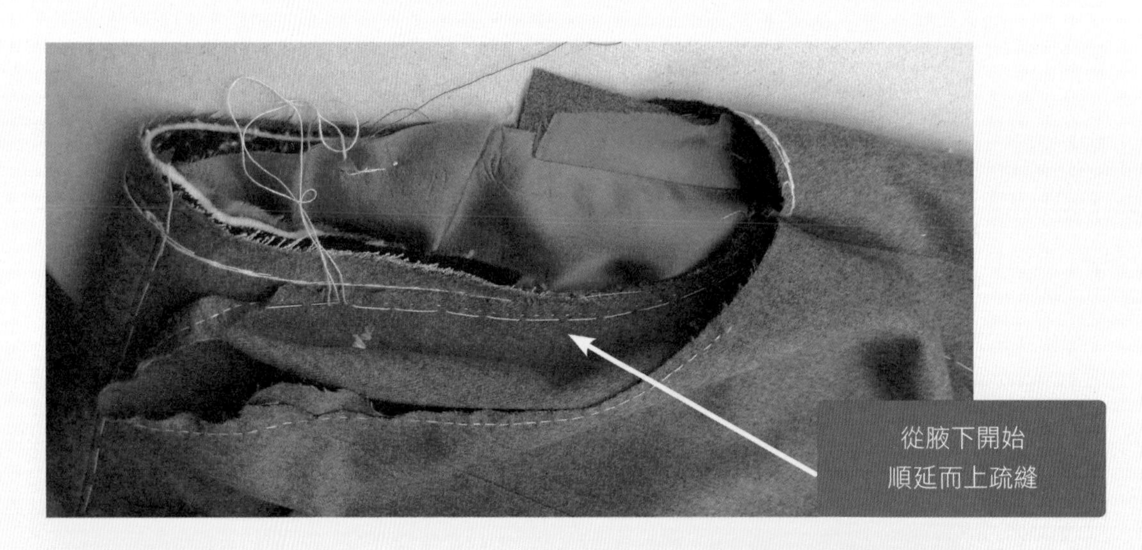
從腋下開始
順延而上疏縫

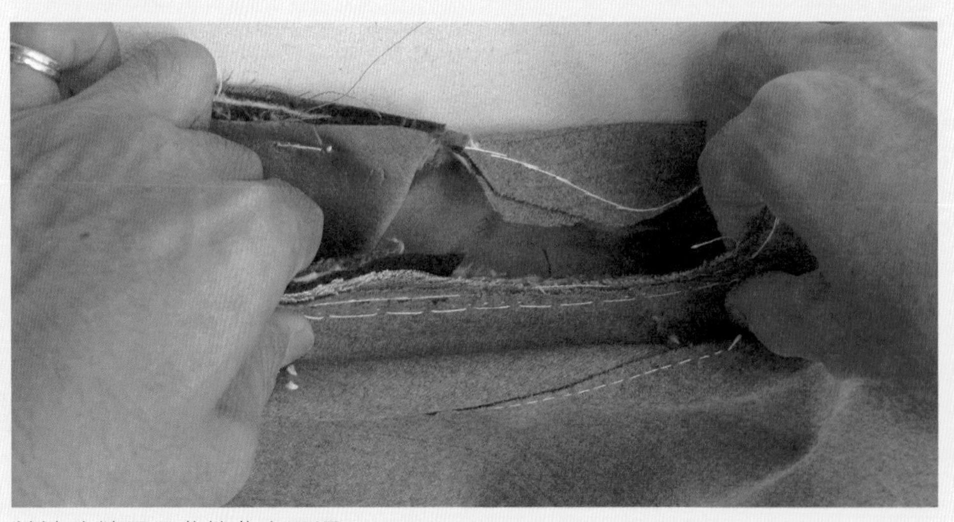

前袖疏縫要呈曲捲曲直平順

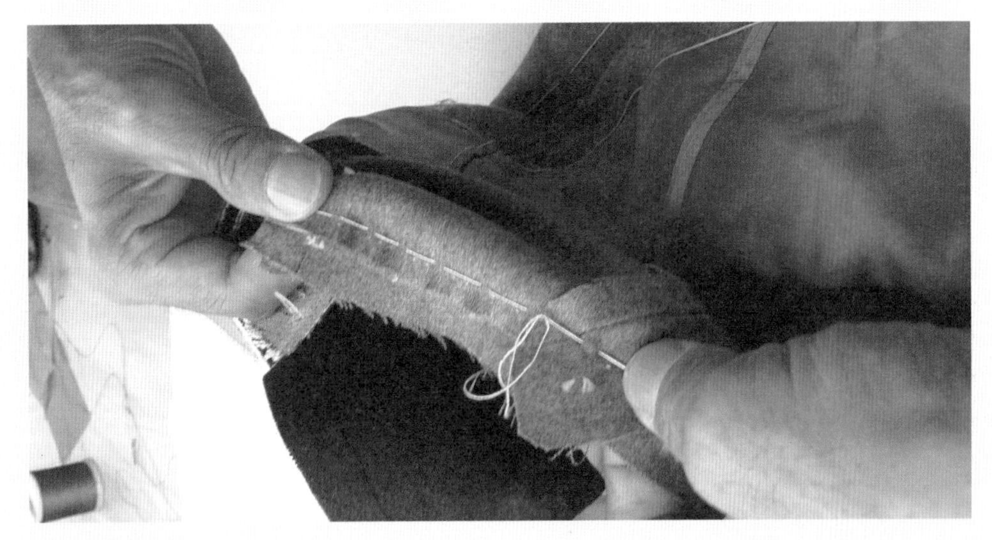

後袖山疏縫呈直線狀

疏縫後再以半回針鎖鍊式假縫

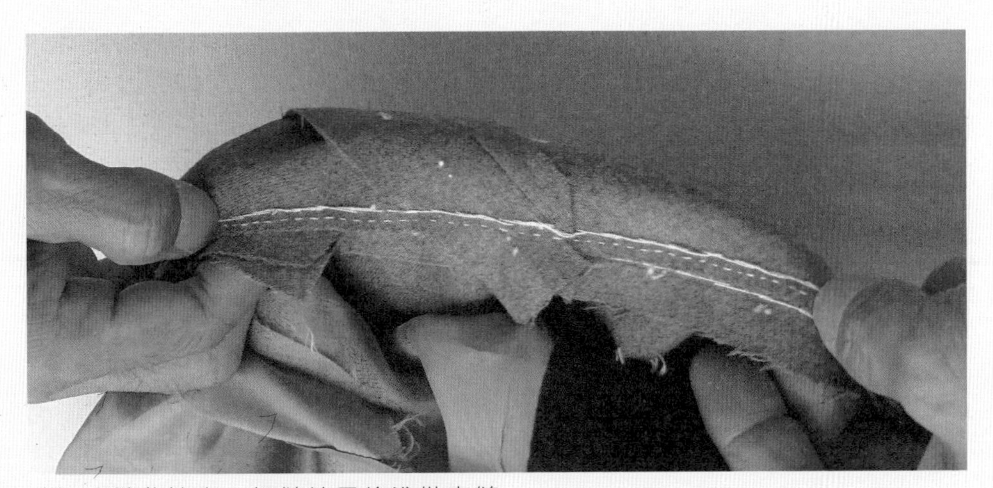

確認縮縫曲捲度、假縫效果後準備車縫

| 上袖效果 |

袖子傾斜角度

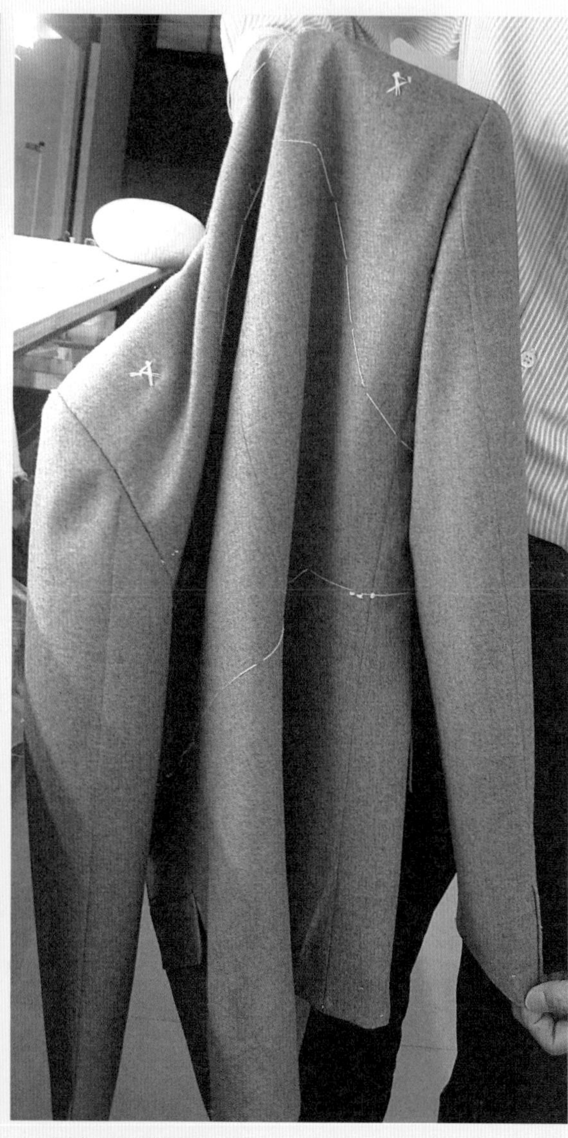

二片袖平順效果

｜袖山加強布｜

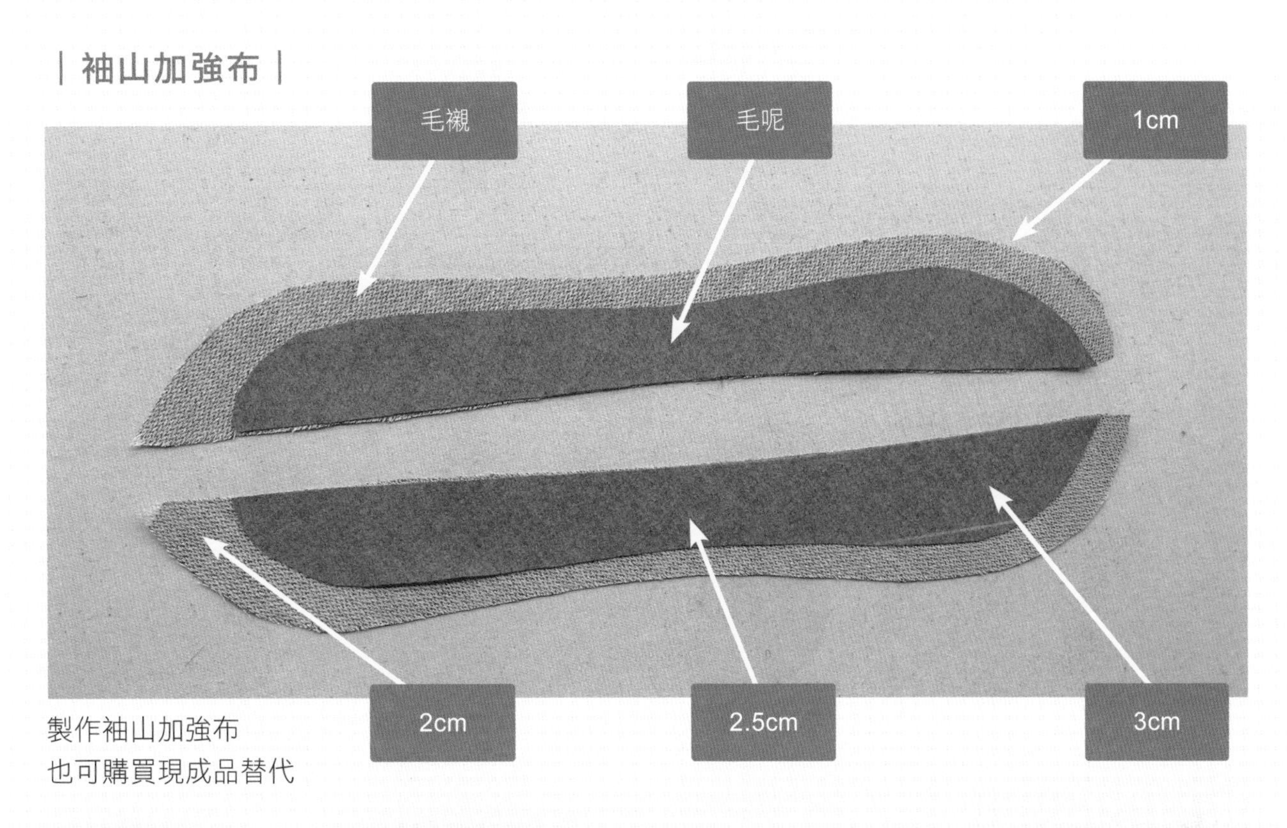

製作袖山加強布
也可購買現成品替代

平鋪車縫雙層袖山加強布

| 車縫袖山加強布 |

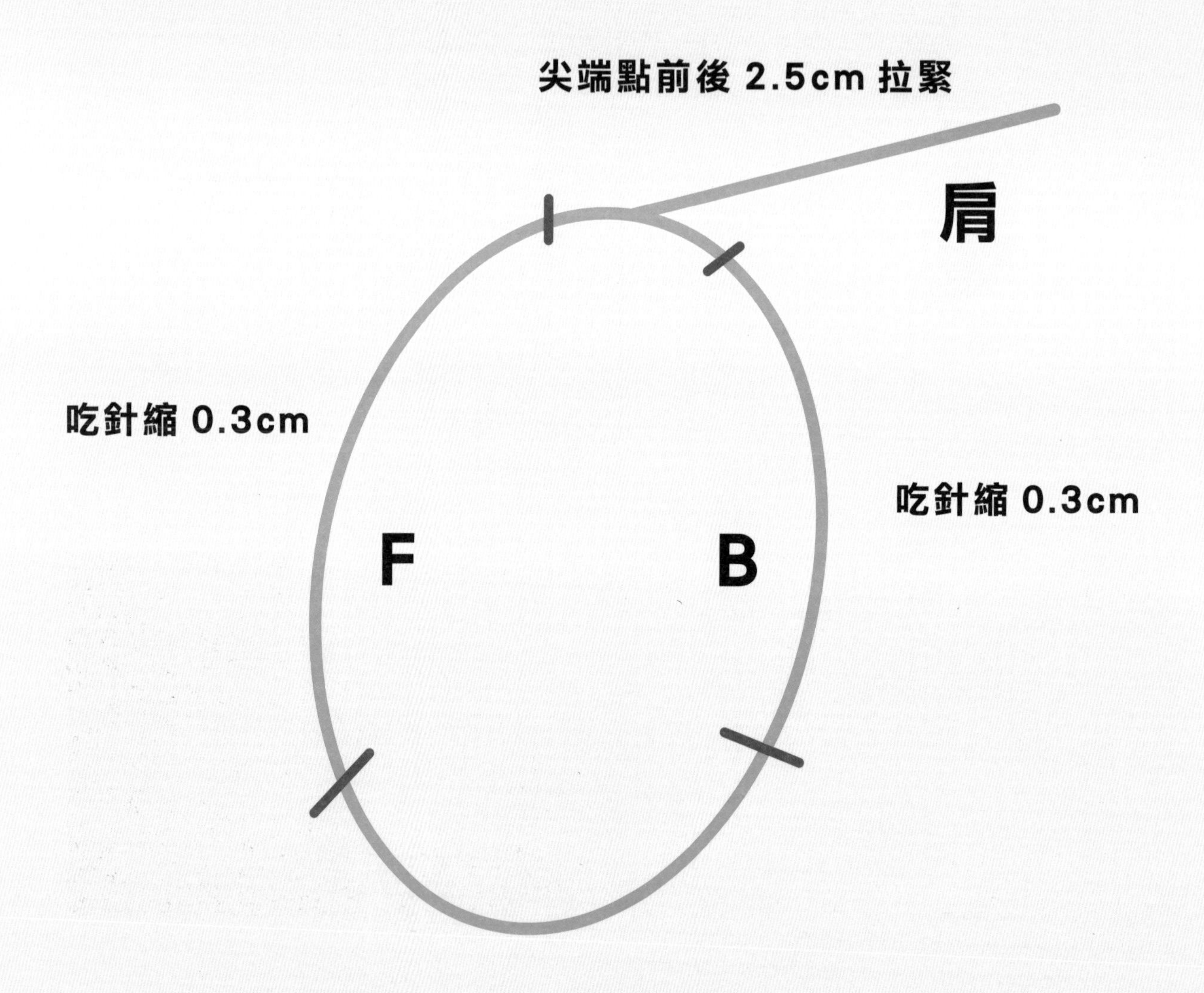

尖端點前後 2.5cm 拉緊
肩
吃針縮 0.3cm
吃針縮 0.3cm
F
B

尖端點前後各 2.5cm 處拉緊

前胸處、後肩胛骨處
皆略縮（吃針）0.3cm

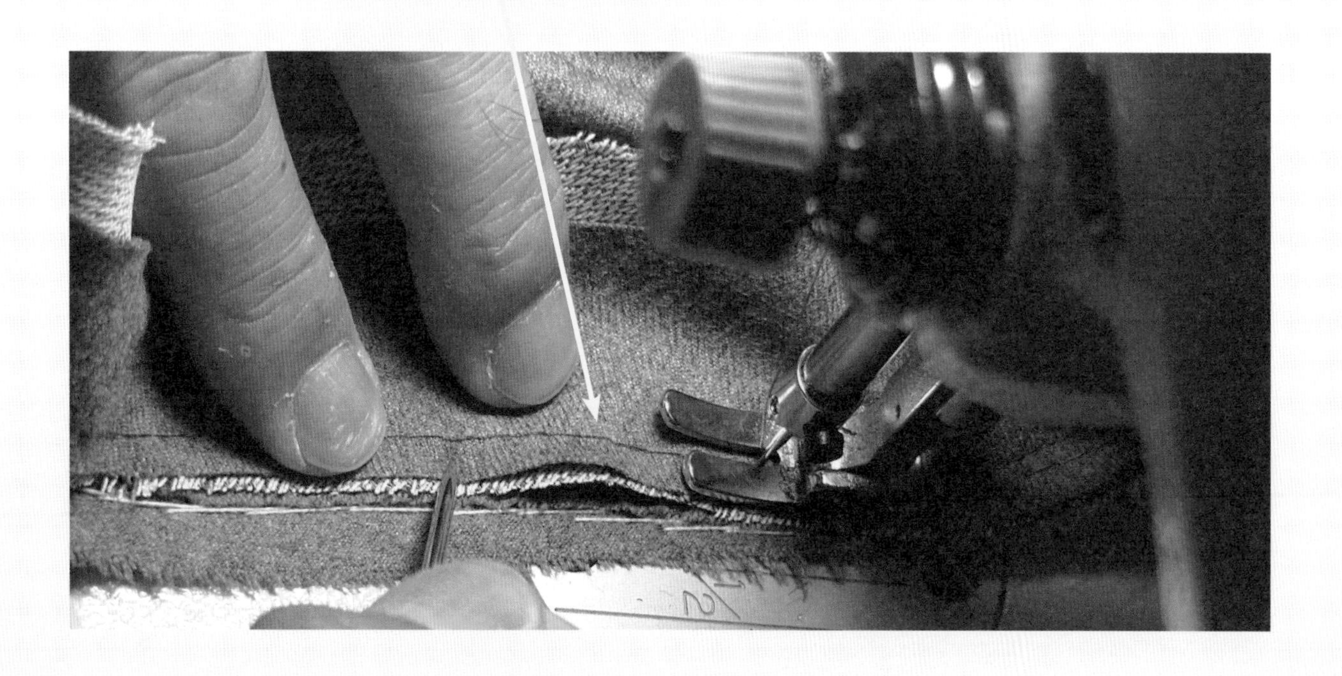

| 袖山加強布完成 |

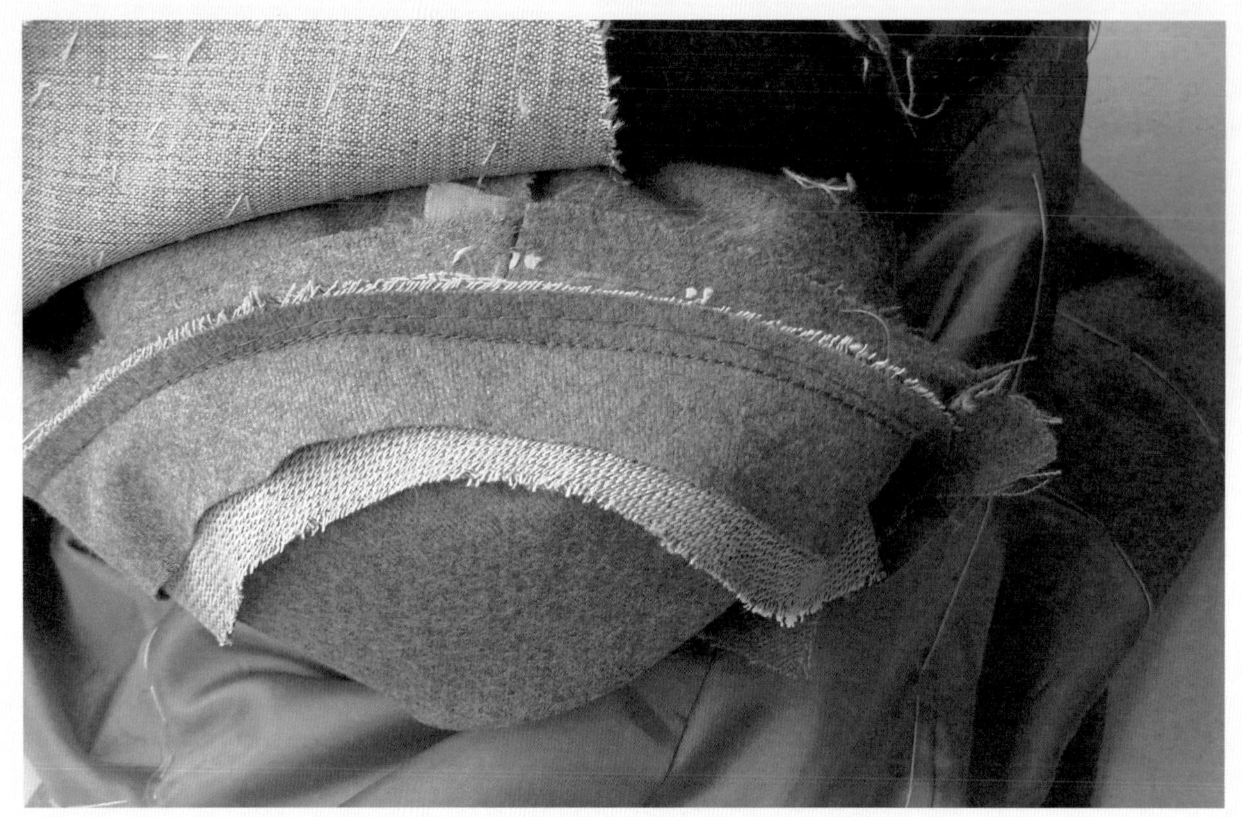

袖圈車縫加強布完成

| 假分布 |

正斜布紋的本布

假分布放在衣身和毛襯之間，正中置於肩線，與袖子一起車縫

燙倒向肩膀，並剪縫份呈一大一小，使袖山縫份平均

| 袖圍疏縫固定 |

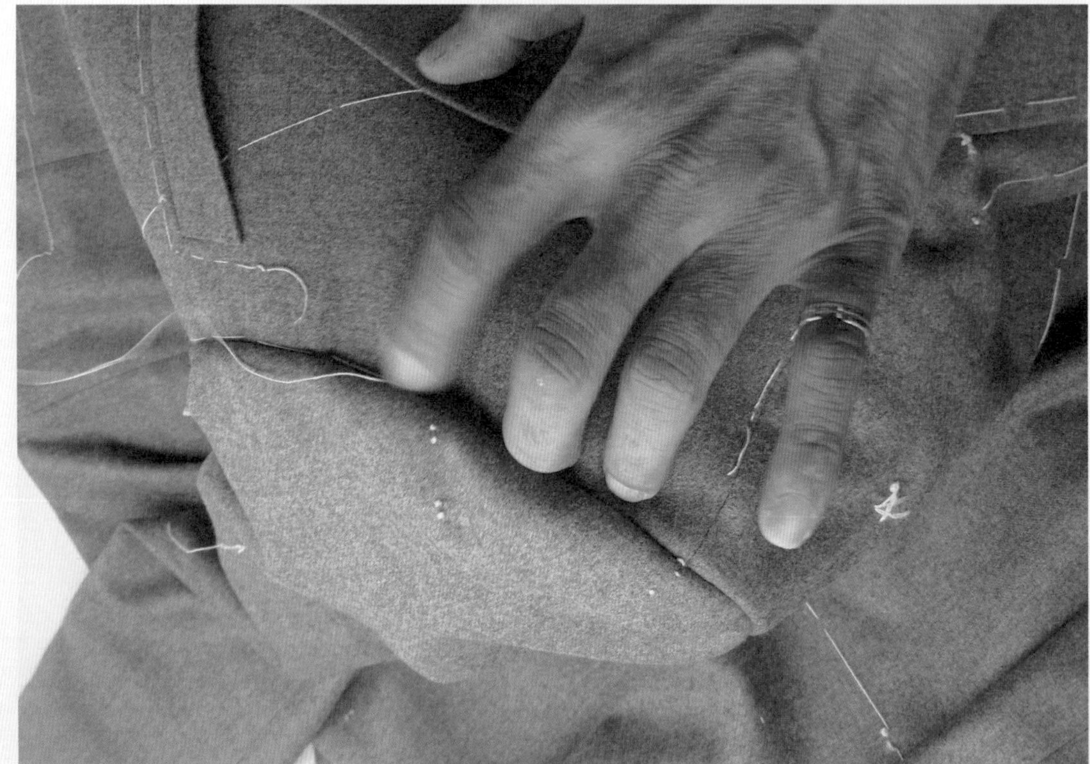

從腋下沿著袖圍疏縫表衣身、毛襯及肩墊固定

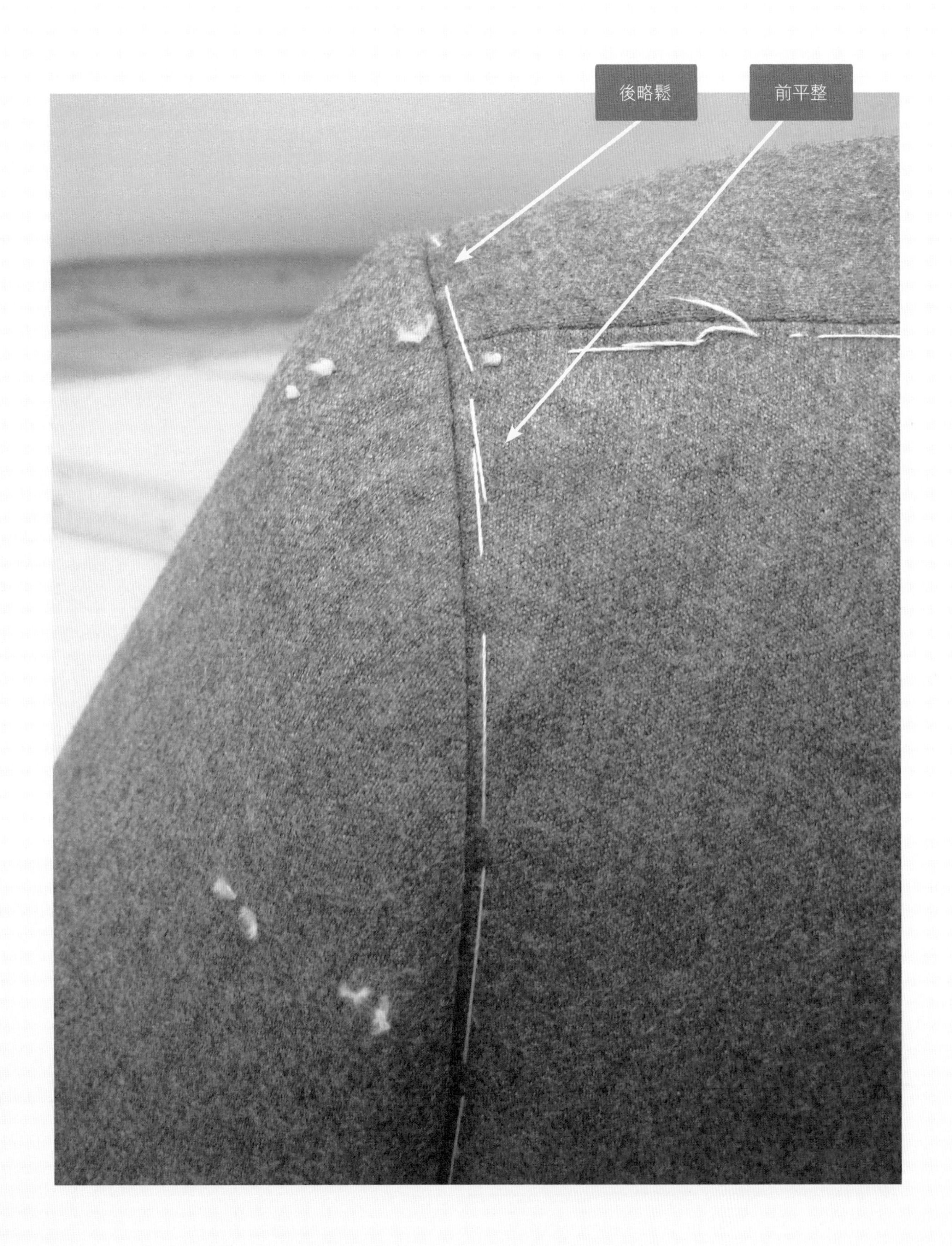
後略鬆
前平整

｜疏縫內部袖圍縫份｜

衣身片 + 二片袖 + 袖山布 + 內裡之縫份

間距 2 cm 的半回針疏縫

半回針縫袖圍一圈疏縫固定

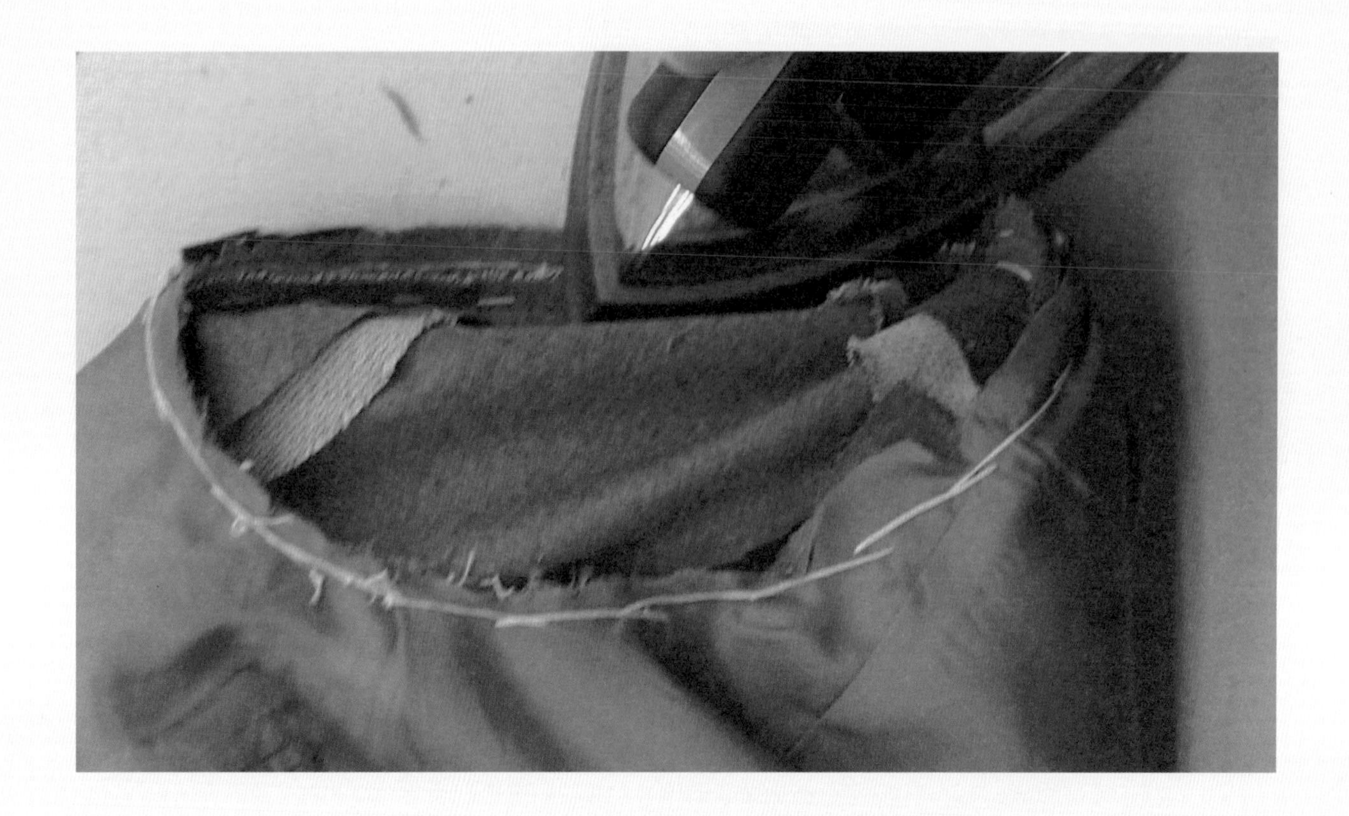

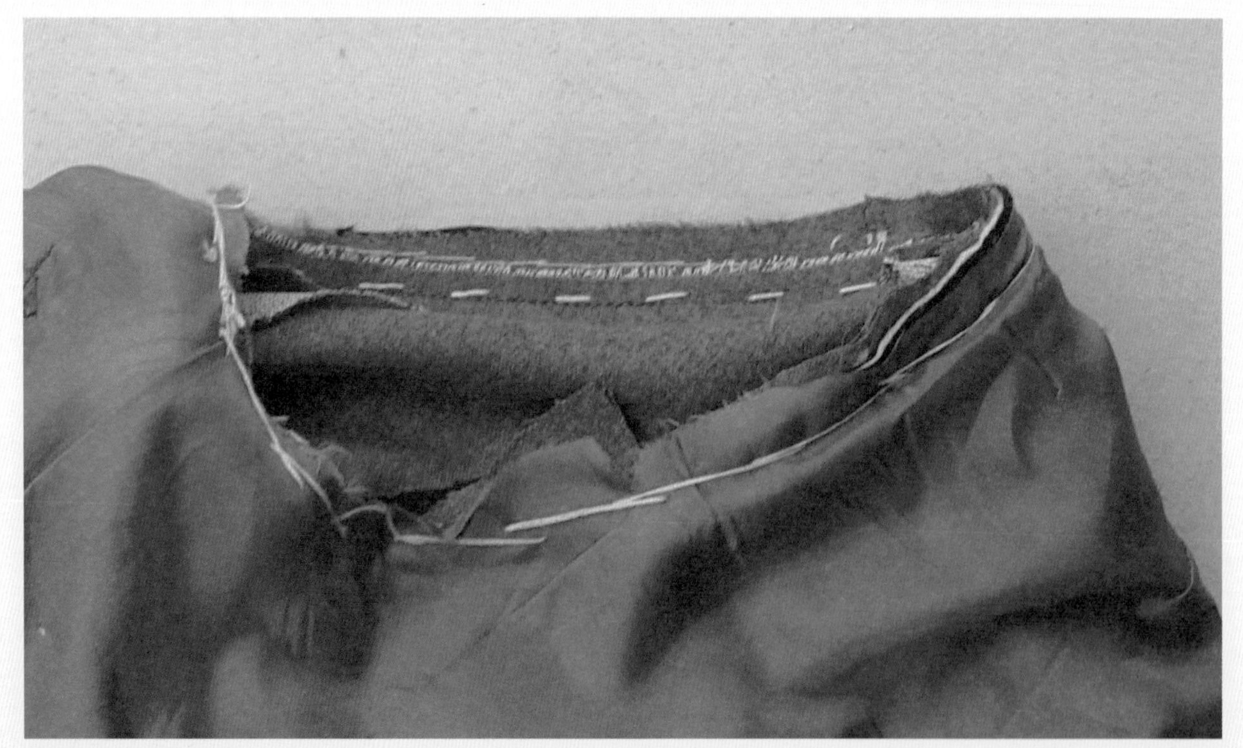

整燙縫份趨向平整

｜縮縮內裡｜

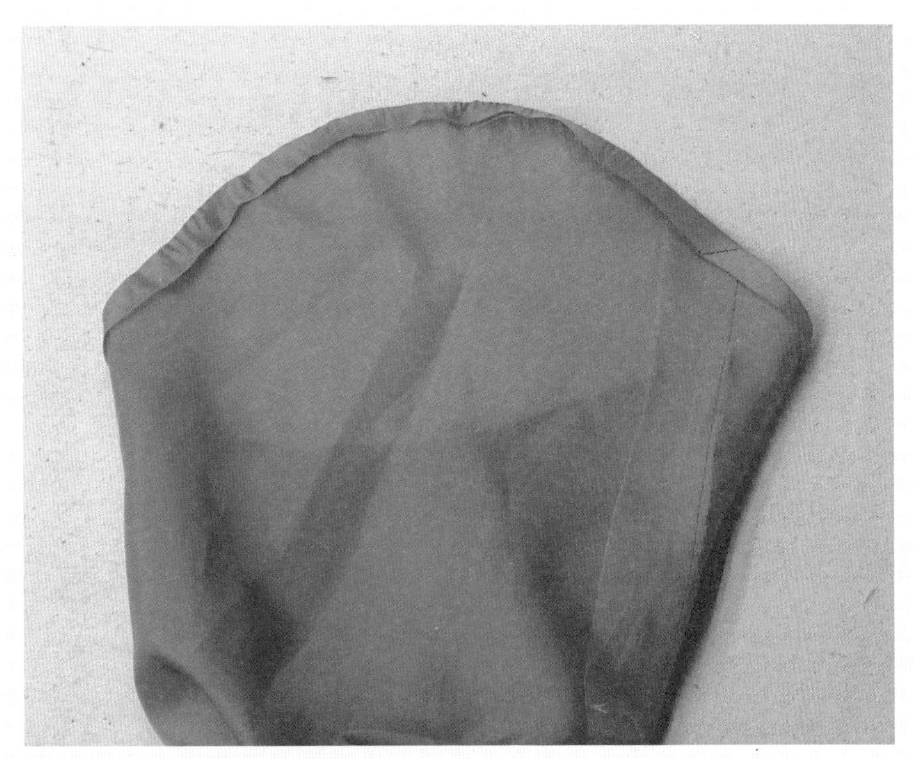

往內折燙 0.8 cm 內裡袖圍線

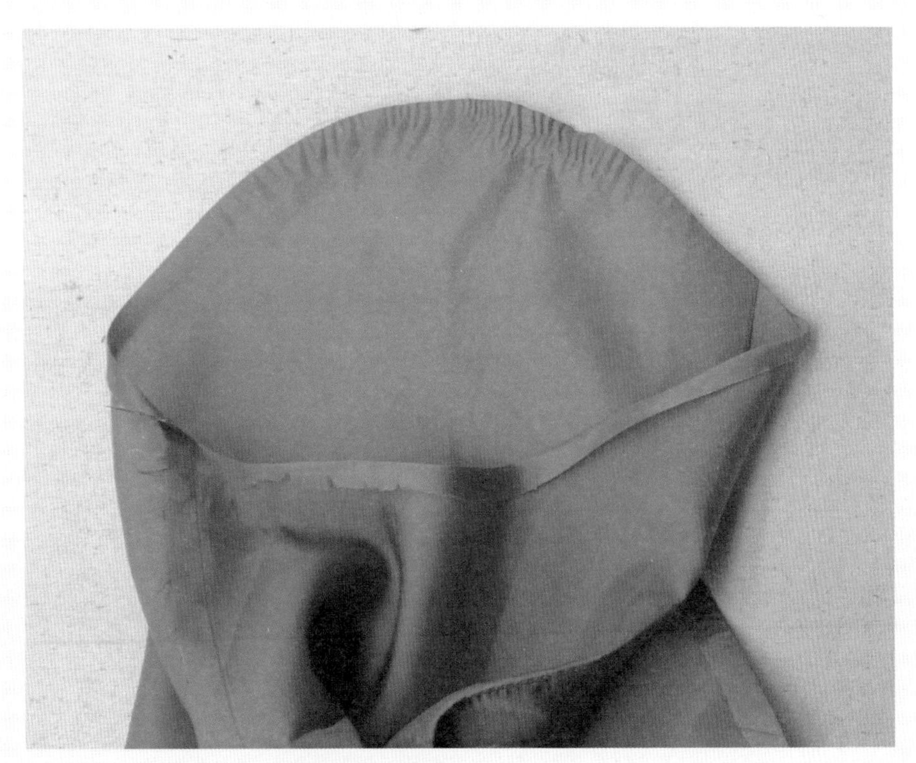

以熨燙縮縮內裡袖山線頂部、袖圈

| 疏縫袖裡 |

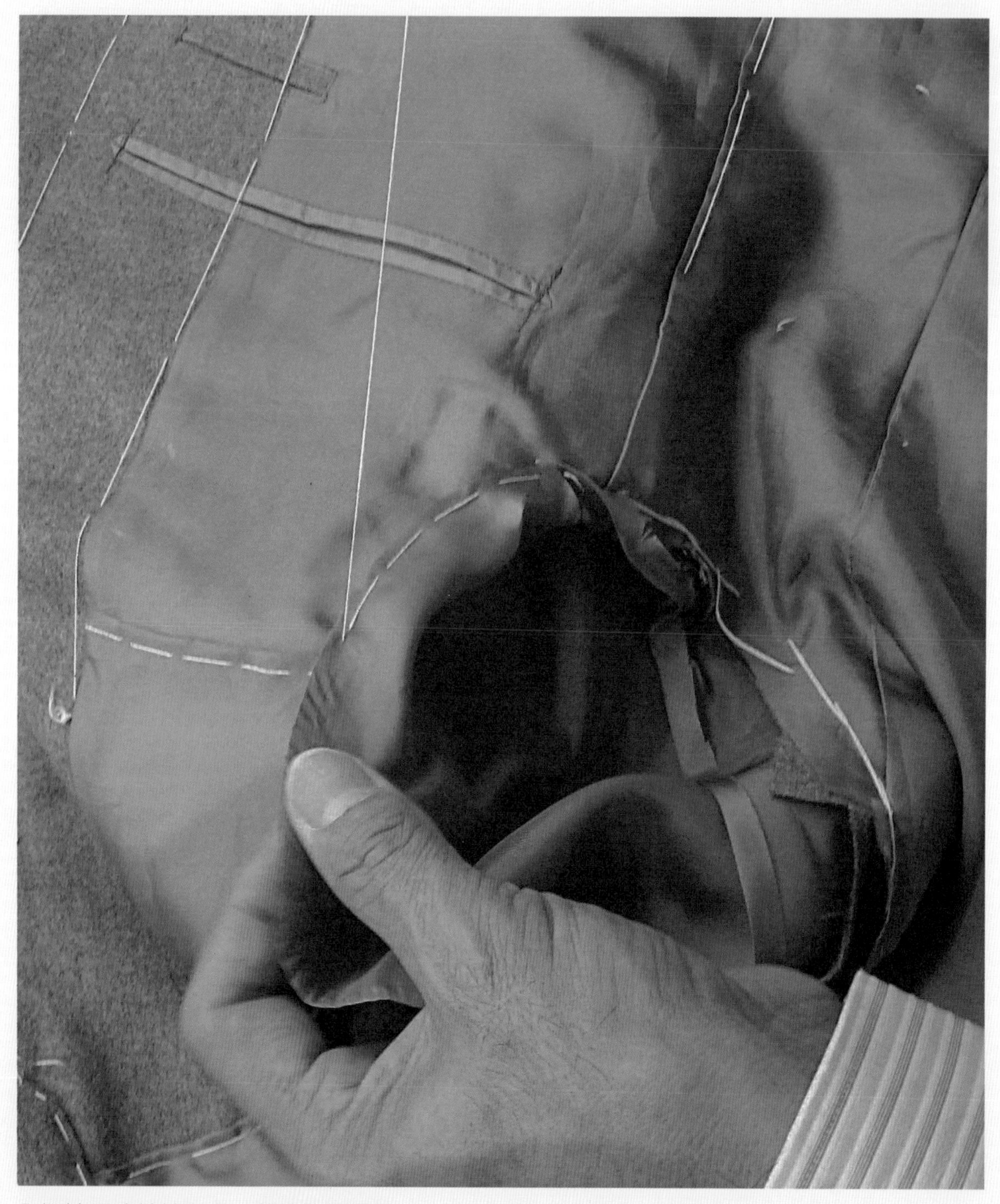

內裡袖圈疏縫於衣身，蓋住袖圍縫份

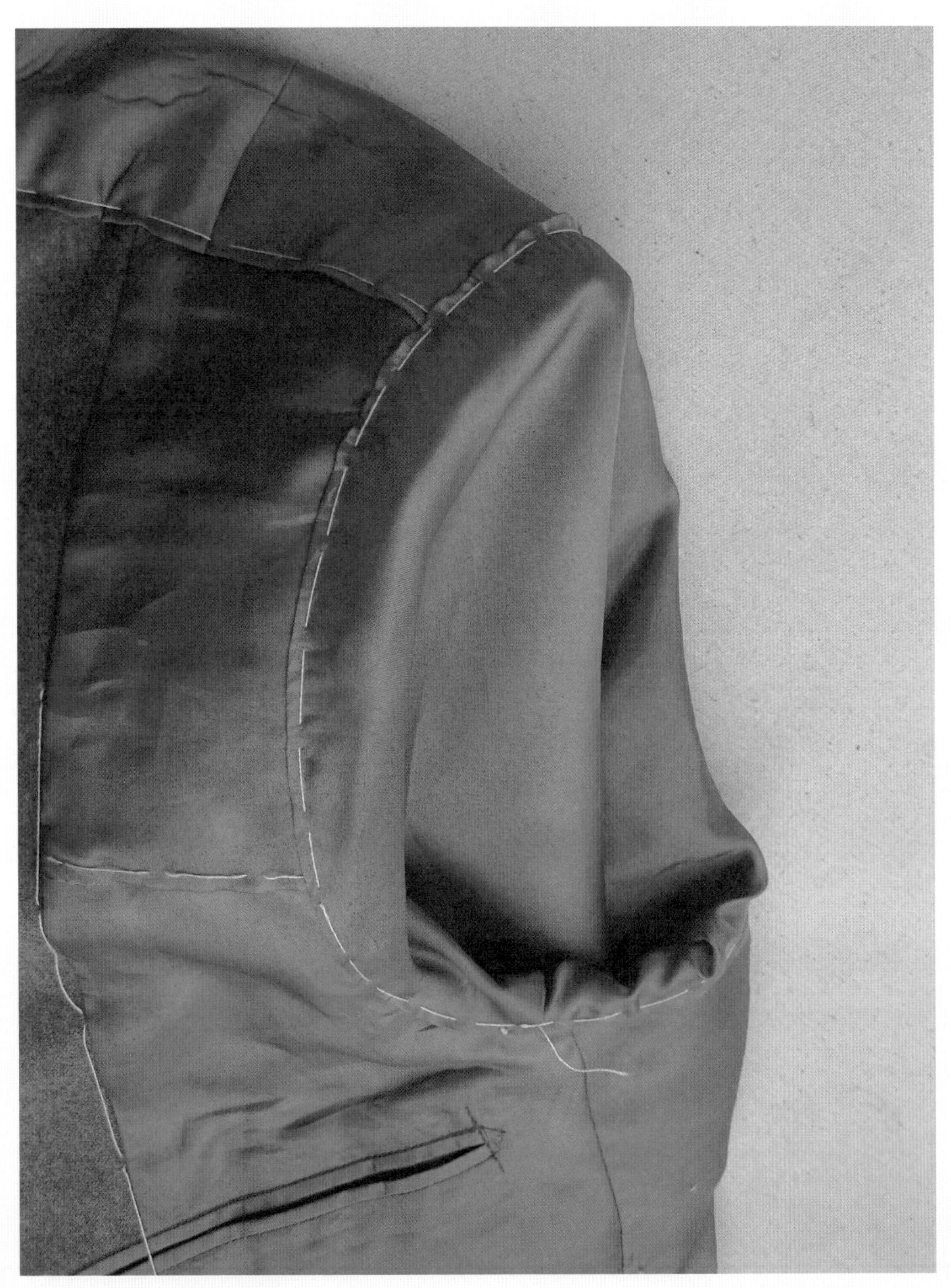

二片袖內裡袖圍疏縫效果

Chapter.4

整燙

・整燙衣身
・整燙領片
・手縫前試穿效果

|整燙衣身|

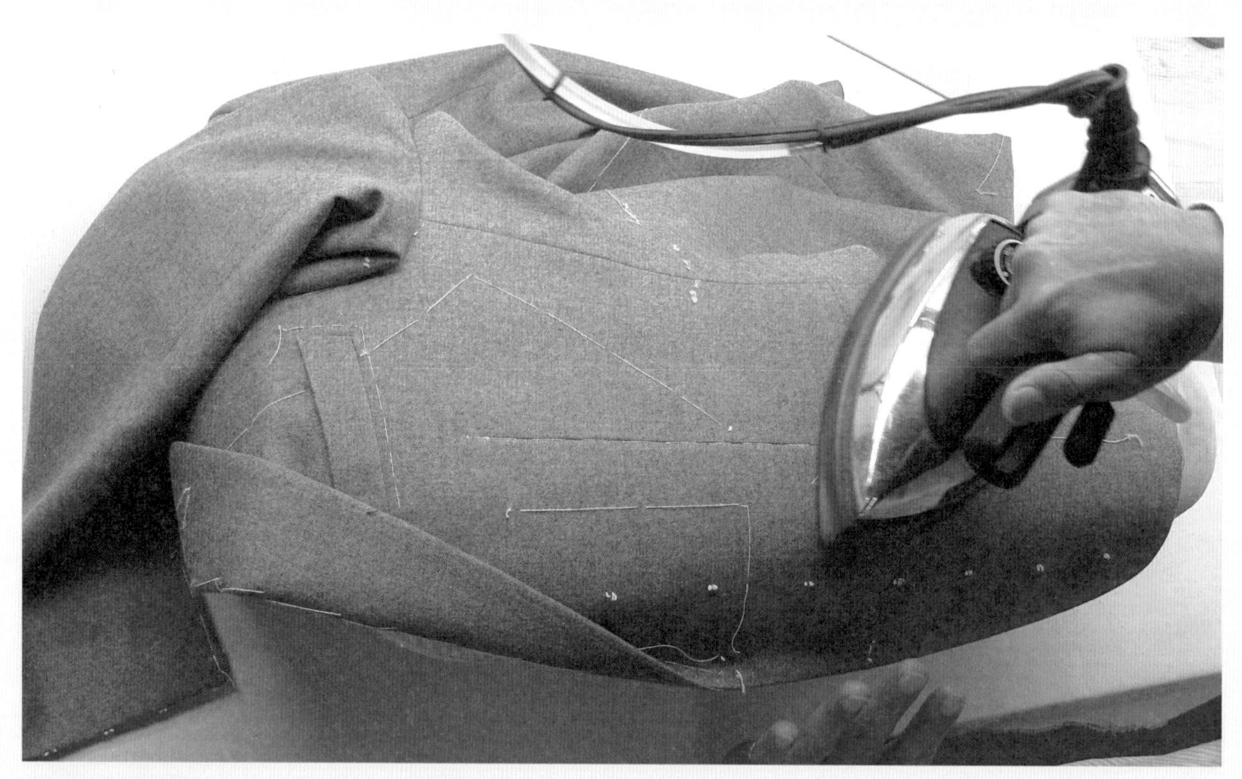

於燙馬上整燙衣身

｜整燙領片｜

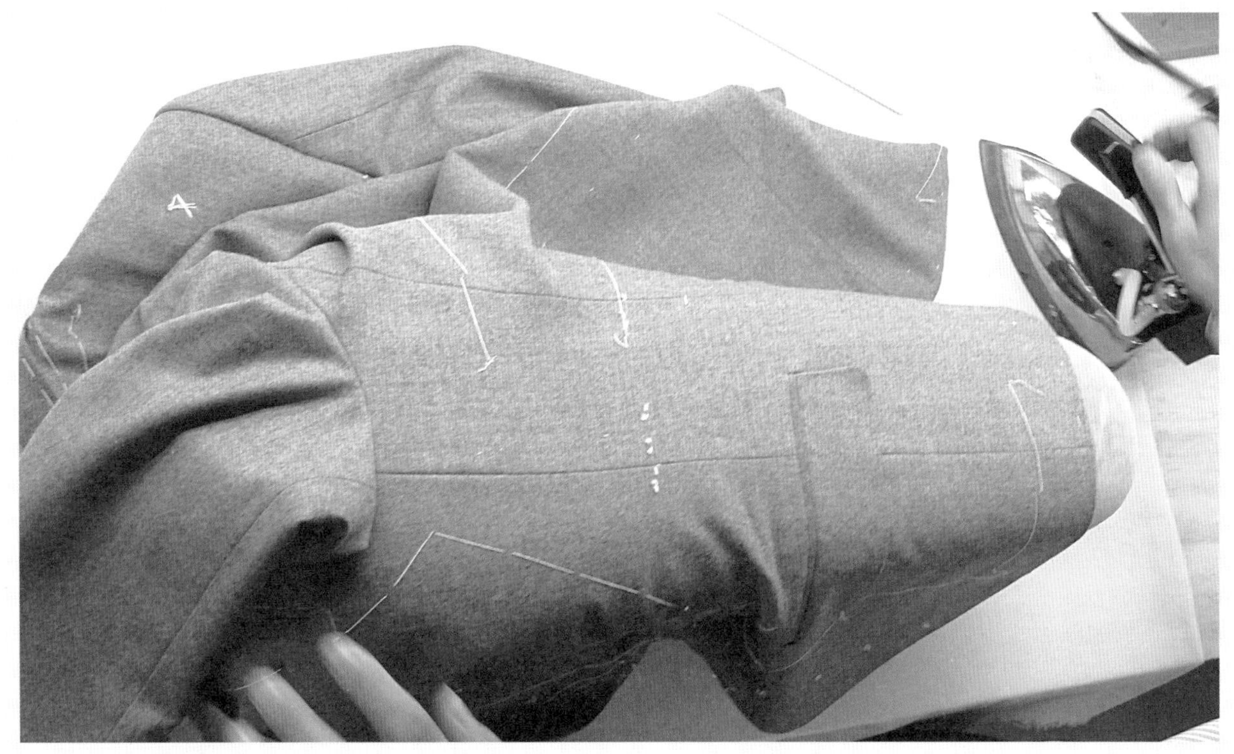

於燙馬上整燙腰身

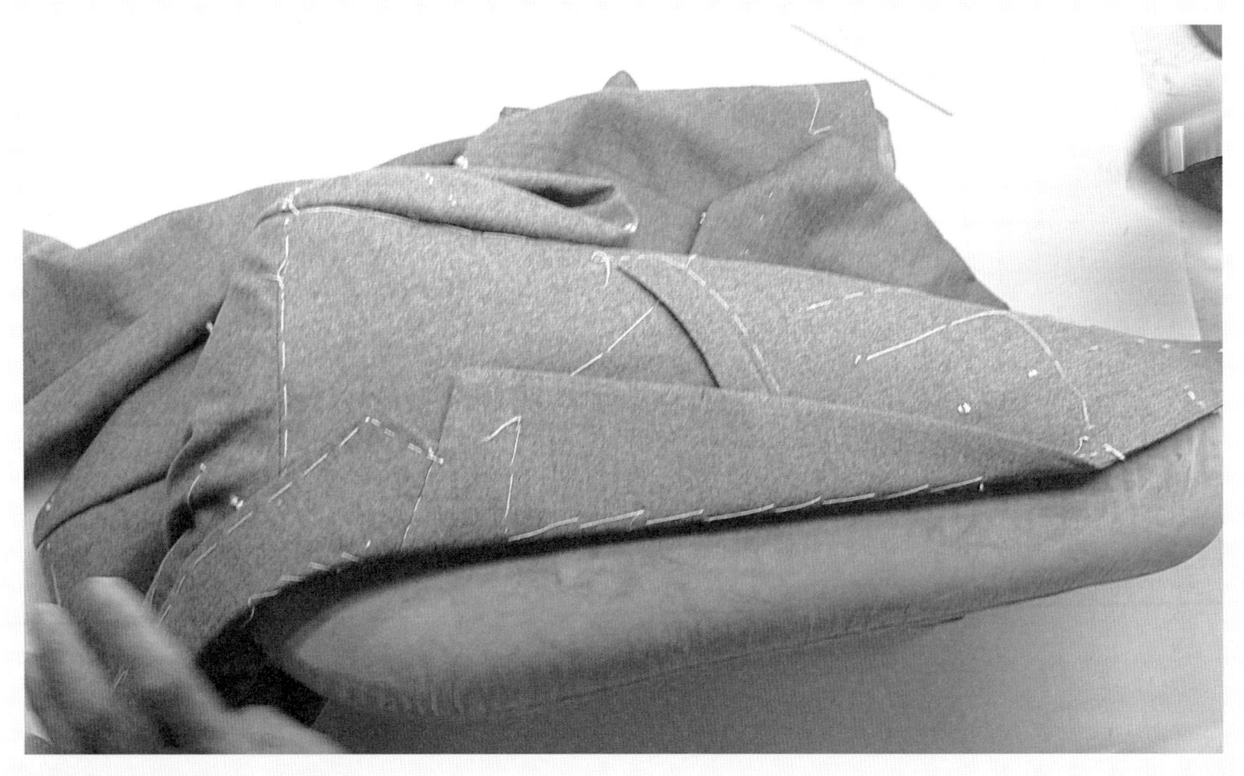

於燙馬上整燙領片、領折線

| 手縫前試穿效果 |

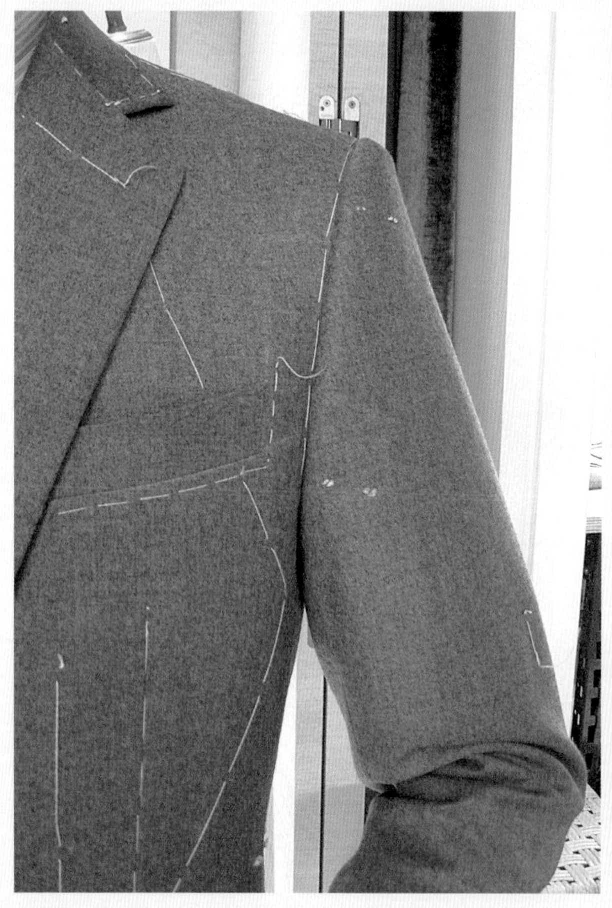

正面

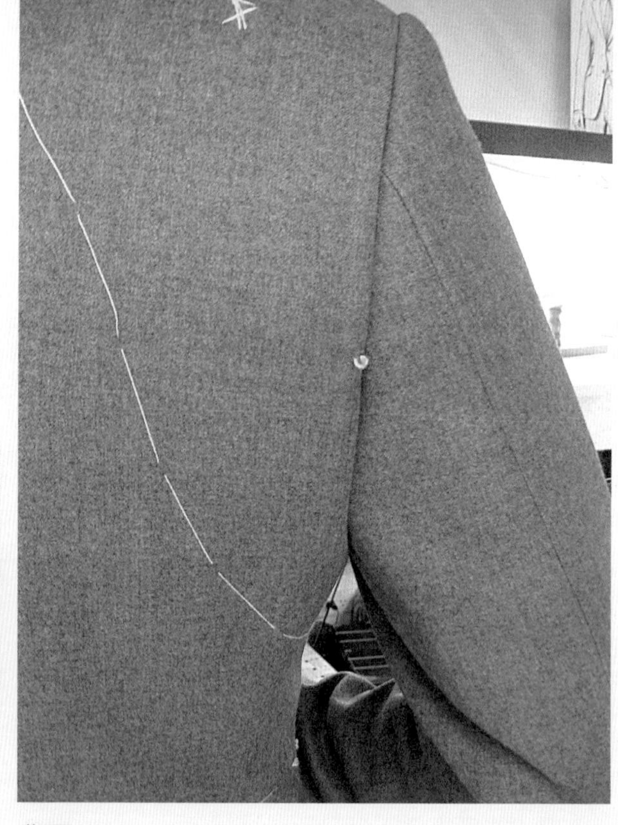

背面

Chapter.5

成品展示

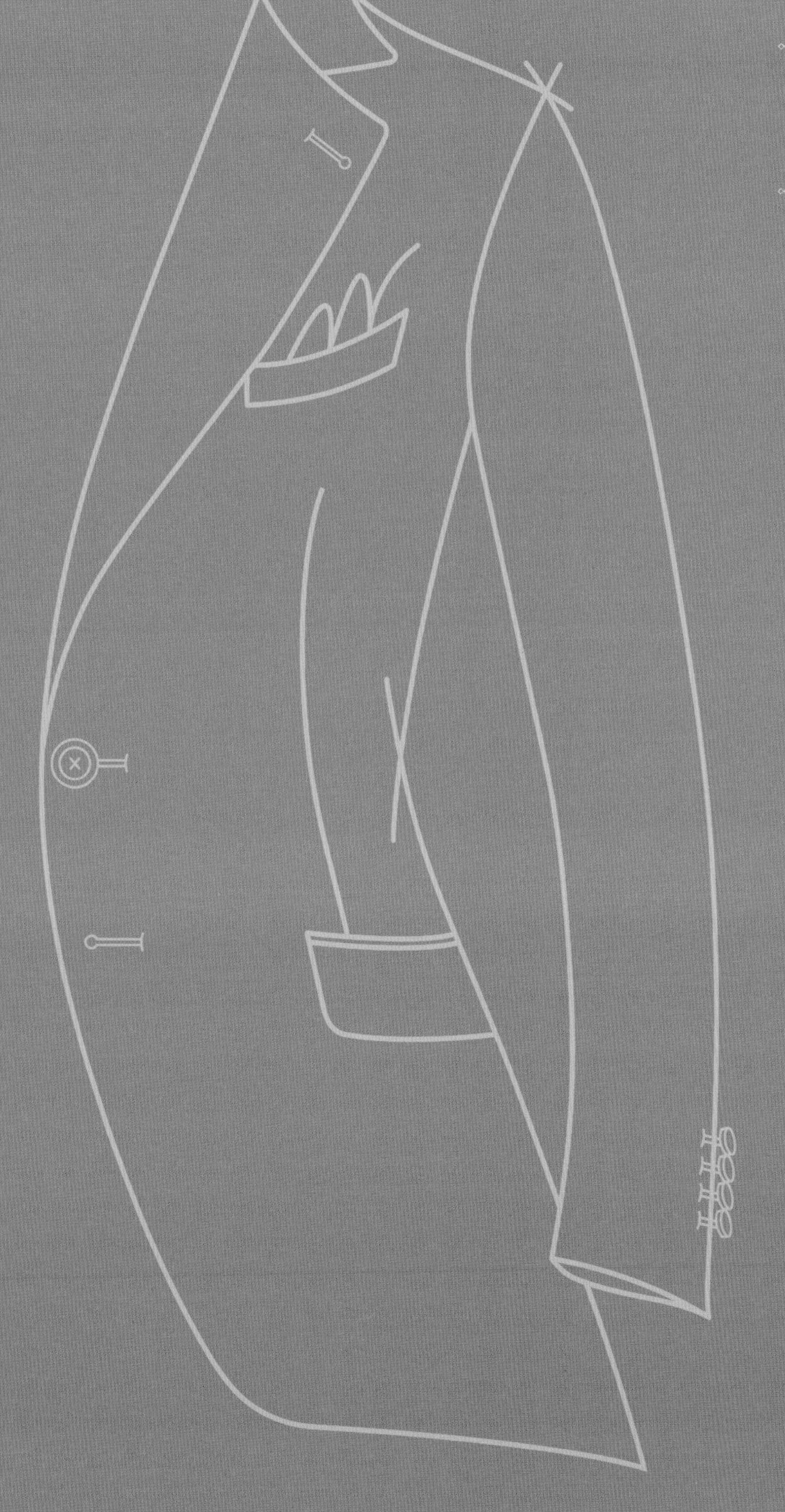

Chapter.5

手工縫製

- 肩線、袖圍內裡藏針縫
- 下襬藏針縫
- 上領片千鳥縫、捲縫
- 後開叉藏針縫
- 下領片米蘭釦眼
- 袖叉鳳眼釦
- 袖叉鈕釦
- 門襟立釦縫
- 門襟備釦
- 門襟星止縫
- 右前身片內口袋
- 左前身片內口袋

| 肩線、袖圍內裡藏針縫 |

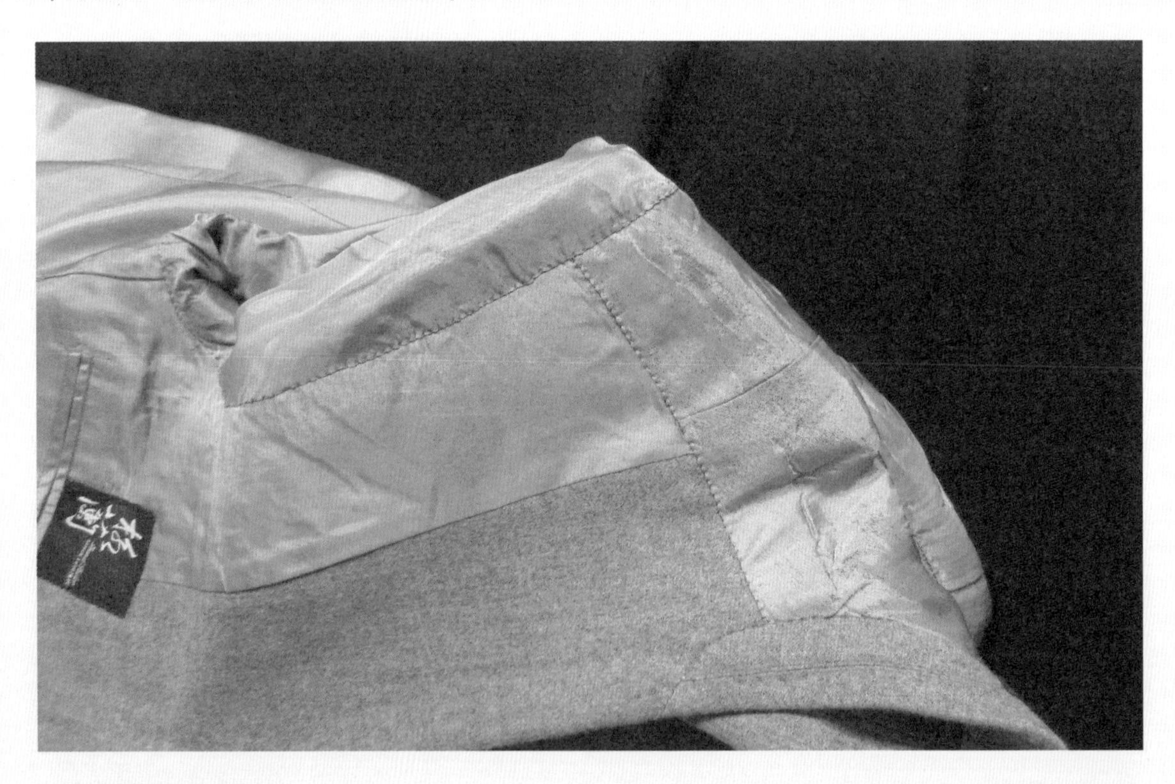

| 下襬藏針縫 |

| 上領片千鳥縫、捲縫 |

| 後開叉藏針縫 |

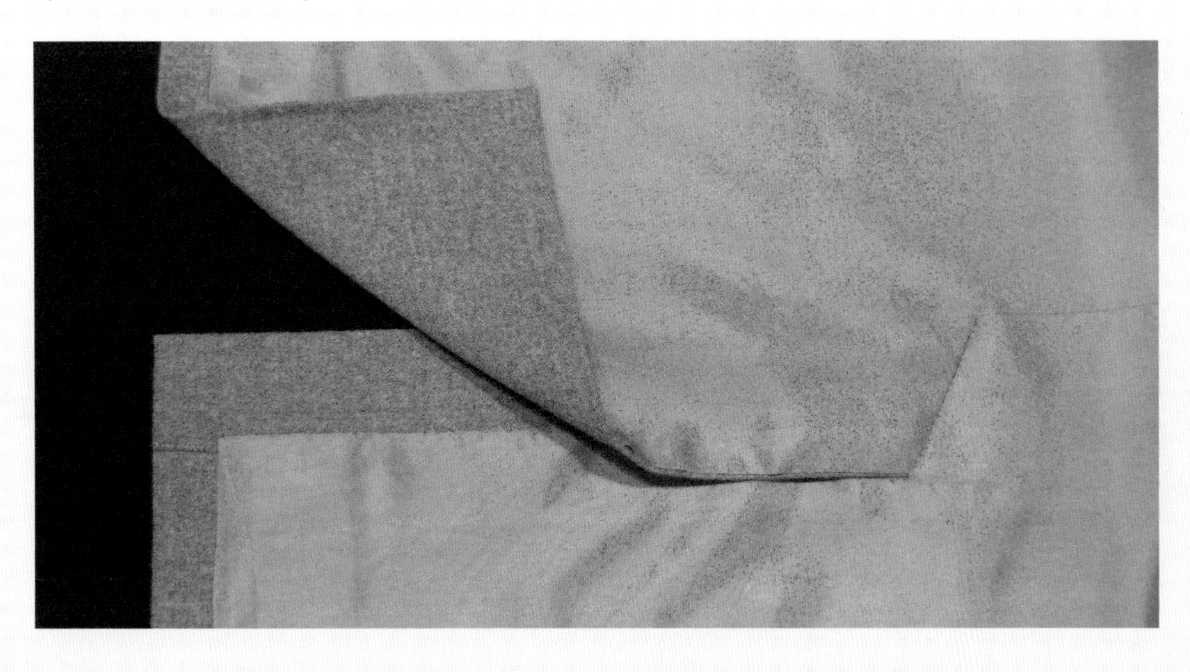

| 下領片米蘭釦眼 |

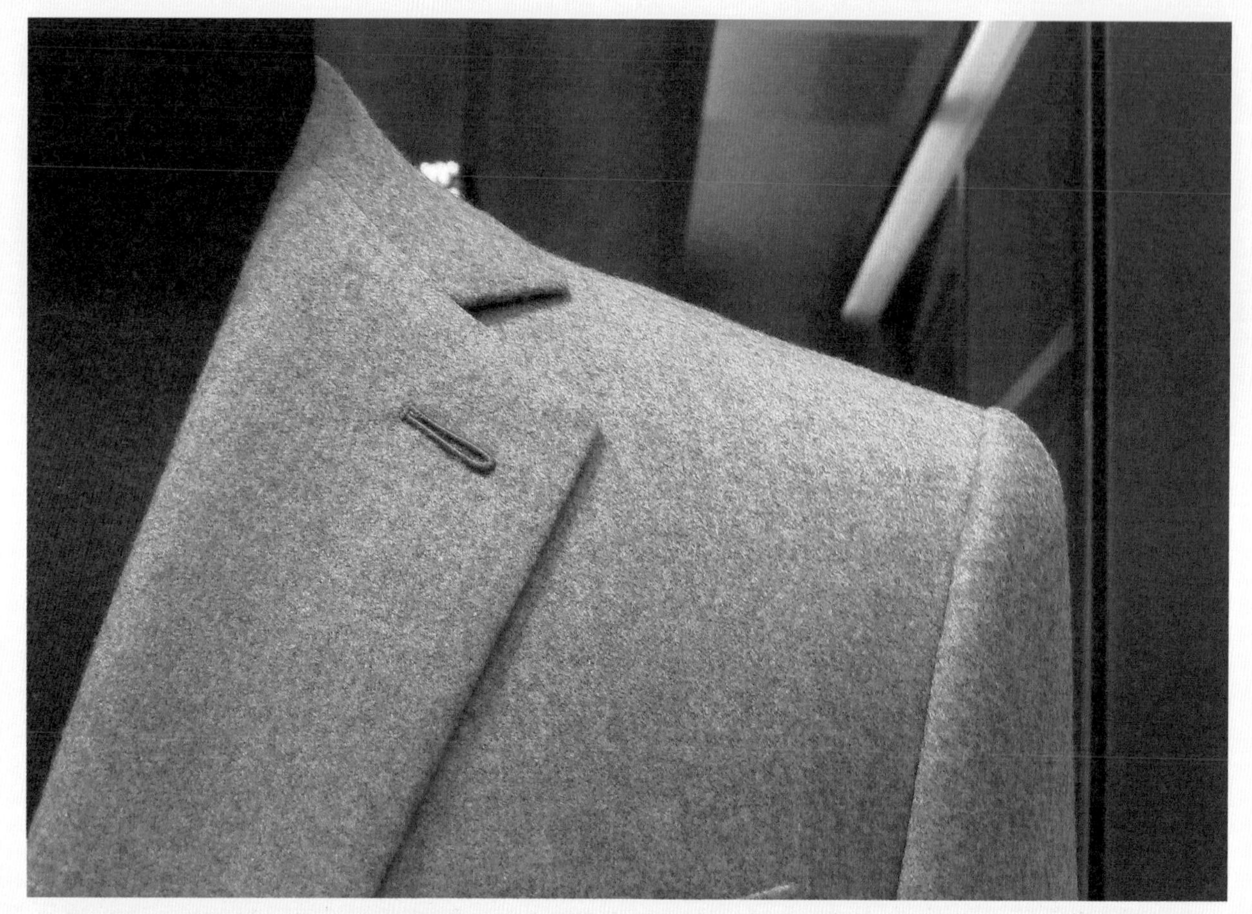

正面

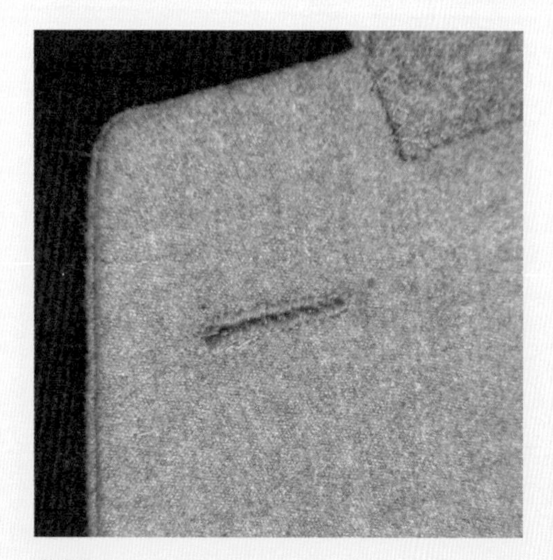

背面

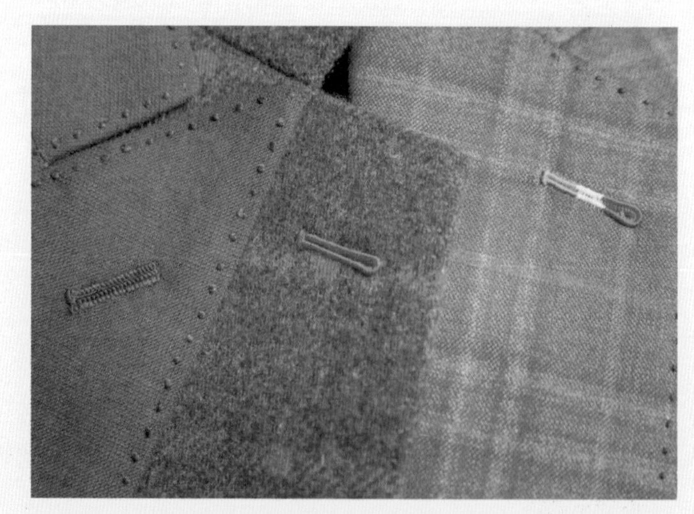

各式釦眼為領片增添亮點

｜袖叉鳳眼釦｜

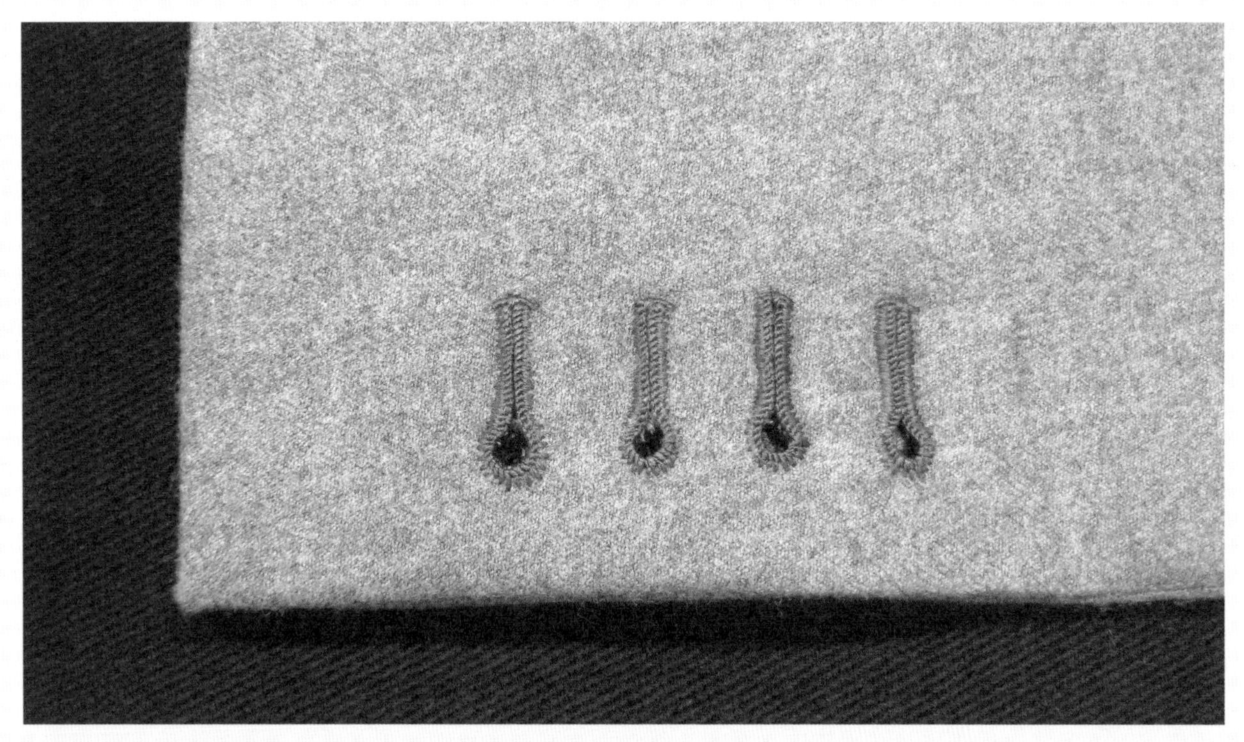

正面

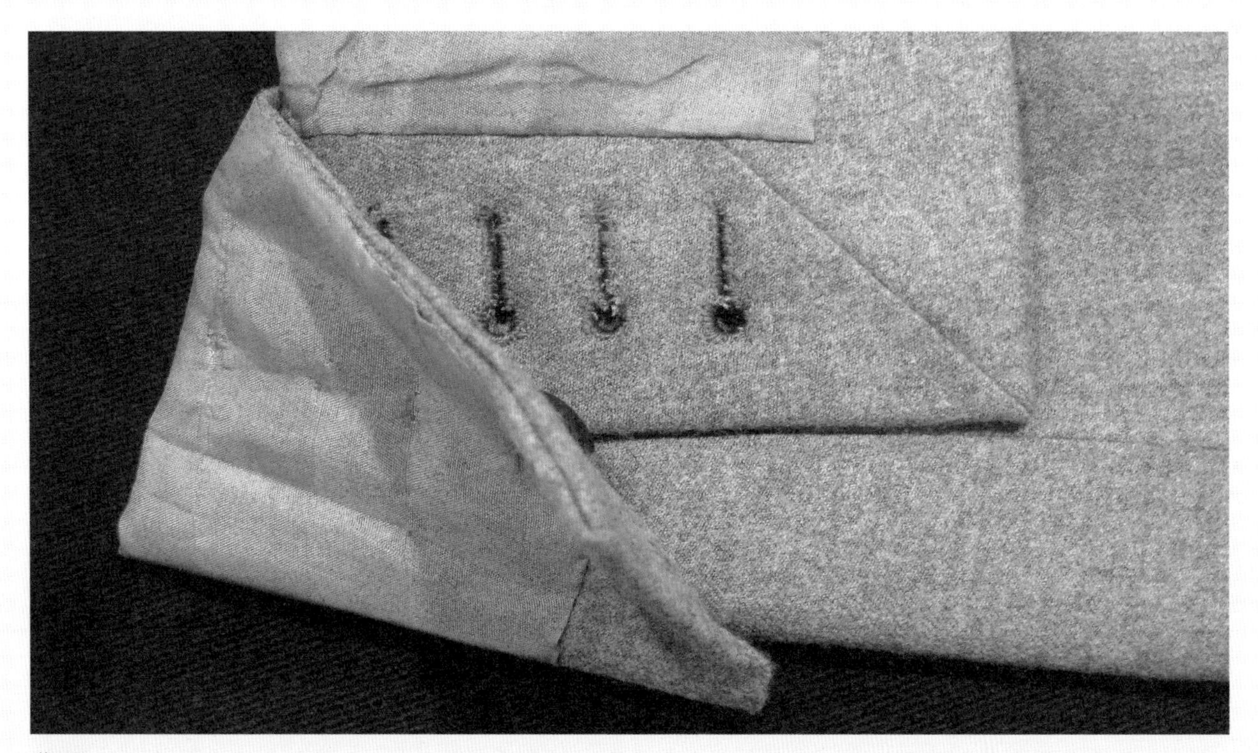

背面

袖叉鈕釦

正面

背面

｜門襟立釦縫｜

| 門襟備鈕 |

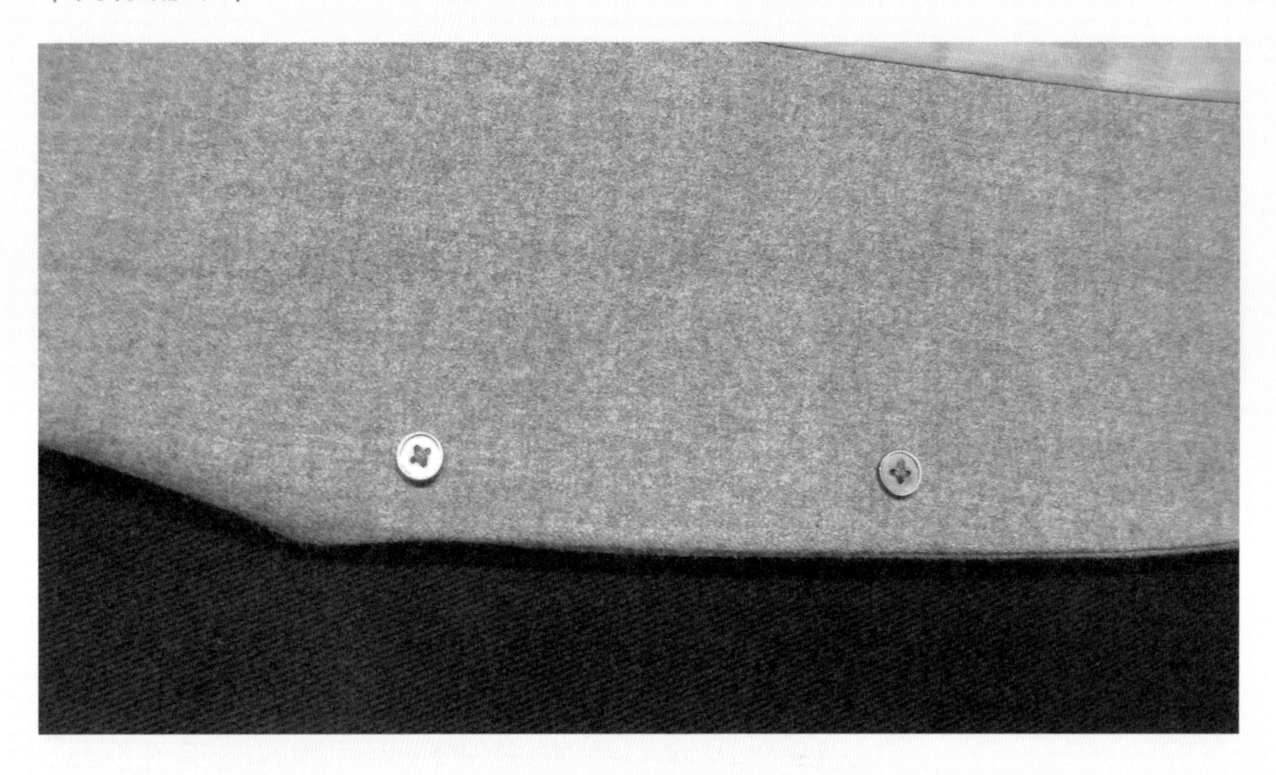

| 門襟星止縫 |

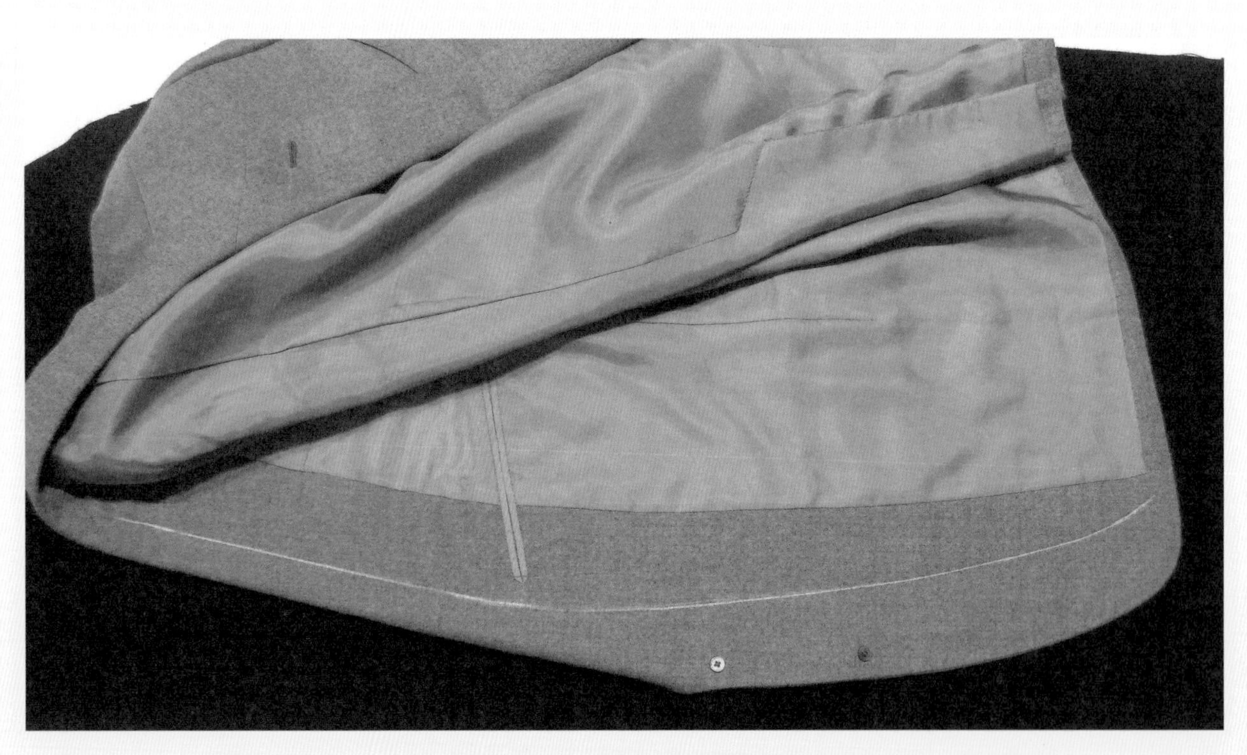

| 右前身片內口袋（雙滾邊內口袋）|

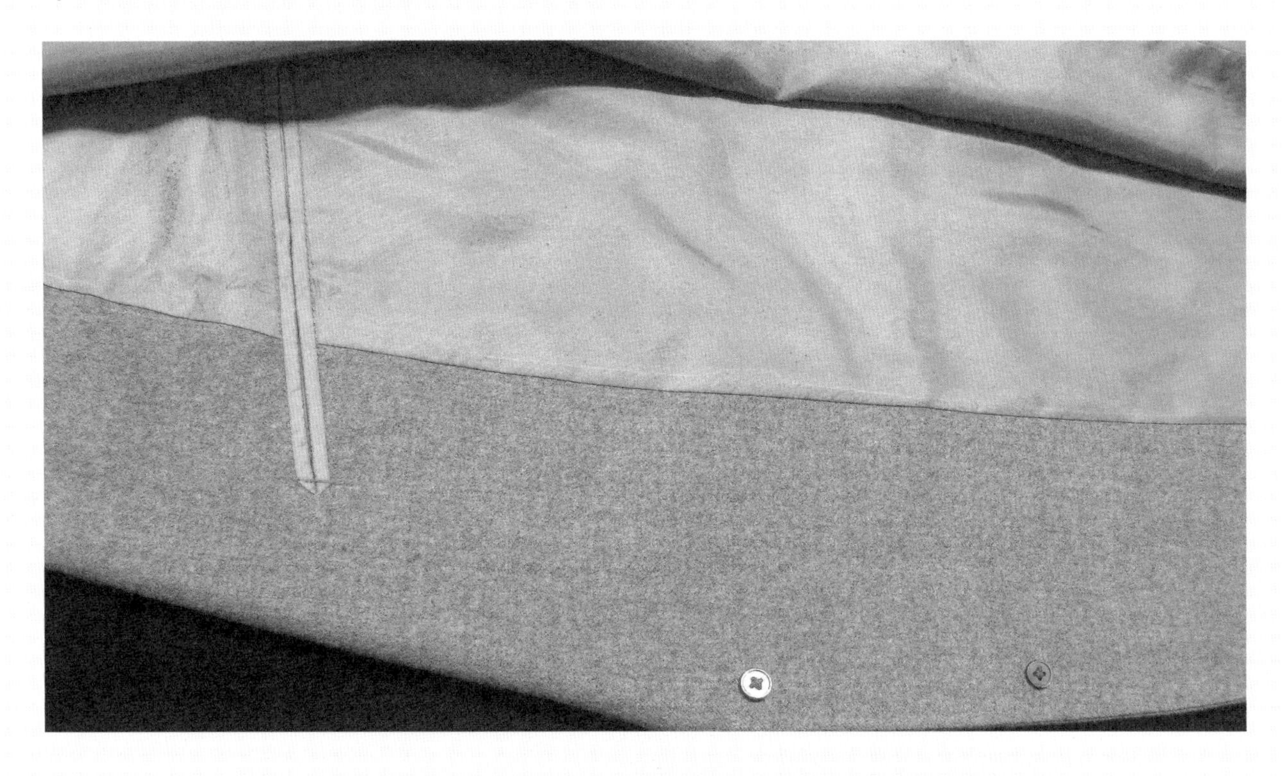

| 左前身片內口袋（大中小雙滾邊內口袋）|

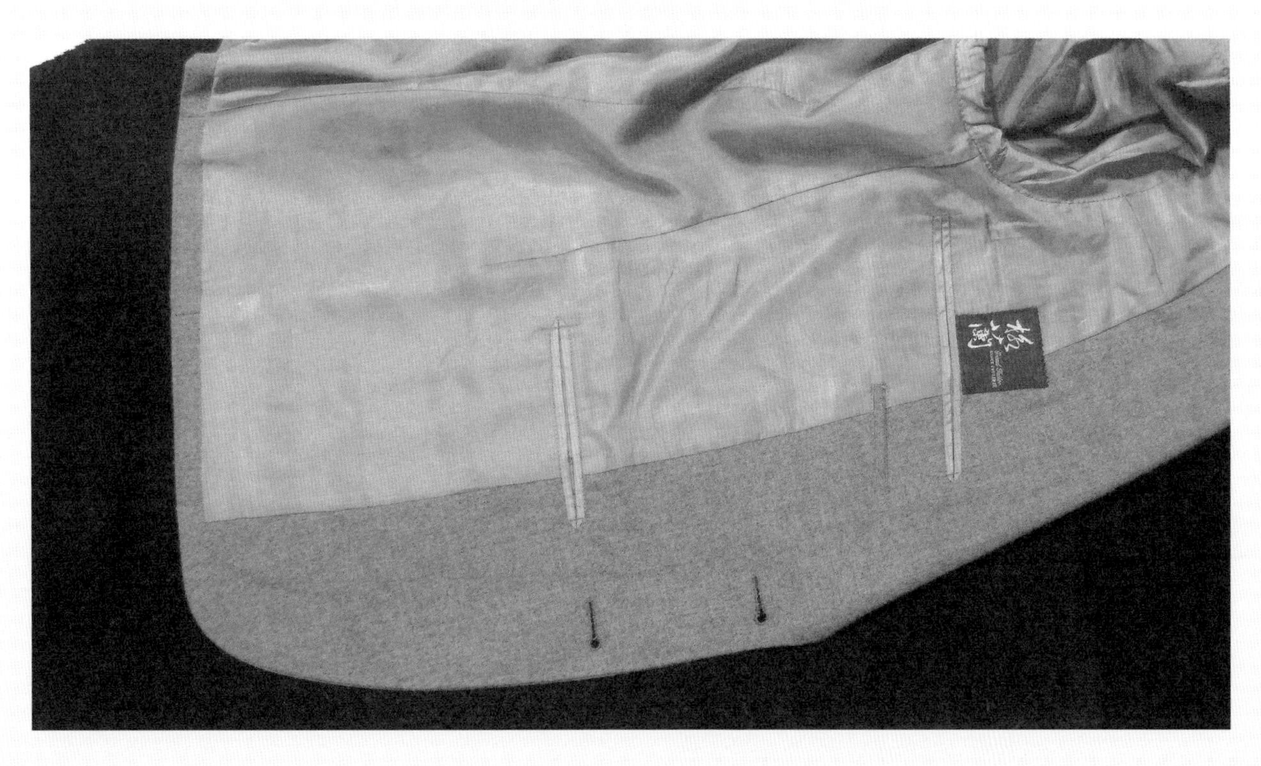

Chapter.5

成品完成

- 雙滾邊＋袋蓋
- 立式口袋
- 背寬鬆份
- 著裝效果

｜雙滾邊＋袋蓋｜

| 立式口袋 |

|背寬鬆份|

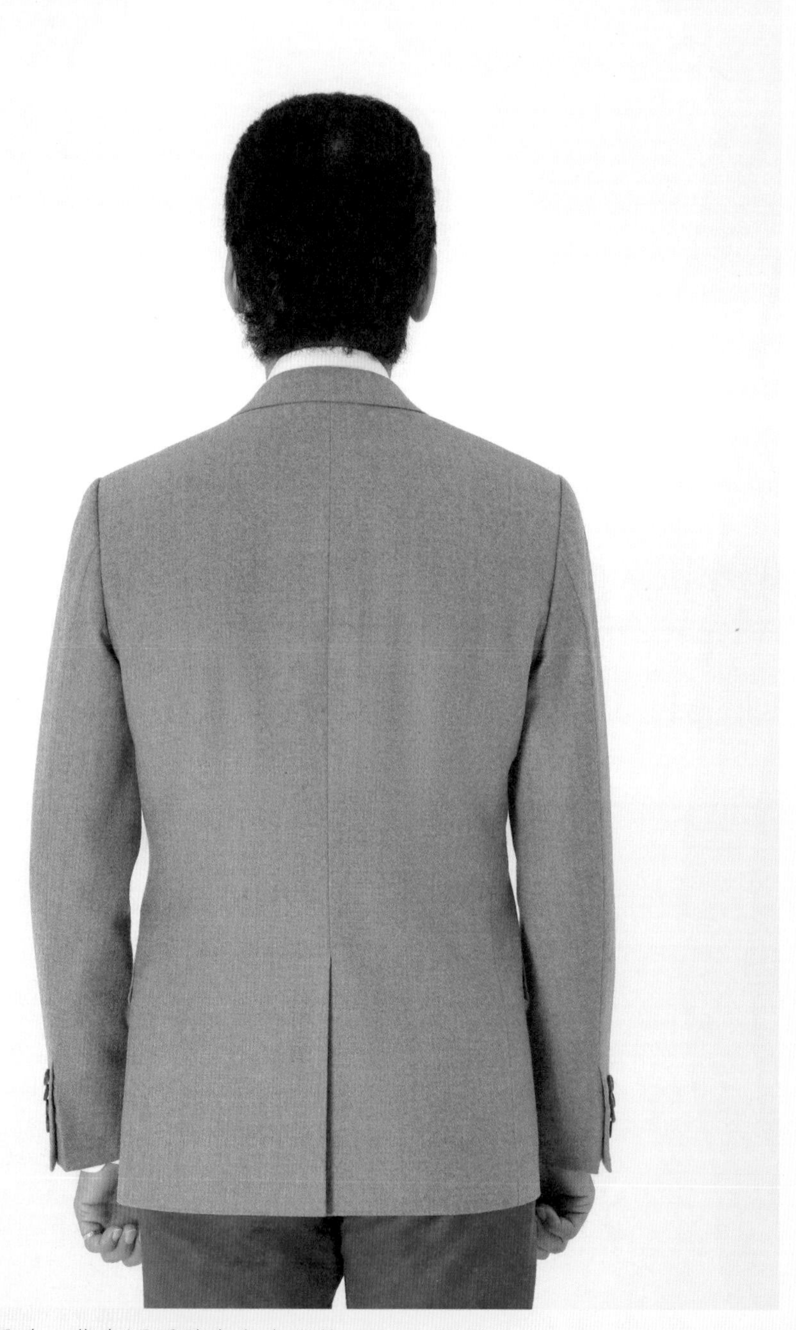

手臂下垂時，背寬近手臂處左右留約 1.5cm 鬆份
手臂活動時，背寬近手臂處平整不緊繃

｜著裝效果｜

好的西裝有如第二層皮膚服貼身軀，讓身材服貼有型
有胸有腰有臀，整體服貼平順

手工量身訂製西服完美呈現

國家圖書館出版品預行編目

男西裝外套縫製經典 ： 國際金獎裁縫師陳和平的手作筆記 / 陳和平作 .
-- 初版 . -- 臺北市 : 格蘭呢羢西服 , 2020.02
面； 公分
ISBN 978-986-98375-0-7(精裝)
1. 服裝設計 2. 縫紉 3. 男裝
423.35 108017113

男西裝外套縫製經典

──國際金獎裁縫師陳和平的手作筆記

作　　者／陳和平
企畫編輯／黃艷雲
封面設計／蔡瑋筠
圖文排版／曾智炫、鄭承林、蔡瑋筠
出 版 者／格蘭呢羢西服有限公司
104 台北市中山北路二段81-4號
電話：+886-2-2571-7431
傳真：+886-2-2536-7647
Email：grand101@ms48.hinet.net
https://www.grand-tailor.com.tw
發 行 者／秀威資訊科技股份有限公司
114 台北市內湖區瑞光路76巷65號1樓
電話：+886-2-2796-3638
傳真：+886-2-2796-1377
Email：publish@showwe.com.tw
展售門市／國家書店（松江門市）
104台北市中山區松江路209號1樓
電話：+886-2-2518-0207
傳真：+886-2-2518-0778
團　　購／圖書部 陳經理
電話：+886-2-2518-0207 ext.22
Email：bod_division@showwe.com.tw

團購微信帳號

版　　次／2020年2月　初版一刷
定　　價／NTD 1200元　USD $50
I S B N ／978-986-98375-0-7